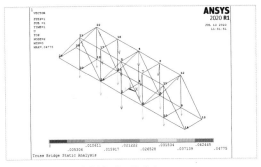
钢桁架桥静态分析2

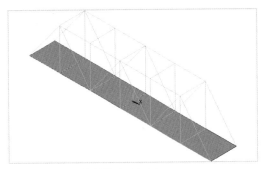
钢桁架桥模态分析1

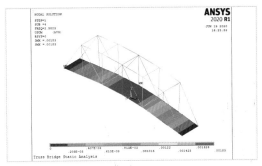
钢桁架桥模态分析2

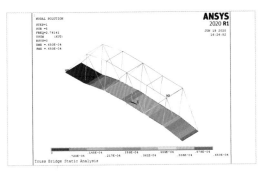
钢桁架桥模态分析3

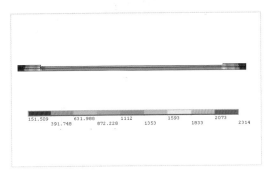
换热管的热分析1

换热管的热分析2

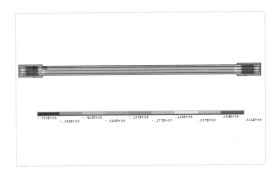
换热管的热应力分析1

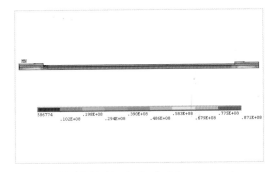
换热管的热应力分析2

ANSYS 2020有限元分析从入门到精通

本书部分实例

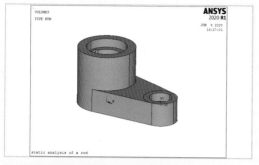

联轴体的静力分析实例1

联轴体的静力分析实例3

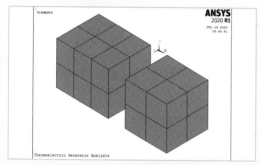

热电发电机耦合分析1

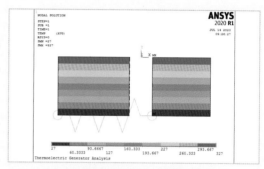

热电发电机耦合分析2

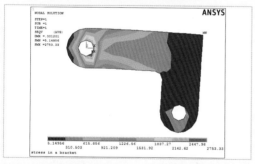

托架受力分析1

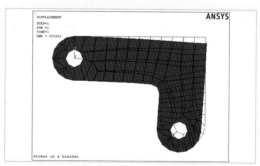

托架受力分析2

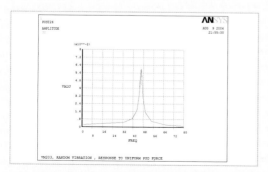

支撑平板动力效果谱分析1

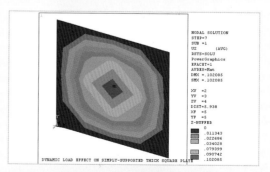

支撑平板动力效果谱分析2

ANSYS 2020有限元分析从入门到精通

本书部分实例

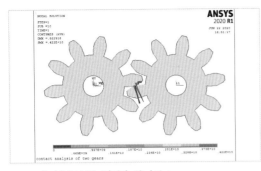
齿轮副的接触分析1

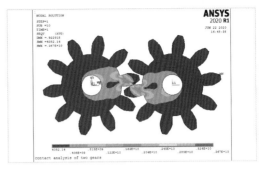
齿轮副的接触分析2

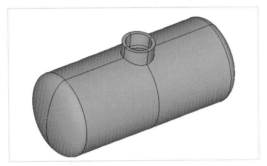
储液罐的实体建模

储液罐的网格划分

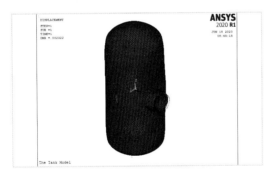
储液罐计算结果后处理1

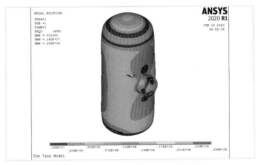
储液罐计算结果后处理2

带空气隙的永磁体1

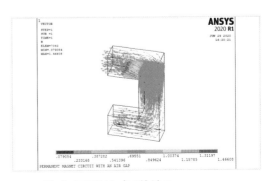
带空气隙的永磁体2

ANSYS 2020有限元分析
从入门到精通
本书部分实例

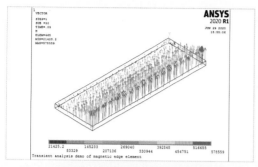
电动机沟槽中瞬态磁场分布1

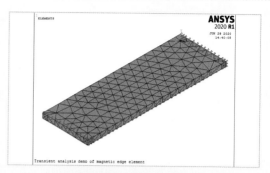
电动机沟槽中瞬态磁场分布2

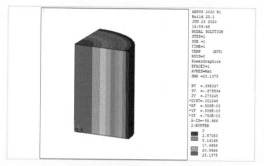
电热丝生热稳态热分析1

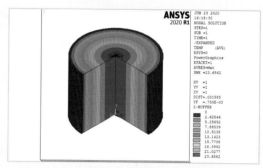
电热丝生热稳态热分析2

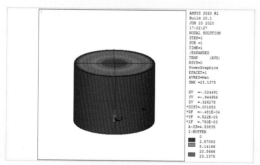
电热丝生热稳态热分析3

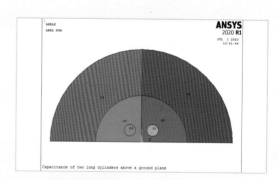
电容计算1

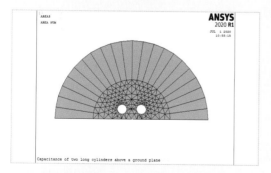
电容计算2

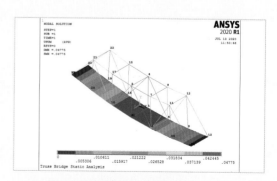
钢桁架桥静态分析11

ANSYS 2020 有限元分析从入门到精通

CAD/CAM/CAE 技术联盟　编著

清华大学出版社

北　京

内 容 简 介

《ANSYS 2020 有限元分析从入门到精通》以 ANSYS 2020 为依托，对 ANSYS 分析的基本思路、操作步骤和应用技巧进行详细介绍，并结合典型工程应用实例详细讲述了 ANSYS 具体工程应用方法。本书共分为 4 篇 20 章：第 1 篇为操作基础篇（第 1~6 章），详细介绍 ANSYS 分析全流程的基本步骤和方法；第 2 篇为专题实例篇（第 7~14 章），按不同的分析专题讲解各种分析专题的参数设置方法与技巧；第 3 篇为热分析篇（第 15~16 章），依次介绍稳态热分析与瞬态热分析、热辐射和相变分析；第 4 篇为电磁分析篇（第 17~20 章），分别介绍电磁场有限元分析、二维磁场分析、三维磁场分析和电场分析等内容。另附 3 章线上扩展学习内容，主要对结构静力分析、耦合场分析、直接耦合场分析进行拓展。

另外，本书随书资源包中还配备了极为丰富的学习资源，具体内容如下。

1. 35 集高清同步微课视频，可像看电影一样轻松学习，然后对照书中实例进行练习。
2. 25 个经典中小型案例，用案例学习上手更快，更专业。
3. 8 种不同类型的综合练习实例，学以致用，动手会做才是硬道理。
4. 附赠 8 种类型常见零部件分析的动画演示和源文件，可以拓宽视野，增强实战能力。
5. 全书实例的源文件和素材，方便按照书中实例操作时直接调用。

本书适用于 ANSYS 软件的初、中级用户，以及有初步使用经验的技术人员；本书可作为理工科类院校相关专业的本科生、研究生及教师学习 ANSYS 软件的培训教材，也可作为从事结构分析相关行业的工程技术人员使用 ANSYS 软件的参考书。

本书封面贴有清华大学出版社防伪标签，无标签者不得销售。
版权所有，侵权必究。举报：010-62782989，beiqinquan@tup.tsinghua.edu.cn。

图书在版编目（CIP）数据

ANSYS 2020 有限元分析从入门到精通/CAD/CAM/CAE 技术联盟编著．—北京：清华大学出版社，2020.9（2022.1重印）
（清华社"视频大讲堂"大系．CAD/CAM/CAE 技术视频大讲堂）
ISBN 978-7-302-55129-4

Ⅰ.①A… Ⅱ.①C… Ⅲ.①有限元分析—应用软件 Ⅳ.①O241.82-39

中国版本图书馆 CIP 数据核字（2020）第 050515 号

责任编辑：贾小红
封面设计：李志伟
版式设计：文森时代
责任校对：马军令
责任印制：沈　露

出版发行：清华大学出版社
网　　址：http://www.tup.com.cn，http://www.wqbook.com
地　　址：北京清华大学学研大厦 A 座　　　　邮　　编：100084
社 总 机：010-62770175　　　　　　　　　　邮　　购：010-62786544
投稿与读者服务：010-62776969，c-service@tup.tsinghua.edu.cn
质量反馈：010-62772015，zhiliang@tup.tsinghua.edu.cn

印 装 者：三河市金元印装有限公司
经　　销：全国新华书店
开　　本：203mm×260mm　　印　张：33.5　　插　页：2　　字　数：920 千字
版　　次：2020 年 11 月第 1 版　　　　　　印　次：2022 年 1 月第 2 次印刷
定　　价：108.00 元

产品编号：081785-01

前 言

现代工业的典型特征是大量使用计算机进行操作，无论是产品的开发、设计，还是分析、制造过程中，计算机的应用都极大地提高了工作效率和质量。计算机辅助工程（CAE）就是其中必不可少的一个环节，它是计算机技术和现代工程方法的完美结合。

有限元法作为数值计算方法是在工程分析领域应用较为广泛的一种计算方法，自 20 世纪中叶以来，以其独有的计算优势得到了广泛发展和应用，同时也出现了不同的有限元算法，并由此产生了一批非常成熟的通用和专业有限元商业软件。随着计算机技术的飞速发展，各种工程软件也得以广泛应用。ANSYS 软件以它的多物理场耦合分析功能而成为 CAE 软件的应用主流，在工程分析中得到了较为广泛的应用。

ANSYS 软件是美国 ANSYS 公司研制的大型通用有限元分析（FEA）软件，是世界范围内增长最快的 CAE 软件，能够进行包括结构、热、声、流体以及电磁场等学科的研究，在核工业、铁道、石油化工、航空航天、机械制造、能源、汽车交通、国防军工、电子、土木工程、造船、生物医药、轻工、地矿、水利、日用家电等领域有着广泛的应用。ANSYS 因其功能强大，操作简单方便，现已成为国际最流行的有限元分析软件之一，并且在历年 FEA 评比中均名列第一。目前，中国一百多所理工院校均已采用 ANSYS 软件进行有限元分析或者作为标准教学软件。

一、编写目的

鉴于 ANSYS 软件强大的功能和深厚的工程应用底蕴，我们力图编写一本全方位介绍 ANSYS 软件在各个工程行业应用情况的书籍，但因篇幅有限，我们着重选择 ANSYS 经常应用的几个方面，利用 ANSYS 大体知识脉络作为线索，以实例作为"抓手"，帮助读者掌握利用 ANSYS 软件进行工程分析的基本技能和技巧。

二、本书特点

☑ **专业性强**

本书的编者都是在高校从事计算机图形教学研究多年的一线人员，具有丰富的教学实践经验与教材编写经验，有一些执笔者是国内 ANSYS 图书出版界知名的作者，前期出版的一些相关书籍经过市场检验很受读者欢迎。多年的教学工作使他们能够准确地把握学生的心理与实际需求，本书是作者总结多年的设计经验以及教学的心得体会，历时多年的精心准备，力求全面、细致地展现 ANSYS 软件在工程分析应用领域的各种功能和使用方法。

☑ **涵盖面广**

就本书而言，我们的目的是编写一本对工科各专业具有普遍适用性的基础应用学习书籍。因为读者的专业学习方向不同，我们不可能机械地将本书归类为结构、热力学或电磁学的某一个专业领域内，又因为有的读者可能不只是在某一个专业方向内应用，所以我们在本书中对知识点的讲解尽量全面，在一本书的篇幅内，包罗了 ANSYS 软件常用的全部功能的讲解，内容涵盖了 ANSYS 分析基本流程、机械与结构分析、热力学分析、电磁学分析和耦合场分析等知识。对每个知识点，我们不求过于深入，只要求读者能够掌握可以满足一般工程分析的知识即可，并且在语言上尽量做到浅显易懂，言简意赅。

☑ **实例丰富**

本书的实例不管是数量还是种类，都非常丰富。从数量上说，本书结合大量的工程分析实例，详细讲解了 ANSYS 知识要点，全书包含数十个大型工程案例，让读者在学习案例的过程中潜移默化地掌握 ANSYS 软件操作技巧。从种类上说，针对本书专业面宽泛的特点，我们在组织实例的过程中，注意实例的行业分布广泛性，以普通机械和结构分析为主，辅助一些热力学分析、电磁学分析和耦合场分析等工程方向的实例。

☑ **突出提升技能**

本书从全面提升 ANSYS 工程分析能力的角度出发，结合大量的案例来讲解如何利用 ANSYS 软件进行有限元分析，使读者了解计算机辅助分析并能够独立地完成各种工程分析。

本书中有很多实例本身就是工程分析项目案例，经过笔者精心提炼和改编，不仅保证了读者能够学好知识点，更重要的是能够帮助读者掌握实际的操作技能，同时培养工程分析实践能力。

三、本书的配套资源

本书提供了极为丰富的配套学习资源，读者可登录清华大学出版社网站（www.tup.com.cn），在对应图书页面下获取其下载方式。也可扫描图书封底的"文泉云盘"二维码，获取学习资源的下载方式，以便读者朋友在最短的时间内学会并掌握这门技术。

1．配套微课视频

针对本书实例专门制作了 35 集同步教学视频，读者可以扫描书中的二维码观看视频，像看电影一样轻松愉悦地学习本书内容，然后对照课本加以实践和练习，可以大大提高学习效率。

2．附赠 8 种类型常见零部件的分析方法

为了帮助读者拓宽视野，本书赠送了 8 种类型常见零部件的分析方法，及其配套的时长 200 分钟的动画演示，可以增强实战能力。

3．全书实例的源文件

本书配套资源中包含实例和练习实例的源文件和素材，读者可以安装 ANSYS 2020 软件后，打开并使用它们。

4．线上扩展学习内容

本书附赠 3 章线上扩展学习内容，包括结构静力分析实例、耦合场分析简介、直接耦合场分析等内容，学有余力的读者可以扫描封底的"文泉云盘"二维码获取学习资源。

四、关于本书的服务

1．ANSYS 2020 安装软件的获取

按照本书上的实例进行操作练习，以及使用 ANSYS 2020 进行分析，需要事先在电脑上安装 ANSYS 2020 软件。ANSYS 2020 安装软件可以登录官方网站联系购买正版软件，或者使用其试用版。另外，当地电脑城、软件经销商一般有售。

2．关于本书的技术问题或有关本书信息的发布

读者朋友遇到有关本书的技术问题，可以扫描封底"文泉云盘"二维码查看是否已发布相关勘误/解疑文档，如果没有，可在文档下方找到联系方式，我们将及时回复。

3. 关于手机在线学习

扫描书后刮刮卡（需刮开涂层）二维码，即可获取书中二维码的读取权限，再扫描书中二维码，可在手机中观看对应教学视频。充分利用碎片化时间，随时随地提升。需要强调的是，书中给出的是实例的重点步骤，详细操作过程还需读者通过视频来学习并领会。

五、关于作者

本书由 CAD/CAM/CAE 技术联盟组织编写。CAD/CAM/CAE 技术联盟是一个集 CAD/CAM/CAE 技术研讨、工程开发、培训咨询和图书创作于一体的工程技术人员协作联盟，包含众多专职和兼职 CAD/CAM/CAE 工程技术专家。

CAD/CAM/CAE 技术联盟负责人由 Autodesk 中国认证考试中心首席专家担任，全面负责 Autodesk 中国官方认证考试大纲制定、题库建设、技术咨询和师资力量培训工作，成员精通 Autodesk 系列软件。其创作的很多教材已经成为国内具有引导性的旗帜作品，在国内相关专业方向图书创作领域具有举足轻重的地位。

六、致谢

在本书的写作过程中，策划编辑贾小红女士给予了很大的帮助和支持，提出了很多中肯的建议，在此表示感谢。同时，还要感谢清华大学出版社的所有编审人员为本书的出版所付出的辛勤劳动。本书的成功出版是大家共同努力的结果，谢谢所有给予支持和帮助的人们。

编　者

2020 年 11 月

目 录

第 1 篇 操作基础篇

第 1 章 ANSYS 2020 入门 ... 2
（视频讲解：14 分钟）
- 1.1 ANSYS 2020 的用户界面 ... 3
- 1.2 ANSYS 文件系统 ... 4
  - 1.2.1 文件类型 ... 4
  - 1.2.2 文件管理 ... 5
- 1.3 ANSYS 分析过程 ... 8
  - 1.3.1 建立模型 ... 9
  - 1.3.2 加载并求解 ... 9
  - 1.3.3 后处理器 ... 10
- 1.4 实例入门——角托架受力分析 ... 10
  - 1.4.1 分析实例描述 ... 10
  - 1.4.2 建立模型 ... 10
  - 1.4.3 查看计算结果 ... 19

第 2 章 几何建模 ... 21
（视频讲解：33 分钟）
- 2.1 坐标系简介 ... 22
  - 2.1.1 总体和局部坐标系 ... 22
  - 2.1.2 显示坐标系 ... 24
  - 2.1.3 节点坐标系 ... 25
  - 2.1.4 单元坐标系 ... 26
  - 2.1.5 结果坐标系 ... 26
- 2.2 工作平面的使用 ... 27
  - 2.2.1 定义一个新的工作平面 ... 27
  - 2.2.2 控制工作平面的显示和样式 ... 28
  - 2.2.3 移动工作平面 ... 28
  - 2.2.4 旋转工作平面 ... 28
  - 2.2.5 还原一个已定义的工作平面 ... 29
- 2.3 布尔操作 ... 29
  - 2.3.1 布尔运算的设置 ... 29
  - 2.3.2 布尔交运算 ... 30
  - 2.3.3 布尔两两相交运算 ... 31
  - 2.3.4 布尔加运算 ... 32
  - 2.3.5 布尔相减运算 ... 32
  - 2.3.6 利用工作平面进行减运算 ... 33
  - 2.3.7 布尔搭接运算 ... 34
  - 2.3.8 布尔分割运算 ... 34
  - 2.3.9 布尔粘接（或合并）运算 ... 34
- 2.4 编辑几何模型 ... 35
  - 2.4.1 按照样本生成图元 ... 35
  - 2.4.2 由对称映像生成图元 ... 36
  - 2.4.3 将样本图元转换到坐标系 ... 36
  - 2.4.4 实体模型图元的缩放 ... 37
- 2.5 自底向上创建几何模型 ... 38
  - 2.5.1 关键点 ... 38
  - 2.5.2 硬点 ... 39
  - 2.5.3 线 ... 40
  - 2.5.4 面 ... 42
  - 2.5.5 体 ... 44
- 2.6 实例——储液罐的实体建模 ... 45
  - 2.6.1 GUI 方式 ... 45
  - 2.6.2 命令流方式 ... 49
- 2.7 自顶向下创建几何模型（体素）... 50
  - 2.7.1 创建面体素 ... 51
  - 2.7.2 创建实体体素 ... 51
- 2.8 实例——轴承座的实体建模 ... 52
  - 2.8.1 GUI 方式 ... 53
  - 2.8.2 命令流方式 ... 58
- 2.9 从 IGES 文件中将几何模型导入 ANSYS 软件中 ... 60

2.10	实例——输入 IGES 单一实体 61		3.8	直接通过节点和单元生成有限元模型 98
2.11	实例——对输入模型修改 63			3.8.1 节点 99
				3.8.2 单元 100

第3章 划分网格 67
（ 视频讲解：14分钟）

- 3.1 有限元网格概论 68
- 3.2 设定单元属性 68
  - 3.2.1 生成单元属性表 68
  - 3.2.2 在划分网格之前分配单元属性 69
- 3.3 网格划分的控制 71
  - 3.3.1 ANSYS 网格划分工具（MeshTool）...... 71
  - 3.3.2 单元形状 72
  - 3.3.3 选择自由或映射网格划分 72
  - 3.3.4 控制单元中间节点的位置 73
  - 3.3.5 划分自由网格时的单元尺寸控制（SmartSizing）...... 73
  - 3.3.6 映射网格划分中单元的默认尺寸 74
  - 3.3.7 局部网格划分控制 74
  - 3.3.8 内部网格划分控制 75
  - 3.3.9 生成过渡棱锥单元 77
  - 3.3.10 将退化的四面体单元转化为非退化的形式 78
  - 3.3.11 执行层网格划分 78
- 3.4 自由网格划分和映射网格划分控制 79
  - 3.4.1 自由网格划分 79
  - 3.4.2 映射网格划分 80
- 3.5 实例——储液罐的网格划分 85
  - 3.5.1 GUI 方式 85
  - 3.5.2 命令流方式 87
- 3.6 延伸和扫掠生成有限元网格模型 88
  - 3.6.1 延伸（Extrude）生成网格 88
  - 3.6.2 扫掠（VSWEEP）生成网格 91
- 3.7 修改有限元模型 93
  - 3.7.1 局部细化网格 93
  - 3.7.2 移动、复制节点和单元 96
  - 3.7.3 控制面、线和单元的法向 97
  - 3.7.4 修改单元属性 98
- 3.8 直接通过节点和单元生成有限元模型 98
  - 3.8.1 节点 99
  - 3.8.2 单元 100
- 3.9 编号控制 102
  - 3.9.1 合并重复项 103
  - 3.9.2 编号压缩 104
  - 3.9.3 设定起始编号 104
  - 3.9.4 编号偏差 104
- 3.10 实例——轴承座的网格划分 105
  - 3.10.1 GUI 方式 105
  - 3.10.2 命令流方式 109

第4章 施加载荷 111
（ 视频讲解：14分钟）

- 4.1 载荷概论 112
  - 4.1.1 什么是载荷 112
  - 4.1.2 载荷步、子步和平衡迭代 113
  - 4.1.3 时间参数 114
  - 4.1.4 阶跃载荷与坡道载荷 114
- 4.2 施加载荷 115
  - 4.2.1 载荷分类 115
  - 4.2.2 轴对称载荷与反作用力 120
  - 4.2.3 利用表格施加载荷 121
  - 4.2.4 利用函数施加载荷和边界条件 123
- 4.3 实例——轴承座的载荷和约束施加 125
  - 4.3.1 GUI 方式 125
  - 4.3.2 命令流方式 128
- 4.4 设定载荷步选项 129
  - 4.4.1 通用选项 129
  - 4.4.2 动力学分析选项 132
  - 4.4.3 非线性选项 133
  - 4.4.4 输出控制 133
  - 4.4.5 Biot-Savart 选项 134
  - 4.4.6 谱分析选项 134
  - 4.4.7 创建多载荷步文件 135
- 4.5 实例——储液罐的载荷和约束施加 136

	4.5.1	GUI 方式 136
第6章	后处理 150
	（视频讲解：6 分钟）
4.5.2	命令流方式 139
6.1	后处理概述 151

第 5 章 求解 141

（视频讲解：2 分钟）

- 5.1 求解概论 142
  - 5.1.1 使用直接求解法 142
  - 5.1.2 使用其他求解器 143
  - 5.1.3 获得解答 143
- 5.2 利用特定的求解控制器
  指定求解类型 144
  - 5.2.1 使用 Abridged Solution
    菜单选项 144
  - 5.2.2 使用求解控制对话框 144
- 5.3 多载荷步求解 145
  - 5.3.1 多重求解法 146
  - 5.3.2 使用载荷步文件法 146
  - 5.3.3 使用数组参数
    法（矩阵参数法） 147
- 5.4 实例——轴承座和储液罐
  模型求解 149

- 6.1 后处理概述 151
  - 6.1.1 结果文件 152
  - 6.1.2 后处理可用的数据类型 .. 152
- 6.2 通用后处理器（POST1） 153
  - 6.2.1 将数据结果读入数据库 .. 153
  - 6.2.2 图像显示结果 159
  - 6.2.3 列表显示结果 166
  - 6.2.4 将结果旋转到不同坐标系
    中并显示 168
- 6.3 实例——轴承座计算结果后处理 .. 169
  - 6.3.1 GUI 方式 170
  - 6.3.2 命令流方式 173
- 6.4 时间历程后处理器（POST26） 173
  - 6.4.1 定义和储存 POST26 变量 174
  - 6.4.2 检查变量 176
  - 6.4.3 POST26 后处理器的其他功能 ... 178
- 6.5 实例——储液罐计算结果后处理 .. 179
  - 6.5.1 GUI 方式 179
  - 6.5.2 命令流方式 182

第 2 篇 专题实例篇

第 7 章 结构静力分析 184

（视频讲解：34 分钟）

- 7.1 结构静力概论 185
- 7.2 实例——高速齿轮应力分析 ... 185
  - 7.2.1 分析问题 185
  - 7.2.2 建立模型 186
  - 7.2.3 定义边界条件并求解 200
  - 7.2.4 查看结果 202
  - 7.2.5 命令流方式 206

第 8 章 模态分析 207

（视频讲解：49 分钟）

- 8.1 模态分析概论 208
- 8.2 实例——高速齿轮模态分析 ... 208
  - 8.2.1 分析问题 208

- 8.2.2 建立模型 208
- 8.2.3 进行模态分析设置、施加
  边界条件并求解 214
- 8.2.4 查看结果 217
- 8.2.5 命令流方式 221
- 8.3 实例——钢桁架桥模态分析 221
  - 8.3.1 问题描述 221
  - 8.3.2 GUI 操作方法 222
  - 8.3.3 命令流方式 226

第 9 章 谐响应分析 227

（视频讲解：20 分钟）

- 9.1 谐响应分析概论 228
  - 9.1.1 Full Method（完全法） 228
  - 9.1.2 Reduced Method（减缩法） 229

9.1.3　Mode Superposition Method（模态叠加法）..........229
9.1.4　3 种方法的共同局限性..........229
9.2　实例——悬臂梁谐响应分析..........229
　　9.2.1　分析问题..........230
　　9.2.2　建立模型..........230
　　9.2.3　查看结果..........241
　　9.2.4　命令流方式..........243

第 10 章　谱分析..........244
（ 视频讲解：34 分钟）
10.1　谱分析概论..........245
　　10.1.1　响应谱..........245
　　10.1.2　动力设计分析方法（DDAM）245
　　10.1.3　功率谱密度（PSD）..........245
10.2　实例——支撑平板动力效果谱分析..........246
　　10.2.1　问题描述..........246
　　10.2.2　建立模型..........246
　　10.2.3　命令流方式..........264

第 11 章　瞬态动力学分析..........265
（ 视频讲解：16 分钟）
11.1　瞬态动力学概论..........266
　　11.1.1　Full Method（完全法）..........266
　　11.1.2　Mode Superposition Method（模态叠加法）..........266
　　11.1.3　Reduced Method（减缩法）..........267
11.2　实例——哥伦布阻尼的自由振动分析..........267
　　11.2.1　问题描述..........267
　　11.2.2　GUI 模式..........268
　　11.2.3　命令流方式..........279

第 12 章　非线性分析..........280
（ 视频讲解：25 分钟）
12.1　非线性分析概论..........281
　　12.1.1　非线性行为的原因..........281
　　12.1.2　非线性分析的基本信息..........282
　　12.1.3　几何非线性..........284
　　12.1.4　材料非线性..........285
　　12.1.5　其他非线性问题..........289
12.2　实例——深沟球轴承..........289
　　12.2.1　分析问题..........289
　　12.2.2　GUI 方式..........289
　　12.2.3　查看结果..........298
　　12.2.4　命令流方式..........301

第 13 章　接触问题分析..........302
（ 视频讲解：17 分钟）
13.1　接触问题概论..........303
　　13.1.1　一般分类..........303
　　13.1.2　接触单元..........303
13.2　实例——齿轮副的接触分析..........304
　　13.2.1　分析问题..........304
　　13.2.2　建立模型..........304
　　13.2.3　定义边界条件并求解..........314
　　13.2.4　查看结果..........317
　　13.2.5　命令流方式..........319

第 14 章　结构屈曲分析..........320
（ 视频讲解：24 分钟）
14.1　结构屈曲概论..........321
14.2　实例——框架结构屈曲分析..........321
　　14.2.1　分析问题..........321
　　14.2.2　GUI 路径模式..........322
　　14.2.3　命令流方式..........335

第 3 篇　热分析篇

第 15 章　稳态热分析与瞬态热分析..........338
（ 视频讲解：50 分钟）
15.1　热分析概论..........339
　　15.1.1　热分析的特点..........339
　　15.1.2　热分析单元..........340
15.2　热载荷和边界条件的类型..........340
　　15.2.1　概述..........340
　　15.2.2　热载荷和边界条件注意事项....341

目录

15.3 稳态热分析概述 341
  15.3.1 稳态热分析定义 341
  15.3.2 稳态热分析的控制方程 341
15.4 实例——电热丝生热稳
  态热分析 342
  15.4.1 GUI 操作步骤 342
  15.4.2 命令流方式 355
15.5 瞬态热分析概述 355
  15.5.1 瞬态热分析特性 355
  15.5.2 瞬态热分析前处理考虑因素 ... 356
  15.5.3 控制方程 356
  15.5.4 初始条件的施加 356
15.6 实例——钢球淬火过程瞬
  态热分析 358
  15.6.1 GUI 分析过程 358
  15.6.2 命令流方式 366

第 16 章 热辐射和相变分析 367
  （视频讲解：71 分钟）
16.1 热辐射基本理论及在 ANSYS
  中的处理方法 368
  16.1.1 热辐射特性 368
  16.1.2 ANSYS 中热辐射的
    处理方法 368

16.2 实例——两同心圆柱体间
  热辐射分析 368
  16.2.1 问题描述 368
  16.2.2 问题分析 369
  16.2.3 GUI 操作步骤 369
  16.2.4 命令流方式 379
16.3 实例——圆台形物体热
  辐射分析 380
  16.3.1 问题描述 380
  16.3.2 问题分析 380
  16.3.3 GUI 操作步骤 380
  16.3.4 命令流方式 386
16.4 相变分析概述 387
  16.4.1 相和相变 387
  16.4.2 潜在热量和焓 387
  16.4.3 相变分析基本思路 388
16.5 实例——茶杯中水结冰
  过程分析 390
  16.5.1 问题描述 390
  16.5.2 问题分析 390
  16.5.3 GUI 操作步骤 390
  16.5.4 命令流方式 402

第 4 篇 电磁分析篇

第 17 章 电磁场有限元分析简介 404
17.1 电磁场有限元分析概述 405
  17.1.1 电磁场中常见边界条件 ... 405
  17.1.2 ANSYS 电磁场分析对象 ... 405
  17.1.3 电磁场单元概述 406
  17.1.4 电磁宏 407
17.2 远场单元及远场单元的使用 ... 408
  17.2.1 远场单元 408
  17.2.2 使用远场单元的注意事项 ... 409

第 18 章 二维磁场分析 411
  （视频讲解：91 分钟）
18.1 二维静态磁场分析中要使用
  的单元 412

18.2 实例——二维螺线管制动器内
  静态磁场的分析 412
  18.2.1 问题描述 412
  18.2.2 GUI 操作方法 414
  18.2.3 命令流方式 425
18.3 二维谐波磁场分析中要使用
  的单元 425
18.4 实例——二维自由空间线圈的
  谐波磁场的分析 425
  18.4.1 问题描述 425
  18.4.2 GUI 操作方法 426
  18.4.3 命令流方式 437

18.5 二维瞬态磁场分析中要使用的单元 ... 437	20.2.1 问题描述 ... 481
18.6 实例——二维螺线管制动器内瞬态磁场的分析 ... 438	20.2.2 创建物理环境 ... 482
18.6.1 问题描述 ... 438	20.2.3 建立模型、赋予特性、划分网格 ... 483
18.6.2 GUI 操作方法 ... 439	20.2.4 加边界条件和载荷 ... 485
18.6.3 命令流方式 ... 451	20.2.5 求解 ... 486
	20.2.6 查看计算结果 ... 487
第 19 章 三维磁场分析 ... 452	20.2.7 命令流方式 ... 489
（视频讲解：46 分钟）	20.3 h 方法静电场分析中要使用的单元 ... 489
19.1 三维静态磁场标量法分析中要使用的单元 ... 453	20.4 实例——屏蔽微带传输线的静电分析 ... 490
19.2 实例——带空气隙的永磁体 ... 454	20.4.1 问题描述 ... 490
19.2.1 问题描述 ... 454	20.4.2 GUI 操作方法 ... 491
19.2.2 GUI 操作方法 ... 455	20.4.3 命令流方式 ... 500
19.2.3 命令流方式 ... 466	20.5 电路分析中要使用的单元 ... 500
19.3 棱边单元边方法中要使用的单元 ... 466	20.5.1 使用 CIRCU124 单元 ... 500
	20.5.2 使用 CIRCU125 单元 ... 502
19.4 实例——电动机沟槽中瞬态磁场分布 ... 467	20.6 实例——谐波电路分析 ... 503
19.4.1 问题描述 ... 467	20.6.1 问题描述 ... 503
19.4.2 创建物理环境 ... 467	20.6.2 GUI 操作方法 ... 503
19.4.3 建立模型、赋予特性、划分网格 ... 469	20.6.3 命令流方式 ... 510
19.4.4 加边界条件和载荷 ... 471	20.7 多导体系统求解电容 ... 510
19.4.5 求解 ... 472	20.7.1 对地电容和集总电容 ... 510
19.4.6 查看计算结果 ... 474	20.7.2 步骤 ... 511
19.4.7 命令流方式 ... 477	20.8 实例——电容计算实例 ... 513
	20.8.1 问题描述 ... 513
第 20 章 电场分析 ... 478	20.8.2 创建物理环境 ... 514
（视频讲解：79 分钟）	20.8.3 建立模型、赋予特性、划分网格 ... 516
20.1 电场分析中要使用的单元 ... 479	20.8.4 加边界条件和载荷 ... 520
20.2 实例——正方形电流环中的磁场分布 ... 481	20.8.5 求解 ... 522
	20.8.6 命令流方式 ... 523

▶▶ 第 1 篇

操作基础篇

- ☑ 第 1 章　ANSYS 2020 入门
- ☑ 第 2 章　几何建模
- ☑ 第 3 章　划分网格
- ☑ 第 4 章　施加载荷
- ☑ 第 5 章　求解
- ☑ 第 6 章　后处理

ANSYS 2020 入门

本章简要介绍有限元分析软件 ANSYS 的最新版本 2020，包括 ANSYS 的用户界面以及 ANSYS 的启动、配置与程序结构，最后用一个简单的例子来认识 ANSYS 分析的过程。

- ☑ ANSYS 2020 的用户界面
- ☑ ANSYS 文件系统
- ☑ ANSYS 分析过程

任务驱动&项目案例

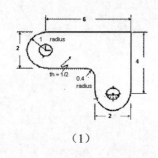

（1）

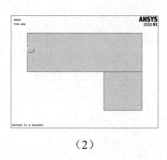

（2）

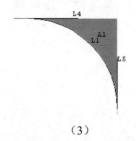

（3）

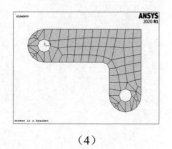

（4）

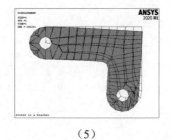

（5）

（6）

第 1 章 ANSYS 2020 入门

1.1 ANSYS 2020 的用户界面

启动 ANSYS 2020 并设定工作目录和工作文件名之后，将进入如图 1-1 所示的 ANSYS 2020 的 GUI 界面（Graphical User Interface，图形用户界面），主要包括以下 10 个部分。

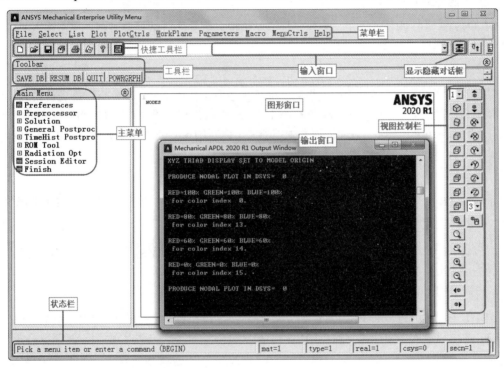

图 1-1 ANSYS 2020 图形用户界面

1. 菜单栏

包括 File（文件操作）、Select（选择功能）、List（数据列表）、Plot（图形显示）、PlotCtrls（视图环境控制）、WorkPlane（工作平面）、Parameters（参数）、Macro（宏命令）、MenuCtrls（菜单控制）和 Help（帮助）共 10 个菜单，囊括了 ANSYS 的绝大部分系统环境配置功能。在 ANSYS 运行的任何时候均可以访问这些菜单。

2. 快捷工具栏

对于常用的新建、打开、保存数据文件、视图旋转、抓图软件、报告生成器和帮助操作，提供了方便的快捷方式。

3. 输入窗口

ANSYS 提供了 4 种输入方式：常用的 GUI（图形用户界面）输入、命令流输入、使用工具栏和调用批处理文件。在输入窗口中可以输入 ANSYS 的各种命令，在输入命令过程中，ANSYS 自动匹配待选命令的输入格式。

4. 图形窗口

显示 ANSYS 的分析模型、网格、求解收敛过程、计算结果云图、等值线和动画等图形信息。

5. 工具栏

包括一些常用的 ANSYS 命令和函数,是执行命令的快捷方式。用户可以根据需要对其中的快捷命令进行编辑、修改和删除等操作,最多可设置 100 个命令按钮。

6. 显示隐藏对话框

在对 ANSYS 进行操作过程中,会弹出很多对话框,重叠的对话框会隐藏,单击输入栏右侧第一个按钮,可以迅速显示隐藏的对话框。

7. 主菜单

主菜单几乎涵盖了 ANSYS 分析过程的全部菜单命令,按照 ANSYS 分析过程进行排列,依次是 Preferences(个性设置)、Preprocessor(前处理器)、Solution(求解器)、General Postproc(通用后处理器)、TimeHist Postproc(时间历程后处理器)、ROM Tool(ROM 工具)、Radiation Opt(辐射选项)、Session Editor(进程编辑)和 Finish(完成)。

8. 状态栏

显示 ANSYS 的一些当前信息,如当前所在的模块、材料属性、单元实常数及系统坐标等。

9. 视图控制栏

用户可以利用这些快捷方式方便地进行视图操作,如前视、后视、俯视、旋转任意角度、放大或缩小、移动图形等,调整到用户最佳的视图角度。

10. 输出窗口

在图 1-1 中,输出窗口的主要功能在于同步显示 ANSYS 对已进行的菜单操作或已输入命令的反馈信息,以及用户输入命令或菜单操作的出错信息和警告信息等,关闭此窗口,ANSYS 将强行退出。

> 注意:用户可利用输出窗口的提示信息,随时改正自己的操作错误,对修改用户编写的命令流特别有用。

1.2 ANSYS 文件系统

本节将简要讲述 ANSYS 文件的类型和文件管理的相关知识。

1.2.1 文件类型

ANSYS 程序广泛应用文件来存储和恢复数据,特别是在求解分析时。这些文件被命名为 jobname.ext,其中 jobname 是设定的工作文件名,默认的工作文件名为 file,用户可以更改,最大长度可达 32 个字符,但必须是英文名,ANSYS 不支持中文的文件名;ext 是由 ANSYS 定义的唯一的由 2~4 个字符组成的扩展名,用于表明文件的内容。

ANSYS 程序运行产生的文件中,有一些文件在 ANSYS 运行结束前产生但在某一时刻会自动删除,这些文件称为临时文件,如表 1-1 所示;另一些在运行结束后保留的文件则称为永久文件,如表 1-2 所示。

表 1-1 ANSYS 产生的临时文件

文件名	类型	内容
jobname.ano	文本	图形注释命令
jobname.bat	文本	从批处理输入文件中复制的输入数据
jobname.don	文本	嵌套层（级）的循环命令
jobname.erot	二进制	旋转单元矩阵文件
jobname.page	二进制	ANSYS 虚拟内存页文件

表 1-2 ANSYS 产生的永久文件

文件名	类型	内容
jobname.out	文本	输出文件
jobname.db	二进制	数据文件
jobname.rst	二进制	结构与耦合分析文件
jobname.rth	二进制	热分析文件
jobname.rmg	二进制	磁场分析文件
jobname.rfl	二进制	流体分析文件
jobname.sn	文本	载荷步文件
jobname.grph	文本	图形文件
jobname.emat	二进制	单元矩阵文件
jobname.log	文本	日志文件
jobname.err	文本	错误文件
jobname.elem	文本	单元定义文件
jobname.esav	二进制	单元数据存储文件

临时文件一般是计算过程中存储某些中间信息的文件，如 ANSYS 虚拟内存页（jobname.page）以及旋转某些中间信息的文件（jobname.erot）等。

1.2.2 文件管理

1. 指定文件名

ANSYS 的文件名由以下 3 种方式来指定。

（1）进入 ANSYS 后，通过以下方式实现更改工作文件名。

> 命令流：/FILNAME, fname
> 或 GUI: Utility Menu > File > Change Jobname…

（2）由 ANSYS 启动器交互式进入 ANSYS 后，直接运行，则 ANSYS 的工作文件名默认为 file。

（3）由 ANSYS 启动器交互式进入 ANSYS 后，在运行环境设置窗口中 Job Name 文本框中把系统默认的 file 更改为用户想要输入的工作文件名。

2. 保存数据库文件

ANSYS 数据库文件包含了建模、求解、后处理所产生的保存在内存中的数据，一般指存储几何信息、节点单元信息、边界条件、载荷信息、材料信息、位移、应变、应力和温度等数据库文件，后缀为.db。

存储操作将 ANSYS 数据库文件从内存中写入数据库文件 jobname.db，作为数据库当前状态的一个备份。由于 ANSYS 软件没有其他有限元软件的即时 UNDO 功能以及自动保存功能，因此，建议用户在不能确定下一个操作是否正确的情况下，应先保存当前数据库，以便在出现错误时可以及时恢复。

ANSYS 提供以下 3 种方式存储数据库。

（1）利用工具栏上的 SAVE_DB 命令，如图 1-2 所示。

图 1-2　ANSYS 文件的存储与读取快捷方式

（2）使用命令流方式存储数据库。

　　命令：SAVE, Fname, ext, dir, slab

（3）用菜单方式保存数据库。

　　GUI: Utility Menu > File > Save as jobname.db
　　或　Utility Menu > File > Save as …

注意：Save as jobname.db 表示以工作文件名保存数据库；而 Save as…程序将数据保存到另一个文件名中，当前的文件内容并不会发生改变，保存之后进行的操作仍记录到原来的工作文件数据库中。

如果保存以后再次以一个同名数据库文件进行保存的话，那么 ANSYS 会先将旧文件命名为 jobname.db 作为备份，此备份用户可以恢复它，相当于执行一次 Undo 操作。

在求解之前保存数据库。

3. 恢复数据库文件

ANSYS 提供以下 3 种方式恢复数据库。
（1）利用工具栏上的 RESUM_DB 命令，如图 1-2 所示。
（2）使用命令流方式恢复数据库。

　　命令：Resume, Fname, ext, dir, slab

（3）用下拉菜单方式恢复数据库。

　　GUI: Utility Menu > File > Resume jobname.db
　　或　Utility Menu > File > Resume from…

4. 读入文本文件

ANSYS 程序经常需要读入一些文本文件，如参数文件、命令文件、单元文件、材料文件等，常见读入文本文件的操作如下。

（1）读取 ANSYS 命令记录文件。

　　命令：/Input, fname, ext, …, line, log
　　GUI: Utility Menu > File > Read Input from

（2）读取宏文件。

　　命令：*Use, name, arg1, arg2, …, arg18
　　GUI: Utility Menu > Macro > Execute Data Block

（3）读取材料参数文件。

命令：Parres, lab, fname, ext, …
GUI: Utility Menu > Parameters > Restore Parameters

（4）读取材料特性文件。

命令：Mpread, fname, ext, …, lib
GUI: Main Menu > Preprocess > Material Props > Read from File
　或　Main Menu > Preprocess > Loads > Other > Change Mat Props > Read from File
　或　Main Menu > Solution > Load step opts > Other > Change Mat Props > Read from File

（5）读取单元文件。

命令：Nread, fname, ext, …
GUI: Main Menu > Preprocess > Modeling > Creat > Elements > Read Elem File

（6）读取节点文件。

命令：Nread, fname, ext, …
GUI: Main Menu > Preprocess > Modeling > Creat > Nodes > Read Node File

5. 写入文本文件

（1）写入材料参数文件。

命令：Parsav, lab, fname, ext, …
GUI: Utility Menu > Parameters > Save Parameters

（2）写入材料特性文件。

命令：Mpwrite, fname, ext, …, lib, mat
GUI: Main Menu > Preprocess > Material Props > Write to File
　或　Main Menu > Preprocess > Loads > Other > Change Mat Props > Write to File
　或　Main Menu > Solution > Load Step Opts > Other > Change Mat Props > Write to File

（3）写入单元文件。

命令：Ewrite, fname, ext, …, kappnd, format
GUI: Main Menu > Preprocess > Modeling > Creat > Elements > Write Elem File

（4）写入节点文件。

命令：Nwrite, fname, ext, …, kappnd
GUI: Main Menu > Preprocess > Modeling > Creat > Nodes > Write Node File

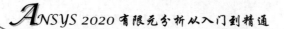

6. 文件操作

ANSYS 的文件操作相当于操作系统中的文件操作功能，如重命名文件、复制文件和删除文件等。

（1）重命名文件。

```
命令：/rename, fname, ext, …, fname2, ext2, …
GUI: Utility Menu > File > File Operation > Rename
```

（2）复制文件。

```
命令：/copy, fname, ext1, …, fname2, ext2, …
GUI: Utility Menu > File > File Operation > Copy
```

（3）删除文件。

```
命令：/delete, fname, ext, …
GUI: Utility Menu > File > File Operation > Delete
```

7. 列表显示文件信息

（1）列表显示 Log 文件。

```
GUI: Utility Menu > File > List > Log Files
 或  Utility Menu > List > Files > Log Files
```

（2）列表显示二进制文件。

```
GUI: Utility Menu > File > List > Binary Files
 或  Utility Menu > List > Files > Binary Files
```

（3）列表显示错误信息文件。

```
GUI: Utility Menu > File > List > Error Files
 或  Utility Menu > List > Files > Error Files
```

1.3 ANSYS 分析过程

从总体上讲，ANSYS 软件有限元分析包含前处理、求解和后处理 3 个基本过程，如图 1-3 所示。它们分别对应 ANSYS 主菜单系统中的 Preprocessor（前处理器）、Solution（求解器）、General Postproc（通用后处理器）与 TimeHist Postproc（时间历程后处理器）。

ANSYS 软件包含多种有限元分析功能，从简单的线性静态分析到复杂的非线性动态分析，以及热分析、流固耦合分析、电磁分析、流体分析等。ANSYS 具体应用到每一个不同的工程领域时，其分析方法和步骤有所差别，本节主要讲述对大多数分析过程都适用的一般步骤。

一个典型的 ANSYS 分析过程可分为以下 3 个步骤。

（1）建立模型。

图 1-3 分析主菜单

（2）加载求解。

（3）查看分析结果。

其中，建立模型包括参数定义、实体建模和划分网格；加载求解包括施加载荷、边界条件和进行求解运算；查看分析结果包括查看分析结果和分析处理并评估结果。

1.3.1 建立模型

建立模型包括创建实体模型、定义单元属性、划分有限元网格和修正模型等几项内容。现今大部分的有限元模型都是用实体模型建模，类似于 CAD，ANSYS 以数学的方式表达结构的几何形状，然后在里面划分节点和单元，还可以在几何模型边界上方便地施加载荷，但是实体模型并不参与有限元分析，所以施加在几何实体边界上的载荷或约束必须最终传递到有限元模型上（单元或节点）进行求解，这个过程通常是 ANSYS 程序自动完成的。

用户可以通过 4 种途径创建 ANSYS 模型。

- ☑ 在 ANSYS 环境中创建实体模型，然后划分有限元网格。
- ☑ 在其他软件（如 CAD）中创建实体模型，然后读入 ANSYS 环境，经过修正后划分有限元网格。
- ☑ 在 ANSYS 环境中直接创建节点和单元。
- ☑ 在其他软件中创建有限元模型，然后将节点和单元数据读入 ANSYS 中。

单元属性是指划分网格以前必须指定的所分析对象的特征，这些特征包括材料属性、单元类型和实常数等。需要强调的是，除了磁场分析以外，用户不需要告诉 ANSYS 使用的是什么单位制，只需要自己决定使用何种单位制，然后确保所有输入值的单位统一即可。单位制影响输入的实体模型尺寸、材料属性、实常数及载荷等。

1.3.2 加载并求解

ANSYS 中的载荷可分为以下几类。

- ☑ 自由度 DOF：定义节点的自由度（DOF）值（例如结构分析的位移、热分析的温度和电磁分析的磁势等）。
- ☑ 面载荷（包括线载荷）：作用在表面的分布载荷（例如结构分析的压力、热分析的热对流和电磁分析的麦克斯韦尔表面等）。
- ☑ 体积载荷：作用在体积上或场域内（例如热分析的体积膨胀和内生成热、电磁分析的磁流密度等）的载荷。
- ☑ 惯性载荷：结构质量或惯性引起的载荷（例如重力和加速度等）。

在进行求解之前，用户应进行分析数据检查，包括以下内容。

- ☑ 单元类型和选项，材料性质参数，实常数以及统一的单位制。
- ☑ 单元实常数和材料类型的设置，实体模型的质量特性。
- ☑ 确保模型中没有不应存在的缝隙（特别是从 CAD 中输入的模型）。
- ☑ 壳单元的法向，以及节点坐标系。
- ☑ 集中载荷和体积载荷，以及面载荷的方向。
- ☑ 温度场的分布和范围，以及热膨胀分析的参考温度。

1.3.3 后处理器

ANSYS 提供了以下两个后处理器。
- ☑ 通用后处理器（POST1）：用来观看整个模型在某一时刻的结果。
- ☑ 时间历程后处理器（POST26）：用来观看模型在不同时间段或载荷步上的结果，常用于处理瞬态分析和动力分析的结果。

1.4 实例入门——角托架受力分析

为了使读者能够更清楚地了解 ANSYS 程序的有限元分析和计算过程，本节以一个角托架实例来详细介绍 ANSYS 分析问题的全过程。

1.4.1 分析实例描述

本实例是关于一个角托架的简单加载，线性静态结构分析问题，托架的具体形状和尺寸如图 1-4 所示。角托架左上方的销孔被焊接完全固定，其右下角的销孔受到锥形的压力载荷，角托架的材料为 A36 优质钢。因为角托架在 Z 方向的尺寸相对于其在 X 和 Y 方向的尺寸来说很小，并且压力载荷仅作用在 X、Y 平面上，因此可以认为这个分析为平面应力状态。角托架的材料参数为弹性模量 E=30e6psi，泊松比 $\nu = 0.27$。

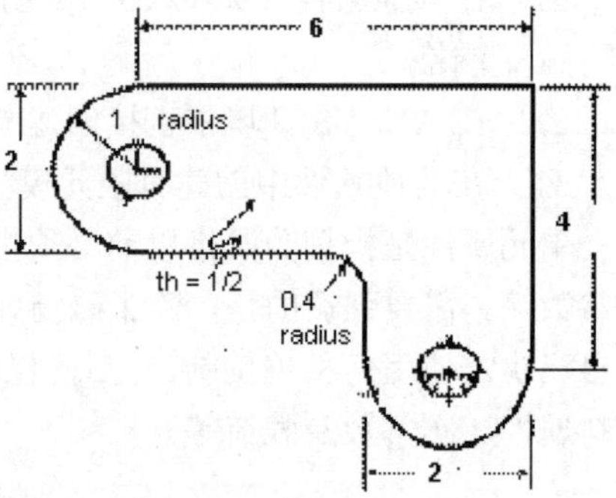

图 1-4 角托架图

1.4.2 建立模型

1. 指定工作文件名和分析标题

（1）指定工作文件名。

> GUI："开始" > "所有程序" > ANSYS 2020 > Mechanical APDL Product Launcher 2020

以交互式启动 ANSYS 程序，将初始工作文件名设置为 Bracket，并单击 Run 按钮进入 ANSYS 用户界面。

（2）定义分析标题。

> GUI：Utility Menu > File > Change Title

执行以上命令后，弹出如图 1-5 所示的对话框，在 Enter new jobname 文本框中输入 "STRESS IN A BRACKET" 作为 ANSYS 图形显示时的标题。

2. 定义单元类型

每一个 ANSYS 分析中都必须定义单元类型，本例中需要使用的单元类型为 PLANE183 单元，是一个 8 节点的二维二次结构单元。

```
GUI：Main Menu > Preprocessor > Element Type > Add/Edit/Delete
```

执行以上命令后，弹出如图 1-6 所示的对话框。

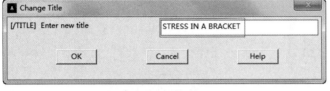

图 1-5　修改标题对话框　　　　　　图 1-6　单元类型对话框

单击 Add 按钮，弹出如图 1-7 所示的对话框，在左侧的列表框中选择 Solid 选项，在右侧列表框中选择 8 node 183 选项，也就是 PLANE183 单元。

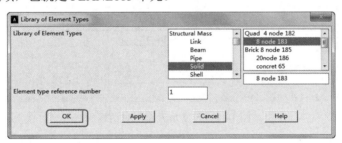

图 1-7　单元类型库对话框

单击 OK 按钮，这时返回如图 1-6 所示的对话框，单击 Options 按钮，弹出如图 1-8 所示的定义 PLANE183 单元选项对话框。在 Element behavior K3 下拉列表框中选择 Plane strs w/thk 选项后，单击 OK 按钮完成定义单元类型。

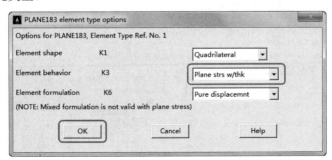

图 1-8　定义 PLANE183 单元选项对话框

3. 定义单元实常数

```
GUI：Main Menu > Preprocessor > Real Constants > Add/Edit/Delete
```

执行以上命令后,弹出如图1-9所示的定义实常数对话框,单击Add按钮,弹出如图1-10所示的选择要定义实常数单元对话框,选中PLANE183单元后,单击OK按钮,弹出如图1-11所示的定义单元厚度对话框,在THK文本框中输入"0.5"。

图1-9 定义实常数对话框　　　图1-10 选择要定义实常数单元对话框

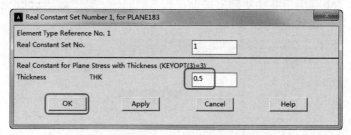

图1-11 定义单元厚度对话框

4. 定义材料特性

角托架的材料为A36钢,需要定义角托架的弹性模量和泊松比。

```
GUI: Main Menu > Preprocessor > Material Props > Material Models
```

执行完以上命令后,弹出如图1-12所示的定义材料属性对话框。

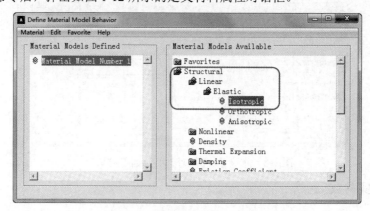

图1-12 定义材料属性对话框

第1章 ANSYS 2020入门

在这个对话框中依次选择 Structural > Linear > Elastic > Isotropic 选项，表示选中结构分析中的线弹性各向同性材料。这时弹出如图 1-13 所示的定义弹性模量和泊松比对话框，在其中输入弹性模量 EX 为"30E6"，泊松比 PRXY 为"0.27"，再单击 OK 按钮关闭该对话框。

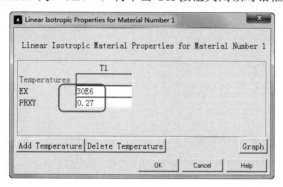

图 1-13 定义弹性模量和泊松比对话框

5. 建立几何模型

（1）定义矩形。

```
GUI: Main Menu > Preprocessor > Modeling > Create > Area > Rectangle > By Dimensions
```

执行以上命令后，弹出如图 1-14 所示的创建矩形对话框，在其中设置 X1=0，X2=6，Y1=-1，Y2=1。单击 Apply 按钮生成一个矩形。接着继续在对话框中设置 X1=4，X2=6，Y1=-1，Y2=-3，单击 OK 按钮生成第二个矩形。生成的两个矩形如图 1-15 所示。

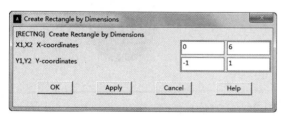

图 1-14 创建矩形对话框

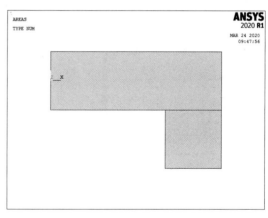

图 1-15 矩形示意图

（2）改变图形控制。为了将不同的面积用不同颜色的图形进行区分，可以在 ANSYS 中用以下菜单命令进行设置。

```
GUI: Utility Menu > PlotCtrls > Numbering
```

执行完以上命令后，弹出如图 1-16 所示的图形编号对话框，将 Area numbers 设置为 On，单击 OK 按钮。此时，两个矩形即可以不同的颜色显示，如图 1-17 所示。

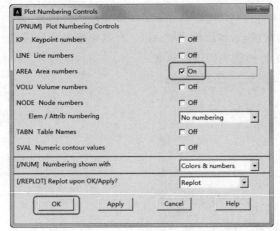

图 1-16 图形编号对话框

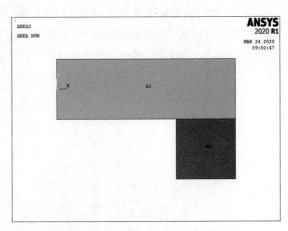

图 1-17 不同颜色显示的矩形示意图

（3）绘制圆形。

> GUI: Main Menu > Preprocessor > Modeling > Create > Area > Circle > Solid Circle

执行完以上命令后，弹出如图 1-18 所示的绘制圆形对话框，在对话框中设置 X=0，Y=0，Radius=1，单击 Apply 按钮，生成角托架左上角圆。接着继续在对话框中设置 X=5，Y=−3，Radius=1，单击 OK 按钮生成角托架右下角圆，如图 1-19 所示。

图 1-18 绘制圆形对话框

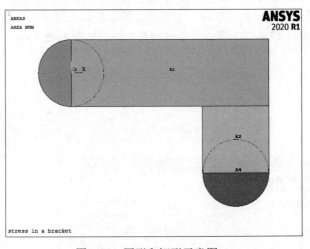

图 1-19 圆形和矩形示意图

接着单击 ANSYS Toolbar 工具栏中的 SAVE_DB 按钮进行存盘。在 ANSYS 操作中经常进行存盘是很重要的，这样可在出现操作错误时，用 RESUME 命令恢复到以前的数据文件状态。

（4）布尔加运算。

> GUI: Main Menu > Preprocessor > Modeling > Operate > Booleans > Add > Areas

执行完这个命令后，在弹出的对话框中单击 Pick All 按钮，这时两个矩形和两个圆形就组合为一个整体，如图 1-20 所示。

（5）创建倒角。

选择实用菜单中的 Utility Menu > PlotCtrls > Numbering 命令后，弹出如图 1-21 所示的图形编号对话框，将 Line numbers 设置为 On，这样图形中每条线会显示一个标号。

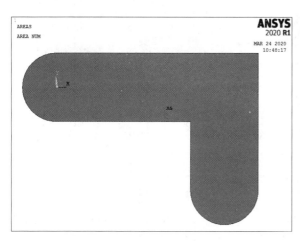
图 1-20　布尔加运算结果

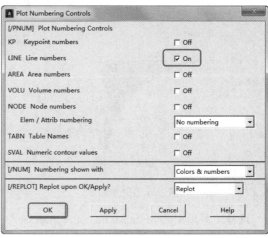
图 1-21　图形编号对话框

选择主菜单中的 Main Menu > Preprocessor > Modeling > Create > Lines > Line Fillet 命令后，在刚刚显示标号的图形中选择 L17 和 L8 两条线，单击 OK 按钮，然后在 Fillet radius 文本框中输入"0.4"，如图 1-22 所示。再单击 OK 按钮便生成这两条直线的倒角，如图 1-23 所示。

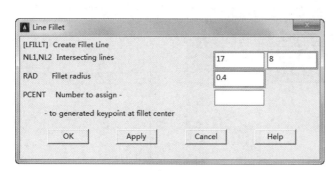
图 1-22　创建倒角对话框

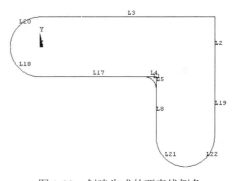
图 1-23　创建生成的两直线倒角

选择主菜单中的 Main Menu > Preprocessor > Modeling > Create > Area > Arbitrary > By Lines 命令，选择图 1-23 中的 L1、L4 和 L5 这 3 条直线，单击 OK 按钮，即生成如图 1-24 所示的倒角面积。

选择主菜单中的 Main Menu > Preprocessor > Modeling > Operate > Booleans > Add > Areas 命令，在弹出的对话框中单击 Pick All 按钮，将所有面积组合在一起。

单击 ANSYS Toolbar 工具栏中的 SAVE_DB 按钮进行存盘。

（6）创建角托架的圆孔。

```
GUI：Main Menu > Preprocessor > Modeling > Create > Areas > Circle > Solid Circle
```

执行完以上命令后，弹出绘制圆形对话框，在对话框中设置 X=0，Y=0，Radius=0.4。单击 Apply 按钮，生成角托架左上角小圆。接着继续在对话框中设置 X=5，Y=-3，Radius=0.4，单击 OK 按钮生成角托架右下角小圆，如图 1-25 所示。

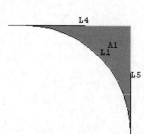

图1-24 创建生成的倒角面积　　　图1-25 创建两个小圆

选择主菜单中的 Main Menu > Preprocessor > Modeling > Operate > Booleans > Subtract > Areas 命令，在弹出的对话框中选择角托架为布尔减运算基体，单击 Apply 按钮，接着选择刚创建的两个小圆作为被减去的部分，单击 OK 按钮后即生成角托架的两个圆孔，如图1-26所示。

单击 ANSYS Toolbar 工具栏中的 SAVE_DB 按钮进行存盘。

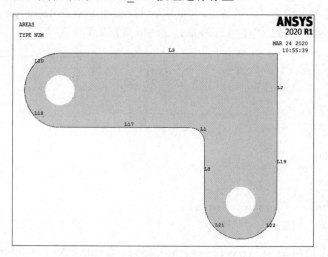

图1-26 布尔减运算生成角托架圆孔

6. 网格划分生成有限元模型

选择主菜单中的 Main Menu > Preprocessor > Meshing > Mesh Tool 命令，在弹出如图1-27所示的 MeshTool 工具栏中，单击 Size Controls 组中 Global 后的 Set 按钮，弹出如图1-28所示的划分网格单元尺寸对话框，在 SIZE 文本框中输入"0.5"，单击 OK 按钮。返回如图1-27所示的 MeshTool 对话框，单击 Mesh 按钮，在弹出的对话框中单击 Pick All 按钮，生成有限元模型，如图1-29所示。

单击 ANSYS Toolbar 工具栏中的 SAVE_DB 按钮进行存盘。

（1）选择分析选项。

选择主菜单中的 Main Menu > Solution > Analysis Type > New Analysis 命令，在弹出的选择分析选项对话框中选择 Static，单击 OK 按钮。

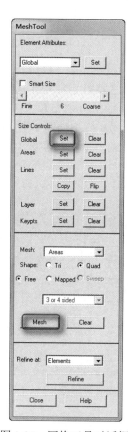

图1-27 网格工具对话框

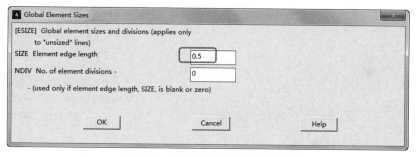

图1-28 划分网格单元尺寸对话框

（2）施加位移约束。

选择主菜单中的 Main Menu > Solution > Define Load > Apply > Structural > Displacement > On Lines 命令，在图 1-26 中选择角托架左圆孔处 4 根线（L4、L5、L6、L7），单击 OK 按钮，弹出如图 1-29 所示的施加位移约束对话框，在 DOFs to be constrained 后面的列表框中选择 ALL DOF 选项，在 Displacement value 文本框中输入"0"，单击 OK 按钮，就完成角托架左上角圆孔施加位移约束，如图 1-30 所示。

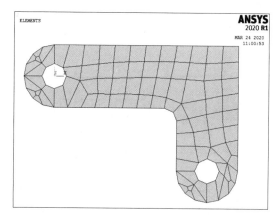

图1-29 划分网格后的角托架有限元模型

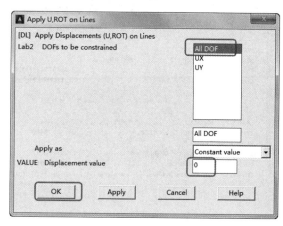

图1-30 施加位移约束对话框

单击 ANSYS Toolbar 工具栏中的 SAVE_DB 按钮进行存盘。

（3）施加压力载荷。

选择主菜单中的 Main Menu > Solution > Define Load > Apply > Structural > Pressure > On Lines 命令，弹出对话框后，选择托架右下角圆孔的左下弧线 L11，单击 OK 按钮，弹出如图 1-31 所示的施加压力载荷对话框。在该对话框上面的文本框中输入"50"，在下面的文本框中输入"500"，单击 Apply 按钮，弹出对话框后，选择托架右下角圆孔的右下弧线 L12，单击 OK 按钮，再次弹出如图 1-32 所示的对话框，在上面的文本框中输入"500"，在下面的文本框中输入"50"，单击 OK 按钮就完成了对圆孔的压力载荷施加。

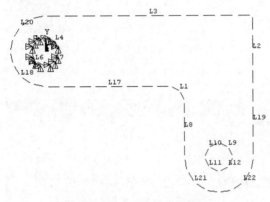

图 1-31　施加位移约束

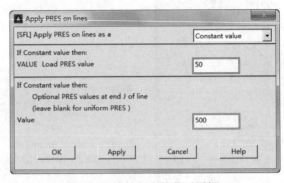

图 1-32　施加压力载荷对话框

（4）保存模型。

单击 ANSYS Toolbar 工具栏中的 SAVE_DB 按钮，保存文件。

（5）求解。

选择主菜单中的 Main Menu > Solution > Solve > Current LS 命令后，弹出/STATUS Command 对话框和 Solve Current Load Step 对话框，分别如图 1-33 和图 1-34 所示。核查/STATUS Command 对话框中的内容，确认正确后，单击 Solve Current Load Step 对话框中的 OK 按钮，ANSYS 程序就开始计算。

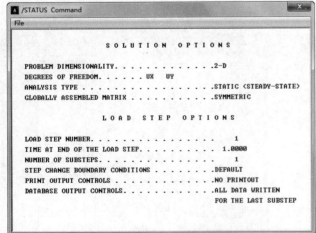

图 1-33　/STATUS Command 对话框

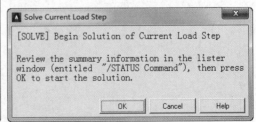

图 1-34　Solve Current Load Step 对话框

第 1 章　ANSYS 2020 入门

计算完成后，会出现一个信息框，提示求解已经完成，单击 OK 按钮关闭提示框。

1.4.3　查看计算结果

1. 读入结果文件

```
GUI: Main Menu > General Postproc > Read Results > First Set
```

2. 绘制变形图

```
GUI: Main Menu > General Postproc > Plot Results > Deformed Shape
```

执行这个命令后，弹出如图 1-35 所示的画变形图对话框，选中 Def+undeformed 单选按钮，单击 OK 按钮，得到如图 1-36 所示的角托架受载荷作用下的变形图。

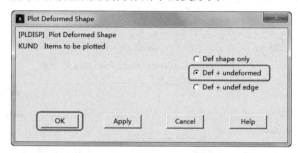

图 1-35　画变形图对话框

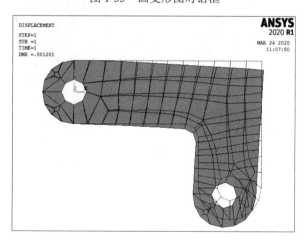

图 1-36　变形图

3. 画托架等效应力分布图

```
GUI: Main Menu > General Postproc > Plot Results > Contour Plot > Nodal Solu
```

执行这个命令后，弹出如图 1-37 所示的 Contour Nodal Solution Data 对话框，在 Item to be contoured 列表框中先选择 Stress 选项，再选择 von Mises stress 选项，然后单击 OK 按钮，得到如图 1-38 所示的角托架等效应力分布图。

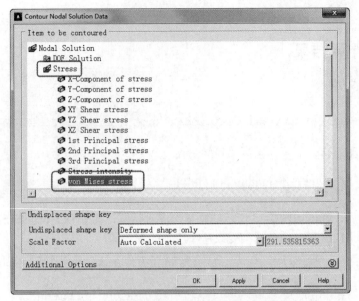

图 1-37 Contour Nodal Solution Data 对话框

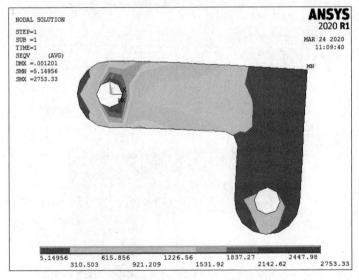

图 1-38 等效应力分布图

4. 保存结果文件

单击 ANSYS Toolbar 工具栏中的 SAVE_DB 按钮保存文件。

通过以上操作就完成了一个实例的 ANSYS 分析过程，用户可以单击 Toolbar 工具栏中的 QUIT 按钮，即可退出 ANSYS 程序。

第2章

几何建模

有限元分析是针对特定的模型进行的,因此,用户必须建立一个准确的模型。通过几何建模,可以描述模型的几何边界,为之后的网格划分和施加载荷建立模型基础,因此它是全部有限元分析的基础。

- ☑ 坐标系简介
- ☑ 工作平面的使用
- ☑ 布尔操作
- ☑ 编辑几何模型
- ☑ 自底向上创建几何模型

任务驱动&项目案例

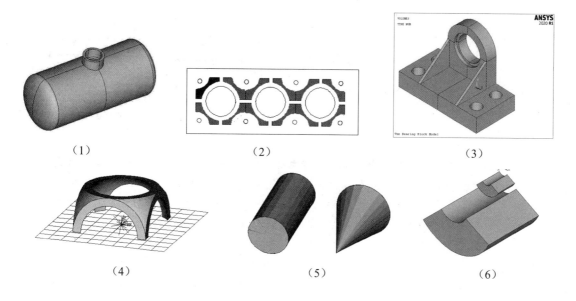

2.1 坐标系简介

ANSYS 有多种坐标系供用户选择。

- ☑ 总体和局部坐标系：用来定位几何形状参数（节点、关键点等）和空间位置。
- ☑ 显示坐标系：用于几何形状参数的列表和显示。
- ☑ 节点坐标系：定义每个节点的自由度和节点结果数据的方向。
- ☑ 单元坐标系：确定材料特性主轴和单元结果数据的方向。
- ☑ 结果坐标系：用来列表、显示或在通用后处理操作中将节点和单元结果转换到一个特定的坐标系中。

另外，工作平面与本节的坐标系分开讨论，详见 2.2 节。

2.1.1 总体和局部坐标系

总体坐标系和局部坐标系用来定位几何体。默认地，当定义一个节点或关键点时，其坐标系为总体笛卡儿坐标系。可是对有些模型，定义为不是总体笛卡儿坐标系的其他坐标系可能更方便。ANSYS 程序允许用任意预定义的 3 种（总体）坐标系中的任意一种来输入几何数据，或者在用户定义的任何（局部）坐标系中进行此项工作。

1. 总体坐标系

总体坐标系被认为是一个绝对的参考系。ANSYS 程序提供了 3 种总体坐标系，即笛卡儿坐标系、柱坐标系和球坐标系，这 3 种坐标系都是右手系，而且有共同的原点。它们由其坐标号来识别：0 是笛卡儿坐标系，1 是柱坐标系，2 是球坐标系；另外，还有一种以笛卡儿坐标系的 Y 轴为 Z 轴的柱坐标系，其坐标号是 3，如图 2-1 所示。

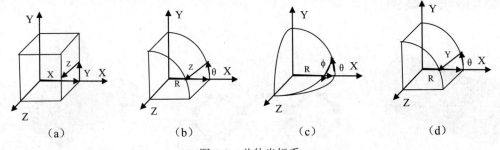

图 2-1　总体坐标系

注意：图 2-1（a）表示笛卡儿坐标系，坐标系统标号是 0；图 2-1（b）表示一类圆柱坐标系（其 Z 轴与笛卡儿坐标系的 Z 轴一致），坐标系统标号是 1；图 2-1（c）表示球坐标系，坐标系统标号是 2；图 2-1（d）表示二类圆柱坐标系（其 Z 轴与笛卡儿坐标系的 Y 轴一致），坐标系统标号是 3。

2. 局部坐标系

在许多情况下，用户必须要建立自己的坐标系。其原点与总体坐标系的原点偏移一定距离，或其方位不同于先前定义的总体坐标系，图 2-2 表示一个局部坐标系的示例，它是通过用于局部、节点或工作平面坐标系旋转的欧拉旋转角来定义的。

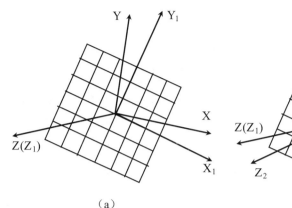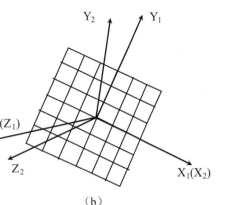

图 2-2 欧拉旋转角

用户可以按以下方式定义局部坐标系。

（1）按总体笛卡儿坐标定义局部坐标系。

  命令：LOCAL
  GUI: Utility Menu > WorkPlane > Local Coordinate Systems > Create Local CS > At Specified Loc +

（2）通过已有节点定义局部坐标系。

  命令：CS
  GUI: Utility Menu > WorkPlane > Local Coordinate Systems > Create Local CS > By 3 Nodes +

（3）通过已有关键点定义局部坐标系。

  命令：CSKP
  GUI: Utility Menu > WorkPlane > Local Coordinate Systems > Create Local CS > By 3 Keypoints +

（4）以当前定义的工作平面的原点为中心定义局部坐标系。

  命令：CSWPLA
  GUI: Utility Menu > WorkPlane > Local Coordinate Systems > Create Local CS > At WP Origin

注意：图 2-2 中 X、Y、Z 表示总体坐标系，然后通过旋转该总体坐标系来建立局部坐标系。图 2-2（a）表示将总体坐标系绕 Z 轴旋转一个角度得到 X1、Y1、Z（Z1）；图 2-2（b）表示将 X1、Y1、Z（Z1）绕 X1 轴旋转一个角度得到 X1（X2）、Y2、Z2。

当用户定义了一个局部坐标系后，它就会被激活。当创建了局部坐标系后，分配给它一个坐标系号（必须是 11 或更大），可以在 ANSYS 程序中的任何阶段建立或删除局部坐标系。若要删除一个局部坐标系，可以利用下面的方法。

  命令：CSDELE
  GUI: Utility Menu > WorkPlane > Local Coordinate Systems > Delete Local CS

若要查看所有的总体和局部坐标系,可以使用下面的方法。

> 命令:CSLIST
> GUI:Utility Menu > List > Other > Local Coord Sys

与3个预定义的总体坐标系类似,局部坐标系可以是笛卡儿坐标系、柱坐标系或球坐标系;局部坐标系可以是圆的,也可以是椭圆的,另外,还可以建立环形局部坐标系,如图2-3所示。

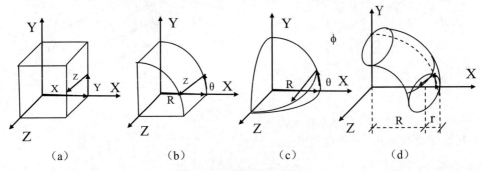

图2-3 局部坐标系类型

📢 **注意**:图2-3(a)表示局部笛卡儿坐标系;图2-3(b)表示局部圆柱坐标系;图2-3(c)表示局部球坐标系;图2-3(d)表示局部环形坐标系。

3. 坐标系的激活

用户可以定义多个坐标系,但某一时刻只能有一个坐标系被激活。激活坐标系的方法为自动激活总体笛卡儿坐标系,当用户定义一个新的局部坐标系时,这个新的坐标系就会自动被激活,如果要激活一个总体坐标系或以前定义的坐标系,可用下列方法。

> 命令:CSYS
> GUI:Utility Menu > WorkPlane > Change Active CS to > Global Cartesian
>   Utility Menu > WorkPlane > Change Active CS to > Global Cylindrical
>   Utility Menu > WorkPlane > Change Active CS to > Global Spherical
>   Utility Menu > WorkPlane > Change Active CS to > Specified Coord Sys
>   Utility Menu > WorkPlane > Change Active CS to > Working Plane

在ANSYS程序运行的任何阶段都可以激活某个坐标系,若没有明确地改变激活的坐标系,当前激活的坐标系将一直保持不变。

在定义节点或关键点时,不管哪个坐标系是激活的,程序都将坐标标为X、Y和Z。如果激活的不是笛卡儿坐标系,用户应将X、Y和Z理解为柱坐标系中的R、θ、Z或球坐标系中的R、θ、φ。

2.1.2 显示坐标系

在默认情况下,即使是在其他坐标系中定义的节点和关键点,其列表都显示它们在总体笛卡儿坐标系,用户可以用下列方法改变显示的坐标系。

> 命令:DSYS
> GUI:Utility Menu > WorkPlane > Change Display CS to > Global Cartesian
>   Utility Menu > WorkPlane > Change Display CS to > Global Cylindrical

```
Utility Menu > WorkPlane > Change Display CS to > Global Spherical
Utility Menu > WorkPlane > Change Display CS to > Specified Coord Sys
```

改变显示坐标系也会影响图形显示。除非用户有特殊的需要,一般在用如 NPLOT 和 EPLOT 命令显示图形时,应将显示坐标系重置为总体笛卡儿坐标系。DSYS 命令对 LPLOT、APLOT 和 VPLOT 命令无影响。

2.1.3 节点坐标系

总体和局部坐标系用于几何体的定位,而节点坐标系则用于定义节点自由度的方向。每个节点都有自己的节点坐标系,默认情况下,它总是平行于总体笛卡儿坐标系(与定义节点的激活坐标系无关)。用户可用下列方法将任意节点坐标系旋转到所需方向。

(1) 将节点坐标系旋转到激活坐标系的方向,即节点坐标系的 X 轴旋转到平行于激活坐标系的 X 轴或 R 轴;节点坐标系的 Y 轴旋转到平行于激活坐标系的 Y 轴或 θ 轴;节点坐标系的 Z 轴旋转到平行于激活坐标系的 Z 轴或 φ 轴。

```
命令:NROTAT
    GUI: Main Menu > Preprocessor > Modeling > Create > Nodes > Rotate Node CS > To Active CS
         Main Menu > Preprocessor > Modeling > Move/Modify > Rotate Node CS > To Active CS
```

(2) 按给定的旋转角旋转节点坐标系(因为通常不易得到旋转角,因此 NROTAT 命令可能更有用),在生成节点时可以定义旋转角,或对已有节点指定旋转角(NMODIF 命令)。

```
命令:N
    GUI: Main Menu > Preprocessor > Modeling > Create > Nodes > In Active CS
命令:NMODIF
    GUI: Main Menu > Preprocessor > Modeling > Create > Nodes > Rotate Node CS > By Angles
         Main Menu > Preprocessor > Modeling > Move/Modify > Rotate Node CS > By Angles
```

用户可以用下列方法列出节点坐标系相对于总体笛卡儿坐标系旋转的角度。

```
命令:NANG
    GUI: Main Menu > Preprocessor > Modeling > Create > Nodes > Rotate Node CS > By Vectors
         Main Menu > Preprocessor > Modeling > Move/Modify > Rotate Node CS > By Vectors
命令:NLIST
    GUI: Utility Menu > List > Nodes
         Utility Menu > List > Picked Entities > Nodes
```

图 2-4 为节点坐标系旋转实例。

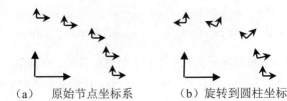

（a） 原始节点坐标系　　　（b） 旋转到圆柱坐标

图 2-4 节点坐标系

2.1.4 单元坐标系

每个单元都有自己的坐标系，单元坐标系用于规定正交材料特性的方向，以及施加压力和显示结果（如应力应变）的输出方向。所有的单元坐标系都是正交右手系。

多数单元坐标系的默认方向遵循以下规则。

- ☑ 线单元的 X 轴通常从该单元的 I 节点指向 J 节点。
- ☑ 壳单元的 X 轴通常也取 I 节点到 J 节点的方向，Z 轴过 I 点且与壳面垂直，其正方向由单元的 I、J 和 K 节点按右手法则确定，Y 轴垂直于 X 轴和 Z 轴。
- ☑ 对二维和三维实体单元的单元坐标系总是平行于总体笛卡儿坐标系。

然而，并非所有的单元坐标系都符合上述规则，对于特定单元坐标系的默认方向可参考 ANSYS 帮助文档单元说明部分。

许多单元类型都有选项（KEYOPTS，在 DT 或 KETOPT 命令中输入），这些选项用于修改单元坐标系的默认方向。对面单元和体单元而言，可用下列命令将单元坐标的方向调整到已定义的局部坐标系上。

```
命令：ESYS
GUI: Main Menu > Preprocessor > Meshing > Mesh Attributes > Default Attribs
     Main Menu > Preprocessor > Modeling > Create > Elements > Elem Attributes
```

如果既用了 KEYOPT 命令，又用了 ESYS 命令，则 KEYOPT 命令的定义有效。对某些单元而言，通过输入角度可相对先前的方向做进一步旋转，例如，SHELL63 单元中的实常数 THETA。

2.1.5 结果坐标系

在求解过程中，计算的结果数据有位移（UX、UY、ROTS 等）、梯度（TGX、TGY 等）、应力（SX、SY、SZ 等）和应变（EPPLX、EPPLXY 等）等，这些数据存储在数据库和结果文件中，要么是在节点坐标系（初始或节点数据），要么是在单元坐标系（导出或单元数据）。但是，结果数据通常是旋转到激活的坐标系（默认为总体坐标系）中进行云图显示、列表显示和单元数据存储（ETABLE 命令）等操作。

用户可以将活动的结果坐标系转到另一个坐标系（如总体坐标系或一个局部坐标系），或转到在求解时所用的坐标系下（例如节点和单元坐标系）。如果用户列表、显示或操作这些结果数据，则它们将首先被旋转到结果坐标系下。利用下列方法可改变结果坐标系。

```
命令：RSYS
GUI: Main Menu > General Postproc > Options for Output
     Utility Menu > List > Results > Options
```

2.2 工作平面的使用

尽管光标在屏幕上只表现为一个点,但它实际上代表的是空间中垂直于屏幕的一条线。为了能用光标拾取一个点,首先必须定义一个假想的平面,当该平面与光标所代表的垂线相交时,能唯一地确定空间中的一个点,这个假想的平面就是工作平面。从另一种角度想象光标与工作平面的关系,可以描述为光标就像一个点在工作平面上来回游荡,工作平面就如同可以在上面写字的平板一样,工作平面可以不平行于显示屏,如图 2-5 所示。

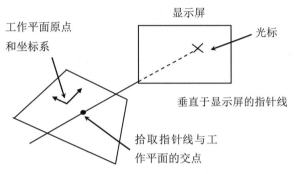

图 2-5 显示屏、光标、工作平面及拾取点之间的关系

工作平面是一个无限平面,有原点、二维坐标系、捕捉增量和显示网格。在同一时刻只能定义一个工作平面(当定义一个新的工作平面时就会删除已有的工作平面)。工作平面是与坐标系独立使用的。例如,工作平面与激活的坐标系可以有不同的原点和旋转方向。

进入 ANSYS 程序时,有一个默认的工作平面,即总体笛卡儿坐标系的 X-Y 平面。工作平面的 X 轴、Y 轴分别取为总体笛卡儿坐标系的 X 轴和 Y 轴。

2.2.1 定义一个新的工作平面

用户可以用下列方法定义一个新的工作平面。

(1) 由 3 个点定义一个工作平面。

> 命令:WPLANE
> GUI:Utility Menu > WorkPlane > Align WP with > XYZ Locations

(2) 由 3 个节点定义一个工作平面。

> 命令:NWPLAN
> GUI:Utility Menu > WorkPlane > Align WP with > Nodes

(3) 由 3 个关键点定义一个工作平面。

> 命令:KWPLAN
> GUI:Utility Menu > WorkPlane > Align WP with > Keypoints

(4) 由过一指定线上的点且垂直于该直线的平面定义一个工作平面。

命令：LWPLAN
GUI: Utility Menu > WorkPlane > Align WP with > Plane Normal to Line

（5）通过现有坐标系的 X-Y（或 R-θ）平面定义一个工作平面。

命令：WPCSYS
GUI: Utility Menu > WorkPlane > Align WP with > Active Coord Sys
　　 Utility Menu > WorkPlane > Align WP with > Global Cartesian
　　 Utility Menu > WorkPlane > Align WP with > Specified Coord Sys

2.2.2　控制工作平面的显示和样式

为获得工作平面的状态（即位置、方向、增量），可用下面的方法。

命令：WPSTYL,STAT
GUI: Utility Menu > List > Status > Working Plane

将工作平面重置为默认状态下的位置和样式，可利用命令 WPSTYL 和 DEFA 实现。

2.2.3　移动工作平面

用户可以将工作平面移动到与原位置平行的新的位置，方法如下。
（1）将工作平面的原点移动到关键点。

命令：KWPAVE
GUI: Utility Menu > WorkPlane > Offset WP to > Keypoints

（2）将工作平面的原点移动到节点。

命令：NWPAVE
GUI: Utility Menu > WorkPlane > Offset WP to > Nodes

（3）将工作平面的原点移动到指定点。

命令：WPAVE
GUI: Utility Menu > WorkPlane > Offset WP to > Global Origin
　　 Utility Menu > WorkPlane > Offset WP to > Origin of Active CS
　　 Utility Menu > WorkPlane > Offset WP to > XYZ Locations

（4）偏移工作平面。

命令：WPOFFS
GUI: Utility Menu > WorkPlane > Offset WP by Increments

2.2.4　旋转工作平面

用户可以将工作平面旋转到一个新的方向，可以在工作平面内旋转 X-Y 轴，也可以使整个工作平面都旋转到一个新的位置。如果用户不清楚旋转角度，利用前面的方法可以很容易地在正确的方向上创建一个新的工作平面。旋转工作平面的方法如下。

命令：WPROTA
GUI: Utility Menu > WorkPlane > Offset WP by Increments

2.2.5 还原一个已定义的工作平面

尽管实际上不能存储一个工作平面，但用户可以在工作平面的原点创建一个局部坐标系，然后利用这个局部坐标系还原一个已定义的工作平面。

在工作平面的原点创建局部坐标系的方法如下。

命令：CSWPLA
GUI: Utility Menu > WorkPlane > Local Coordinate Systems > Create Local CS > At WP Origin

利用局部坐标系还原一个已定义的工作平面的方法如下。

命令：WPCSYS
GUI: Utility Menu > WorkPlane > Align WP with > Active Coord Sys
    Utility Menu > WorkPlane > Align WP with > Global Cartesian
    Utility Menu > WorkPlane > Align WP with > Specified Coord Sys

2.3 布尔操作

用户可以使用相交、相减或其他布尔操作来雕刻实体模型。通过布尔操作，用户可以直接用较高级的图元生成复杂的形体，如图 2-6 所示。布尔运算对于通过自底向上或自顶向下方法生成的图元均有效。

在布尔运算中，对一组数据可用诸如交、并、减等逻辑运算处理，ANSYS 程序也允许用户对实体模型进行同样的操作，这样修改实体模型就更加容易。

图 2-6 使用布尔运算生成的复杂形体

无论是自顶向下还是自底向上构造的实体模型，用户都可以对它进行布尔运算操作。

注意：凡是通过连接生成的图元对布尔运算无效，对退化的图元也不能进行某些布尔运算。通常，完成布尔运算之后，紧接着就是实体模型的加载和单元属性的定义，如果用布尔运算修改了已有的模型，用户需注意重新进行单元属性和加载的定义。

2.3.1 布尔运算的设置

对两个或多个图元进行布尔运算时，用户可以通过以下方式确定是否保留原始图元，操作示例如图 2-7 所示。

命令：BOPTN
GUI: Main Menu > Preprocessor > Modeling > Operate > Booleans > Settings

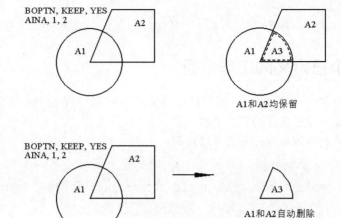

图 2-7 布尔运算的保留操作示例

注意：一般来说，对依附于高级图元的低级图元进行布尔运算是允许的，但不能对已划分网格的图元进行布尔操作，必须在执行布尔操作之前将网格清除。

2.3.2 布尔交运算

布尔交运算的命令及 GUI 菜单路径如表 2-1 所示。

表 2-1 布尔交运算

用法	命令	GUI 菜单路径
线和线相交	LINL	Main Menu > Preprocessor > Modeling > Operate > Booleans > Intersect > Common > Lines
面和面相交	AINA	Main Menu > Preprocessor > Modeling > Operate > Booleans > Intersect > Common > Areas
体和体相交	VINV	Main Menu > Preprocessor > Modeling > Operate > Booleans > Intersect > Common > Volumes
线和面相交	LINA	Main Menu > Preprocessor > Modeling > Operate > Booleans > Intersect > Line with Area
面和体相交	AINV	Main Menu > Preprocessor > Modeling > Operate > Booleans > Intersect > Area with Volume
线和体相交	LINV	Main Menu > Preprocessor > Modeling > Operate > Booleans > Intersect > Line with Volume

图 2-8～图 2-12 为一些图元相交的示例。

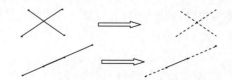

图 2-8 线和线相交

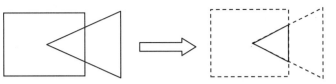

图 2-9　面和面相交

图 2-10　线和面相交

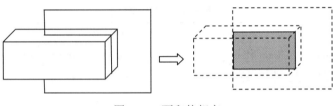

图 2-11　面和体相交

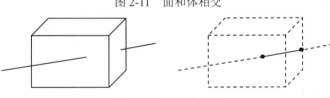

图 2-12　线和体相交

2.3.3　布尔两两相交运算

两两相交是由图元集叠加而形成的一个新的图元集。也就是说，两两相交表示至少任意两个原始图元的相交区域。例如，线集的两两相交可能是一个关键点（或关键点的集合），或是一条线（或线的集合）。

布尔两两相交运算的命令及 GUI 菜单路径如表 2-2 所示。

表 2-2　布尔两两相交运算

用　　法	命　　令	GUI 菜单路径
线两两相交	LINP	Main Menu > Preprocessor > Modeling > Operate > Booleans > Intersect > Pairwise > Lines
面两两相交	AINP	Main Menu > Preprocessor > Modeling > Operate > Booleans > Intersect > Pairwise > Areas
体两两相交	VINP	Main Menu > Preprocessor > Modeling > Operate > Booleans > Intersect > Pairwise > Volumes

图 2-13 和图 2-14 为一些两两相交的示例。

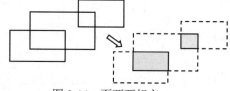

图 2-13 线两两相交　　　　图 2-14 面两两相交

2.3.4 布尔加运算

加运算的结果是得到一个包含各个原始图元所有部分的新图元,这样形成的新图元是一个单一的整体,没有接缝。在 ANSYS 程序中,只能对三维实体或二维共面的面进行相加操作,面相加可以包含面内的孔,即内环。

注意:加运算形成的图元在网格划分时通常不如搭接形成的图元。

布尔相加运算的命令及 GUI 菜单路径如表 2-3 所示。

表 2-3 相加运算

用法	命令	GUI 菜单路径
面相加	AADD	Main Menu > Preprocessor > Modeling > Operate > Booleans > Add > Areas
体相加	VADD	Main Menu > Preprocessor > Modeling > Operate > Booleans > Add > Volumes

2.3.5 布尔相减运算

如果从某个图元(E1)减去另一个图元(E2),其结果可能有两种情况:一种是生成一个新图元 E3(E1-E2=E3),E3 和 E1 有同样的维数,且与 E2 无搭接部分;另一种是 E1 与 E2 的搭接部分是个低维的实体,其结果是将 E1 分成两个或多个新的实体(E1-E2=E3,E4)。

布尔相减运算的命令及 GUI 菜单路径如表 2-4 所示。

表 2-4 布尔相减运算

用法	命令	GUI 菜单路径
线减去线	LSBL	Main Menu > Preprocessor > Modeling > Operate > Booleans > Subtract > Lines Main Menu > Preprocessor > Modeling > Operate > Booleans > Subtract > With Options > Lines Main Menu > Preprocessor > Modeling > Operate > Booleans > Divide > Line by Line Main Menu > Preprocessor > Modeling > Operate > Booleans > Divide > With Options > Line by Line
面减去面	ASBA	Main Menu > Preprocessor > Modeling > Operate > Booleans > Subtract > Areas Main Menu > Preprocessor > Modeling > Operate > Booleans > Subtract > With Options > Areas Main Menu > Preprocessor > Modeling > Operate > Booleans > Divide > Area by Area Main Menu > Preprocessor > Modeling > Operate > Booleans > Divide > With Options > Area by Area

续表

用 法	命 令	GUI 菜单路径
体减去体	VSBV	Main Menu > Preprocessor > Modeling > Operate > Booleans > Subtract > Volumes Main Menu > Preprocessor > Modeling > Operate > Booleans > Subtract > With Options > Volumes
线减去面	LSBA	Main Menu > Preprocessor > Modeling > Operate > Booleans > Divide > Line by Area Main Menu > Preprocessor > Modeling > Operate > Booleans > Divide > With Options > Line by Area
线减去体	LSBV	Main Menu > Preprocessor > Modeling > Operate > Booleans > Divide > Line by Volume Main Menu > Preprocessor > Modeling > Operate > Booleans > Divide > With Options > Line by Volume
面减去体	ASBV	Main Menu > Preprocessor > Modeling > Operate > Booleans > Divide > Area by Volume Main Menu > Preprocessor > Modeling > Operate > Booleans > Divide > With Options > Area by Volume
面减去线	ASBL[1]	Main Menu > Preprocessor > Modeling > Operate > Booleans > Divide > Area by Line Main Menu > Preprocessor > Modeling > Operate > Booleans > Divide > With Options > Area by Line
体减去面	VSBA	Main Menu > Preprocessor > Modeling > Operate > Booleans > Divide > Volume by Area Main Menu > Preprocessor > Modeling > Operate > Booleans > Divide > With Options > Volume by Area

图 2-15 和图 2-16 为一些相减的示例。

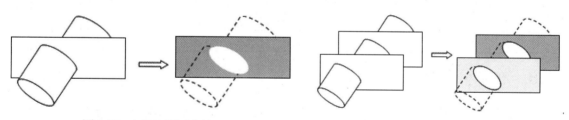

图 2-15　ASBV 面减去体　　　　　图 2-16　ASBV 多个面减去一个体

2.3.6　利用工作平面进行减运算

工作平面可以用来进行减运算，将一个图元分成两个或多个图元。用户可以将线、面或体利用命令或相应的 GUI 路径用工作平面去减。对于以下的每个减命令，SEPO 用来确定生成的图元有公共边界或者独立但恰好重合的边界，KEEP 用来确定保留或者删除图元，而不管 BOPTN 命令（GUI：Main Menu > Preprocessor > Modeling > Operate > Booleans > Settings）的设置如何。

利用工作平面进行减运算的命令及 GUI 菜单路径如表 2-5 所示。

表 2-5　利用工作平面进行减运算

用 法	命 令	GUI 菜单路径
利用工作平面减去线	LSBW	Main Menu > Preprocessor > Modeling > Operate > Booleans > Divide > Line by WrkPlane Main Menu > Preprocessor > Modeling > Operate > Booleans > Divide > With Options > Line by WrkPlane

续表

用法	命令	GUI 菜单路径
利用工作平面减去面	ASBW	Main Menu > Preprocessor > Modeling > Operate > Divide > Area by WrkPlane Main Menu > Preprocessor > Modeling > Operate > Booleans > Divide > With Options > Area by WrkPlane
利用工作平面减去体	VSBW	Main Menu > Preprocessor > Modeling > Operate > Booleans > Divide > Volu by WrkPlane Main Menu > Preprocessor > Modeling > Operate > Booleans > Divide > With Options > Volu by WrkPlane

2.3.7 布尔搭接运算

搭接命令用于连接两个或多个图元，以生成 3 个或更多新的图元的集合。搭接命令除了在搭接区域周围生成多个边界外，与加运算非常类似。也就是说，搭接操作生成的是多个相对简单的区域，加运算生成的是一个相对复杂的区域。因而，搭接生成的图元比加运算生成的图元更容易划分网格。

注意：搭接区域必须与原始图元有相同的维数。

布尔搭接运算的命令及 GUI 菜单路径如表 2-6 所示。

表 2-6 搭接运算

用法	命令	GUI 菜单路径
线搭接	LOVLAP	Main Menu > Preprocessor > Modeling > Operate > Booleans > Overlap > Lines
面搭接	AOVLAP	Main Menu > Preprocessor > Modeling > Operate > Booleans > Overlap > Areas
体搭接	VOVLAP	Main Menu > Preprocessor > Modeling > Operate > Booleans > Overlap > Volumes

2.3.8 布尔分割运算

分割命令用于连接两个或多个图元，以生成 3 个或更多的新图元。如果分割区域与原始图元有相同的维数，那么分割结果与搭接结果相同。分割操作与搭接操作不同的是，没有参加分割命令的图元将不被删除。

布尔分割运算的命令及 GUI 菜单路径如表 2-7 所示。

表 2-7 分割运算

用法	命令	GUI 菜单路径
线分割	LPTN	Main Menu > Preprocessor > Modeling > Operate > Booleans > Partition > Lines
面分割	APTN	Main Menu > Preprocessor > Modeling > Operate > Booleans > Partition > Areas
体分割	VPTN	Main Menu > Preprocessor > Modeling > Operate > Booleans > Partition > Volumes

2.3.9 布尔粘接（或合并）运算

粘接命令与搭接命令类似，只是图元之间仅在公共边界处相关，且公共边界的维数低于原始图元的维数。这些图元之间在执行粘接操作后仍然相互独立，只是在边界上连接。

布尔粘接运算的命令及 GUI 菜单路径如表 2-8 所示。

表 2-8 粘接运算

用 法	命 令	GUI 菜单路径
线粘接	LGLUE	Main Menu > Preprocessor > Modeling > Operate > Booleans > Glue > Lines
面粘接	AGLUE	Main Menu > Preprocessor > Modeling > Operate > Booleans > Glue > Areas
体粘接	VGLUE	Main Menu > Preprocessor > Modeling > Operate > Booleans > Glue > Volumes

2.4 编辑几何模型

一个复杂的面或体在模型中重复出现时仅需构造一次，之后可以将其移动、旋转或者复制到所需的地方。用户会发现在方便之处生成几何体素后，再将其移动到所需之处，比直接改变工作平面生成所需体素更方便，如图 2-17 所示。

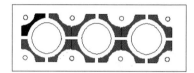

图 2-17 复制一个面

注意： 图 2-17 中黑色区域表示原始图元，其余都是复制生成的。

几何体素也可被看作部分。生成几何体素时，其位置和方向由当前工作平面决定。因为对生成的每一个新几何体素都重新定义工作平面很不方便，因此允许几何体素在错误的位置生成，然后将该几何体素移动到正确的位置，这样可使操作更简便。当然，这种操作并不局限于几何体素，任何实体模型图元都可以复制或移动。

对实体图元进行移动和复制的命令有 xGEN、xSYM（M）和 xTRAN（相应的有 GUI 路径）。其中 xGEN 和 xTRAN 命令对复制的图元进行移动和旋转可能最有用。另外需注意，复制一个高级图元将会自动把它所有附属的低级图元都一起复制，如果复制图元的单元（NOELEM=0 或相应的 GUI 路径），则所有的单元及其附属的低级图元都将被复制。在 xGEN、xSYM（M）和 xTRAN 命令中，设置 IMOVE=1 即可实现移动操作。

2.4.1 按照样本生成图元

（1）从关键点的样本生成另外的关键点。

命令：KGEN
GUI: Main Menu > Preprocessor > Modeling > Copy > Keypoints

（2）从线的样本生成另外的线。

命令：LGEN
GUI: Main Menu > Preprocessor > Modeling > Copy > Lines
　　　Main Menu > Preprocessor > Modeling > Move/Modify > Lines

（3）从面的样本生成另外的面。

命令：AGEN
GUI: Main Menu > Preprocessor > Modeling > Copy > Areas
　　　Main Menu > Preprocessor > Modeling > Move/Modify > Areas > Areas

（4）从体的样本生成另外的体。

命令：VGEN
GUI：Main Menu > Preprocessor > Modeling > Copy > Volumes
Main Menu > Preprocessor > Modeling > Move/Modify > Volumes

2.4.2 由对称映像生成图元

（1）生成关键点的映像集。

命令：KSYMM
GUI：Main Menu > Preprocessor > Modeling > Reflect > Keypoints

（2）样本线通过对称映像生成线。

命令：LSYMM
GUI：Main Menu > Preprocessor > Modeling > Reflect > Lines

（3）样本面通过对称映像生成面。

命令：ARSYM
GUI：Main Menu > Preprocessor > Modeling > Reflect > Areas

（4）样本体通过对称映像生成体。

命令：VSYMM
GUI：Main Menu > Preprocessor > Modeling > Reflect > Volumes

2.4.3 将样本图元转换到坐标系

（1）将样本关键点转到另一个坐标系。

命令：KTRAN
GUI：Main Menu > Preprocessor > Modeling > Move/Modify > Transfer Coord > Keypoints

（2）将样本线转到另一个坐标系。

命令：LTRAN
GUI：Main Menu > Preprocessor > Modeling > Move/Modify > Transfer Coord > Lines

（3）将样本面转到另一个坐标系。

命令：ATRAN
GUI：Main Menu > Preprocessor > Modeling > Move/Modify > Transfer Coord > Areas

（4）将样本体转到另一个坐标系。

命令：VTRAN
GUI：Main Menu > Preprocessor > Modeling > Move/Modify > Transfer Coord > Volumes

2.4.4 实体模型图元的缩放

已定义的图元可以进行放大或缩小。xSCALE 命令族可用来将激活坐标系下的单个或多个图元进行比例缩放。

以下 4 个定比例命令每个都是将比例因子用到关键点坐标 X、Y、Z 上。如果是柱坐标系，X、Y 和 Z 分别代表 R、θ 和 Z，其中 θ 是偏转角；如果是球坐标系，X、Y 和 Z 分别表示 R、θ 和 Φ，其中 θ 和 Φ 都是偏转角。

（1）从样本关键点（也划分网格）生成一定比例的关键点。

命令：KPSCALE
GUI：Main Menu > Preprocessor > Modeling > Operate > Scale > Keypoints

（2）从样本线生成一定比例的线。

命令：LSSCALE
GUI：Main Menu > Preprocessor > Modeling > Operate > Scale > Lines

（3）从样本面生成一定比例的面。

命令：ARSCALE
GUI：Main Menu > Preprocessor > Modeling > Operate > Scale > Areas

（4）从样本体生成一定比例的体。

命令：VLSCALE
GUI：Main Menu > Preprocessor > Modeling > Operate > Scale > Volumes

图 2-18 为上面 4 个命令的实际应用示例。

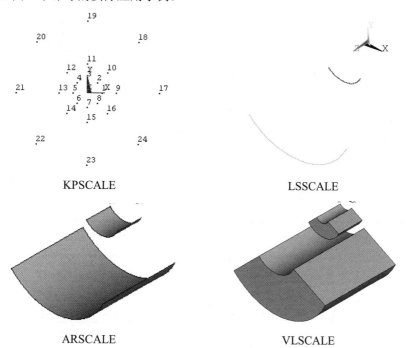

图 2-18　给图元定比例缩放

2.5 自底向上创建几何模型

所谓的自底向上，顾名思义就是由建立模型的最低单元的点到最高单元的体来构造实体模型。即首先定义关键点（Keypoints），然后利用这些关键点定义较高级的实体图元，如线（Lines）、面（Areas）和体（Volumes），这就是自底向上的建模方法，如图 2-19 所示。

注意：一定要牢记自底向上构造的有限元模型是在当前激活的坐标系内定义的。

实体模型由关键点（Keypoints）、线（Lines）、面（Areas）和体（Volumes）组成，如图 2-20 所示。

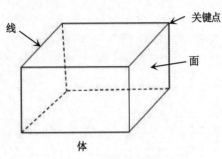
图 2-19　自底向上构造模型

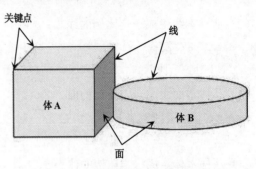
图 2-20　基本实体模型图元

顶点为关键点、边为线、表面为面，而整个物体内部为体。这些图元的层次关系是：最高级的体图元以次高级的面图元为边界；面图元又以线图元为边界；线图元则以关键点图元为端点。

2.5.1 关键点

用自底向上的方法构造模型时，首先定义最低级的图元，即关键点。关键点是在当前激活的坐标系内定义的。用户不必总是按从低级到高级的方法定义所有的图元来生成高级图元，可以直接在它们的顶点由关键点来直接定义面和体。中间的图元需要时可自动生成。例如，定义一个长方体可用 8 个角的关键点来定义，ANSYS 程序会自动生成该长方体中所有的面和线。用户可以直接定义关键点，也可以从已有的关键点生成新的关键点，定义好关键点后，可以对其进行查看、选择和删除等操作。

1. 定义关键点

定义关键点的命令及 GUI 菜单路径如表 2-9 所示。

表 2-9　定义关键点

位　置	命　令	GUI 路径模式
在当前坐标系下	K	Main Menu > Preprocessor > Modeling > Create > Keypoints > In Active CS
		Main Menu > Preprocessor > Modeling > Create > Keypoints > On Working Plane
在线上的指定位置	KL	Main Menu > Preprocessor > Modeling > Create > Keypoints > On Line
		Main Menu > Preprocessor > Modeling > Create > Keypoints > On Line w/Ratio

2. 从已有的关键点生成关键点

从已有的关键点生成关键点的命令及 GUI 菜单路径如表 2-10 所示。

表 2-10 从已有的关键点生成关键点

位 置	命 令	GUI 菜单路径
在两个关键点之间创建一个新的关键点	KEBTW	Main Menu > Preprocessor > Modeling > Create > Keypoints > KP between KPs
在两个关键点之间填充多个关键点	KFILL	Main Menu > Preprocessor > Modeling > Create > Keypoints > Fill between KPs
在三点定义的圆弧中心定义关键点	KCENTER	Main Menu > Preprocessor > Modeling > Create > Keypoints > KP at center
由一种模式的关键点生成另外的关键点	KGEN	Main Menu > Preprocessor > Modeling > Copy > Keypoints
从已给定模型的关键点生成一定比例的关键点	KSCALE	该命令没有菜单模式
通过映像生成关键点	KSYMM	Main Menu > Preprocessor > Modeling > Reflect > Keypoints
将一种模式的关键点转到另一个坐标系中	KTRAN	Main Menu > Preprocessor > Modeling > Move/Modify > Transfer Coord > Keypoints
给未定义的关键点定义一个默认位置	SOURCE	该命令没有菜单模式
计算并移动一个关键点到一个交点上	KMOVE	Main Menu > Preprocessor > Modeling > Move/Modify > Keypoint > To Intersect
在已有节点处定义一个关键点	KNODE	Main Menu > Preprocessor > Modeling > Create > Keypoints > On Node
计算两关键点之间的距离	KDIST	Main Menu > Preprocessor > Modeling > Check Geom > KP distances
修改关键点的坐标系	KMODIF	MainMenu > Preprocessor > Modeling > Move/Modify > Keypoints > Set of KPs MainMenu > Preprocessor > Modeling > Move/Modify > Keypoints > Single KP

3. 查看、选择和删除关键点

查看、选择和删除关键点的命令及 GUI 菜单路径如表 2-11 所示。

表 2-11 查看、选择和删除关键点

用 途	命 令	GUI 菜单路径
列表显示关键点	KLIST	Utility Menu > List > Keypoint > Coordinates +Attributes Utility Menu > List > Keypoint > Coordinates Only Utility Menu > List > Keypoint > Hard Points
选择关键点	KSEL	Utility Menu > Select > Entities
屏幕显示关键点	KPLOT	Utility Menu > Plot > Keypoints > Keypoints Utility Menu > Plot > Specified Entities > Keypoints
删除关键点	KDELE	Main Menu > Preprocessor > Modeling > Delete > Keypoints

2.5.2 硬点

硬点实际上是一种特殊的关键点，它表示网格必须通过的点。硬点不会改变模型的几何形状和拓扑结构，大多数关键点命令如 FK、KLIST 和 KSEL 等都适用于硬点，而且它还有自己的命令集和 GUI 路径。

> **注意**：如果用户发出更新图元几何形状的命令，例如布尔操作或者简化命令，任何与图元相连的硬点都将自动删除；不能用复制、移动或修改关键点的命令操作硬点；当使用硬点时，不支持映射网格划分。

1. 定义硬点

定义硬点的命令及 GUI 菜单路径如表 2-12 所示。

表 2-12 定义硬点

位 置	命 令	GUI 菜单路径
在线上定义硬点	HPTCREATE LINE	Main Menu > Preprocessor > Modeling > Create > Keypoints > Hard PT on Line > Hard PT by Ratio Main Menu > Preprocessor > Modeling > Create > Keypoints > Hard PT on Line > Hard PT by Coordinates Main Menu > Preprocessor > Modeling > Create > Keypoints > Hard PT on Line > Hard PT by Picking
在面上定义硬点	HPTCREATE AREA	Main Menu > Preprocessor > Modeling > Create > Keypoints > Hard PT on Area > Hard PT by Coordinates Main Menu > Preprocessor > Modeling > Create > Keypoints > Hard PT on Area > Hard PT by Picking

2. 选择硬点

选择硬点的命令及 GUI 菜单路径如表 2-13 所示。

表 2-13 选择硬点

位 置	命 令	GUI 菜单路径
硬点	KSEL	Utility Menu > Select > Entities
附在线上的硬点	LSEL	Utility Menu > Select > Entities
附在面上的硬点	ASEL	Utility Menu > Select > Entities

3. 查看和删除硬点

查看和删除硬点的命令及 GUI 菜单路径如表 2-14 所示。

表 2-14 查看和删除硬点

用 途	命 令	GUI 菜单路径
列表显示硬点	KLIST	Utility Menu > List > Keypoint > Hard Points
列表显示线及附属的硬点	LLIST	该命令没有相应的 GUI 路径
列表显示面及附属的硬点	ALIST	该命令没有相应的 GUI 路径
屏幕显示硬点	KPLOT	Utility Menu > Plot > Keypoints > Hard Points
删除硬点	HPTDELETE	Main Menu > Preprocessor > Modeling > Delete > Hard Points

2.5.3 线

线主要用于表示实体的边。像关键点一样，线是在当前激活的坐标系内定义的。不需要总是明确地定义所有的线，因为 ANSYS 程序在定义面和体时，会自动生成相关的线。只有在生成线单元（例如梁）或想通过线来定义面时，才需要专门定义线。

第 2 章 几何建模

1. 定义线

定义线的命令及 GUI 菜单路径如表 2-15 所示。

表 2-15 定义线

用 法	命 令	GUI 菜单路径
在指定的关键点之间创建直线（与坐标系有关）	L	Main Menu > Preprocessor > Modeling > Create > Lines > In Active Coord
通过3个关键点创建弧线（或者是通过两个关键点和指定半径创建弧线）	LARC	Main Menu > Preprocessor > Modeling > Create > Lines > Arcs > By End KPs & Rad Main Menu > Preprocessor > Modeling > Create > Lines > Arcs > Through 3 KPs
创建多义线	BSPLIN	Main Menu > Preprocessor > Modeling > Create > Lines > Splines > Spline thru KPs Main Menu > Preprocessor > Modeling > Create > Lines > Splines > Spline thru Locs Main Menu > Preprocessor > Modeling > Create > Lines > Splines > With Options > Spline thru KPs Main Menu > Preprocessor > Modeling > Create > Lines > Splines > With Options > Spline thru Locs
创建圆弧线	CIRCLE	Main Menu > Preprocessor > Modeling > Create > Lines > Arcs > By Cent & Radius Main Menu > Preprocessor > Modeling > Create > Lines > Arcs > Full Circle
创建分段式多义线	SPLINE	Main Menu > Preprocessor > Modeling > Create > Lines > Splines > Segmented Spline Main Menu > Preprocessor > Modeling > Create > Lines > Splines > With Options > Segmented Spline
创建与另一条直线呈一定角度的直线	LANG	Main Menu > Preprocessor > Modeling > Create > Lines > Lines > At angle to Line Main Menu > Preprocessor > Modeling > Create > Lines > Lines > Normal to Line
创建与另外两条直线呈一定角度的直线	L2ANG	Main Menu > Preprocessor > Modeling > Create > Lines > Lines > Angle to 2 Lines Main Menu > Preprocessor > Modeling > Create > Lines > Lines > Norm to 2 Lines
创建一条与已有线共终点且相切的线	LTAN	Main Menu > Preprocessor > Modeling > Create > Lines > Lines > Tan to 2 Lines
生成一个面上两关键点之间最短的线	LAREA	Main Menu > Preprocessor > Modeling > Create > Lines > Overlaid on Area
通过一个关键点按一定路径延伸成线	LDRAG	Main Menu > Preprocessor > Modeling > Operate > Extrude > Lines > Along Lines
使一个关键点按一条轴旋转生成线	LROTAT	Main Menu > Preprocessor > Modeling > Operate > Extrude > Lines > About Axis
在两相交线之间生成倒角线	LFILLT	Main Menu > Preprocessor > Modeling > Create > Lines > Line Fillet
生成与激活坐标系无关的直线	LSTR	Main Menu > Preprocessor > Create > Lines > Lines > Straight Line

2. 从已有线生成新的线

从已有线生成新的线的命令及 GUI 菜单路径如表 2-16 所示。

表 2-16 从已有线生成新的线

用 法	命 令	GUI 菜单路径
通过已有线生成新的线	LGEN	Main Menu > Preprocessor > Modeling > Copy > Lines Main Menu > Preprocessor > Modeling > Move/Modify > Lines
从已有线对称映像生成新的线	LSYMM	Main Menu > Preprocessor > Modeling > Reflect > Lines
将已有线转到另一个坐标系	LTRAN	Main Menu > Preprocessor > Modeling > Move/Modify > Transfer Coord > Lines

3. 修改线

修改线的命令及 GUI 菜单路径如表 2-17 所示。

表 2-17 修改线

用 法	命 令	GUI 菜单路径
将一条线分成更小的线段	LDIV	Main Menu > Preprocessor > Modeling > Operate > Booleans > Divide > Line into 2 Ln's Main Menu > Preprocessor > Modeling > Operate > Booleans > Divide > Line into N Ln's Main Menu > Preprocessor > Modeling > Operate > Booleans > Divide > Lines w/ Options
将一条线与另一条线合并	LCOMB	Main Menu > Preprocessor > Modeling > Operate > Booleans > Add > Lines
将线的一端延长	LEXTND	Main Menu > Preprocessor > Modeling > Operate > Extend Line

4. 查看和删除线

查看和删除线的命令及 GUI 菜单路径如表 2-18 所示。

表 2-18 查看和删除线

用 法	命 令	GUI 菜单路径
列表显示线	LLIST	Utility Menu > List > Lines Utility Menu > List > Picked Entities > Lines
屏幕显示线	LPLOT	Utility Menu > Plot > Lines Utility Menu > Plot > Specified Entities > Lines
选择线	LSEL	Utility Menu > Select > Entities
删除线	LDELE	Main Menu > Preprocessor > Modeling > Delete > Line and Below Main Menu > Preprocessor > Modeling > Delete > Lines Only

2.5.4 面

平面可以表示二维实体（例如平板和轴对称实体）。曲面和平面都可以表示三维的面，例如壳、三维实体的面等。与线类似，只有用到面单元或者由面生成体时，才需要专门定义面。生成面的命令将自动生成依附于该面的线和关键点，同样，面也可以在定义体时自动生成。

1. 定义面

定义面的命令及 GUI 菜单路径如表 2-19 所示。

表 2-19 定义面

用 法	命 令	GUI 菜单路径
通过顶点定义一个面（即通过关键点）	A	Main Menu > Preprocessor > Modeling > Create > Areas > Arbitrary > Through KPs
通过其边界线定义一个面	AL	Main Menu > Preprocessor > Modeling > Create > Areas > Arbitrary > By Lines
沿一条路径拖曳一条线生成面	ADRAG	Main Menu > Preprocessor > Modeling > Operate > Extrude > Along Lines
在两面之间生成倒角面	AFILLT	Main Menu > Preprocessor > Modeling > Create > Areas > Area Fillet
通过引导线生成光滑曲面	ASKIN	Main Menu > Preprocessor > Modeling > Create > Areas > Arbitrary > By Skinning
通过偏移一个面生成新的面	AOFFST	Main Menu > Preprocessor > Modeling > Create > Areas > Arbitrary > By Offset

2. 通过已有面生成新的面

通过已有面生成新的面的命令及 GUI 菜单路径如表 2-20 所示。

表 2-20 通过已有面生成新的面

用 法	命 令	GUI 菜单路径
通过已有面生成另外的面	AGEN	Main Menu > Preprocessor > Modeling > Copy > Areas Main Menu > Preprocessor > Modeling > Move/Modify > Areas > Areas
通过对称映像生成面	ARSYM	Main Menu > Preprocessor > Modeling > Reflect > Areas
将面转到另外的坐标系	ATRAN	Main Menu > Preprocessor > Modeling > Move/Modify > Transfer Coord > Areas
复制一个面的部分	ASUB	Main Menu > Preprocessor > Modeling > Create > Areas > Arbitrary > Overlaid on Area

3. 查看、选择和删除面

查看、选择和删除面的命令及 GUI 菜单路径如表 2-21 所示。

表 2-21 查看、选择和删除面

用 法	命 令	GUI 菜单路径
列表显示面	ALIST	Utility Menu > List > Areas Utility Menu > List > Picked Entities > Areas
屏幕显示面	APLOT	Utility Menu > Plot > Areas Utility Menu > Plot > Specified Entities > Areas
选择面	ASEL	Utility Menu > Select > Entities
删除面	ADELE	Main Menu > Preprocessor > Modeling > Delete > Area and Below Main Menu > Preprocessor > Modeling > Delete > Areas Only

2.5.5 体

体用于描述三维实体，仅当需要用体单元时才必须建立体，生成体的命令将自动生成低级的图元。

1. 定义体

定义体的命令及 GUI 菜单路径如表 2-22 所示。

表 2-22 定义体

用法	命令	GUI 菜单路径
通过顶点定义体（即通过关键点）	V	Main Menu > Preprocessor > Modeling > Create > Volumes > Arbitrary > Through KPs
通过边界定义体（即用一系列的面来定义）	VA	Main Menu > Preprocessor > Modeling > Create > Volumes > Arbitrary > By Areas
将面沿某个路径拖曳生成体	VDRAG	Main Menu > Preprocessor > Modeling > Operate > Extrude > Lines > Along Lines
将面沿某根轴旋转生成体	VROTAT	Main Menu > Preprocessor > Modeling > Operate > Extrude > Areas > About Axis
将面沿其法向偏移生成体	VOFFST	Main Menu > Preprocessor > Modeling > Operate > Extrude > Areas > Along Normal
在当前坐标系下对面进行拖曳和缩放生成体	VEXT	Main Menu > Preprocessor > Modeling > Operate > Extrude > Areas > By XYZ Offset

其中，VOFFST 和 VEXT 操作示意图如图 2-21 所示。

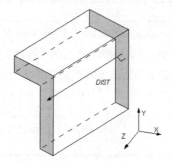
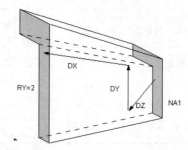

（a）VOFFST,NAREA,DIST,KINC　　（b）VEXT,NA1,NA2,NINC,DX,DY,DZ,RX,RY,RZ

图 2-21　VOFFST 和 VEXT 操作示意图

2. 通过已有的体生成新的体

通过已有的体生成新的体的命令及 GUI 菜单路径如表 2-23 所示。

表 2-23 通过已有的体生成新的体

用法	命令	GUI 菜单路径
由一种模式的体生成另外的体	VGEN	Main Menu > Preprocessor > Modeling > Copy > Volumes Main Menu > Preprocessor > Modeling > Move/Modify > Volumes
通过对称映像生成体	VSYMM	Main Menu > Preprocessor > Modeling > Reflect > Volumes
将体转到另外的坐标系	VTRAN	Main Menu > Preprocessor > Modeling > Move/Modify > Transfer Coord > Volumes

3. 查看、选择和删除体

查看、选择和删除体的命令及 GUI 菜单路径如表 2-24 所示。

表 2-24 查看、选择和删除体

用法	命令	GUI 菜单路径
列表显示体	VLIST	Utility Menu > List > Picked Entities > Volumes Utility Menu > List > Volumes
屏幕显示体	VPLOT	Utility Menu > Plot > Specified Entities > Volumes Utility Menu > Plot > Volumes
选择体	VSEL	Utility Menu > Select > Entities
删除体	VDELE	Main Menu > Preprocessor > Modeling > Delete > Volume and Below Main Menu > Preprocessor > Modeling > Delete > Volumes Only

2.6 实例——储液罐的实体建模

图 2-22 为储液罐示意图，各个尺寸如图 2-23 所示，储液罐内储存某种液体，设计压力为 5.7MPa，试分析该储液罐的应力分布。

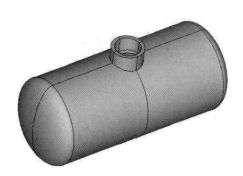

图 2-22 储液罐几何模型示意图

图 2-23 1/4 罐体几何尺寸示意图

材料的弹性模量为 1.73E11Pa，泊松比为 0.3。

在本章和以后的几章中将依次介绍该实例的整个分析过程，本章先介绍几何模型的建立过程。

2.6.1 GUI 方式

1. 定义工作文件名和工作标题

（1）定义工作文件名。选择实用菜单中的 Utility Menu > File > Change Jobname 命令，在弹出的 Change Jobname 对话框中输入"Tank"并选中 New log and error files 复选框，单击 OK 按钮。

（2）定义工作标题。选择实用菜单中的 Utility Menu > File > Change Title 命令，在弹出的 Change Title 对话框中输入"The Tank Model"，单击 OK 按钮。

（3）重新显示。选择实用菜单中的 Utility Menu > Plot > Replot 命令。

2. 生成椭圆封头截面

（1）生成 4 个关键点。选择主菜单中的 Main Menu > Preprocessor > Modeling > Create > Keypoints > In

Active CS 命令，弹出如图 2-24 所示的对话框，在 X,Y,Z Location in active CS 文本框中依次输入"1、2、0"，单击 Apply 按钮。之后再依次输入"0、2.4、0""0.92、2、0"和"0、2.32、0"，单击 OK 按钮。

（2）显示工作平面。选择实用菜单中的 Unitity Menu > WorkPlane > Display Working Plane 命令。

（3）将工作平面平移 2 个单位的距离。选择实用菜单中的 Unitity Menu > WorkPlane > Offset WP by Increments 命令，弹出 Offset WP 对话框，在 X,Y,Z Offsets 文本框中输入"0,2,0"，如图 2-25 所示，单击 OK 按钮。

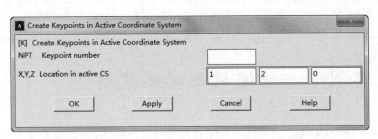
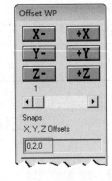

图 2-24 Create Keypoints in Active Coordinate System 对话框　　　图 2-25 Offset WP 对话框

（4）建立椭圆局部柱坐标系 11。选择实用菜单中的 Unitity Menu > WorkPlane > Local Coordinate Systems > Create Local CS > At WP Origin 命令，弹出如图 2-26 所示的对话框，按照图 2-26 所示进行设置，单击 OK 按钮，局部坐标系建立完毕，创建完的局部坐标系自动成为当前坐标系。

（5）在局部坐标系 11 中创建椭圆线。选择主菜单中的 Main Menu > Preprocessor > Modeling > Create > Lines > Lines > In Active Coord 命令，弹出关键点拾取框，依次拾取关键点 1 和 2，再依次拾取 3 和 4，单击 OK 按钮。

（6）创建关键点之间的连线。选择主菜单中的 Main Menu > Preprocessor > Modeling > Create > Lines > Lines > Straight Line 命令，弹出拾取关键点的对话框，依次拾取关键点 3 和 1，单击 Apply 按钮；然后拾取关键点 4 和 2，单击 OK 按钮。

（7）生成椭圆封头截面。选择主菜单中的 Main Menu > Preprocessor > Modeling > Create > Areas > Arbitrary > By Lines 命令，弹出拾取线对话框，用鼠标拾取刚刚生成的 4 条线，单击 OK 按钮，生成的结果如图 2-27 所示。

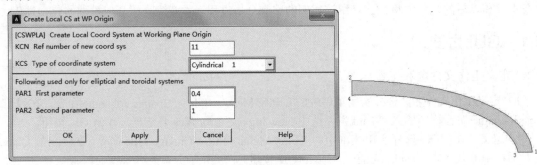

图 2-26 Create Local CS at WP Origin 对话框　　　图 2-27 生成结果

3. 生成储液罐圆柱部分截面

选择主菜单中的 Main Menu > Preprocessor > Modeling > Create > Areas > Rectangle > By Dimensions

命令，弹出 Create Rectangle by Dimensions 对话框，输入如图 2-28 所示的数据，单击 OK 按钮。

4. 合并两个截面边界上的重合关键点

选择主菜单中的 Main Menu > Preprocessor > Numbering Ctrls > Merge Items 命令，弹出合并重合项对话框，在 Label 项中选择 Keypoints，其他项保持默认设置即可，单击 OK 按钮。

5. 生成 1/4 罐体

选择主菜单中的 Main Menu > Preprocessor > Modeling > Operate > Extrude > Areas > About Axis 命令，弹出拾取旋转面对话框，单击 Pick All 按钮，接着弹出拾取定义轴线两个关键点对话框，用鼠标拾取椭圆封头截面上左上端的两个关键点（即关键点 4 和 2），单击 OK 按钮，弹出 Sweep Areas about Axis 对话框，在其中输入如图 2-29 所示的数据，然后单击 OK 按钮，生成的结果如图 2-30 所示。

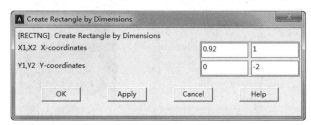 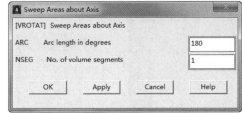

图 2-28　Create Rectangle by Dimensions 对话框　　　图 2-29　Sweep Areas about Axis 对话框

6. 将工作平面与总体直角坐标系重合

选择实用菜单中的 Utility Menu > WorkPlane > Align WP with > Global Cartesian 命令，即可实现工作平面与总体直角坐标系重合。

7. 将工作平面绕 Y 轴旋转 90°

选择实用菜单中的 Unitity Menu > WorkPlane > Offset WP by Increments 命令，弹出 Offset WP 对话框，在 XY,YZ,ZX Angles 文本框中输入 "0,0,90"，如图 2-31 所示，单击 OK 按钮。

8. 创建空心圆柱体

选择主菜单中的 Main Menu > Preprocessor > Modeling > Create > Volumes > Cylinder > Partial Cylinder 命令，弹出 Partial Cylinder 对话框，输入如图 2-32 所示的数据后，单击 OK 按钮。

9. 所有几何体之间执行互分运算

选择主菜单中的 Main Menu > Preprocessor > Modeling > Operate > Booleans > Overlap > Volumes 命令，弹出拾取几何体对话框，单击 Pick All 按钮。

10. 隐藏工作平面

选择实用菜单中的 Utility Menu > WorkPlane > Display Wprking Plane 命令。

11. 打开体编号控制器

选择实用菜单中的 Utility Menu > PlotCtrls > Numbering 命令，弹出编号控制对话框，将 Volumes numbers 后面的 Off 改为 On，单击 OK 按钮。

12. 将视图调整为等轴视图

选择实用菜单中的 Utility Menu > PlotCtrls > Pan Zoom Rotate 命令，弹出 Pan Zoom Rotate 对话框，单击 Iso 按钮，结果如图 2-33 所示。

13. 删除多余的体

选择主菜单中的 Main Menu > Preprocessor > Modeling > Delete > Volume and Below 命令，弹出 Delete Volume & Below 对话框，用鼠标拾取编号为 V4 和 V5 的体，单击 OK 按钮。

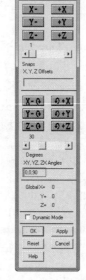

图 2-30　生成结果　　图 2-31　Offset WP 对话框　　图 2-32　Partial Cylinder 对话框　　图 2-33　生成结果

14. 激活总体直角坐标系

选择实用菜单中的 Utility Menu > WorkPlane > Change Active CS to > Global Cartesian 命令，即可激活总体直角坐标系。

15. 映射几何体

选择主菜单中的 Main Menu > Preprocessor > Modeling > Reflect > Volumes 命令，弹出几何体拾取框，单击 Pick All 按钮，弹出 Reflect Volumes 对话框，如图 2-34 所示。在 Ncomp Plane of symmetry 选项组中选中 X-Z plane Y 单选按钮，单击 OK 按钮。再次选择主菜单中的 Main Menu > Preprocessor > Modeling > Reflect > Volumes 命令，弹出几何体拾取框，单击 Pick All 按钮，弹出 Reflect Volumes 对话框，在 Ncomp Plane of symmetry 选项组中选中 X-Y plane Z 单选按钮，单击 OK 按钮，生成的结果如图 2-35 所示。

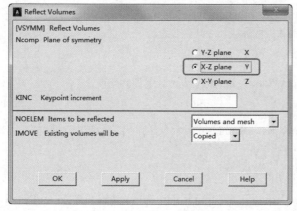

图 2-34　Reflect Volumes 对话框　　　　　图 2-35　生成结果

16. 合并所有几何体边界上的重合关键点

选择主菜单中的 Main Menu > Preprocessor > Numbering Ctrls > Merge Items 命令，弹出合并重合项对话框，在 Label 后面的下拉列表中选择 Keypoints 选项，其他项保持默认设置即可，单击 OK 按钮。

17. 保存几何模型

单击 ANSYS Toolbar 工具栏中的 SAVE_DB 按钮，保存文件。

2.6.2 命令流方式

```
/FILNAME,Tank
/TITLE,The Tank Model
/PREP7
K, ,1,2,,
K, ,0,2.4,,
K, ,0.92,2,,
K, ,0,2.32,,
WPSTYLE,,,,,,,,1
wpoff,0,2,0
CSWPLA,11,1,0.4,1,
L,      1,      2
L,      3,      4
LSTR,      4,      2
LSTR,      3,      1
FLST,2,4,4
FITEM,2,1
FITEM,2,2
FITEM,2,3
FITEM,2,4
AL,P51X
RECTNG,0.92,1,0,-2,
NUMMRG,KP, , , ,LOW
FLST,2,2,5,ORDE,2
FITEM,2,1
FITEM,2,-2
FLST,8,2,3
FITEM,8,4
FITEM,8,2
VROTAT,P51X, , , , ,P51X, ,180,1,
WPCSYS,-1,0
wprot,0,0,90
CYL4,0,0,0.3,0,0.38,90,1.3
FLST,2,3,6,ORDE,2
FITEM,2,1
FITEM,2,-3
VOVLAP,P51X
```

```
WPSTYLE,,,,,,,,0
/PNUM,VOLU,1
/VIEW, 1 ,1,1,1
FLST,2,2,6,ORDE,2
FITEM,2,4
FITEM,2,-5
VDELE,P51X, , ,1
CSYS,0
FLST,3,4,6,ORDE,3
FITEM,3,1
FITEM,3,6
FITEM,3,-8
FLST,3,4,6,ORDE,3
FITEM,3,1
FITEM,3,6
FITEM,3,-8
VSYMM,Y,P51X, , , ,0,0
FLST,3,8,6,ORDE,2
FITEM,3,1
FITEM,3,-8
VSYMM,Z,P51X, , , ,0,0
NUMMRG,KP, , , ,LOW
SAVE
```

2.7 自顶向下创建几何模型（体素）

ANSYS 软件允许通过汇集线、面、体等几何体素的方法构造模型。当生成一种体素时，ANSYS 程序会自动生成所有从属于该体素的较低级图元，这种一开始就从较高级的实体图元构造模型的方法，就是所谓的自顶向下的建模方法。用户可以根据需要自由组合自底向上和自顶向下的建模技术，如图 2-36 所示。

图 2-36 自顶向下构造模型（几何体素）

注意：几何体素是在工作平面内建立的，而自底向上的建模技术是在激活的坐标系上定义的。如果用户混合使用这两种技术，那么应该考虑使用"CSYS,WP"或"CSYS,4"命令强迫坐标系跟随工作平面变化。另外，建议用户不要在环坐标系中进行实体建模操作，因为会生成不想要的面或体。

2.7.1 创建面体素

创建面体素的命令及 GUI 菜单路径如表 2-25 所示。

表 2-25 创建面体素

用 法	命 令	GUI 菜单路径
在工作平面上创建矩形面	RECTNG	Main Menu > Preprocessor > Modeling > Create > Areas > Rectangle > By Dimensions
通过角点生成矩形面	BLC4	Main Menu > Preprocessor > Modeling > Create > Areas > Rectangle > By 2 Corners
通过中心和角点生成矩形面	BLC5	Main Menu > Preprocessor > Modeling > Create > Areas > Rectangle > By Centr & Cornr
在工作平面上生成以其原点为圆心的环形面	PCIRC	Main Menu > Preprocessor > Modeling > Create> Areas > Circle > By Dimensions
在工作平面上生成环形面	CYL4	Main Menu > Preprocessor > Modeling > Create> Areas > Circle > Annulus or > Partial Annulus or > Solid Circle
通过端点生成环形面	CYL5	Main Menu > Preprocessor > Modeling > Create > Circle > Areas > By End Points
以工作平面原点为中心创建正多边形	RPOLY	Main Menu > Preprocessor > Modeling > Create > Areas > Polygon > By Circumscr Rad or > By Inscribed Rad or > By Side Length
在工作平面的任意位置创建正多边形	RPR4	Main Menu > Preprocessor > Modeling > Create > Areas > Polygon > Hexagon or > Octagon or > Pentagon or > Septagon or > Square or > Triangle
基于工作平面坐标生成任意多边形	POLY	该命令没有相应的 GUI 路径

2.7.2 创建实体体素

创建实体体素的命令及 GUI 菜单路径如表 2-26 所示。

表 2-26 创建实体体素

用 法	命 令	GUI 菜单路径
在工作平面上创建长方体	BLOCK	Main Menu > Preprocessor > Modeling > Create > Volumes > Block > By Dimensions
通过角点生成长方体	BLC4	Main Menu > Preprocessor > Modeling > Create > Volumes > Block > By 2 Corners & Z
通过中心和角点生成长方体	BLC5	Main Menu > Preprocessor > Modeling > Create > Volumes > Block > By Centr,Cornr,Z
以工作平面原点为圆心生成圆柱体	CYLIND	Main Menu > Preprocessor > Modeling > Create > Volumes > Cylinder > By Dimensions
在工作平面的任意位置创建圆柱体	CYL4	Main Menu > Preprocessor > Modeling > Create > Volumes > Cylinder > Hollow Cylinder or > Partial Cylinder or > Solid Cylinder
通过端点创建圆柱体	CYL5	Main Menu > Preprocessor > Modeling > Create > Volumes > Cylinder > By End Pts & Z
以工作平面的原点为中心创建正棱柱体	RPRISM	Main Menu > Preprocessor > Modeling > Create > Volumes > Prism > By Circumscr Rad or > By Inscribed Rad or > By Side Length

续表

用　法	命　令	GUI 菜单路径
在工作平面的任意位置创建正棱柱体	RPR4	Main Menu > Preprocessor > Modeling > Create > Volumes > Prism > Hexagonal or > Octagonal or > Pentagonal or > Septagonal or > Square or > Triangular
基于工作平面坐标创建任意多棱柱体	PRISM	该命令没有相应的 GUI 路径
以工作平面原点为中心创建球体	SPHERE	Main Menu > Preprocessor > Modeling > Create > Volumes > Sphere > By Dimensions
在工作平面的任意位置创建球体	SPH4	Main Menu > Preprocessor > Modeling > Create > Volumes > Sphere > Hollow Sphere or > Solid Sphere
通过直径的端点生成球体	SPH5	Main Menu > Preprocessor > Modeling > Create > Volumes > Sphere > By End Points
以工作平面原点为中心生成圆锥体	CONE	Main Menu > Preprocessor > Modeling > Create > Volumes > Cone > By Dimensions
在工作平面的任意位置创建圆锥体	CON4	Main Menu > Preprocessor > Modeling > Create > Volumes > Cone > By Picking
生成环体	TORUS	Main Menu > Preprocessor > Modeling > Create > Volumes > Torus

图 2-37 和图 2-38 分别为环形体素和环形扇区体素的创建示例。图 2-39 和图 2-40 分别为空心圆球体素和圆台体素的创建示例。

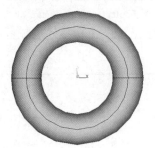

图 2-37　环形体素　　图 2-38　环形扇区体素　　图 2-39　空心圆球体素　　图 2-40　圆台体素

2.8　实例——轴承座的实体建模

图 2-41 为轴承座示意图，有 4 个安装孔，两个肋板，各部分尺寸是：底座长度、宽度、厚度分别为 6cm、3cm、1cm；安装孔直径为 0.75cm，孔中心距两边距离均为 0.75cm。支撑部分：下部分长、厚、高分别为 3cm、0.75cm、1.75cm；上部分半径为 1.5cm，厚度为 0.75cm。轴承孔中心位于支撑部分上下部分的连接处，两个沉孔尺寸分别为大孔直径为 2cm，深度为 0.1875cm；小孔直径为 1.7cm，深度为 0.5625cm；肋板厚度为 0.15cm。整个结构整体上具有对称性。

轴承孔大沉孔承受轴瓦推力作用，大小为 1000Pa，大沉孔承受轴承重力作用，大小为 5000Pa，轴承座材料弹性模量

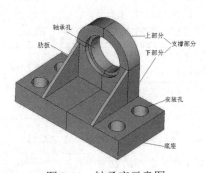

图 2-41　轴承座示意图

为 $1.7×10^{11}$Pa，泊松比为 0.3。分析轴承座的应力分布。

本例将按照建立几何模型、划分网格、加载、求解以及后处理查看结果的顺序，在本章和以后的几章中依次介绍，以使读者对 ANSYS 的分析过程有一个初步的认识和了解，本章只介绍建立几何模型部分。

注意：本例作为参考例子，没有给出尺寸单位，读者在自己建立模型时，务必要选择好尺寸单位。

2.8.1 GUI 方式

1. 定义工作文件名和工作标题

（1）定义工作文件名。选择实用菜单中的 Utility Menu > File > Change Jobname 命令，弹出 Change Jobname 对话框，在 Enter new jobname 中输入"Bearing Block"，并选中 New log and error files?后面的 Yes 复选框，单击 OK 按钮，如图 2-42 所示。

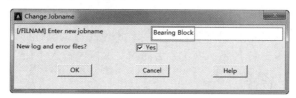

图 2-42　Change Jobname 对话框

（2）定义工作标题。选择实用菜单中的 Utility Menu > File > Change Title 命令，弹出 Change Title 对话框，在 Enter new title 文本中输入"The Bearing Block Model"，单击 OK 按钮，如图 2-43 所示。

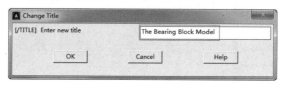

图 2-43　Change Title 对话框

（3）重新显示。选择实用菜单中的 Utility Menu > Plot > Replot 命令。

2. 生成轴承座底板

（1）生成矩形块。选择主菜单中的 Main Menu > Preprocessor > Modeling > Create > Volumes > Block > By Dimensions 命令，弹出 Create Block by Dimensions 对话框，输入如图 2-44 所示的数据后，单击 OK 按钮。

（2）打开 Pan-Zoom-Rotate 工具栏。选择实用菜单中的 Utility Menu > PlotCtrls > Pan Zoom Rotate 命令，弹出 Pan-Zoom-Rotate 工具栏，单击 Iso 按钮，生成的结果如图 2-45 所示。

（3）显示工作平面。选择实用菜单中的 Utility Menu > WorkPlane > Display Working Plane 命令。

（4）平移工作平面。选择实用菜单中的 Utility Menu > WorkPlane > Offset WP by Increments 命令，弹出 Offset WP 对话框，在 X,Y,Z Offsets 文本框中输入"2.25,1.25,0.75"，单击 Apply 按钮；在 XY,YZ,ZX Angles 下面的文本框中输入"0,-90,0"，单击 OK 按钮。

（5）生成圆柱体。选择主菜单中的 Main Menu > Preprocessor > Create > Volumes > Cylinder > Solid Cylinder 命令，弹出 Solid Cylinder 对话框，输入如图 2-46 所示的数据后，单击 OK 按钮。

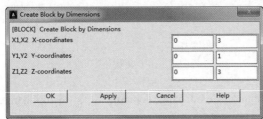

图 2-44 Create Block by Dimensions 对话框

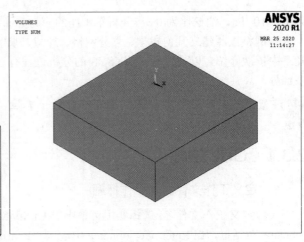

图 2-45 生成结果

（6）复制生成另一个圆柱体。选择主菜单中的 Main Menu > Preprocessor > Modeling > Copy > Volumes 命令，弹出 Copy Volumes 拾取框，用鼠标拾取刚生成的圆柱体，然后单击 OK 按钮，弹出 Copy Volumes 对话框，如图 2-47 所示。在 DZ 后面的文本框中输入"1.5"，单击 OK 按钮。

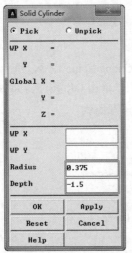

图 2-46 Solid Cylinder 对话框

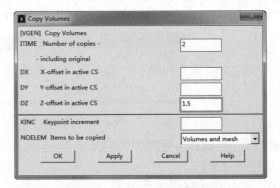

图 2-47 Copy Volumes 对话框

（7）进行体相减操作。选择主菜单中的 Main Menu > Preprocessor > Modeling > Operate > Booleans > Subtract > Volumes 命令，弹出 Subtract Volumes 拾取框，拾取矩形块（V1），单击 Apply 按钮，然后拾取两个圆柱体（V2，V3），单击 OK 按钮，生成的结果如图 2-48 所示。

3. 生成支撑部分

（1）选择实用菜单中的 Utility Menu > WorkPlane > Align WP with > Global Cartesian 命令，使工作平面与总体笛卡儿坐标系一致。

（2）生成支撑板。选择主菜单中的 Main Menu > Preprocessor > Modeling > Create > Volumes > Block > By 2 Corners & Z 命令，弹出 Block by 2 Corners & Z 对话框，输入如图 2-49 所示的数据，单击 OK 按钮。

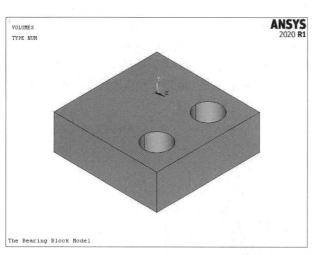

图 2-48 生成结果

图 2-49 Block by 2 Corners & Z 对话框

（3）偏移工作平面到支撑部分的前表面。选择实用菜单中的 Utility Menu > WorkPlane > Offset WP to > Keypoints 命令，弹出 Offset WP to Keypoints 拾取框，拾取刚创建的实体块左上角的点，单击 OK 按钮。

（4）生成支撑部分的上部分。选择主菜单中的 Main Menu > Preprocessor > Modeling > Create > Volumes > Cylinder > Partial Cylinder 命令，弹出 Partial Cylinder 对话框，输入如图 2-50 所示的数据后，单击 OK 按钮，生成的结果如图 2-51 所示。

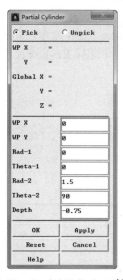

图 2-50 Partial Cylinder 对话框

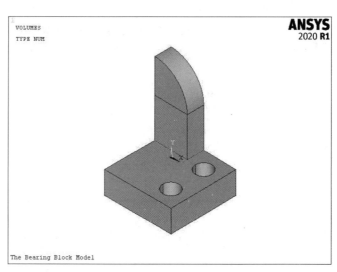

图 2-51 生成结果

4．在轴承孔位置建立圆柱体

选择主菜单中的 Main Menu > Preprocessor > Modeling > Create > Volume > Cylinder > Solid Cylinder 命令，弹出 Solid Cylinder 对话框，在 WP X、WP Y、Radius、Depth 文本框中依次输入"0" "0" "1" "-0.1875"，单击 Apply 按钮应用设置；再次输入"0" "0" "0.85" "-2"，单击 OK 按钮。

· 55 ·

5. 体相减操作

（1）打开体编号控制器。选择实用菜单中的 Utility Menu > PlotCtrls > Numbering 命令，弹出 Plot Numbering Controls 对话框，选中 Volume numbers 后面的复选框，把 Off 改为 On，单击 OK 按钮。

（2）选择主菜单中的 Main Menu > Preprocessor > Modeling > Operate > Booleans > Subtract > Volumes 命令，弹出 Subtract Volumes 拾取框，先拾取编号为 V1 和 V2 的两个体，单击 Apply 按钮；然后拾取编号为 V3 的体，单击 Apply 按钮；再拾取编号为 V6 和 V7 的两个体，单击 Apply 按钮；最后拾取编号为 V5 的体，单击 OK 按钮，生成的结果如图 2-52 所示。

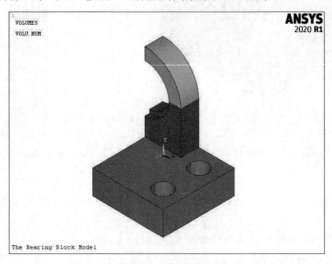

图 2-52　生成结果

6. 合并重合的关键点

选择主菜单中的 Main Menu > Preprocessor > Numbering Ctrls > Merge Items 命令，弹出 Merge Coincident or Equivalently Defined Items 对话框，在 Label 后面的下拉列表中选择 Keypoints 选项，如图 2-53 所示，单击 OK 按钮。

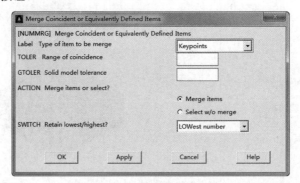

图 2-53　Merge Coincident or Equivalently Defined Items 对话框

7. 生成肋板

（1）打开点编号控制器。选择实用菜单中的 Utility Menu > PlotCtrls > Numbering 命令，弹出 Plot Numbering Controls 对话框，选中 Keypoint numbers 后面的复选框，使其状态由 Off 变为 On，单击 OK 按钮。

（2）创建一个关键点。选择主菜单中的 Main Menu > Preprocessor > Modeling > Create > Keypoints > KP between KPs 命令，弹出 KP between KPs 拾取框，用鼠标拾取编号为 7 和 8 的关键点，单击 OK 按钮，弹出如图 2-54 所示的对话框，单击 OK 按钮。

（3）创建一个三角形面。选择主菜单中的 Main Menu > Preprocessor > Modeling > Create > Areas > Arbitrary > Through KPs 命令，弹出 Create Areas through KPs 拾取框，用鼠标拾取编号为 9、14、15 的关键点，单击 OK 按钮，生成三角形面。

（4）生成三棱柱肋板。选择主菜单中的 Main Menu > Preprocessor > Modeling > Operate > Extrude > Areas > Along Normal 命令，弹出 Extrude Areas by 对话框，拾取刚生成的三角形面，单击 OK 按钮，弹出 Extrude Area along Normal 对话框，如图 2-55 所示。在 DIST 后面的文本框中输入"-0.15"，单击 OK 按钮，生成的结果如图 2-56 所示。

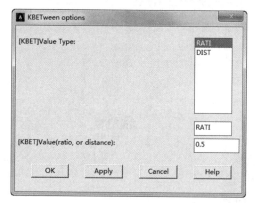

图 2-54　KBETween options 对话框

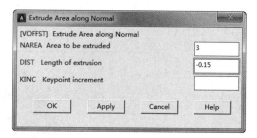

图 2-55　Extrude Area along Normal 对话框

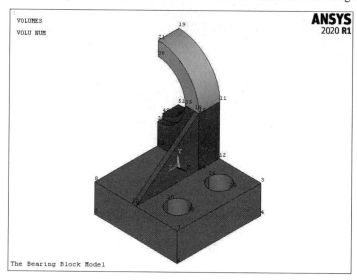

图 2-56　生成结果

8. 关闭工作平面及体、点编号控制器

选择实用菜单中的 Utility Menu > WorkPlane > Display Working Plane 命令，关闭工作平面。选择实用菜单中的 Utility Menu > PlotCtrls > Numbering 命令，弹出 Plot Numbering Controls 对话框，选中 Volume numbers 和 Keypoint numbers 后面的复选框，使其状态由 On 变为 Off，单击 OK 按钮。

9. 镜像生成全部轴承座模型

选择主菜单中的 Main Menu > Preprocessor > Modeling > Reflect > Volumes 命令，弹出 Reflect Volumes 拾取框，单击 Pick All 按钮，出现 Reflect Volumes 对话框，如图 2-57 所示。单击 OK 按钮，生成的结果如图 2-58 所示。

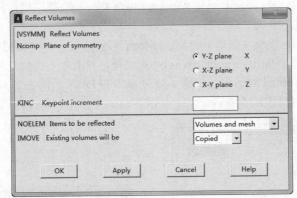

图 2-57　Reflect Volumes 对话框

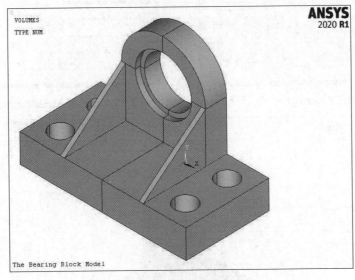

图 2-58　生成结果

10. 粘接所有体

选择主菜单中的 Main Menu > Preprocessor > Modeling > Operate > Booleans > Glue > Volumes 命令，弹出 Glue Volumes 拾取框，单击 Pick All 按钮。至此，几何模型创建完毕。

11. 保存几何模型

单击 ANSYS Toolbar 工具栏中的 SAVE_DB 按钮，保存文件。

2.8.2　命令流方式

```
/FILNAME,Bearing Block
/TITLE,The Bearing Block Model
```

```
/PREP7
BLOCK,,3,,1,,3,
/VIEW,1,1,1,1
WPSTYLE,,,,,,,,1
wpoff,2.25,1.25,0.75
wprot,0,-90,0
CYL4,,,0.375,,,,-1.5
FLST,3,1,6,ORDE,1
FITEM,3,2
VGEN,2,P51X,,,,1.5,,0
FLST,3,2,6,ORDE,2
FITEM,3,2
FITEM,3,-3
VSBV,    1,P51X
WPCSYS,-1,0
BLC4,0,1,1.5,1.75,0.75
KWPAVE,    16
CYL4,0,0,0,0,1.5,90,-0.75
CYL4,0,0,1,,,,-0.1875
CYL4,0,0,0.85,,,,-2
FLST,2,2,6,ORDE,2
FITEM,2,1
FITEM,2,-2
VSBV,P51X,    3
FLST,2,2,6,ORDE,2
FITEM,2,6
FITEM,2,-7
VSBV,P51X,    5
NUMMRG,KP,,,,LOW
KBETW,8,7,0,RATI,0.5,
FLST,2,3,3
FITEM,2,9
FITEM,2,14
FITEM,2,15
A,P51X
VOFFST,3,-0.15,,
WPSTYLE,,,,,,,,0
FLST,3,4,6,ORDE,2
FITEM,3,1
FITEM,3,-4
VSYMM,X,P51X,,,,0,0
FLST,2,8,6,ORDE,2
FITEM,2,1
FITEM,2,-8
```

```
VGLUE,P51X
SAVE
```

2.9 从 IGES 文件中将几何模型导入 ANSYS 软件中

用户可以在 ANSYS 中直接建立模型，也可以先在 CAD 系统中建立实体模型，然后把模型保存为 IGES 文件格式，再把这个模型导入 ANSYS 软件中，一旦模型成功地导入后，就可以像在 ANSYS 中创建的模型那样对这个模型进行修改和划分网格。

IGES（Initial Graphics Exchange Specification）是一种被广泛接受的中间标准格式，用来在 CAD 和 CAE 系统之间交换几何模型。该过滤器可以输入部分文件，所以用户至少可以通过它来输入模型的一部分，从而减轻建模工作量。用户也可以输入多个文件至同一个模型中，但必须设定相同的输入选项。

1. 设定输入 IGES 文件的选项

```
命令：IOPTN
GUI：Utility Menu > File > Import > IGES
```

执行以上命令后，弹出如图 2-59 所示的 Import IGES File 对话框，单击 OK 按钮。

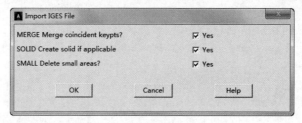

图 2-59　Import IGES File 对话框（1）

2. 选择 IGES 文件

```
命令：IGESIN
```

在上述 GUI 操作之后，会弹出如图 2-60 所示的 Import IGES File 对话框，输入适当的文件名，单击 OK 按钮，在弹出的询问对话框中单击 Yes 按钮以执行 IGES 文件输入操作。

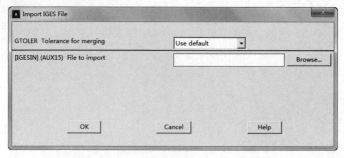

图 2-60　Import IGES File 对话框（2）

2.10 实例——输入 IGES 单一实体

1. 清除 ANSYS 的数据库

（1）选择实用菜单中的 Utility Menu > File > Clear & Start New 命令。

（2）在打开的 Clear Database and Start New 对话框中，选中 Read file 单选按钮，如图 2-61 所示。然后单击 OK 按钮。

（3）打开确认对话框，单击 Yes 按钮，如图 2-62 所示。

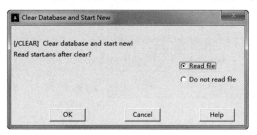
图 2-61 建立新的文件

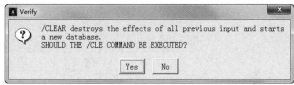
图 2-62 建立新文件的确认对话框

2. 改作业名为 actuator

（1）选择实用菜单中的 Utility Menu > File > Change Jobname 命令。

（2）打开 Change Jobname 对话框，在文本框中输入"actuator"作为新的作业名，如图 2-63 所示。然后单击 OK 按钮。

3. 用默认的设置输入"actuator.iges" IGES 文件

（1）选择实用菜单中的 Utility Menu > File > Import > IGES 命令。

（2）在打开的 Import IGES File 对话框中选择导入的参数，如图 2-64 所示。然后单击 OK 按钮。

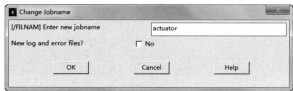
图 2-63 设置新的工作名

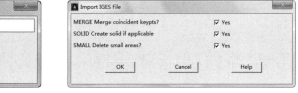
图 2-64 选择导入参数

（3）打开如图 2-65 所示的 Import IGES File 对话框，单击 Browse 按钮。

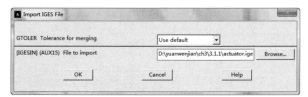
图 2-65 单击 Browse 按钮

（4）在弹出的 File to import 对话框中选择 actuator.iges 选项，如图 2-66 所示。然后单击"打开"按钮。

图 2-66 选择 actuator.iges

（5）这样会得到输入模型后的结果，如图 2-67 所示。

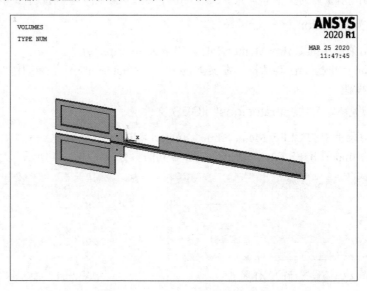

图 2-67 输入 IGES 文件后的结果

4．保存数据库，在工具栏上单击 SAVE_DB 按钮

本例操作的命令流如下所示。

```
/CLEAR
!清除 ANSYS 的数据库
/FILNAME,actuator,0
!改作业名为 actuator
/AUX15
!进入导入 IGES 模式
```

```
IGESIN,'actuator','iges',' '
!假设该模型位置在ANSYS的默认目录
VPLOT
SAVE
!保存数据库
FINISH
```

2.11 实例——对输入模型修改

本节的内容是通过实例来介绍对输入的实体进行修改,这一操作是非常重要的。首先按照 2.10 节介绍的方法输入 IGES 文件:h_latch.iges,并用 h_latch 作为作业名。

1. 偏移工作平面到给定位置

(1) 从实用菜单中选择 Utility Menu > WorkPlane > Offset WP to > Keypoints +命令。

(2) 在 ANSYS 输入窗口选择底板右边的内角点,单击 OK 按钮,结果如图 2-68 所示。

2. 旋转工作平面

(1) 从实用菜单中选择 Utility Menu > WorkPlane > Offset WP by Increments 命令。

(2) 弹出 Offset WP 对话框,在 XY,YZ,ZX Angles 文本框中输入"0,90,0",如图 2-69 所示。单击 OK 按钮,结果如图 2-70 所示。

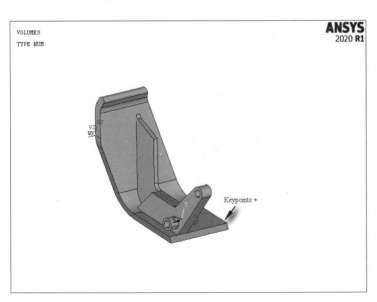

图 2-68 偏移工作平面

图 2-69 旋转工作平面

3. 将激活的坐标系设置为工作平面坐标系

从实用菜单中选择 Utility Menu > WorkPlane > Change Active CS to > Working Plane 命令。

4. 创建圆柱体

（1）从主菜单中选择 Main Menu > Preprocessor > Modeling > Create > Volumes > Cylinder > Solid Cylinder 命令。

（2）弹出创建圆柱体对话框，在 WP X 文本框中输入"0.55"；在 WP Y 文本框中输入"0.55"；在 Radius 文本框中输入"0.15"；在 Depth 文本框中输入"0.3"，如图 2-71 所示。单击 OK 按钮，生成一个圆柱体，结果如图 2-72 所示。

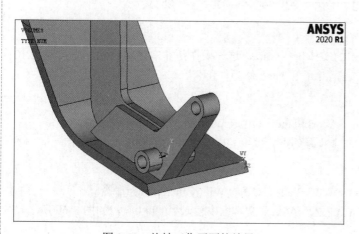

图 2-70　旋转工作平面的结果

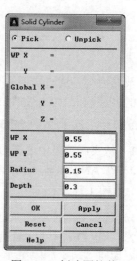

图 2-71　创建圆柱体

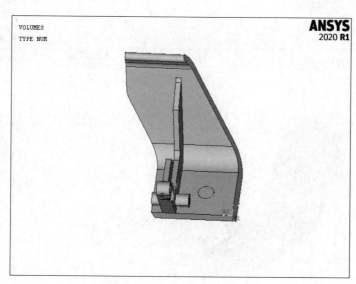

图 2-72　创建圆柱体的结果

5. 从总体中"减"去圆柱体形成轴孔

（1）从主菜单中选择 Main Menu > Preprocessor > Modeling > Operate > Booleans > Subtract > Volumes 命令。

（2）在图形窗口中拾取总体，作为布尔"减"操作的母体，单击 Apply 按钮。

（3）拾取刚刚建立的圆柱体作为"减"去的对象，单击 OK 按钮，结果如图 2-73 所示。

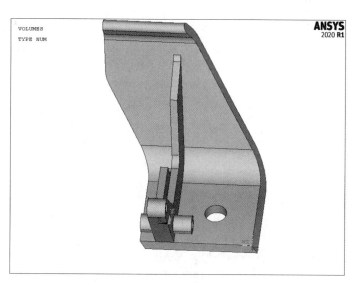

图 2-73 体相减的结果

6. 创建倒角面

（1）从主菜单中选择 Main Menu > Preprocessor > Modeling > Create > Areas > Area Fillet 命令。

（2）打开图形选择对话框，如图 2-74 所示。

（3）在图形窗口中，选取如图 2-75 所示的加强肋的两个面，单击 OK 按钮。

图 2-74 选择创建倒角的面

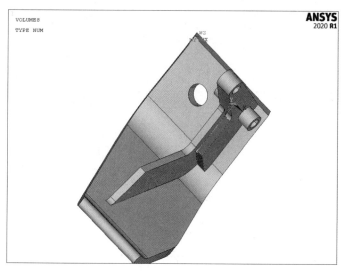

图 2-75 要选择的创建倒角的面

（4）在倒角设置对话框的 Fillet radius 文本框中输入"0.1"，如图 2-76 所示。然后单击 OK 按钮。

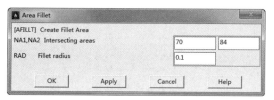

图 2-76 输入倒角半径

修改后的实体如图 2-77 所示。

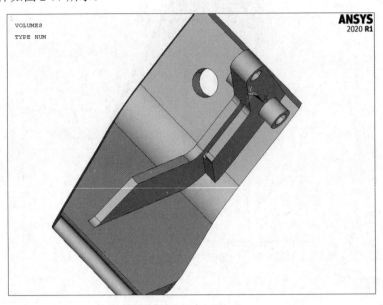

图 2-77　创建的倒角

本例操作的命令流如下所示。

```
KWPAVE,    247
!偏移工作平面到247点
wprot,0,90,0
!旋转工作平面
CSYS,4
!将激活的坐标系设置为工作平面坐标系
FINISH
/PREP7
CYL4,0.55,0.55,0.15, , , ,0.3
!创建圆柱体
VSBV,      1,      2
!从总体中"减"去圆柱体形成轴孔
AFILLT,84,70,0.1,
!创建倒角面
```

第 3 章

划分网格

划分网格是进行有限元分析的基础,它要求考虑的问题较多,需要的工作量较大,所划分的网格形式对计算精度和计算规模会产生直接影响,因此我们需要学习正确、合理的网格划分方法。

- ☑ 有限元网格概论
- ☑ 设定单元属性
- ☑ 网格划分的控制
- ☑ 自由网络划分和映射网格划分控制
- ☑ 延伸和扫掠生成有限元网格模型
- ☑ 修正有限元模型
- ☑ 直接通过节点和单元生成有限元模型
- ☑ 编号控制

任务驱动&项目案例

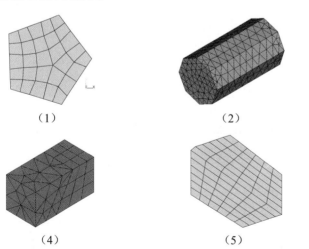

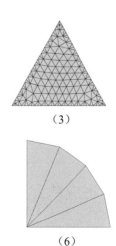

(1)　　　　　　　(2)　　　　　　　(3)

(4)　　　　　　　(5)　　　　　　　(6)

3.1 有限元网格概论

生成节点和单元的网格划分过程包括以下 3 个步骤。
（1）定义单元属性。
（2）定义网格生成控制（非必需），ANSYS 程序提供了大量的网格生成控制，用户可按需要选择。
（3）生成网格。

> **注意**：步骤（2）的定义网格控制不是必需的，因为默认的网格生成控制对多数模型生成都是合适的。如果没有指定网格生成控制，程序会用 DSIZE 命令使用默认设置生成网格。当然，用户也可以手动控制生成质量更好的自由网格。

在对模型进行网格划分之前，甚至在建立模型之前，用户要明确是采用自由网格还是采用映射网格来分析。自由网格对单元形状无限制，并且没有特定的准则。而映射网格则对包含的单元形状有限制，而且必须满足特定的规则。在图 3-1 中，映射面网格只包含四边形或三角形单元，映射体网格只包含六面体单元。另外，映射网格具有规则的排列形状，如果想要这种网格类型，所生成的几何模型必须具有一系列相当规则的体或面。

用户可用 MSHKEY 命令或相应的 GUI 路径选择自由网格或映射网格。注意，所用网格控制将随自由网格或映射网格划分而不同。

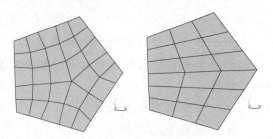

图 3-1　自由网格和映射网格示意图

3.2 设定单元属性

在生成节点和单元网格之前，必须定义合适的单元属性，包括以下几项。
- 单元类型。
- 实常数（如厚度和横截面积）。
- 材料属性（如杨氏模量、热传导系数等）。
- 单元坐标系。
- 截面号（只对 BEAM161、BEAM188 和 BEAM189 等单元有效）。

> **注意**：对于梁单元网格的划分，用户有时需要指定方向关键点。

3.2.1 生成单元属性表

为了定义单元属性，首先必须建立一些单元属性表。典型的包括单元类型（命令 ET 或者 GUI 路径：Main Menu > Preprocessor > Element Type > Add/Edit/Delete）、实常数（命令 R 或者 GUI 路径：Main Menu > Preprocessor > Real Constants）、材料属性（命令 MP 和 TB 或者 GUI 路径：Main Menu > Preprocessor > Material Props > Material Models）。

利用 LOCAL、CLOCAL 等命令可以组集坐标系表（GUI 路径：Utility Menu > Work Plane > Local

Coordinate Systems > Create Local CS > Option），该表用来给单元分配单元坐标系。

🔊 **注意**：并非所有的单元类型都可用这种方式来分配单元坐标系。

对于用 BEAM188、BEAM189 单元划分的梁网格，可利用命令 SECTYPE 和命令 SECDATA（GUI 路径：Main Menu > Preprocessor > Sections）来创建截面号表格。

🔊 **注意**：方向关键点是线的属性而不是单元的属性，用户不能创建方向关键点表格。

用户可以用命令 ETLIST 来显示单元类型；用命令 RLIST 来显示实常数；用命令 MPLIST 来显示材料属性。上述操作对应的 GUI 路径是 Utility Menu > List > Properties > Property Type。另外，用户还可以用命令 CSLIST（GUI 路径：Utility Menu > List > Other > Local Coord Sys）来显示坐标系；用命令 SLIST（GUI 路径：Main Menu > Preprocessor > Sections > List Sections）来显示截面号。

3.2.2 在划分网格之前分配单元属性

一旦建立了单元属性表，通过指向表中合适的条目即可对模型的不同部分分配单元属性。指针就是参考号码集，包括材料号（MAT）、实常数号（TEAL）、单元类型号（TYPE）、坐标系号（ESYS），以及使用 BEAM188 和 BEAM189 单元时的截面号（SECNUM）。可以直接给所选的实体模型图元分配单元属性，或者定义默认的属性在生成单元的网格划分中使用。

🔊 **注意**：如前面所提到的，在给梁划分网格时给线分配的方向关键点是线的属性而不是单元属性，所以必须是直接分配给所选线，而不能定义默认的方向关键点以备后面划分网格时直接使用。

1. 直接给实体模型图元分配单元属性

给实体模型分配单元属性时，允许对模型的每个区域预置单元属性，从而避免在网格划分过程中重置单元属性。清除实体模型的节点和单元不会删除直接分配给图元的属性。

利用下列命令和相应的 GUI 路径可直接给实体模型分配单元属性。

（1）给关键点分配属性。

```
命令：KATT
GUI: Main Menu > Preprocessor > Meshing > Mesh Attributes > All Keypoints
     Main Menu > Preprocessor > Meshing > Mesh Attributes > Picked KPs
```

（2）给线分配属性。

```
命令：LATT
GUI: Main Menu > Preprocessor > Meshing > Mesh Attributes > All Lines
     Main Menu > Preprocessor > Meshing > Mesh Attributes > Picked Lines
```

（3）给面分配属性。

```
命令：AATT
GUI: Main Menu > Preprocessor > Meshing > Mesh Attributes > All Areas
     Main Menu > Preprocessor > Meshing > Mesh Attributes > Picked Areas
```

（4）给体分配属性。

```
命令：VATT
```

```
GUI: Main Menu > Preprocessor > Meshing > Mesh Attributes > All Volumes
     Main Menu > Preprocessor > Meshing > Mesh Attributes > Picked Volumes
```

2. 分配默认属性

用户可以通过指向属性表的不同条目来分配默认的属性，在开始划分网格时，ANSYS 程序会自动将默认属性分配给模型。直接分配给模型的单元属性将取代上述默认属性，而且当清除实体模型图元的节点和单元时，其默认的单元属性也将被删除。

用户可利用如下方式分配默认的单元属性。

```
命令: TYPE, REAL, MAT, ESYS, SECNUM
GUI: Main Menu > Preprocessor > Meshing > Mesh Attributes > Default Attribs
     Main Menu > Preprocessor > Modeling > Create > Elements > Elem Attributes
```

3. 自动选择维数正确的单元类型

有些情况下，ANSYS 程序能对网格划分或拖曳操作选择正确的单元类型，当选择明显正确时，用户不必人为地转换单元类型。

特殊的情况是，当未将单元属性（xATT）直接分配给实体模型时，或者默认的单元属性（TYPE）对于要执行的操作维数不对时，而且已定义的单元属性表中只有一个维数正确的单元，ANSYS 程序会自动利用该种单元类型执行这个操作。

受此影响的网格划分和拖曳操作命令有 KMESH、LMESH、AMESH、VMESH、FVMESH、VOFFST、VEXT、VDRAG、VROTAT、VSWEEP。

4. 在节点处定义不同的厚度

用户可以利用下列方式对壳单元在节点处定义不同的厚度。

```
命令: RTHICK
GUI: Main Menu > Preprocessor > Real Constants > Thickness Func
```

壳单元可以模拟复杂的厚度分布，以 SHELL181 为例，允许给每个单元的 4 个角点指定不同的厚度，单元内部的厚度假定是在 4 个角点厚度之间光滑变化。给一组单元指定复杂的厚度变化是有一定难度的，特别是每一个单元都需要单独指定其角点厚度时，在这种情况下，利用 RTHICH 命令能大大简化模型定义。

下面用一个实例来详细说明该过程，该实例的模型为 10×10 的矩形板，用 0.5×0.5 的方形 SHELL181 单元划分网格。在 ANSYS 程序中输入如下命令流。

```
/TITLE, RTHICK Example
/PREP7
ET,1,181,,,2
RECT,,10,,10
ESHAPE,2
ESIZE,,20
AMESH,1
EPLO
```

得到初始的网格图如图 3-2 所示。

假定板厚按 $h = 0.5 + 0.2x + 0.02y^2$ 公式变化，为了模拟该厚度变化，我们创建一组参数给节点设定相应的厚度值。换句话说，数组里的第 N 个数对应于第 N 个节点的厚度，命令流如下所示。

```
MXNODE = NDINQR(0,14)
*DIM,THICK,,MXNODE
*DO,NODE,1,MXNODE
   *IF,NSEL(NODE),EQ,1,THEN
      THICK(node) = 0.5 + 0.2*NX(NODE) + 0.02*NY(NODE)**2
   *ENDIF
*ENDDO
NODE = $MXNODE
```

最后,利用 RTHICK 函数将这组表示厚度的参数分配到单元上,结果如图 3-3 所示。

```
RTHICK,THICK(1),1,2,3,4
/ESHAPE,1.0 $ /USER,1 $ /DIST,1,7
/VIEW,1,-0.75,-0.28,0.6 $ /ANG,1,-1
/FOC,1,5.3,5.3,0.27 $ EPLO
```

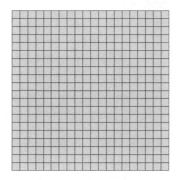
图 3-2 初始的网格图

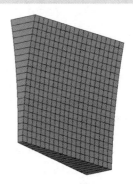
图 3-3 不同厚度的壳单元

3.3 网格划分的控制

网格划分控制能建立用在实体模型划分网格的因素,例如单元形状、中间节点位置、单元大小等。此步骤是整个分析中最重要的步骤之一,因为此阶段得到的有限元网格将对分析的准确性和经济性起决定作用。

3.3.1 ANSYS 网格划分工具(MeshTool)

ANSYS 网格划分工具(GUI:Main Menu > Preprocessor > Meshing > MeshTool)提供了最常用的网格划分控制和最常用的网格划分操作的便捷途径。其功能主要包括以下几方面。

- ☑ 控制 SmartSizing 水平。
- ☑ 设置单元尺寸控制。
- ☑ 指定单元形状。
- ☑ 指定网格划分类型(自由或映射)。
- ☑ 对实体模型图元划分网格。
- ☑ 清除网格。
- ☑ 细化网格。

3.3.2 单元形状

ANSYS 程序允许在同一个划分区域出现多种单元形状,例如同一区域的面单元可以是四边形,也可以是三角形,但建议尽量不要在同一个模型中混用六面体和四面体单元。

下面简单介绍单元形状的退化,图 3-4 说明了用户在划分网格时,应该尽量避免使用退化单元。

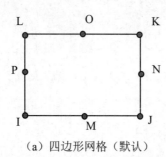
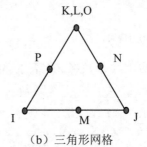

(a) 四边形网格(默认)　　　　(b) 三角形网格

图 3-4　四边形单元形状的退化

用下列方法指定单元形状。

```
命令:MSHAPE,KEY,Dimension
GUI:Main Menu > Preprocessor > Meshing > MeshTool
    Main Menu > Preprocessor > Meshing > Mesher Opts
    Main Menu > Preprocessor > Meshing > Mesh > Volumes > Mapped > 4 to 6 sided
```

如果正在使用 MSHAPE 命令,维数(2D 或 3D)的值表明待划分的网格模型的维数,KEY 值(0 或 1)表示划分网格的形状。

☑ KEY=0,如果 Dimension=2D,ANSYS 将用四边形单元划分网格,如果 Dimension=3D,ANSYS 将用六面体单元划分网格。

☑ KEY=1,如果 Dimension=2D,ANSYS 将用三角形单元划分网格,如果 Dimension=3D,ANSYS 将用四面体单元划分网格。

有些情况下,MSHAPE 命令及合适的网格划分命令(AMESH、YMESH 或相应的 GUI 路径:Main Menu > Preprocessor > Meshing > Mesh > Mesher Opts)就是对模型划分网格的全部所需。每个单元的大小由指定的默认单元大小(AMRTSIZE 或 DSIZE)确定。例如,图 3-5 左边的模型用 VMESH 命令生成右边的网格。

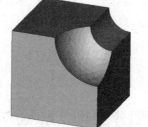
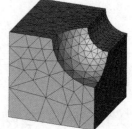

图 3-5　默认单元尺寸

3.3.3　选择自由或映射网格划分

除了指定单元形状之外,还需指定对模型进行网格划分的类型(自由划分或映射划分),方法如下。

```
命令:MSHKEY
GUI:Main Menu > Preprocessor > Meshing > MeshTool
    Main Menu > Preprocessor > Meshing > Mesher Opts
```

单元形状（MSHAPE）和网格划分类型（MSHEKEY）的设置共同影响网格的生成，表 3-1 为 ANSYS 支持的单元形状和网格划分类型。

表 3-1　ANSYS 支持的单元形状和网格划分类型

单 元 形 状	自 由 划 分	映 射 划 分	既可以映射划分又可以自由划分
四边形	Yes	Yes	Yes
三角形	Yes	Yes	Yes
六面体	No	Yes	No
四面体	Yes	No	No

3.3.4　控制单元中间节点的位置

当使用二次单元划分网格时，可以控制中间节点的位置，有以下两种选择。
☑ 边界区域单元在中间节点沿着边界线或者面的弯曲方向，这是默认设置。
☑ 设置所有单元的中间节点和单元边是直的，此选项允许沿曲线进行粗糙的网格划分，但是模型的弯曲并不与之相配。

可用如下方法控制中间节点的位置。

> 命令：MSHMID
> GUI: Main Menu > Preprocessor > Meshing > Mesher Opts

3.3.5　划分自由网格时的单元尺寸控制（SmartSizing）

默认情况下，DESIZE 命令方法控制单元大小在自由网格划分中的使用，但一般推荐使用 SmartSizing，为打开 SmartSizing，只要在 SMARTSIZE 命令中指定单元大小即可。

ANSYS 中有两种 SmartSizing 控制，即基本的和高级的。

1. 基本的控制

利用基本的控制，可以简单地指定网格划分的粗细程度，从 1（细网格）到 10（粗网格），程序会自动设置一系列独立的控制值用来生成想要的网格大小，方法如下。

> 命令：SMRTSIZE,SIZLVL
> GUI: Main Menu > Preprocessor > Meshing > MeshTool

图 3-6 为利用几个不同的 SmartSizing 设置所生成的网格。

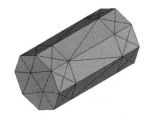 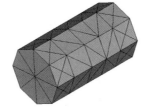 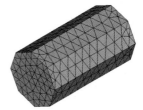

（a）Level=1（粗糙）　　（b）Level=6（默认）　　（c）Level=10（精细）

图 3-6　对同一模型面 SmartSizing 不同控制值的划分结果

2. 高级的控制

ANSYS 还允许用户使用高级方法专门设置人工控制网格质量，方法如下。

命令：SMRTSIZE and ESIZE
GUI：Main Menu > Preprocessor > Meshing > Size Cntrls > SmartSize > Adv Opts

3.3.6 映射网格划分中单元的默认尺寸

DESIZE 命令（GUI 路径：Main Menu > Preprocessor > Meshing > Size Cntrls > ManualSize > Global > Other）常用来控制映射网格划分的单元尺寸，同时也可用在自由网格划分的默认设置，但是对于自由网格划分，建议使用 SmartSizing（SMRTSIZE）。

对于较大的模型，通过 DESIZE 命令查看默认的网格尺寸是明智的，可通过显示线的分割来观察将要划分的网格情况。预查看网格划分的步骤如下。

（1）建立实体模型。
（2）选择单元类型。
（3）选择容许的单元形状（MSHAPE）。
（4）选择网格划分类型，即自由或映射（MSHKEY）。
（5）输入 LESIZE、ALL（通过 DESIZE 命令规定调整线的分割数）。
（6）显示线（LPLOT）。

下面结合如图 3-7 所示的实例来说明。

如果觉得网格太粗糙，可用通过改变单元尺寸或者线上的单元份数来加密网格，方法如下。

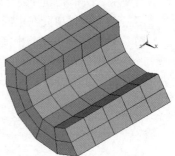

图 3-7　粗糙的网格

GUI：Main Menu > Preprocessor > Meshing > Size Cntrls > ManualSize > Layers > Picked Lines

弹出 Elements Sizes on Picked Lines 拾取菜单，用鼠标单击拾取屏幕上的相应线段，单击 OK 按钮，弹出 Area Layer-Mesh Controls on Picked Lines 对话框，如图 3-8 所示。在 SIZE Element edge length 文本框中输入具体数值（即单元的尺寸），或者在 NDIV No.of line divisions 文本框中输入正整数（即所选择的线段上的单元份数），单击 OK 按钮。然后重新划分网格，效果如图 3-9 所示。

3.3.7 局部网格划分控制

在许多情况下，对结构的物理性质而言，用默认单元尺寸生成的网格不合适，例如有应力集中或奇异的模型。在这种情况下，需要将网格局部细化，详细说明如下。

（1）通过表面的边界所用的单元尺寸控制总体的单元尺寸，或者控制每条线划分的单元数。

命令：ESIZE
GUI：Main Menu > Preprocessor > Meshing > Size Cntrls > ManualSize >Global > Size

（2）控制关键点附近的单元尺寸。

命令：KESIZE

```
        GUI: Main Menu > Preprocessor > Meshing > Size Cntrls > ManualSize > Keypoints >
All KPs
             Main Menu > Preprocessor > Meshing > Size Cntrls > ManualSize > Keypoints >
Picked KPs
             Main Menu > Preprocessor > Meshing > Size Cntrls > ManualSize > Keypoints >
Clr Size
```

（3）控制给定线上的单元数。

```
    命令：LESIZE
    GUI: Main Menu > Preprocessor > Meshing > Size Cntrls > ManualSize > Lines >
All Lines
             Main Menu > Preprocessor > Meshing > Size Cntrls > ManualSize > Lines >
Picked Lines
             Main Menu > Preprocessor > Meshing > Size Cntrls > ManualSize > Lines >
Clr Size
```

以上叙述的所有定义尺寸的方法都可以一起使用，但遵循一定的优先级别，具体说明如下。

- ☑ 用 DESIZE 命令定义单元尺寸时，对任何给定线，沿线定义的单元尺寸优先级是用 LESIZE 指定的为最高级；KESIZE 次之；ESIZE 再次之；DESIZE 为最低级。
- ☑ 用 SMRTSIZE 命令定义单元尺寸时，优先级是用 LESIZE 指定的为最高级；KESIZE 次之；SMRTSIZE 为最低级。

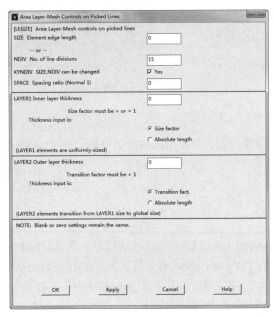

图 3-8　Area Layer-Mesh Controls on Picked Lines 对话框

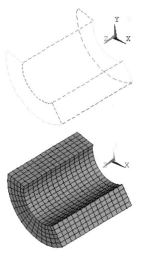

图 3-9　预览改进的网格

3.3.8　内部网格划分控制

前面关于网格尺寸的讨论集中在实体模型边界的外部单元尺寸的定义（LESIZE 和 ESIZE 等），然而也可以在面的内部（即非边界处）没有可以引导网格划分的尺寸线处控制网格划分，方法如下。

```
命令：MOPT
GUI: Main Menu > Preprocessor > Meshing > Size Cntrls > ManualSize >Global > Area Cntrls
```

1. 控制网格的扩展

MOPT 命令中的 Lab=EXPND 选项可以用来引导在一个面的边界处将网格划分较细，而内部则较粗，如图 3-10 所示。

在图 3-10 中，左边网格是由 ESIZE 命令（GUI 路径：Main Menu > Preprocessor > Meshing > Size Cntrls > ManualSize >Global > Size）对面进行设定生成的，右边网格是利用 MOPT 命令的扩展功能（Lab=EXPND）生成的，其区别显而易见。

2. 控制网格过渡

图 3-10（b）中的网格还可以进一步改善，MOPT 命令中的 Lab=TRANS 项可以用来控制网格从细到粗的过渡，如图 3-11 所示。

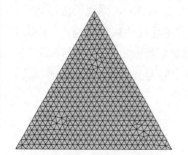
（a）没有扩张网格

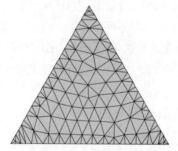
（b）扩展网（MOPT,EXPND,2.5）

图 3-10　网格扩展示意图

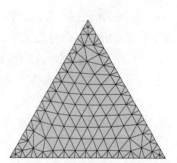
图 3-11　控制网格的过渡（MOPT,EXPND,1.5）

3. 控制 ANSYS 的网格划分器

可用 MOPT 命令控制表面网格划分器（三角形和四边形）和四面体网格划分器，使 ANSYS 执行网格划分操作（AMESH 和 VMESH）。

```
命令：MOPT
GUI: Main Menu > Preprocessor > Meshing > Mesher Opts
```

执行上述命令后弹出如图 3-12 所示的 Mesher Options 对话框，在该对话框中，在 AMESH 后面的下拉列表中的选项对应三角形表面网格划分，包括 Program chooses（默认）、main、Alternate 和 Alternate2 共 4 个选项；在 QMESH 后面的下拉列表中的选项对应四边形表面网格划分，包括 Program chooses（默认）、main 和 Alternate 共 3 个选项，其中 main 又称为 Q-Morph（quad-morphing）网格划分器，多数情况下能得到高质量的单元，如图 3-13 所示。另外，Q-Morph 网格划分器要求面的边界线的分割总数是偶数，否则将产生三角形单元；在 VMESH 后面的下拉列表中的选项对应四面体网格划分，包括 Program chooses（默认）、Alternate 和 main 共 3 个选项。

4. 控制四面体单元的改进

ANSYS 程序允许对四面体单元做进一步改进，方法如下。

命令：MOPT,TIMP,Value
GUI: Main Menu > Preprocessor > Meshing > Mesher Opts

弹出如图 3-12 所示的 Mesher Options 对话框，在该对话框中，在 TIMP 后面的下拉列表中的选项表示四面体单元改进的程度，从 1~6，其中 1 表示提供最小的改进；5 表示对线性四面体单元提供最大的改进；6 表示对二次四面体单元提供最大的改进。

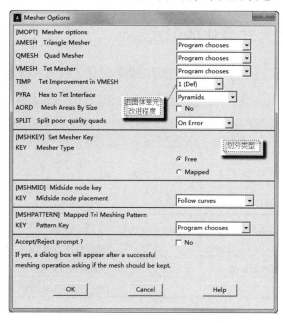

图 3-12 网格化选项对话框

（a）Alternate 网格划分器

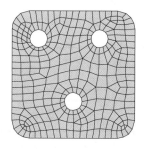

（b）Q-Morph 网格划分器

图 3-13 网格划分器

3.3.9 生成过渡棱锥单元

ANSYS 程序在下列情况下会生成过渡的棱锥单元。

☑ 用户准备对体用四面体单元划分网格，待划分的体直接与已用六面体单元划分网格的体相连。

☑ 用户准备用四面体单元划分网格，而目标体上至少有一个面已经用四边形网格划分。

图 3-14 为一个过渡网格的示例。

当对体用四面体单元进行网格划分时，为生成过渡棱锥单元，应事先满足以下条件。

☑ 设定单元属性时，需确定给体分配的单元类型可以退化为棱锥形状。

☑ 设置网格划分时，激活过渡单元表面让三维单元退化。

激活过渡单元（默认）的方法如下。

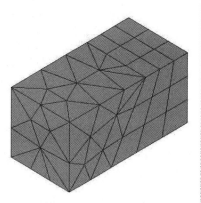

图 3-14 过渡网格示例

```
命令: MOPT,PYRA,ON
GUI: Main Menu > Preprocessor > Meshing > Mesher Opts
```

生成退化三维单元的方法如下。

```
命令: MSHAPE,1,3D
GUI: Main Menu > Preprocessor > Meshing > Mesher Opts
```

3.3.10 将退化的四面体单元转化为非退化的形式

在模型中生成过渡的棱锥单元之后，可将模型中的 20 节点退化四面体单元转化成相应的 10 节点非退化单元，方法如下。

```
命令: TCHG,ELEM1,ELEM2,ETYPE2
GUI: Main Menu > Preprocessor > Meshing > Modify Mesh > Change Tets
```

不论是使用命令方法还是 GUI 路径，用户都应按表 3-2 转化合并的单元。

表 3-2 允许 ELEM1 和 ELEM2 单元合并

物 理 特 性	ELEM1	ELEM2
结构	SOLID186 or 186	SOLID187 or 187
热学	SOLID90 or 90	SOLID87 or 87
静电学	SOLID122 or 122	SOLID123 or 123

执行单元转化的好处在于节省内存空间，加快求解速度。

3.3.11 执行层网格划分

ANSYS 程序的层网格划分功能（当前只能对二维面）能生成线性梯度的自由网格。
（1）沿线只有均匀的单元尺寸（或适当的变化）。
（2）垂直于线的方向单元尺寸和数量有急剧过渡。

这样的网格适于模拟 CFD 边界层的影响以及电磁表面层的影响等。

用户可以通过使用 ANSYS GUI 路径或者通过输入命令对选定的线设置层网格划分控制。如果用 GUI 路径，则选择主菜单中的 Main Menu > Preprocessor > Meshing > Mesh Tool 命令，显示网格划分工具，单击 Layer 相邻的设置按钮，打开选择线对话框，接下来是 Area Layer Mesh Controls on Picked Lines 对话框，可在其上指定单元尺寸（SIZE）和线分割数（NDIV）、线间距比率（SPACE）、内部网格的厚度（LAYER1）和外部网格的厚度（LAYER2）。

注意：LAYER1 的单元是均匀尺寸的，等于在线上给定的单元尺寸；LAYER2 的单元尺寸会从 LAYER1 的尺寸缓慢增加到总体单元的尺寸；另外，LAYER1 的厚度可以用数值指定，也可以利用尺寸系数（表示网格层数），如果是数值，则应该大于或等于给定线的单元尺寸；如果是尺寸系数，则应该大于 1。图 3-15 为层网格的示例。

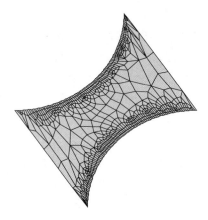

图 3-15 层网格示例

如果想删除选定线上的层网格划分控制,选择网格划分工具控制器上包含 Layer 的清除按钮即可。用户也可以用 LESIZE 命令定义层网格划分控制和其他单元特性,在此不再赘述。

用下列方法可查看层网格划分尺寸规格。

```
命令: LLIST
GUI: Utility Menu > List > Lines
```

3.4 自由网格划分和映射网格划分控制

前面主要讲述可用的不同网格划分控制,现在集中讨论适合于自由网格划分和映射网格划分的控制。

3.4.1 自由网格划分

自由网格划分操作,对实体模型无特殊要求。任何几何模型,尽管有些是不规则的,也可以进行自由网格划分。所用单元形状依赖于是对面还是对体进行网格划分,对面划分时,自由网格可以是四边形也可以是三角形,或二者混合;对体划分时,自由网格一般是四面体单元,棱锥单元作为过渡单元也可以加入四面体网格中。

如果选择的单元类型严格地限定为三角形或四面体,程序划分网格时只用这种单元。但是,如果选择的单元类型允许多于一种形状(例如 PLANE183 和 SOLID186),可通过下列方法指定用哪一种(或几种)形状。

```
命令: MSHAPE
GUI: Main Menu > Preprocessor > Meshing > Mesher Opts
```

另外,还必须指定对模型用自由网格划分。

```
命令: MSHKEY,0
GUI: Main Menu > Preprocessor > Meshing > Mesher Opts
```

对于支持多于一种形状的单元,默认会生成混合形状(通常是四边形单元占多数)。可用 MSHAPE,1,2D 和 MSHKEY,0 来要求全部生成三角形网格。

> **注意**：可能会遇到全部网格都必须为四边形网格这一情况。当面边界上总的线分割数为偶数时，面的自由网格划分会全部生成四边形网格，并且四边形单元质量还比较好。通过打开 SmartSizing 项并让它来决定合适的单元数，可以增加面边界线的缝总数为偶数的概率（而不是通过 LESIZE 命令人为地设置任何边界划分的单元数）。应保证四边形分裂项关闭 MOPT,SPLIT,OFF，以使 ANSYS 不会将形状较差的四边形单元分裂成三角形。

使体生成一种自由网格，应当选择只允许一种四面体形状的单元类型，或利用支持多种形状的单元类型并设置四面体一种形状功能 MSHAPE,1,3D 和 MSHKEY,0。

对自由网格划分操作，生成的单元尺寸依赖于 DESIZE、ESIZE、KESIZE 和 LESIZE 的当前设置。如果 SmartSizing 打开，单元尺寸将由 AMRTSIZE 及 ESZIE、DESIZE 和 LESIZE 决定，对自由网格划分推荐使用 SmartSizing。

另外，ANSYS 程序有一种扇形网格划分的特殊自由网格划分，适于涉及 TARGE170 单元对三边面进行网格划分的特殊接触分析。当 3 个边中有两个边只有一个单元分割数，另一边有任意单元分割数时，其结果为扇形网格，如图 3-16 所示。

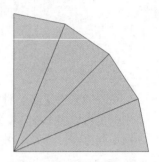

图 3-16 扇形网格划分示例

> **注意**：使用扇形网格必须满足下列条件。
> （1）必须对三边面进行网格划分，其中两个边必须只分一个网格，第三个边分任何数目。
> （2）必须使用 TARGE170 单元进行网格划分。
> （3）必须使用自由网格划分。

3.4.2 映射网格划分

映射网格划分要求面或体有一定的形状规则，它可以指定程序全部用四边形面单元、三角形面单元，或者六面体单元生成网格模型。

对映射网格划分时，生成的单元尺寸依赖于 DESIZE、ESIZE、KESIZE、LESIZE 和 AESIZE 的设置（或选择主菜单中的 Main Menu > Preprocessor > Meshing > Size Cntrls > option 命令）。

> **注意**：SmartSizing（SMARTSIZE）不能用于映射网格划分，另外，硬点不支持映射网格划分。

1. 面映射网格划分

面映射网格包括全部是四边形单元或者全部是三角形单元，面映射网格必须满足以下条件。
- ☑ 该面必须是 3 条边或者 4 条边（有无连接均可）。
- ☑ 如果是 4 条边，面的对边必须划分为相同数目的单元，或者是划分一个过渡型网格；如果是 3 条边，则线分割总数必须为偶数且每条边的分割数相同。
- ☑ 网格划分必须设置为映射网格。

图 3-17 为面映射网格的示例。

 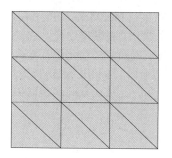

图 3-17 面映射网格示例

如果一个面多于 4 条边,则不能直接用映射网格划分,但可以将某些线合并或者连接总线数减少到 4 条之后再用映射网格划分,示例图如图 3-18 所示,方法如下。

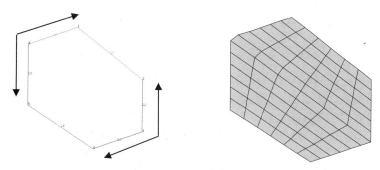

图 3-18 合并和连接线进行映射网格划分

(1) 连接线。

```
命令: LCCAT
GUI: Main Menu > Preprocessor > Meshing > Mesh > Areas > Mapped > Concatenate > Lines
```

(2) 合并线。

```
命令: LCOMB
GUI: Main Menu > Preprocessor > Modeling > Operate > Booleans > Add > Lines
```

需要指出的是,线、面或体上的关键点将生成节点,因此,一条连接线至少有线上已定义的关键点数同样多的分割数,而且指定的总体单元尺寸(ESIZE)是针对原始线而不是针对连接线,如图 3-19 所示。用户不能直接给连接线指定线分割数,但可以对合并线(LCOMB)指定分割数,所以通常来说,合并线比连接线较有优势。

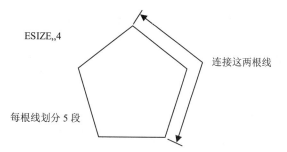

图 3-19 ESIZE 针对原始线而不是连接线示意图

命令 AMAP（GUI：Main Menu > Preprocessor > Meshing > Mesh > Areas > Mapped > By Corners）提供了获得映射网格划分的最便捷途径，它使用指定的关键点作为角点并连接关键点之间的所有线，面自动地全部用三角形或四边形单元进行网格划分。

考查前面连接的例子，现利用 AMAP 方法进行网格划分。注意到在已选定的几个关键点之间有多条线，在选定面之后，已按任意顺序拾取关键点 1、3、4 和 6，则得到映射网格如图 3-20 所示。

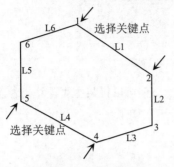
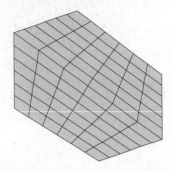

图 3-20　AMAP 方法得到映射网格

另一种生成映射面网格的途径是指定面的对边的分割数，以生成过渡映射四边形网格，如图 3-21 所示。需要指出的是，指定的线分割数必须与图 3-22 和图 3-23 中的模型相对应。

除了过渡映射四边形网格之外，还可以生成过渡映射三角形网格。为生成过渡映射三角形网格，必须使用支持三角形的单元类型，且必须设定为映射划分（MSHKEY,1），并指定形状为容许的三角形（MSHAPE,1,2D）。实际上，过渡映射三角形网格的划分是在过渡映射四边形网格划分的基础上自动将四边形网格分割成三角形，如图 3-24 所示。所以，各边的线分割数目依然必须满足图 3-22 和图 3-23 中的模型。

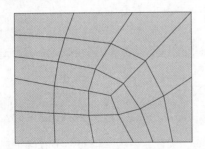
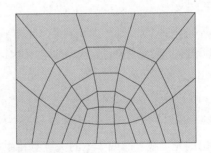

图 3-21　过渡映射四边形网格

N1 = a+c
N2 = b+c
N3 = a
N4 = b

图 3-22　过渡四边形映射网格的线分割模型（1）

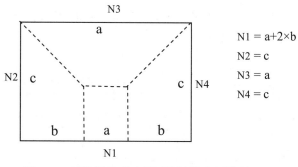

图 3-23 过渡四边形映射网格的线分割模型（2）

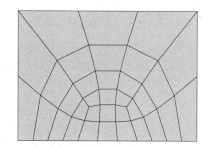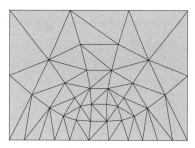

图 3-24 过渡映射三角形网格示意图

2. 体映射网格划分

要将体全部划分为六面体单元，必须满足以下条件。

- ☑ 该体的外形应为块状（6 个面）、楔形或棱柱（5 个面）、四面体（4 个面）。
- ☑ 对边上必须划分相同的单元数，或分割符合过渡网格形式适合六面体网格划分。
- ☑ 如果是棱柱或者四面体，三角形面上的单元分割数必须是偶数，如图 3-25 所示。

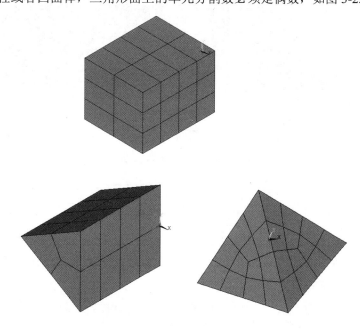

图 3-25 体映射网格划分示例

与面网格划分的连接线一样，当需要减少围成体的面数以进行映射网格划分时，可以对面进行加（AADD）或者连接（ACCAT）。如果连接面有边界线，线也必须连接在一起，必须线连接面，再连接线，举例如下（命令流格式）。

```
! first, concatenate areas for mapped volume meshing:
ACCAT,...
! next, concatenate lines for mapped meshing of bounding areas:
LCCAT,...
LCCAT,...
VMESH,...
```

注意：一般来说，AADD（面为平面或者共面时）的连接效果优于ACCAT。

如上所述，在连接面（ACCAT）之后一般需要连接线（LCCAT），但是，如果相连接的两个面都是由 4 条线组成（无连接线），则连接线操作会自动进行，如图 3-26 所示。另外必须注意，删除连接面并不会自动删除相关的连接线。

连接面的方法如下。

```
命令：ACCAT
GUI: Main Menu > Preprocessor > Meshing > Concatenate > Areas
     Main Menu > Preprocessor > Meshing > Mesh > Areas > Mapped
```

将面相加的方法如下。

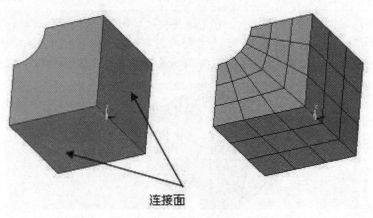

图 3-26　连接线操作自动进行

```
命令：AADD
GUI: Main Menu > Preprocessor > Modeling > Operate > Booleans > Add > Areas
```

注意：ACCAT 命令不支持用 IGES 功能输入的模型，但是，可用 ARMERGE 命令合并由 CAD 文件输入模型的两个或更多面。而且，当以此方法使用 ARMERGE 命令时，在合并线之间删除了关键点的位置不会有节点。

与生成过渡映射面网格类似，ANSYS 程序允许生成过渡映射体网格。过渡映射体网格的划分只适合于 6 个面的体（有无连接面均可），如图 3-27 所示。

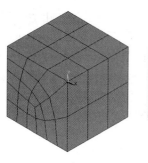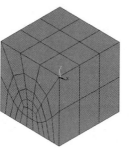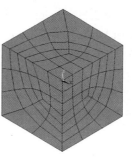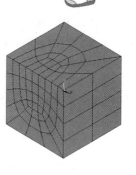

图 3-27 过渡映射体网格划分示例

3.5 实例——储液罐的网格划分

本节将在第 2 章中建立的储液罐实体模型的基础上对储液罐进行网格划分。

3.5.1 GUI 方式

（1）打开储液罐几何模型 Tank.db 文件。

（2）选择单元类型。选择主菜单中的 Main Menu > Preprocessor > Element Type > Add/Edit/Delete 命令，弹出 Element Types 对话框，如图 3-28 所示。单击 Add 按钮，弹出 Library of Element Types 对话框，如图 3-29 所示。在左边的列表框中选择 Solid 选项，在右边的列表框中选择 Brick 8 node 185 选项，即选择实体 185 号单元。单击 OK 按钮，返回 Element Types 对话框，此时会出现所选单元的相应信息。

（3）定义单元选项。在如图 3-28 所示的 Element Types 对话框中单击 Options 按钮，弹出 SOLID185 element type options 对话框，在 Element technology K2 后面的下拉列表中选择 Simple Enhanced Strn 选项，如图 3-30 所示。单击 OK 按钮，返回如图 3-28 所示的 Element Types 对话框。单击 Close 按钮关闭该对话框。

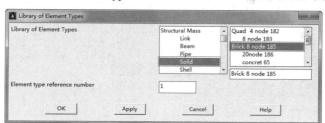

图 3-29 Library of Element Types 对话框

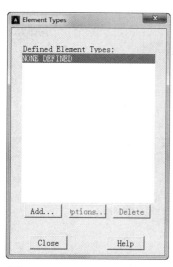

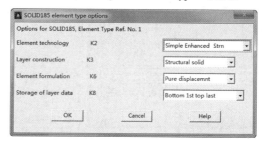

图 3-28 Element Types 对话框　　图 3-30 SOLID185 element type options 对话框

（4）定义材料属性。选择主菜单中的 Main Menu > Preprocessor > Material Props > Material Models

命令，弹出 Define Material Model Behavior 窗口，如图 3-31 所示。在右边的 Material Models Available 列表框中依次选择 Structural > Linear > Elastic > Isotropic 选项，弹出 Linear Isotropic Properties for Material Number 1 对话框，如图 3-31 所示。在 EX 文本框中输入"1.73E+011"（弹性模量），在 PRXY 文本框中输入"0.3"（泊松比），单击 OK 按钮，然后选择 Define Material Model Behavior 窗口左上角的 Material > Exit 命令退出，材料属性定义完毕。

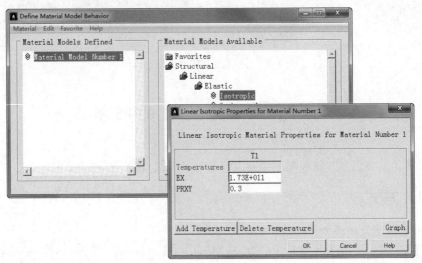

图 3-31　定义材料属性

（5）关闭体编号控制器。选择实用菜单中的 Utity Menu > PlotCtrls > Numbering 命令，弹出 Plot Numbering Controls 对话框，如图 3-32 所示。选中 VOLU 后面的复选框，把 On 改成 Off，单击 OK 按钮。

（6）显示工作平面。选择实用菜单中的 Utity Menu > WorkPlane > Display Working Plane 命令。

（7）切分储液罐模型。选择主菜单中的 Main Menu > Preprocessor > Modeling > Operate > Booleans > Divide > Volu by WorkPlane 命令，弹出 Divide Vol by WorkPlane 拾取框，单击 Pick All 按钮，即可完成相应切分，切分后的结果如图 3-33 所示。

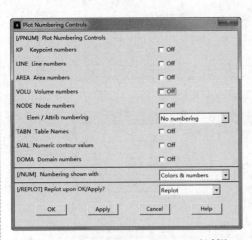

图 3-32　Plot Numbering Controls 对话框

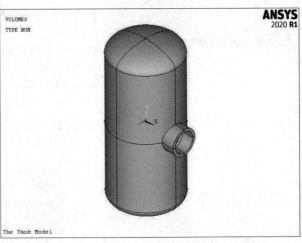

图 3-33　生成的结果

（8）关闭工作平面。选择实用菜单中的 Utity Menu > WorkPlane > Display Working Plane 命令。

(9) 划分网格尺寸设置。选择主菜单中的 Main Menu > Preprocessor > Meshing > MeshTool 命令，弹出网格划分对话框 MeshTool，单击 Global 后面的 Set 按钮，弹出如图 3-34 所示的 Global Element Sizes 对话框，在 SIZE 后面的文本框中输入"0.05"，单击 OK 按钮。

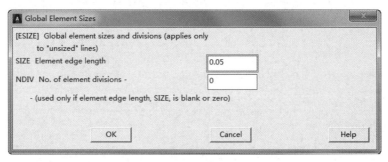

图 3-34　Global Element Sizes 对话框

再次回到 MeshTool 对话框，在其下面的部分按照图 3-35 中的参数进行设定，然后单击 Sweep 按钮，弹出 Volume Sweeping 拾取框，单击 Pick All 按钮，生成的结果如图 3-36 所示。

(10) 保存有限元模型。单击 ANSYS Toolbar 工具栏中的 SAVE_DB 按钮，保存文件。

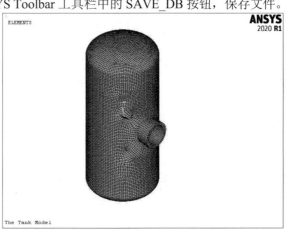

图 3-35　MeshTool 工具栏　　　　图 3-36　储液罐有限元模型

3.5.2　命令流方式

```
RESUME, Tank,db,
/PREP7
ET,1,SOLID185
KEYOPT,1,2,3
MPTEMP,,,,,,,,
MPTEMP,1,0
MPDATA,EX,1,,1.73E11
MPDATA,PRXY,1,,0.3
/PNUM,VOLU,0
WPSTYLE,,,,,,,,1
FLST,2,16,6,ORDE,2
FITEM,2,1
```

```
FITEM,2,-16
VSBW,P51X
WPSTYLE,,,,,,,,0
ESIZE,0.05,0,
FLST,5,24,6,ORDE,10
FITEM,5,3
FITEM,5,-4
FITEM,5,6
FITEM,5,-7
FITEM,5,11
FITEM,5,-12
FITEM,5,14
FITEM,5,-15
FITEM,5,17
FITEM,5,-32
CM,_Y,VOLU
VSEL, , , ,P51X
CM,_Y1,VOLU
CHKMSH,'VOLU'
CMSEL,S,_Y
VSWEEP,_Y1
CMDELE,_Y
CMDELE,_Y1
CMDELE,_Y2
SAVE
```

3.6 延伸和扫掠生成有限元网格模型

下面介绍一些相对前面方法而言更为简便的划分网格模式——延伸和扫掠生成有限元网格模型。其中延伸方法主要用于利用二维模型和二维单元生成三维模型和三维单元，如果不指定单元，那么只会生成三维几何模型，有时它可以成为布尔操作的替代方法，而且通常更简便；扫掠方法是利用二维单元在已有的三维几何模型上生成三维单元，该方法对于从 CAD 中输入的实体模型通常特别有用；延伸方法与扫掠方法最大的区别在于，前者能在二维几何模型的基础上生成新的三维模型同时划分好网格，而后者必须是在完整的几何模型基础上来划分网格。

3.6.1 延伸（Extrude）生成网格

先用下面方法指定延伸（Extrude）的单元属性，如果不指定，后面的延伸操作都只会产生相应的几何模型而不会划分网格。另外注意的是，如果想生成网格模型，在源面（或者线）上必须划分相应的面网格（或者线网格）。

命令：EXTOPT
GUI：Main Menu > Preprocessor > Modeling > Operate > Extrude > Elem Ext Opts

执行上述命令后，弹出 Element Extrusion Options 对话框，如图 3-37 所示。指定想要生成的单元类型（TYPE）、材料号（MAT）、实常数（REAL）、单元坐标系（ESYS）、单元数（VAL1）、单元比率（VAL2），以及指定是否要删除源面（ACLEAR）。

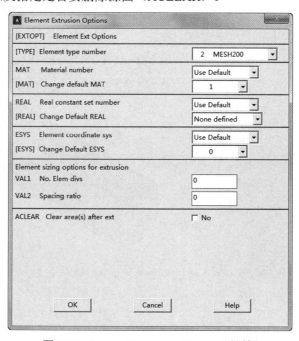

图 3-37 Element Extrusion Options 对话框

用以下命令可以执行具体的旋转和延伸操作。

（1）面沿指定轴线旋转生成体。

```
命令：VROTATE
    GUI: Main Menu > Preprocessor > Modeling > Operate > Extrude > Areas > About Axis
```

（2）面沿指定方向延伸生成体。

```
命令：VEXT
    GUI: Main Menu > Preprocessor > Modeling > Operate > Extrude > Areas > By XYZ Offset
```

（3）面沿其法线延伸生成体。

```
命令：VOFFST
    GUI: Main Menu > Preprocessor > Modeling > Operate > Extrude > Areas > Along Normal
```

◆》注意：当使用 VEXT 或者相应的 GUI 时，弹出 Extrude Areas by XYZ Offset 对话框，如图 3-38 所示。其中 DX、DY、DZ 表示延伸的方向和长度；而 RX、RY、RZ 表示延伸时的放大倍数，示例如图 3-39 所示。

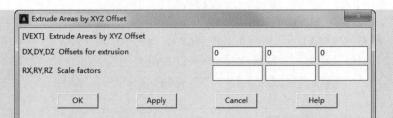

图 3-38 Extrude Areas by XYZ Offset 对话框

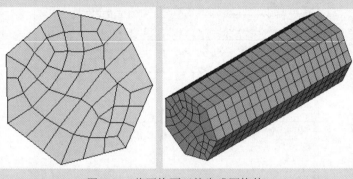

图 3-39 将网格面延伸生成网格体

（4）面沿指定路径延伸生成体。

　　命令：VDRAG
　　GUI：Main Menu > Preprocessor > Modeling > Operate > Extrude > Areas > Along Lines

（5）线沿指定轴线旋转生成面。

　　命令：AROTATE
　　GUI：Main Menu > Preprocessor > Modeling > Operate > Extrude > Lines > About Axis

（6）线沿指定路径延伸生成面。

　　命令：ADRAG
　　GUI：Main Menu > Preprocessor > Modeling > Operate > Extrude > Lines > Along Lines

（7）关键点沿指定轴线旋转生成线。

　　命令：LROTATE
　　GUI：Main Menu > Preprocessor > Modeling > Operate > Extrude > Keypoints > About Axis

（8）关键点沿指定路径延伸生成线。

　　命令：LDRAG
　　GUI：Main Menu > Preprocessor > Modeling > Operate > Extrude > Keypoints > Along Lines

如果不在 EXTOPT 中指定单元属性，那么上述方法只会生成相应的几何模型，有时可以将它们作为布尔操作的替代方法。如图 3-40 所示，可以将空心球截面绕直径旋转一定角度直接生成所指定角度的空心圆球。

图 3-40 用延伸方法生成空心圆球

3.6.2 扫掠（VSWEEP）生成网格

在激活体扫掠之前按以下步骤进行。

（1）确定体的拓扑模型能够进行扫掠，如果是下列情况之一则不能扫掠：体的一个或多个侧面包含多于一个环；体包含多于一个壳；体的拓扑源面与目标面不是相对的。

（2）确定已定义合适的二维和三维单元类型。例如，如果对源面进行预网格划分，并想扫掠成包含二次六面体的单元，应当先用二次二维面单元对源面划分网格。

（3）确定在扫掠操作中如何控制生成单元层数，即沿扫掠方向生成的单元数。可用如下方法控制。

命令：EXTOPT, ESIZE, Val1, Val2
GUI: Main Menu > Preprocessor > Meshing > Mesh > Volume Sweep > Sweep Opts

执行上述命令后，弹出 Sweep Options 对话框，如图 3-41 所示。该对话框中各选项的含义依次如下：是否清除源面的面网格；在无法扫掠处是否用四面体单元划分网格；程序自动选择源面和目标面还是用户手动选择；在扫掠方向生成多少单元数；在扫掠方向生成的单元尺寸比率。其中关于源面、目标面、扫掠方向和生成单元数的含义示意图如图 3-42 所示。

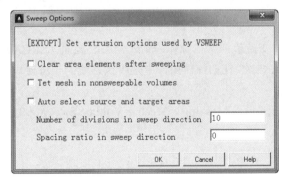

图 3-41 Sweep Options 对话框

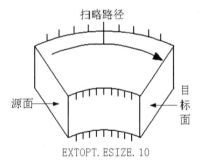

图 3-42 扫掠示意图

（4）确定体的源面和目标面。ANSYS 在源面上使用的是面单元模式（三角形或者四边形），用六面体或者楔形单元填充体。目标面是仅与源面相对的面。

（5）有选择地对源面、目标面和边界面划分网格。体扫掠操作的结果会因在扫掠前是否对模型的任何面（源面、目标面和边界面）划分网格而不同。典型情况是用户在扫掠之前对源面划分网格，如果不划分，则 ANSYS 程序会自动生成临时面单元，在确定了体扫掠模式之后就会自动清除。

在扫掠前确定是否预划分网格应当考虑以下因素。

☑ 如果想让源面用四边形或者三角形映射网格划分，那么应当预划分网格。

☑ 如果想让源面用初始单元尺寸划分网格，那么应当预划分。

- ☑ 如果不预划分网格，ANSYS 通常用自由网格划分。
- ☑ 如果不预划分网格，ANSYS 使用有 MSHAPE 设置的单元形状来确定对源面的网格划分。MSHAPE,0,2D 生成四边形单元；MSHAPE,1,2D 生成三角形单元。
- ☑ 如果与体关联的面或者线上出现硬点则扫掠操作失败，除非对包含硬点的面或者线预划分网格。
- ☑ 如果源面和目标面都进行预划分网格，那么面网格必须相匹配。不过，源面和目标面并不要求一定都划分成映射网格。
- ☑ 在扫掠之前，体的所有侧面（可以有连接线）必须是映射网格划分或者四边形网格划分。如果侧面为划分网格，则必须有一条线在源面上，还有一条线在目标面上。
- ☑ 有时尽管源面和目标面的拓扑结构不同，但扫掠操作依然可以成功，只需采用适当的方法即可。图 3-43 为将模型分解成两个模型，分别从不同方向扫掠即可生成合适的网格。

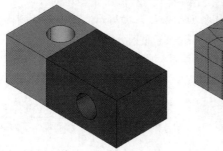

图 3-43　扫掠相邻体

用户可用如下方法激活体扫掠。

```
命令：VSWEEP, VNUM, SRCA, TRGA, LSMO
GUI: Main Menu > Preprocessor > Meshing > Mesh > Volume Sweep > Sweep
```

如果用 VSWEEP 命令扫掠体，须指定下列变量值：待扫掠体（VNUM）、源面（SRCA）、目标面（TRGA）。另外可选用 LSMO 变量指定 ANSYS 在扫掠体操作中是否执行线的光滑处理。

如果采用 GUI 途径，则按下列步骤。

（1）选择主菜单中的 Main Menu > Preprocessor > Meshing > Mesh > Volume Sweep > Sweep 命令，弹出体扫掠选择框。

（2）选择待扫掠的体并单击 Apply 按钮。

（3）选择源面并单击 Apply 按钮。

（4）选择目标面，单击 OK 按钮。

图 3-44 为一个体扫掠网格的示例。图 3-44（a）和图 3-44（c）均表示没有预网格直接执行体扫掠的结果；图 3-44（b）和图 3-44（d）均表示在源面上划分映射预网格然后执行体扫掠的结果；如果用户觉得这两种网格结果都不满意，则可以考虑图 3-44（e）～图 3-44（g）中的形式，步骤如下。

（1）清除网格（VCLEAR）。

（2）通过在想要分割的位置创建关键点对源面的线和目标面的线进行分割（LDIV），如图 3-44（e）所示。

（3）按图 3-44（e）将源面上增线的线分割复制到目标面的相应新增线上（新增线是步骤（2）

产生的）。该步骤可以通过网格划分工具实现，可选择主菜单中的 Main Menu > Preprocessor > Meshing > MeshTool 命令。

（4）手工对步骤（2）修改过的边界面划分映射网格，如图 3-44（f）所示。

（5）重新激活和执行体扫掠，结果如图 3-44（g）所示。

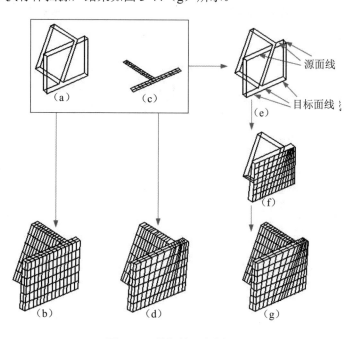

图 3-44 体扫掠示意图

3.7 修改有限元模型

本节主要叙述一些常用的修改有限元模型的方法，主要包括以下几方面。

- ☑ 局部细化网格。
- ☑ 移动、复制节点和单元。
- ☑ 控制面、线和单元的法向。
- ☑ 修改单元属性。

3.7.1 局部细化网格

通常，碰到下面两种情况时，用户需要考虑对局部区域进行网格细化。

- ☑ 用户已经将一个模型划分了网格，但想在模型的指定区域内得到更好的网格。
- ☑ 用户已经完成分析，同时根据结果想在感兴趣的区域得到更精确的解。

注意：对于由四面体组成的体网格，ANSYS 程序允许用户在指定的节点、单元、关键点、线或者面的周围进行局部细化网格，但非四面体单元（例如六面体、楔形、棱锥等）不能进行局部细化网格。

下面具体介绍利用命令或者相应 GUI 菜单途径，进行网格细化并设置细化控制。

（1）围绕节点细化网格。

    命令：NREFINE
    GUI：Main Menu > Preprocessor > Meshing > Modify Mesh > Refine At > Nodes

（2）围绕单元细化网格。

    命令：EREFINE
    GUI：Main Menu > Preprocessor > Meshing > Modify Mesh > Refine At > Elements
         Main Menu > Preprocessor > Meshing > Modify Mesh > Refine At > All

（3）围绕关键点细化网格。

    命令：KREFINE
    GUI：Main Menu > Preprocessor > Meshing > Modify Mesh > Refine At > Keypoints

（4）围绕线细化网格。

    命令：LREFINE
    GUI：Main Menu > Preprocessor > Meshing > Modify Mesh > Refine At > Lines

（5）围绕面细化网格。

    命令：AREFINE
    GUI：Main Menu > Preprocessor > Meshing > Modify Mesh > Refine At > Areas

图 3-45～图 3-48 为一些网格细化的范例。

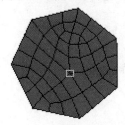 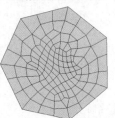 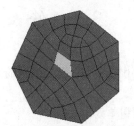 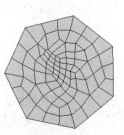

(a) 在节点处细化网格（NREFINE）　　　　　　(b) 在单元处细化网格（EREFINE）

图 3-45　网格细化范例（1）

 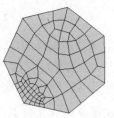  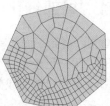

(a) 在关键点处细化网格（KREFINE）　　　　　(b) 在线附近细化网格（LREFINE）

图 3-46　网格细化范例（2）

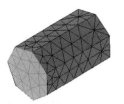 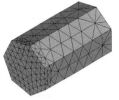

图 3-47　网格细化范例（3）

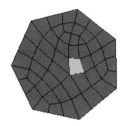 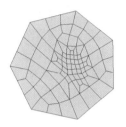 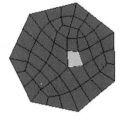 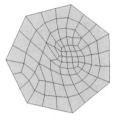

（a）原始网格　　（b）细化（不清除）(POST=OFF)　　（c）原始网格　　（d）细化（清除）(POST=CLEAN)

图 3-48　网格细化范例（4）

从图 3-45～图 3-48 中可以看出，控制网格细化时常用的 3 个变量为 LEVEL、DEPTH 和 POST。下面对 3 个变量分别进行介绍，在此之前，先介绍在何处定义这 3 个变量值。

以用菜单路径围绕节点细化网格为例。

GUI: Main Menu > Preprocessor > Meshing > Modify Mesh > Refine At > Nodes

弹出拾取节点对话框，在模型上拾取相应节点，弹出 Refine Mesh at Node 对话框，如图 3-49 所示。在 LEVEL 后面的下拉列表中选择合适的数值作为 LEVEL 值，选中 Advanced options 后面的 Yes 复选框，单击 OK 按钮，弹出 Refine mesh at nodes advanced options 对话框，如图 3-50 所示。在 DEPTH 后面的文本框中输入相应数值，在 POST 后面的下拉列表中选择相应选项，其余选项保持默认，单击 OK 按钮即可执行网格细化操作。

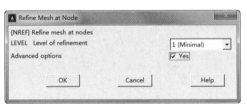 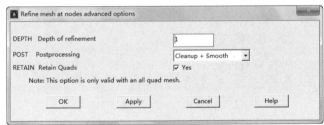

图 3-49　局部细化网格对话框（1）　　　　图 3-50　局部细化网格对话框（2）

下面对 3 个变量分别解释。LEVEL 变量用来指定网格细化的程度，必须是从 1～5 的整数，1 表示最小程度的细化，其细化区域单元边界的长度大约为原单元边界长度的 1/2；5 表示最大程度的细化，其细化区域单元边界的长度大约为原单元边界长度的 1/9；其余值的细化程度如表 3-3 所示。

表 3-3　细化程度

LEVEL 值	细化后单元与原单元边长的比值
1	1/2
2	1/3

续表

LEVEL 值	细化后单元与原单元边长的比值
3	1/4
4	1/8
5	1/9

DEPTH 变量表示网格细化的范围，默认 DEPTH=0，表示只细化选择点（或者单元、线、面等）处一层网格，当然，DEPTH=0 时也可能细化一层之外的网格，那是因为网格过渡的要求所致。

POST 变量表示是否对网格细化区域进行光滑和清理处理。光滑处理表示调整细化区域的节点位置以改善单元形状，清理处理表示 ANSYS 程序对那些细化区域或者直接与细化区域相连的单元执行清理命令，通常可以改善单元质量。默认情况是进行光滑和清理处理。

另外，图 3-50 中的 RETAIN 变量通常设置为 Yes（默认形式），这样可以防止四边形网格裂变成三角形。

3.7.2 移动、复制节点和单元

当一个已经划分了网格的实体模型图元被复制时，用户可以选择是否连同单元和节点一起复制，以复制面为例，选择主菜单中的 Main Menu > Preprocessor > Modeling > Copy > Areas 命令之后，弹出 Copy Areas 对话框，如图 3-51 所示。可以在 NOELEM 后面的下拉列表中选择是否复制单元和节点。

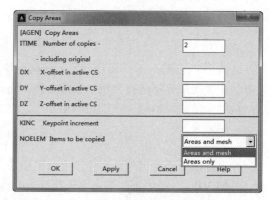

图 3-51 Copy Areas 对话框

（1）移动和复制面。

```
命令：AGEN
GUI: Main Menu > Preprocessor > Modeling > Copy > Areas
     Main Menu > Preprocessor > Modeling > Move/Modify > Areas > Areas
```

（2）移动和复制体。

```
命令：VGEN
GUI: Main Menu > Preprocessor > Modeling > Copy > Volumes
     Main Menu > Preprocessor > Modeling > Move/Modify > Volumes
```

（3）对称映像生成面。

```
命令：ARSYM
GUI: Main Menu > Preprocessor > Modeling > Reflect > Areas
```

（4）对称映像生成体。

```
命令：VSYMM
GUI: Main Menu > Preprocessor > Modeling > Reflect > Volumes
```

（5）转换面的坐标系。

命令：ATRAN
GUI：Main Menu > Preprocessor > Modeling > Move/Modify > Transfer Coord > Areas

（6）转换体的坐标系。

命令：VTRAN
GUI：Main Menu > Preprocessor > Modeling > Move/Modify > Transfer Coord > Volumes

3.7.3 控制面、线和单元的法向

如果模型中包含壳单元，并且加的是面载荷，那么用户就需要了解单元面以便能对载荷定义正确的方向。通常，壳的表面载荷将加在单元的某一个面上，并根据右手法则（I，J，K，L节点序号方向，见图3-52）确定正向。如果用户是用实体模型面进行网格划分的方法生成壳单元，那么单元的正方向将与面的正方向一致。

有以下几种方法进行图形检查。

☑ 执行/NORMAL命令（GUI：Utility Menu > PlotCtrls > Style > Shell Normals），接着再选择EPLOT命令（GUI：Utility Menu > Plot > Elements），该方法可以对壳单元的正法线方向进行一次快速的图形检查。

☑ 输入命令GRAPHICS, POWER（GUI：Utility Menu > PlotCtrls > Style > Hidden-Line Options）打开PowerGraphics选项（通常该选项是默认打开的），如图3-53所示。PowerGraphics将用不同颜色来显示壳单元的底面和顶面。

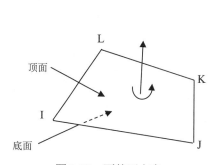

图3-52 面的正方向

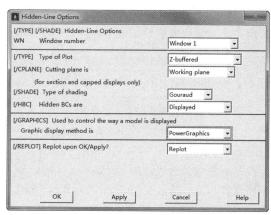

图3-53 打开PowerGraphics选项

☑ 用假定正确的表面载荷加到模型上，然后在执行EPLOT命令之前先打开显示表面载荷符号的选项[/PSF,Item,Comp,2]（相应GUI：Utility Menu > PlotCtrls > Symbols）以检验方向的正确性。

有时用户需要修改或者控制面、线和单元的法向，ANSYS程序提供了如下方法。

（1）重新设定壳单元的法向。

命令：ENORM
GUI：Main Menu > Preprocessor > Modeling > Move/Modify > Elements > Shell Normals

(2)重新设定面的法向。

命令：ANORM
GUI：Main Menu > Preprocessor > Modeling > Move/Modify > Areas > Area Normals

(3)将壳单元的法向反向。

命令：ENSYM
GUI：Main Menu > Preprocessor > Modeling > Move/Modify > Reverse Normals > of Shell Elems

(4)将线的法向反向。

命令：LREVERSE
GUI：Main Menu > Preprocessor > Modeling > Move/Modify > Reverse Normals > of Lines

(5)将面的法向反向。

命令：AREVERSE
GUI：Main Menu > Preprocessor > Modeling > Move/Modify > Reverse Normals > of Areas

3.7.4 修改单元属性

通常，要修改单元属性时，用户可以直接删除单元，重新设定单元属性后再执行网格划分操作，这个方法最直观，但也最费时、最不方便。下面提供另一种不必删除网格的简便方法。

命令：EMODIFY
GUI：Main Menu > Preprocessor > Modeling > Move/Modify > Elements > Modify Attrib

执行上述命令后弹出拾取单元对话框，用鼠标在模型上拾取相应单元之后即弹出 Modify Elem Attributes 对话框，如图 3-54 所示。在 STLOC 后面的下拉列表中选择适当选项（例如单元类型、材料号和实常数等），然后在 I1 后面的文本框中输入新的序号（表示修改后的单元类型号、材料号或者实常数等）。

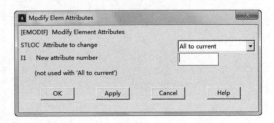

图 3-54 修改单元属性对话框

3.8 直接通过节点和单元生成有限元模型

如前面所述，ANSYS 程序已经提供了许多方便的命令用于通过几何模型生成有限元网格模型，以及对节点和单元的复制、移动等操作，但同时，ANSYS 还提供了直接通过节点和单元生成有限元模型的方法，有时，这种直接方法更便捷有效。

由直接生成法生成的模型须严格按节点和单元的顺序定义,单元必须在相应节点全部生成之后才能定义。

3.8.1 节点

本节讲述的内容主要包括以下几方面。
- ☑ 定义节点。
- ☑ 从已有节点生成其他节点。
- ☑ 查看和删除节点。
- ☑ 移动节点。
- ☑ 旋转节点的坐标系。
- ☑ 读写包含节点数据的文本文件。

用户可以按表 3-4～表 3-9 提供的方法执行上述操作。

表 3-4 定义节点

用 法	命 令	GUI 菜单路径
在激活的坐标系中定义单个节点	N	Main Menu > Preprocessor > Modeling > Create > Nodes > In Active CS or > On Working Plane
在关键点上生成节点	NKPT	Main Menu > Preprocessor > Modeling > Create > Nodes > On Keypoint

表 3-5 从已有节点生成其他节点

用 法	命 令	GUI 菜单路径
在两节点连线上生成节点	FILL	Main Menu > Preprocessor > Modeling > Create > Nodes > Fill between Nds
由一种模式的节点生成其他节点	NGEN	Main Menu > Preprocessor > Modeling > Copy > Nodes > Copy
由一种模式的节点生成缩放的节点	NSCALE	Main Menu > Preprocessor > Modeling > Copy > Nodes > Scale & Copy or > Scale & Move Main Menu > Preprocessor > Modeling > Operate > Scale > Nodes > Scale & Copy or > Scale Move
在三节点的二次线上生成节点	QUAD	Main Menu > Preprocessor > Modeling > Create > Nodes > Quadratic Fill
生成镜像映射节点	NSYM	Main Menu > Preprocessor > Modeling > Reflect > Nodes
将一种模式的节点转换坐标系	TRANSFER	Main Menu > Preprocessor > Modeling > Move/Modify > Transfer Coord > Nodes
在曲线的曲率中心定义节点	CENTER	Main Menu > Preprocessor > Modeling > Create > Nodes > At Curvature Ctr

表 3-6 查看和删除节点

用 法	命 令	GUI 菜单路径
列表显示节点	NLIST	Utility Menu > List > Nodes Utility Menu > List > Picked Entities > Nodes
屏幕显示节点	NPLOT	Utility Menu > Plot > Nodes
删除节点	NDELE	Main Menu > Preprocessor > Modeling > Delete > Nodes

表 3-7 移动节点

用 法	命 令	GUI 菜单路径
通过编辑节点坐标来移动节点	NMODIF	Main Menu > Preprocessor > Modeling > Create > Nodes > Rotate Node CS > By Angles Main Menu > Preprocessor > Modeling > Move/Modify > Rotate Node CS > By Angles or > Set of Nodes or > Single Node
移动节点到坐标面的交点	MOVE	Main Menu > Preprocessor > Modeling > Move/Modify > Nodes > To Intersect

表 3-8 旋转节点的坐标系

用 法	命 令	GUI 菜单路径
旋转到当前激活的坐标系	NROTAT	Main Menu > Preprocessor > Modeling > Create > Nodes > Rotate Node CS > To Active CS Main Menu > Preprocessor > Modeling > Move/Modify > Rotate Node CS > To Active CS
通过方向余弦来旋转节点坐标系	NANG	Main Menu > Preprocessor > Modeling > Create > Nodes > Rotate Node CS > By Vectors Main Menu > Preprocessor > Modeling > Move/Modify > Rotate Node CS > By Vectors
通过角度来旋转节点坐标系	N; NMODIF	Main Menu > Preprocessor > Modeling > Create > Nodes > In Active CS or > On Working Plane Main Menu > Modeling > Preprocessor > Create > Nodes > Rotate Node CS > By Angles Main Menu > Preprocessor > Modeling > Move/Modify > Rotate Node CS > By Angles or > Set of Nodes or > Single Node

表 3-9 读写包含节点数据的文本文件

用 法	命 令	GUI 菜单路径
从文件中读取一部分节点	NRRANG	Main Menu > Preprocessor > Modeling > Create > Nodes > Read Node File
从文件中读取节点	NREAD	Main Menu > Preprocessor > Modeling > Create > Nodes > Read Node File
将节点写入文件	NWRITE	Main Menu > Preprocessor > Modeling > Create > Nodes > Write Node File

3.8.2 单元

本节讲述的内容主要包括以下几方面。

- ☑ 组集单元表。
- ☑ 指向单元属性。
- ☑ 查看单元列表。
- ☑ 定义单元。
- ☑ 查看和删除单元。
- ☑ 从已有单元生成其他单元。

☑ 利用特殊方法生成单元。
☑ 读写包含单元数据的文本文件。

注意：定义单元的前提条件是：用户已经定义了该单元所需的最少节点并且已指定了合适的单元属性。

可以按照表 3-10～表 3-17 提供的方法执行上述操作。

表 3-10 组集单元表

用法	命令	GUI 菜单路径
定义单元类型	ET	Main Menu > Preprocessor > Element Type > Add/Edit/Delete
定义实常数	R	Main Menu > Preprocessor > Real Constants
定义线性材料属性	MP; MPDATA; MPTEMP	Main Menu > Preprocessor > Material Props > Material Models > analysis type

表 3-11 指向单元属性

用法	命令	GUI 菜单路径
指定单元类型	TYPE	Main Menu > Preprocessor > Modeling > Create > Elements > Elem Attributes
指定实常数	REAL	Main Menu > Preprocessor > Modeling > Create > Elements > Elem Attributes
指定材料号	MAT	Main Menu > Preprocessor > Modeling > Create > Elements > Elem Attributes
指定单元坐标系	ESYS	Main Menu > Preprocessor > Modeling > Create > Elements > Elem Attributes

表 3-12 查看单元列表

用法	命令	GUI 菜单路径
列表显示单元类型	ETLIST	Utility Menu > List > Properties > Element Types
列表显示实常数的设置	RLIST	Utility Menu > List > Properties > All Real Constants or > Specified Real Constants
列表显示线性材料属性	MPLIST	Utility Menu > List > Properties > All Materials or > All Matls, All Temps or > All Matls, Specified Temp or > Specified Matl, All Temps
列表显示数据表	TBLIST	Main Menu > Preprocessor > Material Props > Material Models Utility Menu > List > Properties > Data Tables
列表显示坐标系	CSLIST	Utility Menu > List > Other > Local Coord Sys

表 3-13 定义单元

用法	命令	GUI 菜单路径
定义单元	E	Main Menu > Preprocessor > Modeling > Create > Elements > Auto Numbered > Thru Nodes Main Menu > Preprocessor > Modeling > Create > Elements > User Numbered > Thru Nodes

表 3-14 查看和删除单元

用法	命令	GUI 菜单路径
列表显示单元	ELIST	Utility Menu > List > Elements Utility Menu > List > Picked Entities > Elements
屏幕显示单元	EPLOT	Utility Menu > Plot > Elements
删除单元	EDELE	Main Menu > Preprocessor > Modeling > Delete > Elements

表3-15 从已有单元生成其他单元

用 法	命 令	GUI 菜单路径
从已有模式的单元生成其他单元	EGEN	Main Menu > Preprocessor > Modeling > Copy > Elements > Auto Numbered
手工控制编号从已有模式的单元生成其他单元	ENGEN	Main Menu > Preprocessor > Modeling > Copy > Elements > User Numbered
镜像映射生成单元	ESYM	Main Menu > Preprocessor > Modeling > Reflect > Elements > Auto Numbered
手工控制编号镜像映射生成单元	ENSYM	Main Menu > Preprocessor > Modeling > Reflect > Elements > User Numbered Main Menu > Preprocessor > Modeling > Move/Modify > Reverse Normals > of Shell Elems

表3-16 利用特殊方法生成单元

用 法	命 令	GUI 菜单路径
在已有单元的外表面生成表面单元（SURF151 和 SURF152）	ESURF	Main Menu > Preprocessor > Modeling > Create > Elements > Surf/Contact > option
用表面单元覆盖于平面单元的边界上并分配额外节点作为最近的流体单元节点（SURF151）	LFSURF	Main Menu > Preprocessor > Modeling > Create > Elements > Surf/Contact > Surface Effect > Attach to Fluid > Line to Fluid
用表面单元覆盖于实体单元的表面上并分配额外的节点作为最近的流体单元的节点（SURF152）	AFSURF	Main Menu > Preprocessor > Modeling > Create > Elements > Surf/Contact > Surf Effect > Attach to Fluid > Area to Fluid
用表面单元覆盖于已有单元的表面并指定额外的节点作为最近的流体单元的节点（SURF151 和 SURF152）	NDSURF	Main Menu > Preprocessor > Modeling > Create > Elements > Surf/Contact > Surf Effect > Attach to Fluid > Node to Fluid
在重合位置处产生两节点单元	EINTF	Main Menu > Preprocessor > Modeling > Create > Elements > Auto Numbered > At Coincid Nd
产生接触单元	GCGEN	Main Menu > Preprocessor > Modeling > Create > Elements > Surf/Contact > Node to Surf

表3-17 读写包含单元数据的文本文件

用 法	命 令	GUI 菜单路径
从单元文件中读取部分单元	ERRANG	Main Menu > Preprocessor > Modeling > Create > Elements > Read Elem File
从文件中读取单元	EREAD	Main Menu > Preprocessor > Modeling > Create > Elements > Read Elem File
将单元写入文件	EWRITE	Main Menu > Preprocessor > Modeling > Create > Elements > Write Elem File

3.9 编号控制

本节主要讲述用于编号控制（包括关键点、线、面、体、单元、节点、单元类型、实常数、材料号、耦合自由度、约束方程、坐标系等）的命令和 GUI 路径。这种编号控制对于将模型的各个独立部分组合起来是非常有用且必要的。

> **注意**：布尔运算输出图元的编号并非完全可以预估，在不同的计算机系统中，执行同样的布尔运算，其生成图元的编号可能会不同。

3.9.1 合并重复项

如果两个独立的图元在相同或者非常相近的位置，可用下列方法将它们合并成一个图元。

```
命令：NUMMRG
GUI: Main Menu > Preprocessor > Numbering Ctrls > Merge Items
```

执行上述命令后弹出 Merge Coincident or Equivalently Defined Items 对话框，如图 3-55 所示。在 Label 后面的下拉列表中选择合适的选项（例如关键点、线、面、体、单元、节点、单元类型、实常数、材料号等）；在 TOLER 后面文本框中的输入值表示条件公差（相对公差）；在 GTOLER 后面文本框中的输入值表示总体公差（绝对公差），通常采用默认值（即不输入具体数值）；ACTION 变量表示直接合并选择项还是先提示用户然后再合并（默认是直接合并的）；SWITCH 变量表示是保留合并图元中较高的编号还是较低的编号（默认是较低的编号）。图 3-56 和图 3-57 为两个合并的示例。

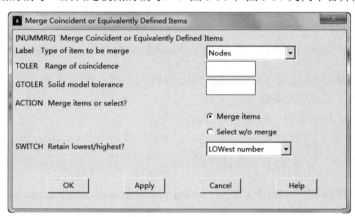

图 3-55　Merge Coincident or Equivalently Defined Items 对话框

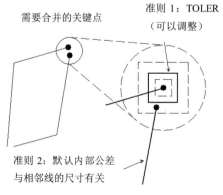

图 3-56　默认的合并公差

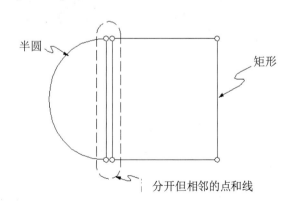

图 3-57　合并示例

3.9.2 编号压缩

在构造模型时,由于删除、清除、合并或者其他操作可能在编号中产生许多空号,可采用如下方法清除空号并且保证编号的连续性。

命令:NUMCMP
GUI:Main Menu > Preprocessor > Numbering Ctrls > Compress Numbers

执行上述命令后弹出 Compress Numbers 对话框,如图 3-58 所示。在 Label 后面的下拉列表中选择适当的选项(例如关键点、线、面、体、单元、节点、单元类型、实常数、材料号等),即可执行编号压缩操作。

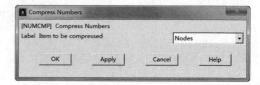

图 3-58 Compress Numbers 对话框

3.9.3 设定起始编号

在生成新的编号项时,用户可以控制新生成的系列项的起始编号大于已有图元的最大编号。这样做的理由:一是可以保证新生成图元的连续编号,不会占用已有编号序列中的空号;二是可以使生成的模型中某个区域在编号上与其他区域保持独立,从而避免将这些区域连接到一块,引起编号冲突。设定起始编号的方法如下。

命令:NUMSTR
GUI:Main Menu > Preprocessor > Numbering Ctrls > Set Start Number

执行上述命令后弹出 Starting Number Specifications 对话框,如图 3-59 所示。在节点、单元、关键点、线、面后面指定相应的起始编号即可。

如果想恢复默认的起始编号,可用如下方法。

命令:NUMSTR,DEFA
GUI:Main Menu > Preprocessor > Numbering Ctrls > Reset Start Num

执行上述命令后弹出如图 3-60 所示的 Reset Starting Number Specifications 对话框,单击 OK 按钮即可。

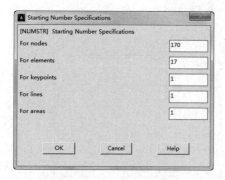

图 3-59 Starting Number Specifications 对话框

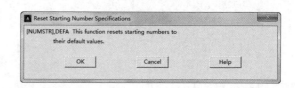

图 3-60 Reset Starting Number Specifications 对话框

3.9.4 编号偏差

在连接模型中两个独立的区域时,为避免编号冲突,可对当前已选取的编号加一个偏差值来重新

第 3 章 划分网格

编号，方法如下。

命令：NUMOFF
GUI: Main Menu > Preprocessor > Numbering Ctrls > Add Num Offset

执行上述命令后弹出 Add an Offset to Item Numbers 对话框，如图 3-61 所示。在 Label 后面的下拉列表中选择想要执行编号偏差的选项（例如关键点、线、面、体、单元、节点、单元类型、实常数、材料号等）；在 VALUE 后面的文本框中输入具体数值即可。

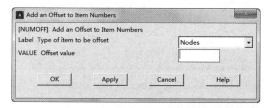

图 3-61 Add an Offset to Item Numbers 对话框

3.10 实例——轴承座的网格划分

本节将继续对第 2 章中建立的轴承座进行网格划分，生成有限元模型。

3.10.1 GUI 方式

（1）打开轴承座几何模型 Bearing Block.db 文件。

（2）选择单元类型。选择主菜单中的 Main Menu > Preprocessor > Element Type > Add/Edit/Delete 命令，弹出 Element Types 对话框，如图 3-62 所示。单击 Add 按钮，弹出 Library of Element Types 对话框，如图 3-63 所示。在左边的列表框中选择 Structural Mass > Solid 选项，在右边的列表框中选择 Brick 8 node 185 选项，即选择实体 185 号单元，单击 OK 按钮。此时在 Element Types 对话框中会出现所选单元的相应信息。

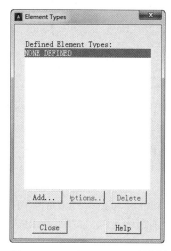

图 3-62 Element Types 对话框

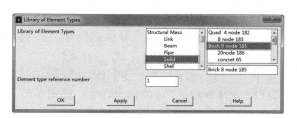

图 3-63 Library of Element Types 对话框

（3）定义单元选项。在图 3-62 所示的 Element Types 对话框中单击 Options 按钮，弹出 SOLID185 element type options 对话框，在 Element technology K2 后面的下拉列表中选择 Simple Enhanced Strn 选项，如图 3-64 所示。单击 OK 按钮，返回如图 3-62 所示的 Element Types 对话框，单击 Close 按钮关闭该对话框。

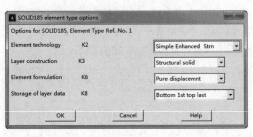

图 3-64　SOLID185 element type options 对话框

（4）定义材料属性。选择主菜单中的 Main Menu > Preprocessor > Material Props > Material Models 命令，弹出 Define Material Model Behavior 窗口。在右边的 Material Models Available 列表框中依次选择 Structural > Linear > Elastic > Isotropic 选项，弹出 Linear Isotropic Properties for Material Number 1 对话框，如图 3-65 所示。在 EX 后面的文本框中输入"1.73E+011"（弹性模量），在 PRXY 后面的文本框中输入"0.3"（泊松比），单击 OK 按钮，然后选择 Define Material Model Behavior 窗口左上角的 Material > Exit 命令退出，材料属性定义完毕。

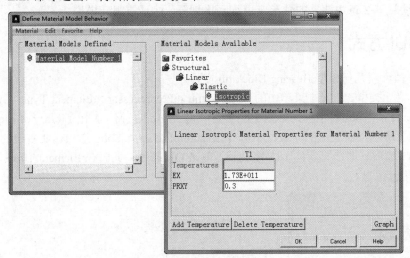

图 3-65　定义材料属性

（5）转换视图。选择实用菜单中的 Unitity Menu > PlotCtrls > Pan Zoom Rotate 命令，弹出 Pan-Zoom-Rotate 对话框，单击 Front 按钮，然后单击 Close 按钮关闭。

（6）根据对称性删除一半体。选择主菜单中的 Main Menu > Preprocessor > Modeling > Delete > Volume and Below 命令，弹出 Delete Volume & Below 拾取框，用鼠标拾取对称面左边的体，如图 3-66 所示。然后单击 OK 按钮。

（7）打开点、线、面、体编号控制器。选择实用菜单中的 Unitity Menu > PlotCtrls > Numbering 命令，弹出 Plot Numbering Controls 对话框，如图 3-67 所示。分别选中 KP、LINE、AREA、VOLU 后面的复选框，把 Off 改为 On，单击 OK 按钮。

第 3 章 划分网格

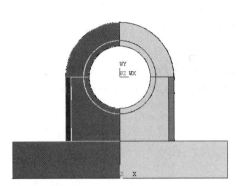

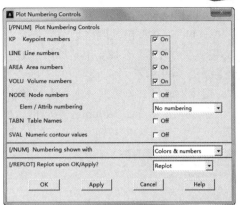

图 3-66 选择要删除的体　　　　　　　　图 3-67 Plot Numbering Controls 对话框

（8）转换视图。选择实用菜单中的 Unitity Menu > PlotCtrls > Pan Zoom Rotate 命令，弹出 Pan-Zoom-Rotate 对话框，单击 Obliq 按钮，然后单击 Close 按钮关闭。

（9）显示工作平面。选择实用菜单中的 Utility Menu > WorkPlane > Display Working Plane 命令。

（10）切分轴承座底座。选择实用菜单中的 Unitity Menu > WorkPlane > Align WP with > Keypoints 命令，弹出关键点拾取框，用鼠标依次拾取编号为 12、14、11 的关键点，单击 OK 按钮。

选择主菜单中的 Main Menu > Preprocessor > Modeling > Operate > Booleans > Divide > Volu by WorkPlane 命令，弹出 Divide Vol by WorkPlane 拾取框，单击 Pick All 按钮。

（11）对轴承孔生成圆孔面。选择主菜单中的 Main Menu > Preprocessor > Modeling > Operate > Extrude > Lines > Along lines 命令，弹出 Sweep Lines along Lines 拾取框，拾取编号为 L46 的线，单击 Apply 按钮，然后拾取编号为 L78 的线，单击 Apply 按钮，可以看到生成的曲面 A20。再拾取编号为 L49 的线，单击 Apply 按钮，然后拾取编号为 L47 的线，单击 OK 按钮，可以看到生成的曲面 A29。

（12）利用新生成的面分割体。选择主菜单中的 Main Menu > Preprocessor > Modeling > Operate > Booleans > Divide > Volu by Area 命令，弹出 Divide Vol by Area 拾取框，用鼠标拾取编号为 V11 的体（可以随时关注拾取框中的拾取反馈，例如 Volu NO 就显示了鼠标拾取体的编号），单击 Apply 按钮，然后拾取刚刚生成的面 A20，再单击 Apply 按钮，再拾取编号为 V9 的体，单击 Apply 按钮，拾取刚刚生成的面 A29，单击 OK 按钮。

（13）平移工作平面、对体进行分割。选择实用菜单中的 Unitity Menu > WorkPlane > Offset WP to > Keypoints 命令，弹出 Offset WP to > Keypoints 拾取框，用鼠标拾取编号为 18 的关键点，单击 OK 按钮。

然后选择主菜单中的 Main Menu > Preprocessor > Modeling > Operate > Booleans > Divide > Volu by WorkPlane 命令，弹出 Divide Vol by WorkPlane 拾取框，拾取编号为 V5 的体，单击 OK 按钮。

（14）关闭点、线、面、体编号控制器。选择实用菜单中的 Unitity Menu > PlotCtrls > Numbering 命令，弹出 Plot Numbering Controls 对话框，分别选中 KP、LINE、AREA、VOLU 后面的复选框，把 On 改为 Off，单击 OK 按钮。

（15）进行划分网格设置。选择主菜单中的 Main Menu > Preprocessor > Meshing > MeshTool 命令，弹出 MeshTool 对话框，如图 3-68 所示。选中 Smart Size 复选框，将下面的划块向左滑动，使下面的数值变为 4，然后单击 Global 后面的 Set 按钮，弹出 Global Element Sizes 对话框，在 Size Element edge length 后面的文本框中输入"0.125"，然后单击 OK 按钮。在 MeshTool 对话框下面

选中 Hex/Wedge 和 Sweep 单选按钮，其他选项默认，然后单击 Sweep 按钮，弹出 Volume Sweeping 对话框，单击 Pick All 按钮，网格划分完毕后，单击 OK 按钮。

（16）隐藏工作平面。选择实用菜单中的 Unitity Menu > WorkPlane > Display Working Plane 命令，生成的结果如图 3-69 所示。

（17）镜像生成另一半模型。选择主菜单中的 Main Menu > Preprocessor > Modeling > Reflect > Volumes 命令，弹出 Reflect Volumes 拾取框，单击 Pick All 按钮，弹出 Reflect Volumes 对话框，如图 3-70 所示。然后单击 OK 按钮。

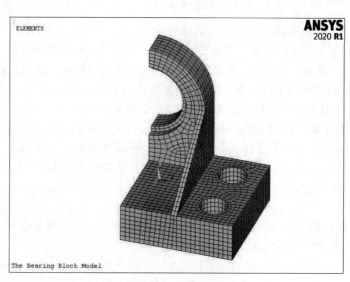

图 3-68　MeshTool 对话框　　　　图 3-69　网格划分结果

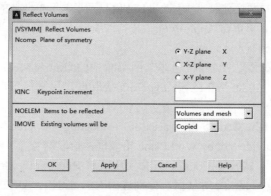

图 3-70　Reflect Volumes 对话框

（18）合并重合面上的关键点和节点。选择主菜单中的 Main Menu > Preprocessor > Numbering Ctrls > Merge Items 命令，弹出如图 3-71 所示的对话框，在 Label 后面的下拉列表中选择 All 选项，单击 OK 按钮。

第3章 划分网格

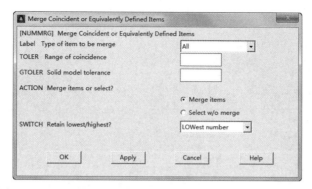

图 3-71 Merge Coincident or Equivalently Defined Items 对话框

（19）显示有限元网格。选择实用菜单中的 Unitity Menu > Plot > Elements 命令，最后生成的结果如图 3-72 所示。

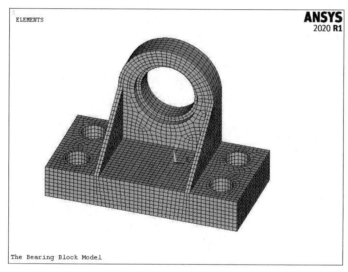

图 3-72 轴承座有限元模型

（20）保存有限元模型。单击 ANSYS Toolbar 工具栏中的 SAVE_DB 按钮，保存文件。

3.10.2 命令流方式

```
RESUME, BearingBlock,db,
/PREP7
ET,1,SOLID185
KEYOPT,1,2,3
MPTEMP,,,,,,,,
MPTEMP,1,0
MPDATA,EX,1,,1.7E11
MPDATA,PRXY,1,,0.3
FLST,2,4,6,ORDE,4
FITEM,2,7
FITEM,2,10
FITEM,2,12
```

```
FITEM,2,14
VDELE,P51X, , ,1
/PNUM,ELEM,0
/VIEW, 1 ,1,2,3
WPSTYLE,,,,,,,,1
KWPLAN,-1,    12,    14,    11
FLST,2,4,6,ORDE,4
FITEM,2,3
FITEM,2,9
FITEM,2,11
FITEM,2,13
VSBW,P51X
ADRAG,    46, , , , , ,    78
ADRAG,    49, , , , , ,    47
VSBA,    11,    20
VSBA,    9,    8
VSBA,    9,    29
KWPAVE,    18
VSBW,    5
SMRT,6
SMRT,4
ESIZE,0.125,0,
FLST,5,8,6,ORDE,4
FITEM,5,1
FITEM,5,-4
FITEM,5,6
FITEM,5,-9
CM,_Y,VOLU
VSEL, , , ,P51X
CM,_Y1,VOLU
CHKMSH,'VOLU'
CMSEL,S,_Y
VSWEEP,_Y1
CMDELE,_Y
CMDELE,_Y1
CMDELE,_Y2
WPSTYLE,,,,,,,,0
FLST,3,8,6,ORDE,4
FITEM,3,1
FITEM,3,-4
FITEM,3,6
FITEM,3,-9
VSYMM,X,P51X, , , ,0,0
NUMMRG,ALL, , , ,LOW
EPLOT
SAVE
```

第 4 章

施加载荷

载荷是指加在有限元模型（或实体模型，但最终要将载荷转化到有限元模型上）上的位移、力、温度、热、电磁等。建立完有限元分析模型之后，就需要在模型上施加载荷以此来检查结构或构件对一定载荷条件的响应。

通过本章的学习，可以帮助用户对 ANSYS 中的载荷建立全新的认识，并全面了解施加载荷和载荷步选项。

☑ 载荷概论 ☑ 设定载荷步选项
☑ 施加载荷

任务驱动&项目案例

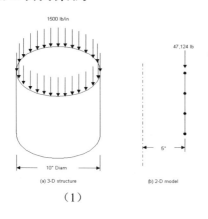

（1）

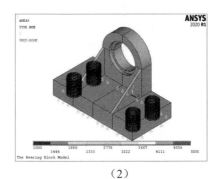

（2）

4.1 载荷概论

有限元分析的主要目的是检查结构或构件对一定载荷条件的响应。因此，在分析中指定合适的载荷条件是关键的一步。在 ANSYS 程序中，可以用各种方式对模型施加载荷，而且借助于载荷步选项，可以控制在求解中载荷如何使用。

4.1.1 什么是载荷

在 ANSYS 术语中，载荷包括边界条件和外部或内部作用力函数，如图 4-1 所示。不同学科中的载荷实例如下。

- ☑ 结构分析：位移、力、压力、温度（热应力）和重力。
- ☑ 热力分析：温度、热流速率、对流、内部热生成、无限表面。
- ☑ 磁场分析：磁势、磁通量、磁场段、源流密度、无限表面。
- ☑ 电场分析：电势（电压）、电流、电荷、电荷密度、无限表面。
- ☑ 流体分析：速度、压力。

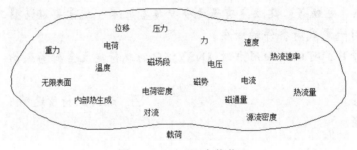

图 4-1 ANSYS 中载荷

载荷分为 6 类：DOF（约束自由度）、力（集中载荷）、表面载荷、体积载荷、惯性载荷及耦合场载荷。

- ☑ DOF（约束自由度）：某些自由度为给定的已知值。例如，结构分析中指定节点位移或者对称边界条件等，热分析中指定节点温度等。
- ☑ 力（集中载荷）：施加于模型节点上的集中载荷。例如，结构分析中的力和力矩、热力分析中的热流速率、电磁场分析中的电流。
- ☑ 表面载荷：施加于某个表面上的分布载荷。例如，结构分析中的压力、热力分析中的对流量和热通量。
- ☑ 体积载荷：施加在体积上的载荷或者场载荷。例如，结构分析中的温度、热力分析中的内部热源密度、磁场分析中的磁通量。
- ☑ 惯性载荷：由物体惯性引起的载荷，如重力加速度引起的重力、角速度引起的离心力等，主要在结构分析中使用。
- ☑ 耦合场载荷：可以认为是以上载荷的一种特殊情况，从一种分析中得到的结果用作另一种分析的载荷。例如，可施加磁场分析中计算所得的磁力作为结构分析中的载荷，也可以将热分析中的温度结果作为结构分析的载荷。

4.1.2 载荷步、子步和平衡迭代

载荷步仅仅是为了获得解答的载荷配置。在线性静态或稳态分析中，可以使用不同的载荷步施加不同的载荷组合：在第 1 个载荷步中施加风载荷，在第 2 个载荷步中施加重力载荷，在第 3 个载荷步中施加风和重力载荷以及一个不同的支承条件等。在瞬态分析中，多个载荷步可加到载荷历程曲线的不同区段。

ANSYS 程序将把为第 1 个载荷步选择的单元组用于随后的载荷步中，而不是由用户为随后的载荷步指定哪个单元组。要选择一个单元组，可使用下列两种方法之一。

> 命令：ESEL
> GUI：Utility Menu > Select > Entities

图 4-2 显示了一个需要 3 个载荷步的载荷历程曲线：第 1 个载荷步用于线性载荷，第 2 个载荷步用于不变载荷部分，第 3 个载荷步用于卸载。

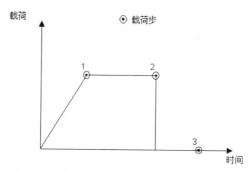

图 4-2 使用多个载荷步表示瞬态载荷历程

子步为执行求解载荷步中的点。由于不同的原因需要使用子步。

☑ 在非线性静态或稳态分析中，使用子步逐渐施加载荷以便能获得精确解。
☑ 在线性或非线性瞬态分析中，使用子步满足瞬态时间累积法则（为获得精确解通常规定一个最小累积时间步长）。
☑ 在谐波分析中，使用子步获得谐波频率范围内多个频率处的解。

平衡迭代是在给定子步下为了收敛而计算的附加解。仅用于收敛起重要作用的非线性分析中的迭代修正。例如，对二维非线性静态磁场分析，为获得精确解，通常使用两个载荷步，如图 4-3 所示。

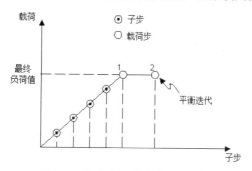

图 4-3 载荷步、子步和平衡迭代

☑ 第 1 个载荷步，将载荷逐渐加到 5～10 个子步以上，每个子步仅用一个平衡迭代。
☑ 第 2 个载荷步，得到最终收敛解，且仅有一个使用 15～25 次平衡迭代的子步。

4.1.3 时间参数

在所有静态和瞬态分析中，ANSYS 使用时间作为跟踪参数，而不论分析是否依赖于时间。其好处是：在所有情况下可以使用一个不变的"计数器"或"跟踪器"，不需要依赖于分析的术语。此外，时间总是单调增加的，且自然界中大多数事情的发生都会经历一段时间，不论该时间多么短暂。

显然，在瞬态分析或与速率有关的静态分析（蠕变或者粘塑性）中，时间代表实际的、按年月顺序的时间，用秒、分钟或小时表示。在指定载荷历程曲线的同时（使用 TIME 命令），在每个载荷步的结束点赋予时间值。使用如下方法之一赋予时间值。

```
命令：TIME
    GUI：Main Menu > Preprocessor > Loads > Load Step Opts > Time/Frequenc > Time and Substps
         Main Menu > Preprocessor > Loads > Load Step Opts > Time/Frequec > Time-Time Step
         Main Menu > Solution > Load Step Opts > Time/Frequec > Time and Substps
         Main Menu > Solution > Load Step Opts > Time/Frequec > Time-Time Step
```

然而，在不依赖于速率的分析中，时间仅为一个识别载荷步和子步的计数器。默认情况下，程序自动地对 time 赋值，在载荷步 1 结束时，赋 time=1；在载荷步 2 结束时，赋 time=2；以此类推。载荷步中的任何子步将被赋给合适的、用线性插值得到的时间值。在这样的分析中，通过赋给自定义的时间值，就可建立自己的跟踪参数。例如，若要将 1000 个单位的载荷增加到一个载荷步上，可以在该载荷步的结束时将时间指定为 1000，以使载荷和时间值完全同步。

那么，在后处理器中，如果得到一个变形-时间关系图，其含义与变形-载荷关系相同。这种技术非常有用，例如，在大变形分析以及屈曲分析中，其任务是跟踪结构载荷增加时结构的变形。

当求解中使用弧长方法时，时间还表示另一含义。在这种情况下，时间等于载荷步开始时的时间值加上弧长载荷系数（当前所施加载荷的放大系数）的数值。ALLF 不必单调增加（即它可以增加、减少甚至为负），且在每个载荷步的开始时被重新设置为 0。因此，在弧长求解中，时间不作为"计数器"。

载荷步为作用在给定时间间隔内的一系列载荷。子步为载荷步中的时间点，在这些时间点中求得中间解。两个连续的子步之间的时间差称为时间步长或时间增量。平衡迭代是为了收敛而在给定时间点进行计算的迭代求解。

4.1.4 阶跃载荷与坡道载荷

当在一个载荷步中指定一个以上的子步时，就出现了载荷应为阶跃载荷或是坡道载荷的问题。
- ☑ 如果载荷是阶跃载荷，那么，全部载荷施加于第 1 个载荷子步，且在载荷步的其余部分，载荷保持不变，如图 4-4（a）所示。
- ☑ 如果载荷是坡道载荷，那么，在每个载荷子步，载荷值逐渐增加，且全部载荷出现在载荷步结束时，如图 4-4（b）所示。

用户可以通过如下方法表示载荷为坡道载荷还是阶跃载荷。

```
命令：KBC
    GUI：Main Menu > Solution > Load Step Opts > Time/Frequenc > Freq and Substeps
         Main Menu > Solution > Load Step Opts > Time/Frequenc > Time and Substps
         Main Menu > Solution > Load Step Opts > Time/Frequenc > Time - Time Step
```

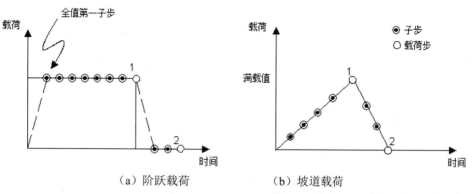

(a) 阶跃载荷　　　　(b) 坡道载荷

图 4-4　阶跃载荷与坡道载荷

KBC 为 0 表示载荷为坡道载荷；KBC 为 1 表示载荷为阶跃载荷。默认值取决于学科和分析类型以及 SOLCONTROL 处于 ON 或 OFF 状态。

载荷步选项是用于表示控制载荷应用的各选项（如时间、子步数、时间步、载荷为阶跃或坡道）的总称。其他类型的载荷步选项包括收敛公差（用于非线性分析）、结构分析中的阻尼规范，以及输出控制。

4.2　施加载荷

用户可以将大多数载荷施加于实体模型（如关键点、线和面）上或有限元模型（节点和单元）上。用户施加于实体模型上的载荷称为实体模型载荷，而直接施加于有限元模型上的载荷称为有限单元载荷。例如，可在关键点或节点施加指定集中力。同样地，可以在线和面或在节点和单元面上指定对流（和其他表面载荷）。无论怎样指定载荷，求解器期望所有载荷应依据有限元模型。因此，如果将载荷施加于实体模型，在开始求解时，程序会自动将这些载荷转换到节点和单元上。

4.2.1　载荷分类

本节主要讨论如何施加 DOF（约束自由度）、力（集中载荷）、表面载荷、体积载荷、惯性载荷和耦合场载荷。

1. DOF（约束自由度）

表 4-1 列出了每个学科中可被约束的自由度和相应的 ANSYS 标识符。标识符（如 UX、ROTZ、AY 等）所包含的任何方向都在节点坐标系中。

表 4-1　每个学科中可用的 DOF 约束

学　科	自　由　度	ANSYS 标识符
结构分析	平移 旋转	UX、UY、UZ ROTX、ROTY、ROTZ
热力分析	温度	TEMP
磁场分析	矢量势 标量势	AX、AY、AZ MAG
电场分析	电压	VOLT

续表

学 科	自 由 度	ANSYS 标识符
流体分析	速度	VX、VY、VZ
	压力	PRES
	紊流动能	ENKE
	紊流扩散速率	ENDS

表 4-2 列出了施加、列表显示和删除 DOF 约束的命令。需要注意的是，可以将约束施加于节点、关键点、线和面上。

表 4-2 DOF 约束的命令

位　置	基本命令	附加命令
节点	D, DLIST, DDELE	DSYM, DSCALE, DCUM
关键点	DK, DKLIST, DKDELE	无
线	DL, DLLIST, DLDELE	无
面	DA, DALIST, DADELE	无
转换	SBCTRAN	DTRAN

下面是一些可用于施加 DOF 约束的 GUI 路径的例子。

```
GUI: Main Menu > Preprocessor > Loads > Define Loads > Apply > load type > On Nodes
     Utility Menu > List > Loads > DOF Constraints > On All Keypoints
     Main Menu > Solution > Define Loads > Apply > load type > On Lines
```

2. 力（集中载荷）

表 4-3 列出了每个学科中可用的集中载荷和相应的 ANSYS 标识符。标识符（如 FX、MZ 和 CSGY 等）所包含的任何方向都在节点坐标系中。

表 4-3 每个学科中的集中力

学　科	力	ANSYS 标识符
结构分析	力 力矩	FX、FY、FZ MX、MY、MZ
热力分析	热流速率	HEAT
磁场分析	Current Segments 磁通量	CSGX、CSGY、CSGZ FLUX
电场分析	电流 电荷	AMPS CHRG
流体分析	流体流动速率	FLOW

表 4-4 列出了施加、列表显示和删除集中载荷的命令。需要注意的是，可以将集中载荷施加于节点和关键点上。

表 4-4 用于施加集中力载荷的命令

位　置	基本命令	附　加　命　令
节点	F, FLIST, FDELE	FSCALE, FCUM
关键点	FK, FKLIST, FKDELE	无
转换	SBCTRAN	FTRAN

下面是一些用于施加集中力载荷的 GUI 路径的例子。

```
GUI: Main Menu > Preprocessor > Loads > Define Loads > Apply > load type > On Nodes
     Utility Menu > List > Loads > Forces > On All Keypoints
     Main Menu > Solution > Define Loads > Apply > load type > On Lines
```

3. 表面载荷

表 4-5 列出了每个学科中可用的表面载荷和相应的 ANSYS 标识符。

表 4-5 每个学科中可用的表面载荷

学 科	表 面 载 荷	ANSYS 标识符
结构分析	压力	PRES
热力分析	对流	CONV
	热流量	HFLUX
	无限表面	INF
磁场分析	麦克斯韦表面	MXWF
	无限表面	INF
电场分析	麦克斯韦表面	A MXWF
	表面电荷密度	CHRGS
	无限表面	INF
流体分析	流体结构界面	FSI
	阻抗	IMPD
所有学科	超级单元载荷矢量	SELV

表 4-6 列出了施加、列表显示和删除表面载荷的命令。需要注意的是，不仅可以将表面载荷施加在线和面上，还可以施加于节点和单元上。

表 4-6 用于施加表面载荷的命令

位 置	基 本 命 令	附 加 命 令
节点	SF, SFLIST, SFDELE	SFSCALE, SFCUM, SFFUN
单元	SFE, SFELIST, SFEDELE	SEBEAM, SFFUN, SFGRAD
线	SFL, SFLLIST, SFLDELE	SFGRAD
面	SFA, SFALIST, SFADELE	SFGRAD
转换	SFTRAN	无

下面是一些用于施加表面载荷的 GUI 路径的例子。

```
GUI: Main Menu > Preprocessor > Loads > Define Loads > Apply > load type > On Nodes
     Utility Menu > List > Loads > Surface Loads > On All Elements
     Main Menu > Solution > Define Loads > Apply > load type > On Lines
```

注意：ANSYS 程序根据单元和单元面存储在节点上指定面的载荷。因此，如果对同一表面使用节点面载荷命令和单元面载荷命令，则使用帮助文件中 ANSYS Commands Reference 的规定。

4. 体积载荷

表 4-7 列出了每个学科中可用的体积载荷和相应的 ANSYS 标识符。

表 4-7 每个学科中可用的体积载荷

学 科	体 积 载 荷	ANSYS 标识符
结构分析	温度	TEMP
	热流量	FLUE
热力分析	热生成速率	HGEN
磁场分析	温度	TEMP
	磁场密度	JS
	虚位移	MVDI
	电压降	VLTG
电场分析	温度	TEMP
	体积电荷密度	CHRGD
流体分析	热生成速率	HGEN
	力速率	FORC

表 4-8 列出了施加、列表显示和删除表面载荷的命令。需要注意的是，可以将体积载荷施加在节点、单元、关键点、线、面和体上。

表 4-8 用于施加体积载荷的命令

位 置	基 本 命 令	附 加 命 令
节点	BF, BFLIST, BFDELE	BFSCALE, BFCUM, BFUNIF
单元	BFE, BFELIST, BFEDELE	BEESCAL, BFECUM
关键点	BFK, BFKLIST, BFKDELE	无
线	BFL, BFLLIST, BFLDELE	无
面	BFA, BFALIST, BFADELE	无
体	BFV, BFVLIST, BFVDELE	无
转换	BFTRAN	无

下面是一些用于施加体积载荷的 GUI 路径的例子。

```
GUI: Main Menu > Preprocessor > Loads > Define Loads > Apply > load type > On Nodes
     Utility Menu > List > Loads > Body > On Picked Elems
     Main Menu > Solution > Define Loads > Apply > load type > On Keypoints
     Utility Menu > List > Load > Body > On Picked Lines
     Main Menu > Solution > Define Loads > Apply > load type > On Volumes
```

注意：在节点指定的体积载荷独立于单元上的载荷。对于给定的单元，ANSYS 程序按下列方法决定使用哪个载荷。
（1）ANSYS 程序检查用户是否对单元指定体积载荷。
（2）如果不是，则使用指定给节点的体积载荷。
（3）如果单元或节点上没有体积载荷，则通过 BFUNIF 命令指定的体积载荷生效。

5. 惯性载荷

施加惯性载荷的命令如表 4-9 所示。

表 4-9 惯性载荷命令

命 令	GUI 菜单路径
ACEL	Main Menu > Preprocessor > Loads > Define Loads > Apply > Structural > Inertia > Gravity Main Menu > Preprocessor > Loads > Define Loads > Delete > Structural > Inertia > Gravity Main Menu > Solution > Define Loads > Apply > Structural > Inertia > Gravity Main Menu > Solution > Define Loads > Delete > Structural > Inertia > Gravity
CGLOC	Main Menu > Preprocessor > Loads > Define Loads > Apply > Structural > Inertia > Coriolis Effects Main Menu > Preprocessor > Loads > Define Loads > Delete > Structural > Inertia > Coriolis Effects Main Menu > Solution > Define Loads > Apply > Structural > Inertia > Coriolis Effects Main Menu > Solution > Define Loads > Delete > Structural > Inertia > Coriolis Effects
CGOMGA	Main Menu > Preprocessor > Loads > Define Loads > Apply > Structural > Inertia > Coriolis Effects Main Menu > Preprocessor > Loads > Define Loads > Delete > Structural > Inertia > Coriolis Effects Main Menu > Solution > Define Loads > Apply > Structural > Inertia > Coriolis Effects Main Menu > Solution > Define Loads > Delete > Structural > Inertia > Coriolis Effects
DCGOMG	Main Menu > Preprocessor > Loads > Define Loads > Apply > Structural > Inertia > Coriolis Effects Main Menu > Preprocessor > Loads > Define Loads > Delete > Structural > Inertia > Coriolis Effects Main Menu > Solution > Define Loads > Apply > Structural > Inertia > Coriolis Effects Main Menu > Solution > Define Loads > Delete > Structural > Inertia > Coriolis Effects
DOMEGA	MainMenu > Preprocessor > Loads > DefineLoads > Apply > Structural > Inertia > AngularAccel > Global MainMenu > Preprocessor > Loads > DefineLoads > Delete > Structural > Inertia > AngularAccel > Global Main Menu > Solution > Define Loads > Apply > Structural > Inertia > Angular Accel > Global Main Menu > Solution > Define Loads > Delete > Structural > Inertia > Angular Accel > Global
IRLF	Main Menu > Preprocessor > Loads > Define Loads > Apply > Structural > Inertia > Inertia Relief Main Menu > Preprocessor > Loads > Load Step Opts > Output Ctrls > Incl Mass Summry Main Menu > Solution > Define Loads > Apply > Structural > Inertia > Inertia Relief Main Menu > Solution > Load Step Opts > Output Ctrls > Incl Mass Summry
OMEGA	MainMenu > Preprocessor > Loads > DefineLoads > Apply > Structural > Inertia > AngularVelocity > Global MainMenu > Preprocessor > Loads > DefineLoads > Delete > Structural > Inertia > AngularVeloc > Global Main Menu > Solution > Define Loads > Apply > Structural > Inertia > Angular Velocity > Global Main Menu > Solution > Define Loads > Delete > Structural > Inertia > Angular Veloc > Global

注意：没有用于列表显示或删除惯性载荷的专门命令。要想列表显示惯性载荷，可执行 STAT, INRTIA（Utility Menu > List > Status > Soluion > Inerti Loads）命令。要删除惯性载荷，只要将载荷值设置为 0。可以将惯性载荷设置为 0，但是不能删除惯性载荷。对逐步上升的载荷步，惯性载荷的斜率为 0。

ACEL、OMEGA 和 DOMEGA 命令分别用于指定在整体笛卡儿坐标系中的加速度、角速度和角加速度。

注意：ACEL 命令用于对物体施加加速场（非重力场）。因此，要施加作用于负 Y 方向的重力，应指定一个和正 Y 方向的加速度。

使用 CGOMGA 和 DCGOMG 命令指定旋转物体的角速度和角加速度，该物体本身正相对于另一个参考坐标系旋转。CGLOC 命令用于指定参照系相对于整体笛卡儿坐标系的位置。例如，在静态分析中，为了考虑 Coriolis 效果，可以使用这些命令。

惯性载荷当模型具有质量时有效。惯性载荷通常是通过指定密度来施加的（还可以通过使用质量单元，如 MASS21 对模型施加质量，但通过密度的方法施加惯性载荷更常用、更有效）。对其他数据，ANSYS 程序要求质量为恒定单位。如果习惯于英制单位，为了方便起见，有时希望使用重量密度（lb/in^3）来代替质量密度（lb-sec^2/in/in^3）。

只有在下列情况下可以使用重量密度来代替质量密度。
- ☑ 模型仅用于静态分析。
- ☑ 没有施加角速度或角加速度。
- ☑ 重力加速度为单位值（g=1.0）。

为了能够以"方便的"重力密度形式或以"一致的"质量密度形式使用密度，指定密度的一种简便的方法是将重力加速度 g 定义为参数，如表 4-10 所示。

表 4-10 指定密度的方式

方 便 形 式	一 致 形 式	说　　明
g=1.0	g=386.0	参数定义
MP,DENS,1,0.283/g	MP,DENS,1,0.283/g	钢的密度
ACEL,,g	ACEL,,g	重力载荷

6. 耦合场载荷

在耦合场分析中，通常包含将一个分析中的结果数据施加于第二个分析中作为第二个分析的载荷。例如，可以将热力分析中计算的节点温度施加于结构分析（热应力分析）中，作为体积载荷。同样，可以将磁场分析中计算的磁力施加于结构分析中，作为节点力。要施加这样的耦合场载荷，可使用下列方法之一。

```
命令：LDREAD
GUI: Main Menu > Preprocessor > Loads > Define Loads > Apply > load type > From source
     Main Menu > Solution > Define Loads > Apply > load type > From source
```

4.2.2 轴对称载荷与反作用力

对约束、表面载荷、体积载荷和 Y 方向加速度，可以像对任何非轴对称模型上定义载荷一样来精确地定义这些载荷。然而，对集中载荷的定义，过程有所不同。因为这些载荷大小、输入的力、力矩等数值是在 360°范围内进行的，即根据沿周边的总载荷输入载荷值。例如，如果 1500 磅/英寸沿周边的轴对称轴向载荷被施加到直径为 10 英寸的管上（见图 4-5），则 47.124lb（1500×2π× 5=47.124）的总载荷将按下列方法被施加到节点 N 上：F, N, FY, 47.124。

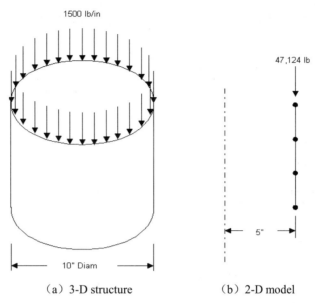

(a) 3-D structure　　　　(b) 2-D model

图 4-5　在 360°范围内定义集中轴对称载荷

轴对称结果也按对应的输入载荷相同的方式解释，即输出的反作用力、力矩等按总载荷（360°）计。

轴对称协调单元要求其载荷表示成傅立叶级数形式来施加。对这些单元，要求用 MODE 命令（Main Menu > Preprocessor > Loads > Load Step Opts > Other > For Harmonic Ele 或 Main Menu > Solution > Load Step Opts > Other > For Harmonic Ele），以及其他载荷命令（D、F、SF 等）。

注意：一定要指定足够数量的约束防止产生不期望的刚体运动、不连续或奇异性。例如，对实心杆这样的实体结构的轴对称模型，缺少沿对称轴的 UX 约束，在结构分析中，就可能形成虚位移（不真实的位移），如图 4-6 所示。

图 4-6　实体轴对称结构的中心约束

4.2.3　利用表格施加载荷

通过一定的命令和菜单路径，用户能够利用表格参数来施加载荷，即通过指定列表参数名来代替指定特殊载荷的实际值。然而，并不是所有的边界条件都支持这种制表载荷，因此，用户在使用表格施加载荷时一般先参考一定的文件来确定指定的载荷是否支持表格参数。

注意：当用户使用命令来定义载荷时，必须使用"%表格名%"格式。例如，当确定描述对流值表格时，有如下命令表达式：
SF, all, conv, %sycnv%, tbulk

在施加载荷的同时,用户可以通过选择 new table 选项定义新的表格。同样,用户在施加载荷之前还可以通过如下方式之一来定义表格。

命令:*DIM
GUI: Utility Menu > Parameters > Array Parameters > Define/Edit

1. 定义初始变量

当用户定义一个列表参数表格时,根据不同的分析类型,可以定义各种各样的初始参数。表 4-11 列出了不同分析类型的边界条件、初始变量及对应的命令。

表 4-11 不同分析类型的边界条件及其相应的初始变量和命令

边界条件	初始变量	命令
热分析		
固定温度	TIME, X, Y, Z	D,,(TEMP, TBOT, TE2, TE3, ..., TTOP)
热流	TIME, X, Y, Z, TEMP	F,,(HEAT, HBOT, HE2, HE3, ..., HTOP)
对流	TIME, X, Y, Z, TEMP, VELOCITY	SF,,CONV
体积温度	TIME, X, Y, Z	SF,,,TBULK
热通量	TIME, X, Y, Z, TEMP	SF,,HFLU
热源	TIME, X, Y, Z, TEMP	BFE,,HGEN
结构分析		
位移	TIME, X, Y, Z, TEMP	D,(UX, UY, UZ, ROTX, ROTY, ROTZ)
力和力矩	TIME, X, Y, Z, TEMP, SECTOR	F,(FX, FY, FZ, MX, MY, MZ)
压力	TIME, X, Y, Z, TEMP, SECTOR	SF,,PRES
温度	TIME	BF,,TEMP
电场分析		
电压	TIME, X, Y, Z	D,,VOLT
电流	TIME, X, Y, Z	F,,AMPS
流体分析		
压力	TIME, X, Y, Z	D,,PRES
流速	TIME, X, Y, Z	F,,FLOW

单元 SURF151、SURF152 和单元 FLUID116 的实常数与初始变量相关联,如表 4-12 所示。

表 4-12 实常数与相应的初始变量

实常数	初始变量
SURF151、SURF152	
旋转速率	TIME, X, Y, Z
FLUID116	
旋转速率	TIME, X, Y, Z
滑动因子	TIME, X, Y, Z

2. 定义独立变量

当用户需要指定不同于列表显示的初始变量时,可以定义一个独立的参数变量。当用户指定独立参数变量的同时,定义了一个附加表格来表示独立参数,这个表格必须与独立参数变量同名,并且同时是一个初始变量或者另一个独立参数变量的函数。用户能够定义许多必需的独立参数,但是所有的独立参数必须与初始变量有一定的关系。

例如,考虑一对流系数(HF),其变化为旋转速率(RPM)和温度(TEMP)的函数。此时,初始变量为 TEMP,独立参数变量为 RPM,而 RPM 是随着时间的变化而变化。因此,用户需要两个表格:一个关联 RPM 与 TIME;另一个关联 HF 与 RPM 和 TEMP。其命令流如下。

```
*DIM,SYCNV,TABLE,3,3,,RPM,TEMP
SYCNV(1,0)=0.0,20.0,40.0
SYCNV(0,1)=0.0,10.0,20.0,40.0
SYCNV(0,2)=0.5,15.0,30.0,60.0
SYCNV(0,3)=1.0,20.0,40.0,80.0
*DIM,RPM,TABLE,4,1,1,TIME
RPM(1,0)=0.0,10.0,40.0,60.0
RPM(1,1)=0.0,5.0,20.0,30.0
SF,ALL,CONV,%SYCNV%
```

3. 表格参数操作

用户可以通过如下方式对表格进行一定的数学运算,如加法、减法与乘法。

命令:*TOPER
GUI: Utility Menu > Parameters > Array Operations > Table Operations

注意:两个参与运算的表格必须具有相同的尺寸,每行、每列的变量名必须相同等。

4. 确定边界条件

当用户利用列表参数来定义边界条件时,可以通过如下 5 种方式检验其是否正确。

☑ 检查输出窗口。当用户使用制表边界条件于有限单元或实体模型时,于输出窗口显示的是表格名称而不是一定的数值。
☑ 列表显示边界条件。当用户在前处理过程中列表显示边界条件时,列表显示表格名称;而当用户在求解或后处理过程中列表显示边界条件时,列表显示的却是位置或时间。
☑ 检查图形显示。在制表边界条件运用的地方,用户可以通过标准的 ANSYS 图形显示功能(/PBC,/PSF 等)显示出表格名称和一些符号(箭头),当然前提是表格编号显示处于工作状态(/PNUM,TABNAM,ON)。
☑ 在通用后处理中检查表格的代替数值。
☑ 通过命令*STATUS 或者 GUI 菜单路径(Utility Menu > List > Other > Parameters)可以重新获得任意变量结合的表格参数值。

4.2.4 利用函数施加载荷和边界条件

用户可以通过一些函数工具对模型施加复杂的边界条件。函数工具包括两部分,一部分是函数编辑器,用于创建任意的方程或者多重函数;另一部分是函数装载器,用于获取创建的函数并制成表格。用户可以分别通过以下两种方式进入函数编辑器和函数装载器。

GUI: Utility Menu > Parameters > Functions > Define/Edit,或者 GUI: Main Menu > Solution > Define Loads > Apply > Functions > Define/Edit

> Utility Menu > Parameters > Functions > Read from file，或者 GUI：Main Menu > Solution > Define Loads > Apply > Functions > Read file

当然，在使用函数边界条件之前，用户应该了解以下一些要点。
- ☑ 当用户的数据能够方便地用表格表示时，推荐用户使用表格边界条件。
- ☑ 在表格中，函数呈现等式的形式而不是一系列的离散数值。
- ☑ 用户不能通过函数边界条件来避免一些限制性边界条件，并且这些函数对应的初始变量是被表格边界条件支持的。

同样，当使用函数工具时，用户还必须熟悉如下几个特定的情况。
- ☑ 函数：一系列方程定义了高级边界条件。
- ☑ 初始变量：在求解过程中被使用和评估的独立变量。
- ☑ 域：以单一的域变量为特征的操作范围或设计空间的一部分。域变量在整个域中是连续的，每个域包含一个唯一的方程来评估函数。
- ☑ 域变量：支配方程用于函数的评估而定义的变量。
- ☑ 方程变量：在方程中用户指定的一个变量，此变量在函数装载过程中被赋值。

1. 函数编辑器的使用

函数编辑器定义了域和方程。用户通过一系列的初始变量、方程变量和数学函数来建立方程。用户能够创建一个单一的等式，也可以创建包含一系列方程等式的函数，而这些方程等式对应于不同的域。

使用函数编辑器的步骤如下。

（1）打开函数编辑器（GUI：Utiltity Menu > Parameters > Functions > Define/Edit 或者 Main Menu > Solution > Define Loads > Apply > Functions > Define/Edit）。

（2）选择函数类型。选择单一方程或者一个复合函数。如果用户选择后者，则必须输入域变量的名称。当用户选择复合函数时，6 个域标签被激活。

（3）选择 degrees 或者 radians。这个选择仅仅决定了方程如何被评估，对命令*AFUN 没有任何影响。

（4）定义结果方程或者使用初始变量和方程变量来描述域变量的方程。如果用户定义一个单一方程的函数，则跳到步骤（10）。

（5）选择第一个域标签，输入域变量的最小值和最大值。

（6）在此域中定义方程。

（7）选择第二个域标签（注意，第二个域变量的最小值已被赋值，且不能被改变，这样就保证了整个域的连续性）输入域变量的最大值。

（8）在此域中定义方程。

（9）重复前面步骤直到最后一个域。

（10）对函数进行注释。选择编辑器菜单栏中的 Editor > Comment 命令，输入用户对函数的注释。

（11）保存函数。选择编辑器菜单栏中的 Editor > Save 命令并输入文件名，文件名必须以.func 为后缀名。

一旦函数被定义且保存了，用户可以在任何一个 ANSYS 分析中使用这些函数。为了使用这些函数，用户必须装载它们并对方程变量进行赋值，同时赋予其表格参数名称是为了在特定的分析中使用它们。

2. 函数装载器的使用

当用户在分析中准备对方程变量进行赋值、对表格参数指定名称和使用函数时，需要把函数装入函数装载器中，其步骤如下。

（1）打开函数装载器（GUI：Utility Menu > Parameters > Functions > Read from file）。

（2）打开用户保存函数的目录，选择正确的文件并打开。

（3）在函数装载对话框中，输入表格参数名。

（4）在对话框的底部，用户将看到一个函数标签和构成函数的所有域标签及每个指定方程变量的数据输入区，在其中输入合适的数值。

> **注意**：在函数装载对话框中，仅数值数据可以作为常数值，而字符数据和表达式不能被作为常数值。

（5）重复每个域的过程。

（6）单击保存。直到用户已经为函数中每个域中的所有变量赋值后，才能以表格参数的形式来保存。

> **注意**：函数作为一个代码方程被制成表格，在 ANSYS 中，当表格被评估时，这种代码方程才起作用。

3. 图形或列表显示边界条件函数

用户可用图形显示定义的函数，可视化当前的边界条件函数，还可以列表显示方程的结果。通过这种方式，可以检验用户定义的方程是否和用户所期待的一样。无论图形显示还是列表显示，用户都需要先选择一个要图形显示其结果的变量，并且必须设置其 X 轴的范围和图形显示点的数量。

4.3 实例——轴承座的载荷和约束施加

前面章节对轴承座模型进行了网格划分，生成了可用于计算分析的有限元模型。接下来需要对有限元模型施加载荷和约束，以考查其对于载荷作用的响应。

4.3.1 GUI 方式

（1）打开上次保存的轴承座几何模型 BearingBlock.db 文件。

（2）设定分析类型。选择主菜单中的 Main Menu > Preprocessor > Loads > Analysis Type > New Analysis 命令，弹出 New Analysis 对话框，如图 4-7 所示。系统默认是稳态分析，单击 OK 按钮。

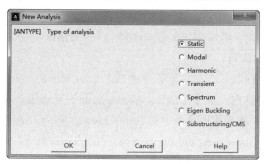

图 4-7　设定分析类型

（3）打开线、面编号控制器。选择实用菜单中的 Utility Menu > PlotCtrls > Numbering 命令，弹出 Plot Numbering Controls 对话框，选中 LINE、AREA 后面的复选框，将 Off 改为 On。

（4）显示面。选择实用菜单中的 Utility Menu > Plot > Areas 命令。

（5）施加约束条件。

① 约束 4 个安装孔。选择主菜单中的 Main Menu > Solution > Define Loads > Apply > Structural > Displacement > Symmetry B.C. > On Areas 命令，弹出 Apply SYMM on Areas 拾取框，拾取 4 个安装孔的 8 个柱面，即编号为 A56、A57、A52、A54、A15、A16、A17、A18 的面，单击 OK 按钮。

② 整个底座底部施加位移约束。选择主菜单中的 Main Menu > Solution > Define Loads > Apply > Structural > Displacement > On Lines 命令，弹出 Apply U,ROT on Lines 拾取框，拾取底座底面的所有外边界线，即编号为 L105、L89、L12、L60、L10、L59、L2、L87、L103、L104 的线，单击 OK 按钮，弹出 Apply U,ROT on Lines 对话框，如图 4-8 所示。在 Lab2 后面的列表框中选择 UY 选项，即约束 Y 方向的位移，单击 OK 按钮。施加完约束的结果如图 4-9 所示。

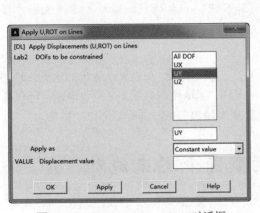
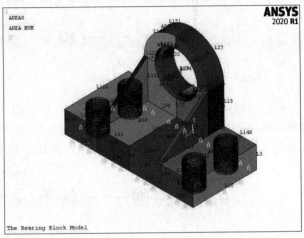

图 4-8　Apply U,ROT on Lines 对话框　　　　图 4-9　施加完约束的模型

（6）施加载荷。

① 在轴承孔圆周上施加推力载荷。选择主菜单中的 Main Menu > Solution > Define Loads > Apply > Structural > Pressure > On Areas 命令，弹出 Apply PRES on Areas 拾取框，拾取编号为 A22、A68、A76、A9 的面，单击 OK 按钮，弹出 Apply PRES on areas 对话框，如图 4-10 所示。在 VALUE 后面的文本框中输入"1000"，单击 OK 按钮退出。

② 在轴承孔的下半部分施加径向压力载荷。选择主菜单中的 Main Menu > Solution > Define Loads > Apply > Structural > Pressure > On Areas 命令，弹出 Apply PRES on Areas 拾取框，拾取编号为 A36、A91 的面，单击 OK 按钮，再次弹出如图 4-10 所示的对话框，在 VALUE 后面的文本框中输入"5000"，单击 OK 按钮退出即可。

（7）关闭线、面编号控制器。选择实用菜单中的 Utility Menu > PlotCtrls > Numbering 命令，弹出 Plot Numbering Controls 对话框，选中 LINE、AREA 后面的复选框，将 On 变为 Off。

（8）用箭头显示压力值。选择实用菜单中的 Utility Menu > PlotCtrls > Symbols 命令，弹出 Symbols 对话框，如图 4-11 所示。在 Show pres and convect as 后面的下拉列表中选择 Arrows 选项，单击 OK 按钮。至此，约束和载荷施加完毕，其结果如图 4-12 所示。

第 4 章 施加载荷

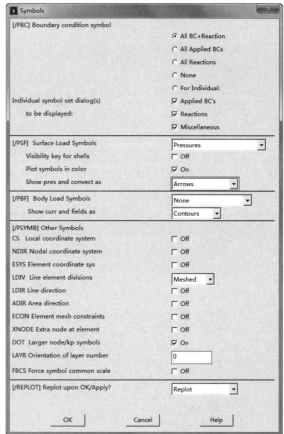

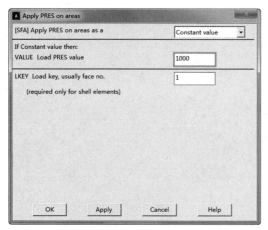

图 4-10 Apply PRES on areas 对话框　　　　图 4-11 Symbols 对话框

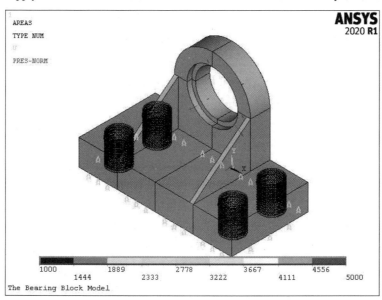

图 4-12 施加完约束和载荷的模型

（9）保存模型。单击 ANSYS Toolbar 工具栏中的 SAVE_DB 按钮，保存文件。

4.3.2 命令流方式

```
RESUME,BearingBlock,db,
/PREP7
ANTYPE,0
/PNUM,LINE,1
/PNUM,AREA,1
APLOT
FINISH
/SOL
FLST,2,8,5,ORDE,6
FITEM,2,15
FITEM,2,-18
FITEM,2,52
FITEM,2,54
FITEM,2,56
FITEM,2,-57
DA,P51X,SYMM
FLST,2,10,4,ORDE,9
FITEM,2,2
FITEM,2,10
FITEM,2,12
FITEM,2,59
FITEM,2,-60
FITEM,2,87
FITEM,2,89
FITEM,2,103
FITEM,2,-105
DL,P51X, ,UY,
FLST,2,4,5,ORDE,4
FITEM,2,22
FITEM,2,9
FITEM,2,68
FITEM,2,76
SFA,P51X,1,PRES,1000
FLST,2,2,5,ORDE,2
FITEM,2,36
FITEM,2,91
SFA,P51X,1,PRES,5000
/PNUM,LINE,0
/PNUM,AREA,0
/PSF,PRES,NORM,2,0,1
SAVE
```

4.4 设定载荷步选项

载荷步选项（Load step options）是各选项的总称，这些选项用于在求解选项及其他选项（如输出控制、阻尼特性和响应频谱数据）中控制如何使用载荷。载荷步选项随载荷步的不同而异。有6种类型的载荷步选项。

- ☑ 通用选项。
- ☑ 动力学分析选项。
- ☑ 非线性选项。
- ☑ 输出控制。
- ☑ Biot-Savart 选项。
- ☑ 谱分析选项。

4.4.1 通用选项

通用选项包括瞬态或静态分析中载荷步结束的时间，子步数或时间步大小，载荷阶跃或递增，以及热应力计算的参考温度。以下是对每个选项的简要说明。

1. 时间选项

TIME 命令用于指定在瞬态或静态分析中载荷步结束的时间。在瞬态或其他与速率有关的分析中，TIME 命令指定实际的、按年月顺序的时间，且要求指定时间值。在与非速率无关的分析中，时间作为跟踪参数。在 ANSYS 分析中，决不能将时间设置为 0。如果选择 TIME,0 或 "TIME,<空>" 命令，或者根本就没有发出 TIME 命令，ANSYS 使用默认时间值：第一个载荷步为 1.0，其他载荷步为 1.0 加前一个时间。要在 0 时间开始分析，如在瞬态分析中，应指定一个非常小的值，如 TIME,1E-6。

2. 子步数与时间步大小

对于非线性或瞬态分析，要指定一个载荷步中需要的子步数。指定子步的方法如下。

```
    命令：DELTIM
    GUI: Main Menu > Preprocessor > Loads > Load Step Opts > Time/Frequenc > Time - Time Step
         Main Menu > Solution > Load Step Opts > Sol'n Control
         Main Menu > Solution > Load Step Opts > Time/Frequenc > Time - Time Step
    命令：NSUBST
    GUI: Main Menu > Preprocessor > Loads > Load Step Opts > Time/Frequenc > Freq and Substeps
         Main Menu > Solution > Analysis Type > Sol'n Control
         Main Menu > Solution > Load Step Opts > Time/Frequenc > Freq and Substeps
         Main Menu > Solution > Unabridged Menu > Time/Frequenc > Freq and Substeps
```

NSUBST 命令指定子步数，DELTIM 命令指定时间步的大小。在默认情况下，ANSYS 程序在每个载荷步中使用一个子步。

3. 时间步自动阶跃

AUTOTS 命令激活时间步自动阶跃。等价的 GUI 路径如下:

```
GUI: Main Menu > Preprocessor > Loads > Load Step Opts > Time/Frequenc > Time
- Time Step
        Main Menu > Solution > Analysis Type > Sol'n Control
        Main Menu > Solution > Load Step Opts > Time/Frequenc > Time - Time Step
```

在时间步自动阶跃时,根据结构或构件对施加载荷的响应,程序计算每个子步结束时最优的时间步。在非线性静态或稳态分析中使用时,AUTOTS 命令确定了子步之间载荷增量的大小。

4. 阶跃或坡道载荷

在一个载荷步中指定多个子步时,需要指明载荷是逐渐递增还是阶跃形式。KBC 命令用于此目的:KBC,0 指明载荷为坡道载荷;KBC,1 指明载荷为阶跃载荷。默认值取决于分析的学科和分析类型(与 KBC 命令等价的 GUI 路径和与 DELTIM 和 NSUBST 命令等价的 GUI 路径相同)。

关于阶跃载荷和坡道载荷的几点说明。

(1) 如果指定阶跃载荷,程序按相同的方式处理所有载荷(约束、集中载荷、表面载荷、体积载荷和惯性载荷)。根据情况,阶跃施加、阶跃改变或阶跃移去这些载荷。

(2) 如果指定坡道载荷,那么

☑ 在第一个载荷步施加的所有载荷,除了薄膜系数外,都是逐渐递增的(根据载荷的类型,从 0 或从 BFUNIF 命令或其等价的 GUI 路径所指定的值逐渐变化,参见表 4-13)。薄膜系数是阶跃施加的。

表 4-13 不同条件下逐渐变化载荷(KBC=0)的处理

载 荷 类 型	施加于第一个载荷步	输入随后的载荷步
DOF(约束自由度)		
温度	从 TUNIF[2] 逐渐变化	从 TUNIF[3] 逐渐变化
其他	从 0 逐渐变化	从 0 逐渐变化
力	从 0 逐渐变化	从 0 逐渐变化
表面载荷		
TBULK	从 TUNIF[2] 逐渐变化	从 TUNIF 逐渐变化
HCOEF	跳跃变化	从 0 逐渐变化[4]
其他	从 0 逐渐变化	从 0 逐渐变化
体积载荷		
温度	从 TUNIF[2] 逐渐变化	从 TUNIF[2] 逐渐变化
其他	从 BFUNIF[3][5] 逐渐变化	从 BFUNIF[3][5] 逐渐变化
惯性载荷[1]	从 0 逐渐变化	从 0 逐渐变化

注:
① 对惯性载荷,其本身是线性变化的,因此,产生的力在该载荷步上是二次变化的;
② TUNIF 命令在所有节点指定一个均布温度;
③ 在这种情况下,使用的 TUNIF 或 BFUNIF 值是之前载荷步的值,而不是当前值;
④ 总是以温度函数所确定的值的大小施加温度相关的薄膜系数,而不论 KBC 的设置如何;
⑤ BFUNIF 命令仅是 TUNIF 命令的一个同类形式,用于在所有节点指定一个均布体积载荷。

◀))**注意**：阶跃与线性加载不适用于温度相关的薄膜系数（在对流命令中，作为 N 输入），总是以温度函数所确定的值大小施加温度相关的薄膜系数。

☑ 在随后的载荷步中，所有载荷的变化都是从先前的值开始逐渐变化的。

◀))**注意**：在全谐波（ANTYPE，HARM 和 HROPT，FULL）分析中，表面载荷和体积载荷的逐渐变化与在第一个载荷步中的变化相同，且不是从先前的值开始逐渐变化，但是 PLANE2、SOLID45、SOLID92 和 SOLID95 是从之前的值开始逐渐变化的。

☑ 在随后的载荷步中新引入的所有载荷是逐渐变化的（根据载荷的类型，从 0 或从 BFUNIF 命令所指定的值逐渐递增，参见表 4-13）。

☑ 在随后的载荷步中被删除的所有载荷，除了体积载荷和惯性载荷外，都是被阶跃移去的。体积载荷逐渐递增到 BFUNIF 命令所指定的值，不能被删除而只能被设置为 0 的惯性载荷，则逐渐变化到 0。

☑ 在相同的载荷步中，不应删除或重新指定载荷。在这种情况下，逐渐变化不会按用户所期望的方式发挥作用。

5．其他通用选项

还可以指定下列通用选项。

（1）热应力计算的参考温度，其默认值为 0°。指定该温度的方法如下。

```
命令：TREF
GUI: Main Menu > Preprocessor > Loads > Load Step Opts > Other > Reference Temp
     Main Menu > Preprocessor > Loads > Define Loads > Settings > Reference Temp
     Main Menu > Solution > Load Step Opts > Other > Reference Temp
     Main Menu > Solution > Define Loads > Settings > Reference Temp
```

（2）对每个解（即每个平衡迭代）是否需要一个新的分解矩阵，仅在静态（稳态）分析或瞬态分析中，使用下列方法之一，可用一个新的分解矩阵。

```
命令：KUSE
GUI: Main Menu > Preprocessor > Loads > Load Step Opts > Other > Reuse Factorized Matrix
     Main Menu > Solution > Load Step Opts > Other > Reuse Factorized Matrix
```

默认情况下，程序根据 DOF 约束的变化、温度相关材料的特性，以及 New-Raphson 选项确定是否需要一个新的三角矩阵。如果 KUSE 设置为 1，程序再次使用之前的三角矩阵。在重新开始过程中，该设置非常有用：对附加的载荷步，如果要重新进行分析，而且知道所存在的三角矩阵（在文件 Jobname.TRI 中）可再次使用，通过将 KUSE 设置为 1，可节省大量的计算时间。KUSE,-1 命令迫使在每个平衡迭代中三角矩阵再次用公式表示。在分析中很少使用它，主要用于调试中。

（3）模式数（沿周边谐波数）和谐波分量是关于全局 X 坐标轴对称还是反对称。当使用反对称协调单元（反对称单元采用非反对称加载）时，载荷被指定为一系列谐波分量（傅立叶级数）。要指定模式数，使用下列方法之一。

```
命令：MODE
GUI: Main Menu > Preprocessor > Loads > Load Step Opts > Other > For Harmonic Ele
     Main Menu > Solution > Load Step Opts > Other > For Harmonic Ele
```

（4）在 3-D 磁场分析中所使用的标量磁势公式的类型，通过下列方法之一指定。

```
命令：MAGOPT
    GUI：Main Menu > Preprocessor > Loads > Load Step Opts > Magnetics > potential formulation method
         Main Menu > Solution > Load Step Opts > Magnetics > potential formulation method
```

（5）在缩减分析的扩展过程中，扩展的求解类型通过下列方法之一指定。

```
命令：NUMEXP, EXPSOL
    GUI：Main Menu > Preprocessor > Loads > Load Step Opts > ExpansionPass > Single Expand > Range of Solu's
         Main Menu > Solution > Load Step Opts > ExpansionPass > Single Expand > Range of Solu's
         Main Menu > Preprocessor > Loads > Load Step Opts > ExpansionPass > Single Expand > By Load Step
         Main Menu > Preprocessor > Loads > Load Step Opts > ExpansionPass > Single Expand > By Time/Freq
         Main Menu > Solution > Load Step Opts > ExpansionPass > Single Expand > By Load Step
         Main Menu > Solution > Load Step Opts > ExpansionPass > Single Expand > By Time/Freq
```

4.4.2 动力学分析选项

动力学分析选项主要用于动态和其他瞬态分析的选项，如表 4-14 所示。

表 4-14 动态和其他瞬态分析命令

命 令	GUI 菜单路径	用 途
TIMINT	MainMenu > Preprocessor > Loads > LoadStepOpts > Time/Frequenc > Time Integration Main Menu > Solution > Analysis Type > Sol'n Control MainMenu > Solution > LoadStepOpts > Time/Frequenc > Time Integration MainMenu > Solution > UnabridgedMenu > Time/Frequenc > Time Integration	激活或取消时间积分
HARFRQ	Main Menu > Preprocessor > Loads > Load Step Opts > Time/Frequenc > Freq and Substeps Main Menu > Solution > Load Step Opts > Time/Frequenc > Freq and Substeps	在谐波响应分析中指定载荷的频率范围
ALPHAD	Main Menu > Preprocessor > Loads > Load Step Opts > Time/Frequenc > Damping Main Menu > Solution > Analysis Type > Sol'n Control Main Menu > Solution > Load Step Opts > Time/Frequenc > Damping	指定结构动态分析的阻尼
BETAD	Main Menu > Preprocessor > Loads > Load Step Opts > Time/Frequenc > Damping Main Menu > Solution > Load Step Opts > Sol'n Control Main Menu > Solution > Load Step Opts > Time/Frequenc > Damping	指定结构动态分析的阻尼

第4章 施加载荷

续表

命令	GUI 菜单路径	用途
DMPRAT	Main Menu > Preprocessor > Loads > Load Step Opts > Time/Frequenc > Damping Main Menu > Solution > Time/Frequenc > Damping	指定结构动态分析的阻尼
MDAMP	Main Menu > Preprocessor > Loads > Load Step Opts > Time/Frequenc > Damping Main Menu > Solution > Load Step Opts > Time/Frequenc > Damping	指定结构动态分析的阻尼

4.4.3 非线性选项

非线性选项主要是用于非线性分析的选项，如表 4-15 所示。

表 4-15 非线性分析命令

命令	GUI 菜单路径	用途
NEQIT	Main Menu > Preprocessor > Loads > Load Step Opts > Nonlinear > Equilibrium Iter Main Menu > Solution > Analysis Type > Sol'n Control Main Menu > Solution > Load Step Opts > Nonlinear > Equilibrium Iter Main Menu > Solution > Unabridged Menu > Nonlinear > Equilibrium Iter	指定每个子步最大平衡迭代的次数（默认=25）
CNVTOL	Main Menu > Preprocessor > Loads > Load Step Opts > Nonlinear > Convergence Crit Main Menu > Solution > Analysis Type > Sol'n Control Main Menu > Solution > Load Step Opts > Nonlinear > Convergence Crit Main Menu > Solution > Unabridged Menu > Nonlinear > Convergence Crit	指定收敛公差
NCNV	Main Menu > Preprocessor > Loads > Load Step Opts > Nonlinear > Criteria to Stop Main Menu > Solution > Analysis Type > Sol'n Control Main Menu > Solution > Load Step Opts > Nonlinear > Criteria to Stop Main Menu > Solution > Unabridged Menu > Nonlinear > Criteria to Stop	为终止分析提供选项

4.4.4 输出控制

输出控制用于控制分析输出的数量和特性，有两个基本输出控制，如表 4-16 所示。

表 4-16 输出控制命令

命令	GUI 菜单路径	用途
OUTRES	Main Menu > Preprocessor > Loads > Load Step Opts > Output Ctrls > DB/Results File Main Menu > Solution > Analysis Type > Sol'n Control Main Menu > Solution > Load Step Opts > Output Ctrls > DB/Results File	控制 ANSYS 程序写入数据库和结果文件的内容以及写入的频率
OUTPR	Main Menu > Preprocessor > Loads > Load Step Opts > Output Ctrls > Solu Printout Main Menu > Solution > Load Step Opts > Output Ctrls > Solu Printout Main Menu > Solution > Load Step Opts > Output Ctrls > Solu Printout	控制打印（写入解输出文件 Jobname.OUT）的内容以及写入的频率

下面说明了 OUTERS 和 OUTPR 命令的使用方法。

```
OUTRES,ALL,5      !写入所有数据：每到第 5 子步写入数据
```

```
OUTPR,NSOL,LAST    !仅打印最后子步的节点解
```

可以发出一系列 OUTER 和 OUTERS 命令（达 50 个命令组合）以精确控制解的输出。但必须注意命令发出的顺序很重要。例如，以下命令把每到第 10 子步的所有数据和第 5 子步的节点解数据写入数据库和结果文件中。

```
OUTRES,ALL,10
OUTRES,NSOL,5
```

如果颠倒命令的顺序，那么第二个命令优先于第一个命令，使每到第 10 子步的所有数据被写入数据库和结果文件中；而每到第 5 子步的节点解数据则未被写入数据库和结果文件中，如下所示。

```
OUTRES,NSOL,5
OUTRES,ALL,10
```

注意：程序在默认情况下输出的单元解数据取决于分析类型。要限制输出的解数据，使用 OUTRES 有选择地抑制（FREQ=NONE）解数据的输出，或首先抑制所有解数据（OUTRES、ALL、NONE）的输出，然后通过随后的 OUTRES 命令有选择地打开数据的输出。

第三个输出控制命令 ERESX 允许用户在后处理中观察单元积分点的值。

```
命令：ERESX
GUI: Main Menu > Preprocessor > Loads > Load Step Opts > Output Ctrls > Integration Pt
     Main Menu > Solution > Load Step Opts > Output Ctrls > Integration Pt
```

默认情况下，对材料非线性（例如，非 0 塑性变形）以外的所有单元，ANSYS 程序使用外推法并根据积分点的数值计算在后处理中观察的节点结果。通过执行 ERESX,NO 命令，可以关闭外推法，相反，将积分点的值复制到节点，使这些值在后处理中可用。另一个选项 ERESX,YES，迫使所有单元都使用外推法，而不论单元是否具有材料非线性。

4.4.5　Biot-Savart 选项

用于 Biot-Savart（磁场分析）的选项有两个命令，如表 4-17 所示。

表 4-17　Biot-Savart 命令

命　令	GUI 菜单路径	用　途
BIOT	Main Menu > Preprocessor > Loads > Load Step Opts > Magnetics > Options Only > Biot-Savart Main Menu > Solution > Load Step Opts > Magnetics > Options Only > Biot-Savart	计算由于所选择的源电流场引起的磁场密度
EMSYM	Main Menu > Preprocessor > Loads > Load Step Opts > Magnetics > Options Only > Copy Sources Main Menu > Solution > Load Step Opts > Magnetics > Options Only > Copy Sources	复制呈周向对称的源电流场

4.4.6　谱分析选项

这类选项中有许多命令，所有命令都用于指定响应谱数据和功率谱密度（PSD）数据。在频谱分

析中，使用这些命令时可参见帮助文件中的 ANSYS Structural Analysis Guide 说明。

4.4.7 创建多载荷步文件

所有载荷和载荷步选项一起构成了一个载荷步，程序用其计算该载荷步的解。如果有多个载荷步，可将每个载荷步写入一个文件，调入该载荷步文件，并从文件中读取数据求解。

LSWRITE 命令写入载荷步文件（每个载荷步写入一个文件，以 Jobname.S01、Jobname.S02 和 Jobname.S03 等识别），使用以下方法之一。

```
命令：LSWRITE
GUI: Main Menu > Preprocessor > Loads > Load Step Opts > Write LS File
     Main Menu > Solution > Load Step Opts > Write LS File
```

所有载荷步文件写入后，可以使用命令在文件中顺序读取数据，并求得每个载荷步的解。下面所示的命令组定义多个载荷步。

```
/SOLU                   !输入 Solution
0
!载荷步 1：
D,...                   !载荷
SF,...
...
NSUBST,...              !载荷步选项
KBC,...
OUTRES,...
OUTPR,...
...
LSWRITE                 !写入载荷步文件 Jobname.S01
!
!载荷步 2：
D,...                   !载荷
SF,...
...
NSUBST,...              !载荷步选项
KBC,...
OUTRES,...
OUTPR,...
...
LSWRITE                 !写入载荷步文件 Jobname.S02
 ...
```

关于载荷步文件的几点说明如下。

☑ 载荷步数据根据 ANSYS 命令被写入文件。

☑ LSWRITE 命令不捕捉实常数（R）或材料特性（MP）的变化。

☑ LSWRITE 命令自动地将实体模型载荷转换到有限元模型，因此所有载荷按有限元载荷命令的形式被写入文件。特殊的是，表面载荷总是按 SFE（或 SFBEAM）命令的形式被写入文件，而不论载荷是如何施加的。

☑ 要修改载荷步文件序号为 N 的数据，选择命令 LSREAD,n 在文件中读取数据，做所需的改

动，然后选择 LSWRITE,n 命令（将覆盖序号为 N 的旧文件）。还可以使用系统编辑器直接编辑载荷步文件，但这种方法一般不推荐使用。与 LSREAD 命令等价的 GUI 菜单路径如下。

```
GUI: Main Menu > Preprocessor > Loads > Load Step Opts > Read LS File
     Main Menu > Solution > Load Step Opts > Read LS File
```

☑ LSDELE 命令允许用户从 ANSYS 程序中删除载荷步文件。与 LSDELE 命令等价的 GUI 菜单路径如下。

```
GUI: Main Menu > Preprocessor > Loads > Define Loads > Operate > Delete LS Files
     Main Menu > Solution > Define Loads > Operate > Delete LS Files
```

☑ 与载荷步相关的另一个有用的命令是 LSCLEAR，该命令允许用户删除所有载荷，并将所有载荷步选项重新设置为其默认值。例如，在读取载荷步文件进行修改前，可以使用它"清除"所有载荷步数据。与 LSCLEAR 命令等价的 GUI 菜单路径如下。

```
GUI: Main Menu > Preprocessor > Loads > Define Loads > Delete > All Load Data > data type
     Main Menu > Preprocessor > Loads > Load Step Opts > Reset Options
     Main Menu > Preprocessor > Loads > Define Loads > Settings > Replace vs Add
     Main Menu > Solution > Load Step Opts > Reset Options
     Main Menu > Solution > Define Loads > Settings > Replace vs Add > Reset Factors
```

4.5 实例——储液罐的载荷和约束施加

前面章节对轴承座和储液罐模型进行了网格划分，生成了可用于计算分析的有限元模型。接下来需要对有限元模型施加载荷和约束，以考查其对于载荷作用的响应。

4.5.1 GUI 方式

（1）打开上次保存的储液罐几何模型 Tank.db 文件。

（2）设定分析类型。选择主菜单中的 Main Menu > Preprocessor > Loads > Analysis Type > New Analysis 命令，弹出 New Analysis 对话框，如图 4-13 所示。系统默认是稳态分析，单击 OK 按钮。

（3）打开线、面编号控制器。选择实用菜单中的 Utility Menu > PlotCtrls > Numbering 命令，弹出 Plot Numbering Controls 对话框，选中 LINE、AREA 后面的复选框，将 Off 变为 On。

（4）显示面。选择实用菜单中的 Utility Menu > Plot > Areas 命令。

（5）创建群组。把该储液罐内壁表面创建成一个群组，这样做的好处是便于接下来的载荷施加，对于复杂模型，这是一种常用的方法。

① 选择实用菜单中的 Utility Menu > Select > Entities 命令，弹出 Select Entities 对话框，如图 4-14 所示。在其中按图 4-14 中的参数进行设置，然后单击 OK 按钮，弹出 Select areas 拾取框，用鼠标拾取储液罐包括接管的内壁面，即编号为 A65、A73、A51、A33、A101、A97、A116、A112、A106、A103、A117、A111、A93、A90、A81、A86、A77、A61、A26、A22、A75、A21、A59、A19、A70、A29、A54、A14 的面，单击 OK 按钮。

第 4 章 施加载荷

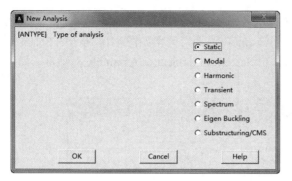

图 4-13　设定分析类型　　　　　图 4-14　Select Entities 对话框

② 显示面。选择实用菜单中的 Utility Menu > Plot > Areas 命令。

③ 选择实用菜单中的 Utility Menu > Select > Comp/Assembly > Create Component 命令，弹出 Create Component 对话框，如图 4-15 所示。在 Entity Component is made of 下拉列表中选择 Areas 选项，在 Cname Component name 文本框中输入群组名 A，单击 OK 按钮。一个面群组创建完毕。

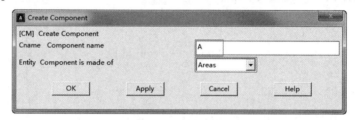

图 4-15　Create Component 对话框

（6）显示面。选择实用菜单中的 Utility Menu > Plot > Areas 命令，可以看到创建的群组如图 4-16 所示。

（7）全选。选择实用菜单中的 Utility Menu > Select > Everything 命令，然后选择实用菜单中的 Utility Menu > Plot > Volumes 命令。

（8）施加约束条件。储液罐底部有裙座支撑，实际建立模型时并没有把裙座创建出来，因此在约束时只约束裙座与储液罐下封头相连接部位即可，在本例中约束下封头与筒体的共同的边界线。

选择主菜单中的 Main Menu > Solution > Define Loads > Apply > Structural > Displacement > on Lines 命令，弹出 Apply U,ROT on Lines 对话框，拾取底座底面的所有外边界线，即编号为 L101、L93、L87、L80 的线，单击 OK 按钮，弹出 Apply U,ROT on Lines 对话框，如图 4-17 所示。在 Lab2 后面的列表框中选择 All DOF 选项，即约束 3 个方向的自由度，单击 OK 按钮。

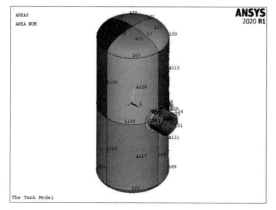
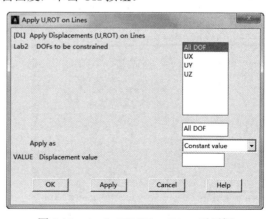

图 4-16　储液罐内壁面群组　　　　　图 4-17　Apply U,ROT on Lines 对话框

(9)施加载荷。给储液罐内壁表面施加 5.7MPa 的设计压力。选择实用菜单中的 Utility Menu > Select > Comp/Assembly > Select Comp/Assembly 命令,弹出如图 4-18 所示的 Select Component or Assembly 对话框。单击 OK 按钮,再次弹出 Select Component or Assembly 对话框,如图 4-19 所示。其中只有一个群组 A,单击 OK 按钮。

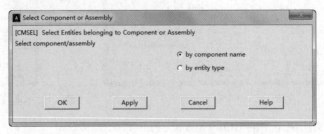

图 4-18　Select Component or Assembly 对话框(1)

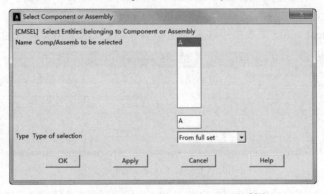

图 4-19　Select Component or Assembly 对话框(2)

(10)显示面。选择实用菜单中的 Utility Menu > Plot > Areas 命令,此时刚刚创建的群组即显示出来。

(11)施加载荷。在储液罐内壁面施加设计压力。选择主菜单中的 Main Menu > Solution > Define Loads > Apply > Structural > Pressure > On Areas 命令,弹出 Apply PRES on areas 拾取框,单击 Pick All 按钮,弹出 Apply PRES on areas 对话框,如图 4-20 所示。在 VALUE 后面的文本框中输入"5.7E6",单击 OK 按钮退出。

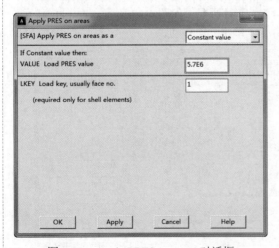

图 4-20　Apply PRES on areas 对话框

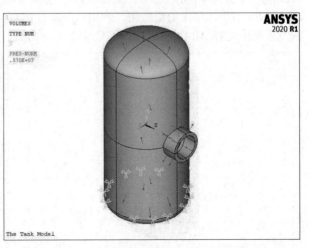

图 4-21　施加完约束和载荷的模型

（12）关闭线、面编号控制器。选择实用菜单中的 Utility Menu > PlotCtrls > Numbering 命令，弹出 Plot Numbering Controls 对话框，选中 LINE、AREA 后面的复选框，使其状态由 On 变为 Off。

（13）全选。选择实用菜单中的 Utility Menu > Select > Everything 命令，然后选择实用菜单中的 Utility Menu > Plot > Volumes 命令。

（14）用箭头显示压力值，具体方法参见 4.3.1 节步骤（8）。约束和载荷施加完毕后，效果如图 4-21 所示。

（15）保存模型。单击 ANSYS Toolbar 工具栏中的 SAVE_DB 按钮，保存文件。

4.5.2 命令流方式

```
RESUME,Tank,db,
/PREP7
ANTYPE,0
/PNUM,LINE,1
/PNUM,AREA,1
APLOT
FLST,5,28,5,ORDE,28
FITEM,5,65
FITEM,5,73
FITEM,5,51
FITEM,5,33
FITEM,5,101
FITEM,5,97
FITEM,5,116
FITEM,5,112
FITEM,5,106
FITEM,5,102
FITEM,5,117
FITEM,5,111
FITEM,5,93
FITEM,5,90
FITEM,5,81
FITEM,5,86
FITEM,5,77
FITEM,5,61
FITEM,5,26
FITEM,5,22
FITEM,5,75
FITEM,5,21
FITEM,5,59
FITEM,5,19
FITEM,5,70
FITEM,5,29
FITEM,5,54
FITEM,5,14
ASEL,S, , ,P51X
APLOT
CM,A,AREA
```

```
APLOT
ALLSEL,ALL
VPLOT
FINISH
/SOL
FLST,2,4,4,ORDE,4
FITEM,2,79
FITEM,2,85
FITEM,2,93
FITEM,2,101
DL,P51X, ,ALL,
CMSEL,S,A
APLOT
FLST,2,28,5,ORDE,28
FITEM,2,14
FITEM,2,19
FITEM,2,21
FITEM,2,-22
FITEM,2,26
FITEM,2,29
FITEM,2,33
FITEM,2,51
FITEM,2,54
FITEM,2,59
FITEM,2,61
FITEM,2,65
FITEM,2,70
FITEM,2,73
FITEM,2,75
FITEM,2,77
FITEM,2,81
FITEM,2,86
FITEM,2,90
FITEM,2,93
FITEM,2,97
FITEM,2,101
FITEM,2,102
FITEM,2,106
FITEM,2,111
FITEM,2,112
FITEM,2,116
FITEM,2,-117
SFA,P51X,1,PRES,5.7E6
/PNUM,LINE,0
/PNUM,AREA,0
ALLSEL,ALL
VPLOT
/PSF,PRES,NORM,2,0,1
SAVE
```

第5章

求解

求解与求解控制是 ANSYS 分析中的重要步骤，正确地控制求解过程将直接影响到求解的精度和计算时间。

本章将着重讨论求解基本参数的设定，求解过程监控以及求解失败的一些原因分析。

- ☑ 求解概论
- ☑ 利用特定的求解控制器指定求解类型
- ☑ 多载荷步求解

任务驱动&项目案例

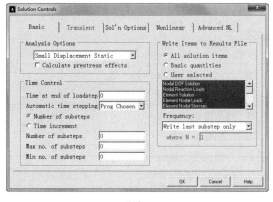

(1)

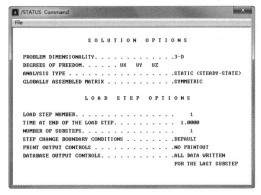

(2)

5.1 求解概论

ANSYS 能够求解由有限元方法建立的联立方程,求解的结果如下。

(1) 节点的自由度值,为基本解。

(2) 原始解的导出值,为单元解。

单元解通常是在单元的公共点上计算出来的,ANSYS 程序将结果写入数据库和结果文件(jobname.rst、.rth、.rmg 或 .rfl)中。

ANSYS 程序中有 7 种解联立方程的方法:直接解法、稀疏矩阵直接解法、雅克比共轭梯度法(JCG)、不完全分解共轭梯度法(ICCG)、预条件共轭梯度法(PCG)、自动迭代法(ITER)和分块解法(DDS)。默认为直接解法,用户可用以下方法选择求解器。

> 命令:EQSLV
> GUI:Main Menu > Preprocessor > Loads > Analysis Type > Analysis Options
> Main Menu > Solution > Analysis Type > Sol'n Control
> Main Menu > Solution > Analysis Type > Analysis Options

注意:如果没有 Analysis Options 选项,则需要完整的菜单选项。调出完整的菜单选项方法为 GUI:Main Menu > Solution > Unabridged Menu。

表 5-1 列出了选择求解器的一般准则,有助于用户针对给定的问题选择合适的求解器。

表 5-1 选择求解器的一般准则

解 法	典型应用场合	模型尺寸	内存使用	硬盘使用
直接解法	要求稳定性(非线性分析)或内存受限制时	低于 50000 自由度	低	高
稀疏矩阵直接解法	要求稳定性和求解速度(非线性分析);线性分析时迭代收敛很慢时(尤其对病态矩阵,如形状不好的单元)	自由度为 10000~500000	中	高
雅克比共轭梯度法	在单场问题(如热、磁、声,多物理问题)中求解速度很重要时	自由度为 50000~1000000	中	低
不完全分解共轭梯度法	在多物理模型应用中求解速度很重要时,处理其他迭代法很难收敛的模型(几乎是无穷矩阵)	自由度为 50000~1000000	高	低
预条件共轭梯度法	当求解速度很重要时(大型模型的线性分析)尤其适合实体单元的大型模型	自由度为 50000~1000000	高	低
自动迭代法	类似于预条件共轭梯度法(PCG),不同的是,它支持八台处理器并行计算	自由度为 50000~1000000	高	低
分块解法	该解法支持数十台处理器通过网络连接来完成并行计算	自由度为1000000~10000000	高	低

5.1.1 使用直接求解法

ANSYS 直接求解法不组集整个矩阵,而是在求解器处理每个单元时,同时进行整体矩阵的组集和求解，其方法如下。

（1）计算出每个单元矩阵后，求解器读入第一个单元的自由度信息。

（2）程序通过写入一个方程到 TRI 文件中，消去任何可以由其他自由度表达的自由度，该过程对所有单元重复进行，直到所有的自由度都被消去，只剩下一个三角矩阵在 TRI 文件中。

（3）程序通过回代法计算节点的自由度解，用单元矩阵计算单元解。

在直接求解法中经常提到"波前"这个术语，它是在三角化过程中因不能从求解器消去而保留的自由度。随着求解器处理每个单元及其自由度时，波前就会膨胀和收缩，最后，当所有的自由度都处理过以后波前变为 0。波前的最高值称为最大波前值，而平均的、均方根值称为 RMS 波前值。

一个模型的 RMS 波前值直接影响求解时间，其值越小，CPU 所用的时间越少，因此在求解前希望能重新排列单元号以获得最小的波前值。ANSYS 程序在开始求解时会自动进行单元排序，除非已对模型重新排列过或者已经选择了不需要重新排列。最大波前值直接影响内存的需要，尤其是临时数据申请的内存量。

5.1.2 使用其他求解器

其他求解器包括稀疏矩阵直接解法求解器、雅克比共轭梯度法求解器、不完全分解共轭梯度法求解器、预条件共轭梯度法求解器、自动迭代解法求解器等，使用方法与直接求解法类似，这里不再赘述。

5.1.3 获得解答

开始求解，进行以下操作。

```
命令：SOLVE
GUI：Main Menu > Solution > Current LS or Run FLOTRAN
```

因为求解阶段与其他阶段相比，一般需要更多的计算机资源，所以批处理（后台）模式要比交互式模式更适宜。

求解器将输出写入输出文件（jobname.out）和结果文件中，如果用户以交互式模式运行求解，则输出文件就是屏幕。在选择 SOLVE 命令前使用下述操作，可以将输出送入一个文件而不是屏幕。

```
命令：/OUTPUT
GUI：Utility Menu > File > Switch Output to > File or Output Window
```

写入输出文件中的数据由如下内容组成。

- ☑ 载荷概要信息。
- ☑ 模型的质量及惯性矩。
- ☑ 求解概要信息。
- ☑ 最后的结束标题，给出总的 CPU 时间和各过程所用的时间。
- ☑ 由 OUTPR 命令指定的输出内容及绘制云纹图所需的数据。

在交互式模式中，大多数输出是被压缩的，结果文件（.rst、.rth、.rmg 或.rfl）包含所有的二进制方式的文件，可在后处理程序中进行浏览。

在求解过程中产生的另一有用文件是 jobname.stat 文件，它给出了解答情况。程序运行时可用该文件来监视分析过程，对非线性和瞬态分析的迭代分析尤其有用。

SOLVE 命令还能对当前数据库中的载荷步数据进行计算求解。

5.2 利用特定的求解控制器指定求解类型

当用户在求解某些结构分析类型时,可以利用如下两种特定的求解工具。
- ☑ Abridged Solution 菜单选项:只适用于静态、全瞬态、模态和屈曲分析类型。
- ☑ 求解控制对话框:只适用于静态和全瞬态分析类型。

5.2.1 使用 Abridged Solution 菜单选项

当用户使用图形界面方式进行结构静态、瞬态、模态或者屈曲分析时,将选择是否使用 Abridged Solution 或者 Unabridged Solution 菜单选项。

(1) Unabridged Solution 菜单选项列出了用户在当前分析中可能使用的所有求解选项,无论是被推荐的还是可能的(如果是用户在当前分析中不会使用的选项,将呈现灰色)。

(2) Abridged Solution 菜单选项较为简易,仅仅列出了分析类型所必需的求解选项。例如,当用户进行静态分析时,选项 Modal Cyclic Sym 将不会出现在 Abridged Solution 菜单选项中,只有那些有效且被推荐的求解选项才出现。

在结构分析中,当用户进入 SOLUTION 模块(GUI:Main Menu > Solution)时,Abridged Solution 菜单选项为默认值。

当进行的分析类型是静态或全瞬态时,用户可以通过这种菜单完成求解选项的设置。然而,如果用户选择了不同的一个分析类型,Abridged Solution 菜单选项的默认值将被一个不同的 Solution 菜单选项所代替,而新的菜单选项将符合用户新选择的分析类型。

当用户进行分析后又选择一个新的分析类型,那么用户将得到(默认的)和第一次分析相同的 Solution 菜单选项类型。例如,当用户选择使用 Unabridged Solution 菜单选项进行静态分析后,又选择进行新的屈曲分析,此时用户将得到(默认的)适用于屈曲分析的 Unabridged Solution 菜单选项。但是,在分析求解阶段的任何时候,通过选择合适的菜单选项,用户都可以在 Unabridged Solution 和 Abridged Solution 菜单选项之间切换(GUI:Main Menu > Solution > Unabridged Menu 或 Main Menu > Solution > Abridged Menu)。

5.2.2 使用求解控制对话框

当用户进行结构静态或全瞬态分析时,可以使用求解控制对话框来设置分析选项。求解控制对话框包括 5 个选项,每个选项包含一系列的求解控制。对于指定多载荷步分析中每个载荷步的设置,求解控制对话框是非常有用的。

只要用户进行结构静态或全瞬态分析,则求解菜单必然包含求解控制对话框选项。当用户选择 Sol'n Control 菜单项时,弹出如图 5-1 所示的求解控制对话框。该对话框为用户提供了简单的图形界面来设置分析和载荷步选项。

一旦用户打开求解控制对话框,Basic 选项卡即被激活。完整的选项卡按顺序从左到右依次是 Basic、Transient、Sol'n Options、Nonlinear、Advanced NL。

每套控制逻辑上分在一个选项卡中,最基本的控制出现在第一个选项卡中,而后续的选项卡里提供了更高级的求解控制选项。Transient 选项卡包含瞬态分析求解控制,仅当分析类型为瞬态分析时才可用;否则将呈现灰色。

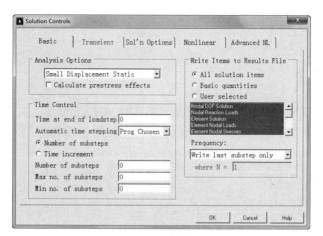

图 5-1 求解控制对话框

每个求解控制对话框中的选项对应一个 ANSYS 命令,如表 5-2 所示。

表 5-2 求解控制对话框

求解控制对话框选项卡	用 途	对应的命令
Basic	指定分析类型 控制时间设置 指定写入 ANSYS 数据库中的结果数据	ANTYPE、NLGEOM、TIME、AUTOTS、NSUBST、DELTIM、OUTRES
Transient	指定瞬态选项 指定阻尼选项 定义积分参数	TIMINT、KBC、ALPHAD、BETAD、TINTP
Sol'n Options	指定方程求解类型 指定重新多个分析的参数	EQSLV、RESCONTROL
Nonlinear	控制非线性选项 指定每个子步迭代的最大次数 指明用户是否在分析中进行蠕变计算 控制二分法 设置收敛准则	LNSRCH、PRED、NEQIT、RATE、CUTCONTROL、CNVTOL
Advanced NL	指定分析终止准则 控制弧长法的激活与中止	NCNV、ARCLEN、ARCTRM

如果用户对 Basic 选项卡的设置满意,那么就不需要对其余的选项卡选项进行处理,除非用户想要改变某些高级设置。

注意:无论用户是改变一个选项卡或是多个选项卡,在单击 OK 按钮关闭对话框后,这些改变才被写入 ANSYS 数据库中。

5.3 多载荷步求解

定义和求解多载荷步有如下 3 种方法。

☑ 多重求解法。

- ☑ 载荷步文件法。
- ☑ 数组参数法（矩阵参数法）。

5.3.1 多重求解法

多重求解法是最直接的，在每个载荷步定义好后选择 SOLVE 命令。主要的缺点是，在交互使用时必须等到每一步求解结束后才能定义下一个载荷步，典型的多重求解法命令流如下。

```
/SOLU                   !进入 SOLUTION 模块
...
! Load step 1:          !载荷步 1
D,...
SF,...
0
SOLVE                   !求解载荷步 1
! Load step 2           !载荷步 2
F,...
SF,...
...
SOLVE                   !求解载荷步 2
Etc.
```

5.3.2 使用载荷步文件法

当想求解问题而又远离终端或计算机时，可以很方便地使用载荷步文件法。该方法为写入每一载荷步到载荷步文件中（通过 LSWRITE 命令或相应的 GUI 方式），通过一条命令就可以读取每个文件并获得解答（参见第 4 章以了解产生载荷步文件的详细内容）。

要求解多载荷步，有如下两种方式。

```
命令：LSSOLVE
GUI: Main Menu > Solution > Solve > From Ls Files
```

LSSOLVE 命令其实是一条宏指令，它按顺序读取载荷步文件，并进行每个载荷步的求解。载荷步文件法的示例命令输入如下。

```
/SOLU                   !进入求解模块
...
! Load Step 1:          !载荷步 1
D,...                   !施加载荷
SF,...
...
NSUBST,...              !载荷步选项
KBC,...
OUTRES,...
OUTPR,...
...
LSWRITE                 !写载荷步文件：Jobname.S01
```

```
! Load Step 2:           !载荷步 2
D,...                    !施加载荷
SF,...
...
NSUBST,...               !载荷步选项
KBC,...
OUTRES,...
OUTPR,...
...
LSWRITE                  !写载荷步文件：Jobname.S02
...
0
LSSOLVE,1,2              !开始求解载荷步文件 1 和 2
```

5.3.3 使用数组参数法（矩阵参数法）

主要用于瞬态或非线性静态（稳态）分析，需要了解有关数组参数和 DO 循环的知识，这是 APDL（ANSYS 参数设计语言）中的部分内容，详细内容可以参考 ANSYS 帮助文件中的 APDL PROGRAMMER'S GUIDE 了解 APDL。数组参数法包括用数组参数法建立载荷—时间关系表，以下内容给出了最好的解释。

假定有一组随时间变化的载荷，如图 5-2 所示。

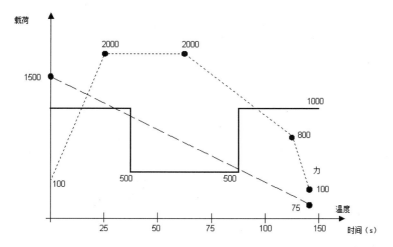

图 5-2　随时间变化的载荷示例

图 5-2 中有 3 个载荷函数，所以需要定义 3 个数组参数，3 个数组的所有参数必须是表格形式。力函数有 5 个点，所以需要一个 5×1 的数组；压力函数需要一个 6×1 的数组；而温度函数需要一个 2×1

的数组。注意3个数组都是一维的,载荷值放在第一列,时间值放在第0列(第0列、第0行,一般包含索引号,如果用户把数组参数定义为一张表格,则第0列、第0行必须改变,且需填上单调递增的编号组)。

要定义3个数组参数,必须声明其类型和维数,要做到这一点,可以使用以下两种方式。

```
命令:*DIM
GUI: Utility Menu > Parameters > Array Parameters > Define/Edit
```

例如:

```
*DIM,FORCE,TABLE,5,1
*DIM,PRESSURE,TABLE,6,1
*DIM,TEMP,TABLE,2,1
```

可用数组参数编辑器(GUI:Utility Menu > Parameters > Array Parameters > Define/Edit)或者一系列"="命令填充这些数组,后一种方法如下。

```
FORCE(1,1)=100,2000,2000,800,100         !第1列力的数值
FORCE(1,0)=0,21.5,50.9,98.7,112          !第0列对应的时间
FORCE(0,1)=1                             !第0行
PRESSURE(1,1)=1000,1000,500,500,1000,1000
PRESSURE(1,0)=0,35,35.8,74.4,76,112
PRESSURE(0,1)=1
TEMP(1,1)=800,75
TEMP(1,0)=0,112
TEMP(0,1)=1
```

现在已经定义了载荷历程,要加载并获得解答,需要构造一个如下所示的DO循环(通过使用命令*DO和*ENDDO)。

```
TM_START=1E-6                            !开始时间(必须大于0)
TM_END=112                               !瞬态结束时间
TM_INCR=1.5                              !时间增量
!从TM_START开始到TM_END结束,步长TM_INCR
*DO,TM,TM_START,TM_END,TM_INCR
TIME,TM                                  !时间值
F,272,FY,FORCE(TM)                       !随时间变化的力(节点272处,方向FY)
NSEL,...                                 !在压力表面上选择节点
SF,ALL,PRES,PRESSURE(TM)                 !随时间变化的压力
NSEL,ALL                                 !激活全部节点
NSEL,...                                 !选择有温度指定的节点
BF,ALL,TEMP,TEMP(TM)                     !随时间变化的温度
NSEL,ALL                                 !激活全部节点
SOLVE                                    !开始求解
*ENDDO
```

用这种方法可以非常容易地改变时间增量(TM_INCR参数),而用其他方法改变如此复杂的载荷历程的时间增量将会很麻烦。

5.4 实例——轴承座和储液罐模型求解

在对轴承座和储液罐模型施加完约束和载荷后，就可以进行求解计算。本节主要对求解选项进行相关设定。

对于单载荷步，在施加完载荷之后，直接就可以求解。轴承座和储液罐模型都属于这种情形。

打开相应的 Bearing Block.db 和 Tank.db 文件，然后进行求解。

选择主菜单中的 Main Menu > Solution > Solve > Current LS 命令，弹出两个对话框，如图 5-3 和图 5-4 所示。先选择图 5-3 中的 File > Close 命令，然后单击图 5-4 中的 OK 按钮开始求解。求解结束后会出现如图 5-5 所示的提示。

命令流：SOLVE

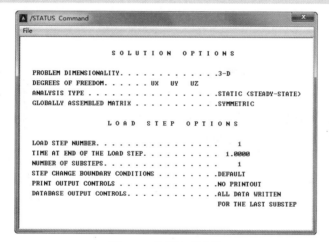

图 5-3　求解选项设置

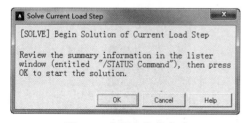

图 5-4　求解当前载荷步

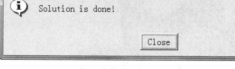

图 5-5　求解结束提示

求解完成后保存。选择 File > Save as 命令，弹出 Sav DataBase 对话框，在 Sav Data base to 文本框中分别输入"Result_Bearing Block.db"和"Result_Tank.db"，单击 OK 按钮即可。

第6章

后处理

后处理指检查 ANSYS 分析的结果，这是 ANSYS 分析中最重要的一个模块，本章将讲述 ANSYS 后处理的概念，详细介绍 ANSYS 的通用后处理器（POST1）和时间历程后处理器（POST26）。通过本章的学习，用户对后处理的一般过程会有更进一步的了解，配合实例操作，将能够熟练掌握 ANSYS 分析的后处理过程。

☑ 后处理概述 ☑ 时间历程后处理器（POST26）
☑ 通用后处理器（POST1）

任务驱动&项目案例

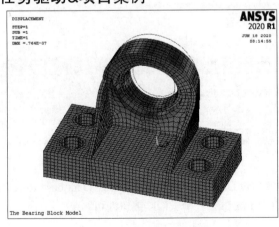

(1)

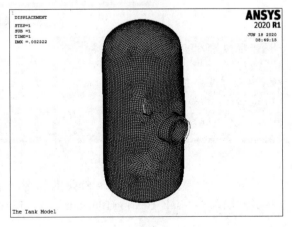

(2)

第 6 章 后处理

6.1 后处理概述

后处理是指检查分析的结果，这是分析中最重要的一环，因为用户通过它可以清楚作用载荷如何影响设计、单元划分好坏等问题。

检查分析结果可使用两个后处理器，即通用后处理器（POST1）和时间历程后处理器（POST26）。POST1 允许检查整个模型在某一载荷步和子步（或对某一特定时间点或频率）的结果。例如，在静态结构分析中，可显示载荷步 3 的应力分布；在热力分析中，可显示 time=100 秒时的温度分布。图 6-1 中的等值线图即是一种典型的 POST1 图。

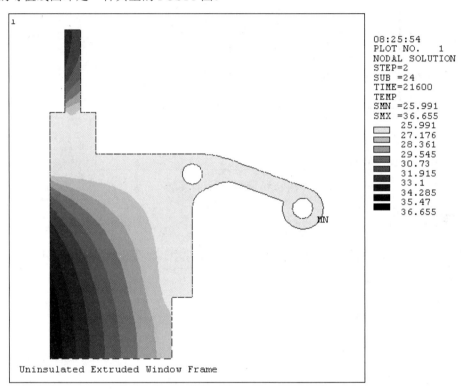

图 6-1 典型的 POST1 等值线显示图

POST26 可以检查模型的指定点的特定结果相对于时间、频率或其他结果项的变化。例如，在瞬态磁场分析中，可以用图形表示某一特定单元的涡流与时间的关系；在非线性结构分析中，可以用图形表示某一特定节点的受力与其变形的关系。图 6-2 中的曲线图即是一种典型的 POST26 图。

> **注意**：ANSYS 的后处理器仅是用于检查分析结果的工具，仍然需要使用你的工程判断能力来分析、解释结果。例如，一等值线显示可能表明模型的最高应力为 37800Pa，那么必须由你来确定这一应力水平对设计是否匹配。

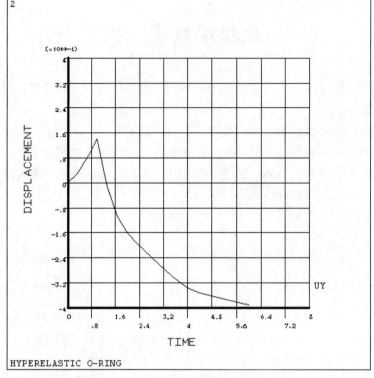

图 6-2 典型的 POST26 图

6.1.1 结果文件

在求解中，ANSYS 运算器将分析的结果写入结果文件中，结果文件的名称取决于分析类型。

- ☑ jobname.rst：结果分析。
- ☑ jobname.rth：热力分析。
- ☑ jobname.emg：电磁场分析。
- ☑ jobname.rfl：FLOTRAN 分析。

对于 FLOTRAN 分析，文件的扩展名为.rfl；对于其他流体分析，文件扩展名为.rst 或.rth，主要取决于是否给出结构自由度。对不同的分析使用不同的文件标识，有助于在耦合场分析中使用一个分析的结果作为另一个分析的载荷。

6.1.2 后处理可用的数据类型

求解阶段计算两种类型结果数据。

（1）基本数据包含每个节点计算自由度：结构分析的位移、热力分析的温度、磁场分析的磁势等（参见表 6-1），这些被称为节点解数据。

（2）派生数据为由基本数据计算得到的数据：如结构分析中的应力和应变，热力分析中的热梯度和热流量，磁场分析中的磁通量等。派生数据又称为单元数据，它通常出现在单元节点、单元积分点以及单元质心等位置。

第 6 章 后处理

表 6-1 不同分析的基本数据和派生数据

学　　科	基 本 数 据	派 生 数 据
结果分析	位移	应力、应变、反作用力
热力分析	温度	热流量、热梯度等
磁场分析	磁势	磁通量、磁流密度等
电场分析	标量电势	电场、电流密度等
流体分析	速度、压力	压力梯度、热流量等

6.2 通用后处理器（POST1）

使用通用后处理器（POST1）可观察整个模型或模型的一部分，在某个时间（或频率）上针对特定载荷组合时的结果。POST1 有许多功能，包括从简单的图像显示到针对更为复杂数据操作的列表，如载荷工况的组合。

要进入 ANSYS 通用后处理器，可输入"/POST1"命令或 GUI 菜单路径：Main Menu > General Postproc。

6.2.1 将数据结果读入数据库

POST1 中第一步是将数据从结果文件读入数据库。要这样做，数据库中首先要有模型数据（节点和单元等）。若数据库中没有模型数据，可输入 RESUME 命令（或 GUI 菜单路径：Utility Menu > File > Resume jobname.db）读入数据文件 jobname.db。数据库包含的模型数据应该与计算模型相同，包括单元类型、节点、单元、单元实常数、材料特性和节点坐标系。

注意：数据库中被选来进行计算的节点和单元应属同一组，否则会出现数据不匹配。

一旦模型数据存在数据库中，输入 SET、SUBSET 和 APPEND 命令均可从结果文件中读入结果数据。

1. 读入结果数据

输入 SET 命令（Main Menu > General PostProc > Read Results），可在特定的载荷条件下将整个模型的结果数据从结果文件中读入数据库，覆盖数据库中以前存在的数据。边界条件信息（约束和集中力）也被读入，但仅在存在单元节点载荷和反作用力的情况下（详情请见 OUTERS 命令）。若不存在边界条件信息，则不列出或显示边界条件。加载条件靠载荷步和子步或靠时间（或频率）来识别。命令或路径方式指定的命令可以识别读入数据库的数据。

例如，SET,2,5 读入结果，表示载荷步为 2，子步为 5。同理，SET,3.89 表示时间为 3.89 时的结果（或频率为 3.89，取决于所进行的分析类型）。若指定了尚无结果的时刻，程序将使用线性插值计算出该时刻的结果。

结果文件（jobname.rst）中默认的最大子步数为 1000，超出该界限时，需要输入 SET,Lstep,LAST 引入第 1000 个载荷步，使用"/CONFIG"命令增加界限。

注意：对于非线性分析，在时间点间进行插值常常会降低精度。因此，要使解答可用，务必在可求时间值处进行后处理。

对于 SET 命令有一些便捷标号。

- SET，FIRST 读入第一子步，等价的 GUI 方式为 First Set。
- SET，NEXT 读入第二子步，等价的 GUI 方式为 NextSet。
- SET，LAST 读入最后一子步，等价的 GUI 方式为 LastSet。
- SET 命令中的 NSET 字段（等价的 GUI 方式为 SetNumber）可恢复对应于特定数据组号的数据，而不是载荷步号和子步号。当有载荷步和子步号相同的多组结果数据时，这对 FLOTRAN 的结果非常有用。因此，可用其特定的数据组号来恢复 FLOTRAN 的计算结果。
- SET 命令的 LIST（或 GUI 中的 List Results）选项列出了其对应的载荷步和子步数，可在接下来的 SET 命令的 NSET 字段输入该数据组号，以申请处理正确的一组结果。
- SET 命令中的 ANGLE 字段规定了谐调元的周边位置（结构分析——PLANE25、PLANE83 和 SHELL61；温度场分析——PLANE75 和 PLANE78）。

2. 其他恢复数据的选项

其他 GUI 菜单路径和命令也可以恢复结果数据。

（1）定义待恢复的数据。

POST1 处理器中的命令 INRES（Main Menu > General Postproc > Data & File Opts）与 PREP7 和 SOLUTION 处理器中的 OUTRES 命令是"姐妹"命令，OUTRES 命令控制写入数据库和结果文件中的数据，而 INRES 命令定义要从结果文件中恢复的数据类型，通过 SET、SUBSET 和 APPEND 等命令写入数据库中。尽管不需对数据进行后处理，但 INRES 命令限制了恢复写入数据库中的数据量。因此，对数据进行后处理也许占用的时间更少。

（2）读入所选择的结果信息。

为了只将所选模型部分的一组数据从结果文件读入数据库，可用 SUBSET 命令（或 GUI：Main Menu > General Postproc > By characteristic）。结果文件中未用 INRES 命令指定恢复的数据，将以 0 值列出。

SUBSET 命令与 SET 命令大致相同，区别在于 SUBSET 命令只恢复所选模型部分的数据。用 SUBSET 命令可方便地看到模型的一部分结果数据。例如，若只对表层的结果感兴趣，可以选择外部节点和单元，然后用 SUBSET 命令恢复所选部分的结果数据即可。

（3）向数据库追加数据。

每次使用 SET、SUBSET 命令或等价的 GUI 方式时，ANSYS 就会在数据库中写入一组新数据并覆盖当前的数据。APPEND 命令（Main Menu > General Postproc > By characteristic）从结果文件中读入数据组并将与数据库中已有的数据合并（这只针对所选的模型而言）。当已有的数据库非 0（或全部被重写时），允许将被查询的结果数据并入数据库中。

可用 SET、SUBSET、APPEND 命令中的任一命令从结果文件将数据读入数据库中。命令方式之间或路径方式之间的唯一区别是所要恢复的数据的数量及类型。追加数据时，务必不要造成数据不匹配。例如以下一组命令。

```
/POST1
INRES,NSOL                !节点 DOF 求解的标志数据
NSEL,S,NODE,,1,5          !选节点 1～5
SUBSET,1                  !从载荷步 1 开始将数据写入数据库中
                          !此时载荷步 1 内节点 1～5 的数据就存在于数据库中
NSEL,S,NODE,,6,10         !选节点 6～10
APPEND,2                  !将载荷步 2 的数据并入数据库中
NSEL,S,NODE,,1,10         !选节点 1～10
PRNSOL,DOF                !打印节点 DOF 求解结果
```

第 6 章 后处理

数据库当前就包含载荷步 1 和载荷步 2 的数据，这样数据就不匹配了。使用 PRNSOL 命令（或 GUI：Main Menu > General Postproc > List Results > Nodal Solution）时，程序将从第二个载荷步中取出数据，而实际上数据是从现存于数据库中的两个不同的载荷步中取得的，程序列出的是与最近一次存入的载荷步相对应的数据。若希望将不同载荷步的结果进行对比，将数据加入数据库中是很有用的。但若有目的地混合数据，则需要注意跟踪追加数据的来源。

在求解曾用不同单元组计算过的模型子集时，为避免出现数据不匹配情况，按下列方法进行。

- ☑ 不要重选解答在后处理中未被选中的单元。
- ☑ 从 ANSYS 数据库中删除以前的解答，可从求解中间退出 ANSYS 或在求解中间存储数据库。

若想清空数据库中以前的所有数据，可使用下列任一种方式。

```
命令：LCZERO
GUI: Main Menu > General PostProc > Load Case > Zero Load Case
```

上述两种方法均会将数据库中所有以前的数据置0，因而可重新进行数据存储。若在向数据库追加数据之前将数据库置0，其结果与使用SUBSET命令或等价的GUI路径也是一样的（该处假如SUBSET和APPEND命令中的变元一致）。

◄))注意：SET 命令可用的全部选项，对 SUBST 命令和 APPEND 命令完全可用。

默认情况下，SET、SUBSET 和 APPEND 命令将寻找 jobname.rst、jobname.rth、jobname.rmg 和 jobname.rfl 这些文件中的一个。在使用 SET、SLIBSET 和 APPEND 命令之前，用 FILE 命令可指定其他文件名（GUI：Main Menu > General Postproc > Data & File Opts）。

3. 创建单元表

ANSYS 程序中单元表有两个功能：第一，它是在结果数据中进行数学运算的工具；第二，它能够访问其他方法无法直接访问的单元结果。例如，从结构一维单元派生的数据（尽管 SET、SUBSET 和 APPEND 命令将所有申请的结果项读入数据库中，但并非所有的数据均可直接用 PRNSOL 和 PLESON 等命令访问）。

将单元表作为扩展表，每行代表一个单元，每列则代表单元的特定数据项。例如，第一列则可能包含单元的平均应力 SX；而第二列则代表单元的体积；第三列则包含各单元质心的 Y 坐标。

可使用下列任一命令创建或删除单元表。

```
命令：ETABLE
GUI: Main Menu > General Postproc > Element Table > Define Table or Erase Table
```

（1）填上按名字来识别变量的单元表。

为识别单元表的每列，在 GUI 方式下使用 Lab 字段或在 ETABLE 命令中使用 Lab 变元给每列分配一个标识，该标识将作为以后包括该变量的 POST1 命令的识别器。进入列中的数据靠 Item 名和 Comp 名以及 ETABLE 命令中的其他两个变元来识别。例如，对上面提及的 SX 应力，SX 是标识，S 将是 Item 变元，X 将是 Comp 变元。

有些项，如单元的体积，不需 Comp 变元。这种情况下，Item 为 VOLU，而 Comp 为空白。按 Item 和 Comp（必要时）识别数据项的方法称为填写单元表的"元件名"法。对于大多数单元类型而言，使用"元件名"法访问的数据通常是那些单元节点的结果数据。

ETABLE 命令的文档通常列出了所有的 Item 和 Comp 的组合情况。如想了解何种组合有效，可参见 ANSYS 单元参考手册中每种单元描述中的"单元输出定义"。

· 155 ·

表 6-2 列出了关于 BEAM4 的列表示例，可在表的"名称"列中的冒号（:）后面使用任意名字，通过"元件名"法填写单元表；冒号前面的名字部分应输入作为 ETABLE 命令的 Item 变元，冒号后的部分（如果有的话）应输入作为 ETABLE 命令的 Comp 变元。O 列与 R 列则表示在 jobname.out 文件（O）中或结果文件（R）中该项是否可用：Y 则表示该项总是可用的；数字（如 1、2）则表示有条件的可用（具体条件详见表后注释）；而"—"则表示该项不可用。

表 6-2　三维 BEAM4 单元输出定义

名　　称	定　　义	O	R
EL	单元号	Y	Y
NODES	单元节点号	Y	Y
MAT	单元的材料号	Y	Y
VOLU	单元体积	—	Y
CENT：（X,Y,Z）	单元质心在整体坐标中的位置	—	Y
TEMP	积分点处的温度 T1, T2, T3, T4, T5, T6, T7, T8	Y	Y
PRES	节点（I,J）处的压力 P1, OFFST1, P2, OFFST2, P3, OFFST3, I 处的压力 P4, J 处的压力 P5	Y	Y
SDIR	轴向应力	1	1
SBYT	梁上单元的+Y 侧弯曲应力	1	1
SBYB	梁上单元-Y 侧弯曲应力	1	1
SBZT	梁上单元+Z 侧弯曲应力	1	1
SBZB	梁上单元-Z 侧弯曲应力	1	1
SMAX	最大应力（正应力+弯曲应力）	1	1
SMIN	最小应力（正应力-弯曲应力）	1	1
EPELDIR	端部轴向弹性应变	1	1
EPTHDIR	端部轴向热应变	1	1
EPINAXL	单元初始轴向应变	1	1
MFOR：（X,Y,Z）	单元坐标系 X、Y、Z 方向的力	2	Y
MMOM：（X,Y,Z）	单元坐标系 X、Y、Z 方向的力矩	2	Y

注释：若单元表项目经单元 I 节点、中间节点及 J 节点重复进行；若 KEYOPT（6）=1。

（2）填充按序号识别变量的单元表。

可对每个单元加上不平均的或非单值载荷，将其填入单元表中。该数据类型包括积分点的数据、从结构一维单元（如杆、梁、管单元等）和接触单元派生的数据、从一维温度单元派生的数据、从层状单元中派生的数据等。这些数据在 ANSYS 帮助文件中都有详细的描述，这里不再赘述。表 6-3 列出了关于 BEAM4 单元的示例。

表 6-3　梁单元关于 ETABLE 和 ESOL 命令的项目和序号

KEYOPT（9）= 0				
名　称	项　目	E	I	J
SDIR	LS	—	1	6
SBYT	LS	—	2	7
SBYB	LS	—	3	8

续表

名称	项目	E	I	J
\multicolumn{5}{c}{KEYOPT（9）= 0}				
SBZT	LS	—	4	9
SBZB	LS	—	5	10
EPELDIR	LEPEL	—	1	6
SMAX	NMISC	—	1	3
SMIN	NMISC	—	2	4
EPTHDIR	LEPTH	—	1	6
EPTHBYT	LEPTH	—	2	7
EPTHBYB	LEPTH	—	3	8
EPTHBZT	LEPTH	—	4	9
EPTHBZB	LEPTH	—	5	10
EPINAXL	LEPTH	11	—	—
MFORX	SMISC	—	1	7
MMOMX	SMISC	—	4	10
MMOMY	SMISC	—	5	11
MMOMZ	SMISC	—	6	12
P1	SMISC	—	13	14
OFFST1	SMISC	—	15	16
P2	SMISC	—	17	18
OFFST 2	SMISC	—	19	20
P3	SMISC	—	21	22
OFFST32	SMISC	—	23	24

表 6-3 中的数据被分成了项目组（如 LS、LEPEL、SMISC），项目组中每一项都有用于识别的序列号（表 6-3 中 E、I、J 对应的数字）。将项目组（如 LS、LEPEL、SMISC）作为 ETABLE 命令的 Item 变元，将序列号（如 1、2、3 等）作为 Comp 变元，将数据填入单元表中，称为填写单元表的"序列号"法。

例如，BEAM4 单元的 J 点处的最大应力为 Item=NMISC 及 Comp=3，而单元（E）的初始轴向应变（EPINAXL）为 Item=LEPYH，Comp=11。

对于某些一维单元，如 BEAM4 单元，KEYOPT 设置控制了计算数据的量，这些设置可改变单元表项目对应的序号，因此针对不同的 KEYOPT 设置，存在不同的"单元项目和序号表格"。表 6-4 和表 6-3 都显示了关于 BEAM4 的相同信息，但表 6-4 列出的为 KEYOPT（9）=3 时的序号（3 个中间计算点），而表 6-3 列出的是对应于 KEYOPT（9）=0 时的序号。

表 6-4 ETABLE 命令和 ESOL 命令的 BEAM4 的项目名和序号

标号	项目	E	I	IL1	IL2	IL3	J
\multicolumn{8}{c}{KEYOPT（9）=3}							
SDIR	LS	—	1	6	11	16	21
SBYT	LS	—	2	7	12	17	22
SBYB	LS	—	3	8	13	18	23
SBZT	LS	—	4	9	14	19	24

续表

标号	项目	E	I	IL1	IL2	IL3	J
SBZB	LS	—	5	10	15	20	25
EPELDIR	LEPEL	—	1	6	11	16	21
EPELBYT	LEPEL	—	2	7	12	17	22
EPELBYB	LEPEL	—	3	8	13	18	23
EPELBZT	LEPEL	—	4	9	14	19	24
EPELBZB	LEPEL	—	5	10	15	20	25
EPINAXL	LEPTH	26	—	—	—	—	—
SMAX	NMISC	—	1	3	5	7	9
SMIN	NMISC	—	2	4	6	8	10
EPTHDIR	LEPTH	—	1	6	11	16	21
MFORX	SMISC	—	1	7	13	19	25
MMOMX	SMISC	—	4	10	16	22	28
MMOMY	SMISC	—	5	11	17	23	29
P1	SMISC	—	31	—	—	—	32
OFFST1	SMISC	—	33	—	—	—	34
P2	SMISC	—	35	—	—	—	36
OFFST2	SMISC	—	37	—	—	—	38
P3	SMISC	—	39	—	—	—	40
OFFST3	SMISC	—	41	—	—	—	42

例如，当 KEYOPT（9）=0 时，单元 J 端 Y 向的力矩（MMOMY）在表 6-3 中是序号 11（SMISC 项）；而当 KEYOPT（9）=3 时，其序号（见表 6-4）为 29。

(3) 定义单元表的注释。

☑ ETABLE 命令仅对选中的单元起作用，即只将所选单元的数据送入单元表中，在 ETABLE 命令中改变所选单元，可以有选择地填写单元表的行。

☑ 相同序号的组合表示对不同单元类型有不同的数据。例如，组合 SMISC，1 对梁单元表示 MFOR（X）（单元 X 向的力），对 SOLID45 单元表示 P1（面 1 上的压力），对 CONTACT48 单元表示 FNTOT（总的法向力）。因此，若模型中有几种单元类型的组合，务必在使用 ETABLE 命令前选择一种类型的单元（用 ESEL 命令或 GUI：Utility Menu > Select > Entities）。

☑ ANSYS 程序在读入不同组的结果（例如对不同的载荷步）或在修改数据库中的结果（例如在组合载荷工况）时，不能自动刷新单元表。例如，假定模型由提供的样本单元组成，在 POST1 中发出下列命令。

```
SET,1                    !读入载荷步 1 结果
ETABLE,ABC,1S,6          !在以 ABC 开头的列下将 J 端 KEYOPT（9）=0 的 SDIR 移入单元表中
SET,2                    !读入载荷步 2 结果
```

此时，单元表 ABC 列下仍含有载荷步 1 的数据。用载荷步 2 中的数据更新该列数据时，应用命令 ETABLE,KEFL 或通过 GUI 方式指定更新项。

☑ 可将单元表当作"工作表"，对结果数据进行计算。

☑ 使用 POST1 中的 SAVE,FNAME,EXT 命令，或者使用 "/EXIT,ALL" 命令，那么在退出 ANSYS

程序时，可以对单元表进行存盘（若使用 GUI 方式，选择实用菜单中的 Utility Menu > File > Save as 或 Utility > File > Exit 命令后按照对话框内的提示进行）。这样可将单元表及其余数据存到数据库文件中。

- 为从内存中删除整个单元表，用 ETABLE,ERASE 命令（或 GUI：Main Menu > General Postproc > Element Table > Erase Table），或用 ETABLE,LAB,ERASE 命令删去单元表中的 Lab 列。用 RESET 命令（或 GUI：Main Menu > General Postproc > Reset）可自动删除 ANSYS 数据库中的单元表。

4. 对主应力的专门研究

在 POST1 中，SHELL61 单元的主应力不能直接得到，默认情况下，可得到其他单元的主应力，以下两种情况除外。

- 在 SET 命令中要求进行时间插值或定义了某一角度。
- 执行了载荷工况操作。

在上述任意一种情况下，必须用 GUI：Main Menu > General Postproc > Load Case > Line Elem Stress 或选择 LCOPER,LPRIN 命令以计算主应力，然后通过 ETABLE 命令或用其他适当的打印或绘图命令访问该数据。

5. 读入 FLOTRAN 的计算结果

使用命令 FLREAD（GUI：Main Menu > General Postproc > Read Results > FLOTRAN2.1A）可以将结果从 FLOTRAN 的剩余文件中读入数据库中。FLOTRAN 的计算结果（Jobname.RFL）可以用普通的后处理函数或命令（例如 SET 命令，相应的 GUI：Utility Menu > List > Results > Load Step Summary）读入。

6. 数据库复位

RESET 命令（或 GUI：Main Menu > General Postproc > Reset）可在不脱离 POST1 的情况下初始化 POST1 命令的数据库默认部分，该命令在离开和重新进入 ANSYS 程序时的效果相同。

6.2.2 图像显示结果

一旦所需结果读入数据库中，可通过图像显示和表格方式进行观察。另外，可映射沿某一路径的结果数据。图像显示可能是观察结果最有效的方法。POST1 可显示下列类型的图像。

- 梯度线显示。
- 变形后的形状显示。
- 矢量显示。
- 路径图。
- 反作用力显示。
- 粒子流和带电粒子轨迹。
- 破碎图。

1. 梯度线显示

梯度线显示表现了结果项（如应力、温度、磁场磁通密度等）在模型上的变化。梯度线显示中有以下 4 个可用命令。

```
命令：PLNSOL
GUI：Main Menu > General Postproc > Plot Results > Contour Plot > Nodal Solu
命令：PLESOL
```

```
GUI: Main Menu > General Postproc > Plot Results > Contour Plot > Element Solu
命令：PLETAB
GUI: Main Menu > General Postproc > Plot Results > Contour Plot > Elem Table
命令：PLLS
GUI: Main Menu > General Postproc > Plot Results > Line Elem Res
```

PLNSOL 命令生成连续的、经过整个模型的梯度线。该命令或 GUI 方式可用于原始解或派生解。对典型的单元间不连续的派生解，在节点处进行平均，以便可显示连续的梯度线。下面列举出了原始解（TEMP，见图 6-3）和派生解（TGX，见图 6-4）梯度线显示的示例。

```
PLNSOL,TEMP        !原始解：自由度 TEMP
```

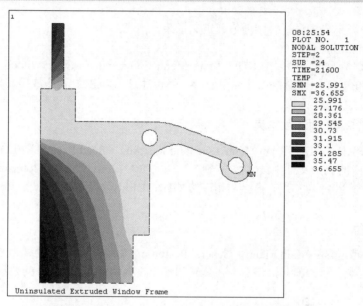

图 6-3 使用 PLNSOL 命令得到的原始解的梯度线

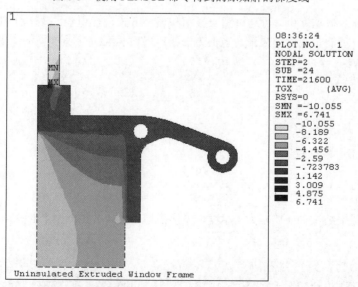

图 6-4 使用 PLNSOL 命令得到的派生解的梯度线显示

若有 PowerGraphics（性能优化的增强型 RISC 体系图形），可用下面任一命令对派生数据求平均值。

```
命令：AVRES
GUI: Main Menu > General Postproc > Options for Outp
     Utility Menu > List > Results > Options
```

上述任一命令均可确定在材料及（或）实常数不连续的单元边界上是否对结果进行平均。

注意：若 PowerGraphics 无效（对大多数单元类型而言，这是默认值），不能用 AVRES 命令去控制平均计算；平均算法则不管连接单元的节点属性如何，均会在所选单元上的所有节点处进行平均操作。这样对材料和几何形状不连续处是不合适的。因此，当对派生数据进行梯度线显示时（这些数据在节点处已做过平均），必须选择相同材料、相同厚度（对板单元）、相同坐标系等的单元。

```
PLNSOL,TG,X               !派生数据：温度梯度函数 TGX
```

PLESOL 命令在单元边界上生成不连续的梯度线（见图 6-5），该命令用于派生的解数据。

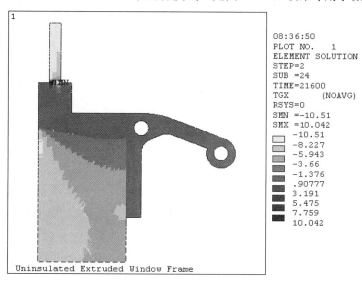

图 6-5 显示不连续梯度线的 PLESOL 图样

命令流示例如下。

```
PLESOL, TG, X
```

PLETAB 命令可以显示单元表中数据的梯度线图（也称云纹图或者云图）。在 PLETAB 命令中的 AVGLAB 字段，提供了是否对节点处数据进行平均的选择项（默认状态下对连续梯度线作平均计算，对不连续梯度线不作平均计算）。下例假设采用 SHELL99 单元（层状壳）模型，分别对结果进行平均和不平均计算，如图 6-6 和图 6-7 所示，相应的命令流如下。

```
ETABLE,SHEARXZ,SMISC,9     !在第二层底部存在层内剪切 （ILSXZ）
PLETAB,SHEARXZ,AVG         !SHEARXZ 的平均梯度线图
PLETAB,SHEARXZ,NOAVG       !SHEARXZ 的未平均（默认值）的梯度线
```

| 图 6-6 平均的 PLETAB 梯度线 | 图 6-7 未平均的 PLETAB 梯度线 |

PLLS 命令用梯度线的形式显示一维单元的结果，该命令也要求数据存储在单元表中，该命令常用于梁分析中显示剪力图和力矩图。下面给出一个梁模型（BEAM3 单元，KEYOPT（9）=1）的示例，结果显示如图 6-8 所示，命令流如下。

```
ETABLE,IMOMENT,SMISC,6       !I 端的弯矩，命名为 IMOMENT
ETABLE,JMOMENT,SMISC,18      !J 端的弯矩，命名为 JMOMENT
PLLS,IMOMENT,JMOMENT         !显示 IMOMENT、JMOMENT 结果
```

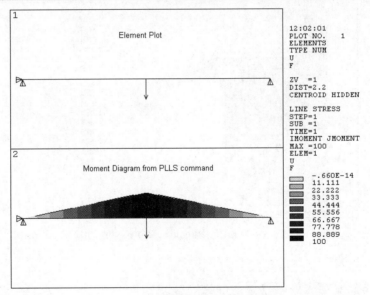

图 6-8 用 PLLS 命令显示的弯矩图

PLLS 命令将线性显示单元的结果，即用直线将单元 I 节点和 J 节点的结果数值连起来，而不管结果沿单元长度是否为线性变化，另外，可用负的比例因子将图形倒过来。

用户需要注意以下几个方面。

（1）可用"/CTYPE"命令（GUI：Utility Menu > Plot Ctrls > Style > Contours > Contour Style）首先设置 KEY 为 1 来生成等轴测的梯度线显示。

（2）平均主应力。默认情况下，各节点处的主应力根据平均分应力计算。也可反过来做，首先计算每个单元的主应力，然后在各节点处平均。其命令和 GUI 路径如下。

```
命令：AVPRIN
GUI: Main Menu > General Postproc > Options for Outp
     Utility Menu > List > Results > Options
```

该方法不常用，但在特定情况下很有用。需要注意的是，在不同材料的结合面处不应采用平均算法。

（3）矢量求和。与主应力的做法相同。默认情况下，在每个节点处的矢量和的模（平方和的开方）是按平均后的分量来求的。用 AVPRIN 命令可反过来计算，先计算每单元矢量和的模，然后在节点处进行平均。

（4）壳单元或分层壳单元。默认情况下，壳单元和分层壳单元得到的计算结果是单元上表面的结果。要显示上表面、中部或下表面的结果，用 SHELL 命令（GUI：Main Menu > General Postproc > Options for Outp）。对于分层单元，使用 LAYER 命令（GUI：Main Menu > General Posrproc > Options for Outp）指明需显示的层号。

（5）Von Mises 当量应力（EQV）。使用命令 AVPRIN 可以改变用来计算当量应力的有效泊松比。

```
命令：AVPRIN
GUI: Main Menu > General Postproc > Plot Results > Contour Plot > Nodal Solu
     Main Menu > General Postproc > Plot Results > Contour Plot > Element Solu
     Utility Menu > Plot > Results > Contour Plot > Elem Solution
```

典型情况下，一种方法是，对弹性当量应变（EPEL，EQV），可将有效泊松比设为输入泊松比，对非弹性应变（EPPL，EQV 或 EPCR，EQV），设为 0.5。对于整个当量应变（EPTOT，EQV），应在输入的泊松比和 0.5 之间选用一有效泊松比；另一种方法是，用命令 ETABLE 存储当量弹性应变，使有效泊松比等于输入泊松比，在另一张表中用 0.5 作为有效泊松比存储当量塑性应变，然后用 SADD 命令将两张表合并，得到整个当量应变。

2．变形后的形状显示

在结构分析中可用这些显示命令观察结构在施加载荷后的变形情况。其命令及相应的 GUI 路径如下。

```
命令：PLDISP
GUI: Utitlity Menu > Plot > Results > Deformed Shape
     Main Menu > General Postproc > Plot Results > Deformed Shape
```

例如，输入如下命令，界面显示如图 6-9 所示。

```
PLDISP,1            !变形后的形状与原始形状叠加在一起
```

另外，可用命令"/DSCALE"来改变位移比例因子，对变形图进行缩小或放大显示。

需提醒的一点是，在用户进入 POST1 时，通常所有载荷符号被自动关闭，以后再次进入 PREP7 或 SLUTION 处理器时仍不会见到这些载荷符号。若在 POST1 中打开所有载荷符号，那么将会在变形图上显示载荷。

3．矢量显示

矢量显示是指用箭头显示模型中某个矢量大小和方向的变化，通常所说的矢量包括平移（U）、转动（ROT）、磁力矢量势（A）、磁通密度（B）、热通量（TF）、温度梯度（TG）、液流速度（V）、主应力（S）等。

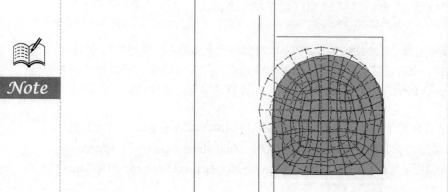

图 6-9 变形后的形状与原始形状一起显示

用下列方法可产生矢量显示。

命令：PLVECT
GUI: Main Menu > General Postproc > Plot Results > Vector Plot > Predefined Or User-Defined

可用下列方法改变矢量箭头长度比例。

命令：/VSCALE
GUI: Utility Menu > PlotCtrls > Style > Vector Arrow Scaling

例如，输入下列命令，则图形界面显示如图 6-10 所示。

PLVECT,B   !磁通密度（B）的矢量显示

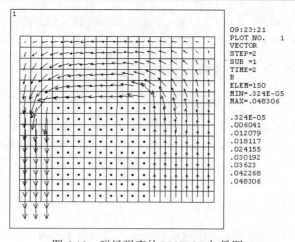

图 6-10 磁场强度的 PLVECT 矢量图

说明：在 PLVECT 命令中定义两个或两个以上分量，可生成自己所需的矢量值。

4．路径图

路径图是显示某个变量（如位移、应力、温度等）沿模型上指定路径的变化图。要产生路径图，需要执行下述步骤。

（1）执行命令 PATH 定义路径属性（GUI：Main Menu > General Postproc > Path Operations > Define Path > Path Status > Defined Paths）。

（2）执行命令 PPATH 定义路径点（GUI: Main Menu > General Postproc > Path Operations > Define Path）。

（3）执行命令 PDEF 将所需的量映射到路径上（GUI：Main Menu > General Postproc > Path Operations > Map onto Path）。

（4）执行命令 PLPATH 和 PLPAGM 显示结果（GUI：Main Menu > General Postproc > Path Operations > Plot Path Items）。

5．反作用力显示

用命令"/PBC"下的 RFOR 或 RMOM 来激活反作用力显示。以后的任何显示（由 NPLOT、EPLOT 或 PLDISP 命令生成）将在定义了 DOF 约束的点处显示反作用力。约束方程中某一自由度节点力之和不应包含经过该节点的外力。

与反作用力一样，也可用命令"/PBC"（GUI: Utility Menu > PlotCtrls > Symbols）中的 NFOR 或 NMOM 项显示节点力，这是单元在其节点上施加的外力。每一节点处这些力之和通常为 0，约束点处或加载点除外。

默认情况下，打印出的或显示出的力（或力矩）的数值代表合力（静力、阻尼力和惯性力的总和）。FORCE 命令（GUI：Main Menu > General Postproc > Options for Outp）可将合力分解成各分力。

6．粒子流和带电粒子轨迹

粒子流轨迹是一种特殊的图像显示形式，用于描述流动流体中粒子的运动情况。带电粒子轨迹是显示带电粒子在电、磁场中如何运动的图像。

粒子流或带电粒子轨迹显示常用的有以下两组命令及相应的 GUI 路径。

（1）TRPOIN 命令（GUI：Main Menu > General Postproc > Plot Results > Defi Trace Pt）。在路径轨迹上定义一个点（起点、终点或者两点中间的任意一点）。

（2）PLTRAC 命令（GUI：Main Menu > General Postproc > Plot Results > Particle Trace）。在单元上显示流动轨迹，能同时定义和显示多达 50 个点。

粒子流轨迹图样如图 6-11 所示。

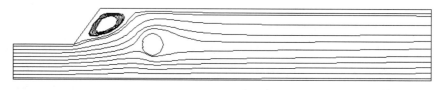

图 6-11　粒子流轨迹示例

PLTRAC 命令中的 Item 字段和 comp 字段能使用户看到某一特定项的变化情况（如对于粒子流动而言，其轨迹为速度、压力和温度；对于带电粒子而言，其轨迹为电荷）。项目的变化情况用彩色的梯度线沿路径显示出来。

另外，与粒子流或带电粒子轨迹相关的还有如下命令。

- ☑ TRPLIS 命令（GUI：Main Menu > General Postproc > Plot Results > List Trace Pt），列出轨迹点。

- TRPDEL 命令（GUI：Main Menu > General Postproc > Plot Results > Dele Trace Pt），删除轨迹点。
- TRTIME 命令（GUI：Main Menu > General Postproc > Plot Results > Time Interval），定义流动轨迹时间间隔。
- ANFLOW 命令（GUI：Utility Menu > PlotCtrls > Animate > Paticle Flow），生成粒子流的动画序列。

7. 破碎图

若在模型中有 SOLID65 单元，可用 PLCRACK 命令（GUI：Main Menu > General Postproc > Plot Results > Crack/Crush）确定哪些单元已断裂或碎开，以小圆圈标出已断裂，以八边形表示混凝土已碎开（见图6-12）。在使用不隐藏矢量显示的模式下，可见断裂和压碎的符号，为指定这一设备，用命令"/DEVICE,VECTOR,ON"（GUI：Utility Menu > Plotctrls > Device Options）。

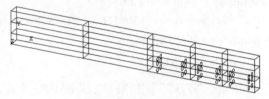

图 6-12 具有裂缝的混凝土梁

6.2.3 列表显示结果

将结果存档的有效方法（如报告、呈文等）是在 POST1 中制表。列表选项对节点、单元、反作用力等求解数据可用。

1. 列出节点、单元求解数据

用下列方式可以列出指定的节点求解数据（原始解及派生解）。

```
命令：PRNSOL
GUI：Main Menu > General Postproc > List Results > Nodal Solution
```

用下列方式可以列出所选单元的指定结果。

```
命令：PRNSEL
GUI：Main Menu > General Postproc > List Results > Element Solution
```

要获得一维单元的求解输出，在 PRNSOL 命令中指定 ELEM 选项，程序将列出所选单元的所有可行的单元结果。

2. 列出反作用载荷及作用载荷

在 POST1 中有几个选项用于列出反作用载荷（反作用力）及作用载荷（外力）。PRRSOL 命令（GUI：Menu > General Postproc > List Results > Reaction Solu）列出了所选节点的反作用力；FORCE 命令可以指定哪一种反作用载荷（包括合力（默认值）、静力、阻尼力或惯性力）数据被列出；PRNLD 命令（GUI：Main Menu > General Postproc > List Results > Nodal Loads）列出所选节点处的合力，值为 0 的除外。

另外几个常用的命令是 FSUM、NFORCE 和 SPOINT，下面分别说明。

FSUM 命令对所选的节点进行力、力矩求和运算及列表显示。

```
命令：FSUM
GUI：Main Menu > General Postproc > Nodal Calcs > Total Force Sum
```

下面给出一个关于命令 FSUM 的输出样本。

```
    *** NOTE ***
    Summations based on final geometry and will not agree with solution
reactions.***** SUMMATION OF TOTAL FORCES AND MOMENTS IN GLOBAL COORDINATES *****
    FX=     .1147202
    FY=     .7857315
    FZ=     .0000000E+00
    MX=     .0000000E+00
    MY=     .0000000E+00
    MZ=     39.82639
    SUMMATION POINT=  .00000E+00   .00000E+00   .00000E+00
```

NFORCE 命令除了总体求和外，还对每一个所选的节点进行力、力矩求和。

```
命令：NFORCE
GUI: Main Menu > General Postproc > Nodal Calcs > Sum @ Each Node
```

SPOINT 命令定义在哪些点（除原点外）求力矩和。

```
GUI: Main Menu > General Postproc > Nodal Calcs > Summation Pt > At Node
     Main Menu > General Postproc > Nodal Calcs > Summation Pt > At XYZ Loc
```

3．列出单元表数据

用下列命令可列出存储在单元表中的指定数据。

```
命令：PRETAB
GUI: Main Menu > General Postproc > Element Table > List Elem Table
     Main Menu > General Postproc > List Results > Elem Table Data
```

为列出单元表中每一列的和，可用 SSUM 命令（GUI：Main Menu > General Postproc > Element Table > Sum of Each Item）。

4．其他列表

用下列命令可列出其他类型的结果。

- ☑ PREVECT 命令（GUI：Main Menu > General Postproc > List Results > Vector Data），列出所有被选单元指定的矢量大小及其方向余弦。
- ☑ PRPATH 命令（GUI：Main Menu > General Postproc > List Results > Path Items），计算然后列出在模型中沿预先定义的几何路径的数据。注意，必须先定义路径并将数据映射到该路径上。
- ☑ PRSECT 命令（GUI：Main Menu > General Postproc > List Results > Linearized Strs），计算然后列出沿预定的路径线性变化的应力。
- ☑ PRERR 命令（GUI：Main Menu > General Postproc > List Results > Percent Error），列出所选单元的能量级的百分比误差。
- ☑ PRITER 命令（GUI：Main Menu > General Postproc > List Results > Iteration Summry），列出迭代次数概要数据。

5. 对单元、节点排序

默认情况下，所有列表通常按节点号或单元号的升序进行排序。可根据指定的结果项先对节点、单元进行排序来改变它。NSORT 命令（GUI：Main Menu > General Postproc > List Results > Sorted Listing > Sort Nodes）基于指定的节点求解项进行节点排序；ESORT 命令（GUI：Main Menu > General Postproc > List Results > Sorted Listing > Sort Elems）基于单元表内存入的指定项进行单元排序。例如：

```
NSEL,…                  !选节点
NSORT,S,X               !基于 SX 进行节点排序
PRNSOL,S,COMP           !列出排序后的应力分量
```

使用下述命令恢复到原来的节点或单元顺序。

```
命令：NUSORT
GUI: Main Menu > General Postproc > List Results > Sorted Listing > Unsort Nodes
命令：EUSORT
GUI: Main Menu > General Postproc > List Results > Sorted Listing > Unsort Elems
```

6. 用户化列表

有些场合下需要根据要求来定制结果列表。"/STITLE"命令（无对应的 GUI 方式）可定义多达 4 个子标题，与主标题一起在输出列表中显示。输出用户可用的其他命令为"/FORMAT""/HEADER""/PAGA"（同样无对应的 GUI 方式）。

这些命令控制下述事情：重要数字的编号；列表顶部的表头输出；打印页中的行数等。这些控制仅适用于 PRRSOL、PRNSOL、PRESOL、PRETAB 和 PRPATH 命令。

6.2.4 将结果旋转到不同坐标系中并显示

在求解计算中，计算结果数据包括位移（UX、UY、ROTX 等）、梯度（TGX、TGY 等）、应力（SX、SY、SZ 等）、应变（EPPLX、EPPLXY 等）等。这些数据以节点坐标系（基本数据或节点数据）或任意单元坐标系（派生数据或单元数据）的分量形式存入数据库和结果文件中。然而，结果数据通常需要转换到激活的结果坐标系（默认情况下为整体直角坐标系）中来显示、列表或进行单元表格数据存储操作，本节将介绍这方面的内容。

使用 RSYS 命令（GUI：Main Menu > General Postproc > Options For Outp），可以将激活的结果坐标系转换成整体柱坐标系（RSYS,1）、整体球坐标系（RSYS,2）、任何存在的局部坐标系（RSYS,N，这里 N 是局部坐标系序号）或求解中所使用的节点坐标系和单元坐标系（RSYS,SOLU）。若对结果数据进行列表、显示或操作，首先需将它们变换到结果坐标系。当然，也可将这些结果坐标系设置为整体坐标系（RSYS,0）。

图 6-13 为在几种不同的坐标系设置下，位移是如何被输出的。位移通常是根据节点坐标系（一般总是笛卡儿坐标系）给出，但用 RSYS 命令可使这些节点坐标系变换为指定的坐标系。例如，RSYS,1 可使结果变换到与整体柱坐标系平行的坐标系，使 UX 代表径向位移，UY 代表切向位移。类似地，在磁场分析中 AX 和 AY，以及在流场分析中 VX 和 VY 也用 RSYS,1 变换的整体柱坐标系径向、切向值输出。

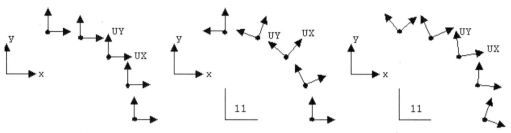

(a) 笛卡儿坐标系（C.S.0）　　(b) 局部柱坐标系（RSYS,11）　　(c) 整体柱坐标系（RSYS,1）

图 6-13　用 RSYS 命令的结果变换

注意：某些单元结果数据总是以单元坐标系输出，而不论激活的结果坐标系为何种坐标系。这些仅用单元坐标系表述的结果项包括力、力矩、应力、梁、管和杆单元的应变，以及一些壳单元的分布力和分布力矩。

下面用圆柱壳模型来说明如何改变结果坐标系。在此模型中，用户可能会对切向应力结果感兴趣，所以须转换结果坐标系，命令流如下。

```
PLNSOL,S,Y       !显示如图 6-14 所示，SY 是在整体笛卡儿坐标系中（默认值）
RSYS,1
PLNSOL,S,Y       !显示如图 6-15 所示，SY 是在整体柱坐标系中
```

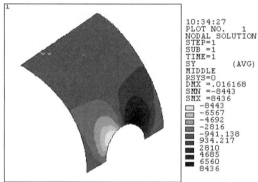

图 6-14　SY 在整体笛卡儿坐标系中

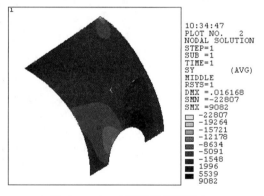

图 6-15　SY 在整体柱坐标系中

在大变形分析中（用命令 NLGEOM、ON 打开大变形选项，且单元支持大变形），单元坐标系首先按单元刚体转动量旋转，因此各应力、应变分量及其他派生出的单元数据包含有刚体旋转的效果。用于显示这些结果的坐标系是按刚体转动量旋转的特定结果坐标系。但 HYPER56、HYPER58、HYPER74、HYPER84、HYPER86 和 HYPER158 单元例外，这些单元总是在指定的结果坐标系中生成应力、应变，没有附加刚体转动。另外，在大变形分析中的原始解，如位移是并不包括刚体转动效果的，因为节点坐标系不会按刚体转动量旋转。

6.3　实例——轴承座计算结果后处理

为了使读者对 ANSYS 的后处理操作有个比较清楚的认识，以下实例将对第 5 章的有限元计算结果进行后处理，以此分析轴承座在载荷作用下的受力情况，从而分析研究其危险部位进行应力校核和评定。

6.3.1 GUI 方式

首先打开轴承座计算结果文件 Result_Bearing Bock.db。

1. 查看轴承座变形情况

选择主菜单中的 Main Menu > General Postproc > Plot Results > Deformed Shape 命令，弹出 Plot Deformed Shape 对话框，如图 6-16 所示。选中 Def+undef edge 单选按钮，然后单击 OK 按钮，即输出变形图，如图 6-17 所示。

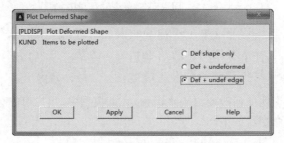

图 6-16 Plot Deformed Shape 对话框

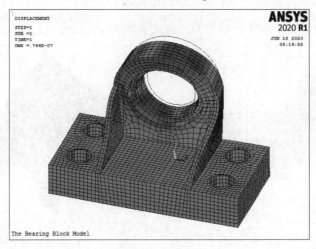

图 6-17 变形图

2. 输出等比例（1:1）变形图

选择实用菜单中的 Utility Menu > PlotCtrls > Style > Displacement Scaling 命令，弹出 Displacement Display Scaling 对话框，如图 6-18 所示。在 Displacement scale factor 后面的选项中选中 1.0（true scale）单选按钮，然后单击 OK 按钮，生成的结果即真实的变形图，如图 6-19 所示。除此之外，用户还可以自己设定显示比例因子，先选中 Displacement scale factor 后面的 User specified 单选按钮，然后在下面的文本框中输入想要放大或缩小的比例系数，单击 OK 按钮即可。

3. 查看轴承座 Mises 应力

选择主菜单中的 Main Menu > General Postproc > Plot Results > Contour Plot > Nodal Solu 命令，弹出 Contour Nodal Solution Data 对话框，依次选择 Nodal Solution > Stress > von Mises stress 选项，如图 6-20 所示。然后单击 OK 按钮，结果如图 6-21 所示。

第 6 章 后处理

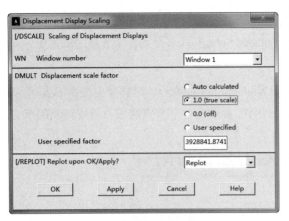

图 6-18 Displacement Display Scaling 对话框

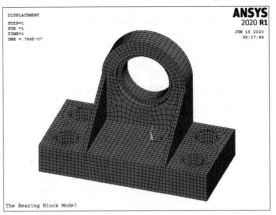

图 6-19 等比例变形图

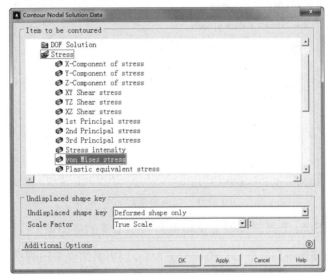

图 6-20 Contour Nodal Solution Data 对话框

图 6-21 轴承座 Mises 应力云图

从图 6-21 中的 Mises 应力云图上可以大致看出轴承座在承受此种载荷作用下，其应力分布状况。要想获得更为详尽的信息，可以通过列表或者通过 Subgrid Solu 工具来得到各个节点的应力值。

4. 列表输出应力值

选择实用菜单中的 Utility Menu > List > Results > Nodal Solution 命令，同样弹出如图 6-20 所示的对话框，执行与前面同样的操作，单击 OK 按钮，ANSYS 就会把各个节点的应力值以列表的形式输出，如图 6-22 所示。

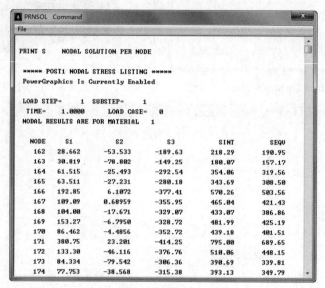

图 6-22　列表输出应力值

5. 使用 Subgrid Solu 工具在模型上直接得到各个节点的应力值

列表输出可以很方便地得到各个节点的应力值大小，但有时需要关注的是某些局部部位的应力值大小，这时即可使用 Subgrid Solu 工具。

选择主菜单中的 Main Menu > General Postproc > Query Results > Subgrid Solu 命令，弹出如图 6-23 所示的 Query Subgrid Solution Data 对话框，进行如图 6-23 所示的选择，然后单击 OK 按钮。

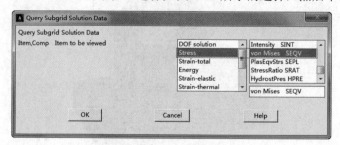

图 6-23　Query Subgrid Solution Data 对话框

接着弹出 Query Subgrid Results 拾取框，如图 6-24 所示。用鼠标在模型上拾取感兴趣的节点，在模型上就会出现相应的应力值大小，在 Query Subgrid Results 拾取框中会出现该节点的相应的坐标，结果如图 6-25 所示。

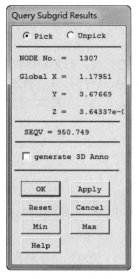
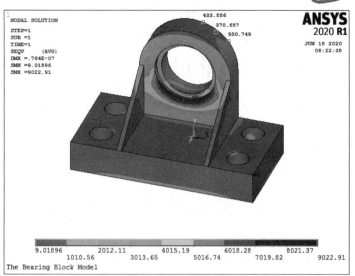

图 6-24 拾取框　　　　图 6-25 Query Subgrid Results 输出结果

后处理中还有一些其他功能，如路径操作、等值线显示等在此就不一一介绍了，相信随着读者运用的熟练程度的增加，会逐步掌握这些功能。

6. 保存结果文件

单击 ANSYS Toolbar 工具条中的 SAVE_DB 按钮，保存文件。

6.3.2 命令流方式

```
/POST1
PLDISP,2
/DSCALE,1,1.0
/EFACET,1
PLNSOL,S,EQV,0,1.0
PRNSOL,S,PRIN
```

6.4 时间历程后处理器（POST26）

时间历程后处理器（POST26），可用于检查模型中指定点的分析结果与时间、频率等的函数关系。它有许多分析能力，如从简单的图形显示和列表到诸如微分和响应频谱生成的复杂操作。POST26 的一个典型用途是在瞬态分析中以图形表示结果项与时间的关系，或在非线性分析中以图形表示作用力与变形的关系。

使用下列方法之一进入 ANSYS 时间历程后处理器。

命令：POST26
GUI: Main Menu > Time Hist Postpro

6.4.1 定义和储存 POST26 变量

POST26 的所有操作都是对变量而言的,是结果项与时间(或频率)的简表。结果项可以是节点处的位移、单元的热流量、节点处产生的力、单元的应力、单元的磁通量等。用户对每个 POST26 变量任意指定大于或等于 2 的参考号,参考号 1 用于时间(或频率)。因此,POST26 的第一步是定义所需的变量,第二步是存储变量,这些内容将在下面讲述。

1. 定义变量

可以使用下列命令定义 POST26 变量,这些命令与下列 GUI 路径等价。

```
GUI: Main Menu > Time Hist Postproc > Define Variables
     Main Menu > Time Hist Postproc > Elec&Mag > Circuit > Define Variables
```

- ☑ FORCE 命令指定节点力(合力、分力、阻尼力或惯性力)。
- ☑ SHELL 命令指定壳单元(分层壳)中的位置(TOP、MID、BOT),ESOL 命令将定义该位置的结果输出(节点应力、应变等)。
- ☑ LAYERP26L 命令指定结果待储存的分层壳单元的层号,然后 SHELL 命令对该指定层进行操作。
- ☑ NSOL 命令定义节点解数据(仅对自由度结果)。
- ☑ ESOI 命令定义单元解数据(派生的单元结果)。
- ☑ RFORCER 命令定义节点反作用数据。
- ☑ GAPF 命令用于定义简化的瞬态分析中间隙条件中的间隙力。
- ☑ SOLU 命令定义解的总体数据(如时间步长、平衡迭代数和收敛值)。

例如,下列命令定义两个 POST26 变量。

```
NSOL,2,358,U,X
ESOL,3,219,47,EPEL,X
```

变量 2 为节点 358 的 UX 位移(针对第一条命令),变量 3 为 219 单元的 47 节点的弹性约束的 X 分力(针对第二条命令)。对于这些结果项,系统将给它们分配参考号,如果用相同的参考号定义一个新的变量,则原有的变量将被替换。

2. 存储变量

当定义了 POST26 变量和参数后,就相当于在结果文件中的相应数据建立了指针。存储变量就是将结果文件中的数据读入数据库。当发出显示命令或 POST26 数据操作命令(包括表 6-5 中的命令)或选择与这些命令等价的 GUI 路径时,程序自动存储数据。

表 6-5 存储变量的命令

命 令	GUI 菜单路径
PLVAR	Main Menu > Time Hist Postproc > Graph Variables
PRVAR	Main Menu > Time Hist Postproc > List Variable
ADD	Main Menu > Time Hist Postproc > Math Operations > Add
DERIV	Main Menu > Time Hist Postproc > Math Operations > Derivate
QUOT	Main Menu > Time Hist Postproc > Math Operations > Divde
VGET	Main Menu > Time Hist Postproc > Table Operations > Variable to Par
VPUT	Main Menu > Time Hist Postproc > Table Operations > Parameter to Var

在某些场合,需要使用 STORE 命令(GUI:Main Menu > Time Hist Postproc > Store Data)直接请求变量存储。这些情况将在下面的命令描述中解释。如果在发出 TIMERANGE 命令或 NSTORE 命令(这两个命令等价的 GUI 路径为 Main Menu > Time Hist Postpro > Settings > Data)之后使用 STORE 命令,那么默认情况为"STORE,NEW"。由于 TIMERANGE 命令和 NSTORE 命令为存储数据重新定义了时间或频率点或时间增量,因而需要改变命令的默认值。

可以使用下列命令操作存储数据。

- ☑ MERGE 命令:将新定义的变量增加到先前的时间点变量中,即更多的数据列被加入数据库中。在某些变量已经存储(默认)后,如果希望定义和存储新变量,则是十分有用的。
- ☑ NEW 命令:替代先前存储的变量,删除之前计算的变量,并存储新定义的变量及其当前的参数。
- ☑ APPEND 命令:添加数据到之前定义的变量中。即如果将每个变量看作一个数据列,APPEND 操作就为每一列增加行数。当要将两个文件(如瞬态分析中两个独立的结果文件)中相同的变量集中在一起时,则是很有用的。使用 FILE 命令(GUI: Main Menu > Time Hist Postpro > Settings > File)指定结果文件名。
- ☑ ALLOC,N 命令:为顺序存储操作分配 N 个点(N 行)空间,此时如果存在之前定义的变量,那么将被自动清零。由于程序会根据结果文件自动确定所需的点数,所以正常情况下不需用该选项。

使用 STORE 命令的实例如下。

```
/POST26
NSOL,2,23,U,Y          !变量 2=节点 23 处的 U 和 Y 值
SHELL,TOP              !指定壳的顶面结果
ESOL,3,20,23,S,X       !变量 3=单元 20 的节点 23 的顶部 SX
PRVAR,2,3              !存储并打印变量 2 和 3
SHELL,BOT              !指定壳的底面为结果
ESOL,4,20,23,S,X       !变量 4=单元 20 的节点 23 的底部 SX
STORE                  !使用命令默认,将变量 4 和变量 2、3 置于内存
PLESOL,2,3,4           !打印变量 2、3、4
```

用户应该注意以下几个方面。

- ☑ 默认情况下,可以定义的变量数为 10 个。使用命令 NUMVAR(GUI: Main Menu > Time Hist Postpro > Settings > File)可增加该限值(最大值为 200)。
- ☑ 默认情况下,POST26 可在结果文件寻找其中的一个文件。可使用 FILE 命令(GUI: Main Menu > Time Hist Postpro > Settings > File)指定不同的文件名(RST、RTH、RDSP 等)。
- ☑ 默认情况下,力(或力矩)值表示合力(静态力、阻尼力和惯性力的合力)。FORCE 命令允许对各个分力操作。
- ☑ 壳单元和分层壳单元的结果数据假定为壳或层的顶面。SHELL 命令允许指定是顶面、中面或底面。对于分层单元可通过 LAYERP26 命令指定层号。

定义变量的其他有用命令如下。

- ☑ NSTORE 命令(GUI:Main Menu > Time Hist Postpro > Settings > Data),定义待存储的时间点或频率点的数量。
- ☑ TIMERANGE 命令(GUI:Main Menu > Time Hist Postpro > Settings > Data),定义待读取数据的时间或频率范围。

- TVAR 命令（GUI：Main Menu > Time Hist Postpro > Settings > Data），将变量 1（默认是表示时间）改变为表示累积迭代号。
- VARNAM 命令（GUI: Main Menu > Time Hist Postpro > Settings > Graph 或 Main Menu > Time Hist Postpro > List），给变量赋名称。
- RESET 命令（GUI：Main Menu > Time Hist Postpro > Reset Postproc），将所有变量清零，并将所有参数重新设置为默认值。

使用 FINISH 命令（GUI：Main Menu > Finish）退出 POST26，删除 POST26 中的变量和参数。如 FILE、PRTIME、NPRINT 等命令，由于它们不是数据库的内容，因此不能存储，但这些命令均存储在 LOG 文件中。

6.4.2 检查变量

一旦定义了变量，可通过图形或列表的方式检查这些变量。

1. 产生图形输出

PLVAR 命令（GUI：Main Menu > Time Hist Postpro > Graph Variables）可在一个图框中显示多达 9 个变量的图形。默认的横坐标（X 轴）为变量 1（静态或瞬态分析时表示时间，谐波分析时表示频率）。使用 XVAR 命令（GUI：Main Menu > Time Hist Postpro > Setting > Graph）可指定不同的变量号（如应力、变形等）作为横坐标。图 6-26 和图 6-27 显示了图形输出的两个实例。

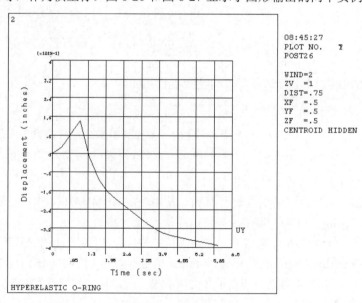

图 6-26　使用 XVAR=1（时间）作为横坐标的 POST26 输出

如果横坐标不是时间，可显示三维图形（用时间或频率作为 Z 坐标），使用下列方法之一改变默认的 X-Y 视图。

```
命令：/VIEW
GUI: Utility Menu > PlotCtrs > Pan,Zoom,Rotate
     Utility Menu > PlotCtrs > View Setting > Viewing Direction
```

在非线性静态分析或稳态热力分析中，子步为时间，也可采用这种图形显示。

第 6 章 后处理

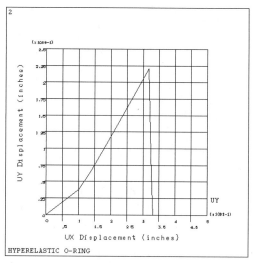

图 6-27 使用 XVAR=0, 1 指定不同的变量号作为横坐标的 POST26 输出

当变量包含由实部和虚部组成的复数数据时，默认情况下，PLVAR 命令显示的为幅值。使用 PLCPLX 命令（GUI：Main Menu > Time Hist Postpro > Setting > Graph）切换到显示相位、实部和虚部。

图形输出可使用许多图形格式参数。通过选择实用菜单中的 Utility Menu > PlotCtrs > Style > Graphs 命令或下列命令实现该功能。

☑ 激活背景网格（"/GRID"命令）。
☑ 曲线下面区域的填充颜色（"/GROPT"命令）。
☑ 限定 X、Y 轴的范围（"/XRANGE"命令及/YRANGE 命令）。
☑ 定义坐标轴标签（"/AXLAB"命令）。
☑ 使用多个 Y 轴的刻度比例（"/GRTYP"命令）。

2．计算结果列表

用户可以通过 PRVAR 命令（GUI：Main Menu > Time Hist Postpro > List Variables）在表格中列出多达 6 个变量，同时还可以获得某一时刻或频率处的结果项的值，也可以控制打印输出的时间或频率段，操作如下。

```
命令：NPRINT, PRTIME
GUI: Main Menu > TimeHist Postpro > Settings > List
```

通过 LINES 命令（GUI：Main Menu > TimeHist Postpro > Settings > List）可对列表输出的格式做微量调整。下面是 PRVAR 命令的一个输出示例。

```
     ***** ANSYS time-history VARIABLE LISTING *****
     TIME          51 UX           30 UY
                   UX              UY
     .10000E-09    .000000E+00     .000000E+00
     .32000        .106832         .371753E-01
     .42667        .146785         .620728E-01
     .74667        .263833         .144850
     .87333        .310339         .178505
     1.0000        .356938         .212601
```

```
        1.3493            .352122             .473230E-01
        1.6847            .349681            -.608717E-01
 time-history SUMMARY OF VARIABLE EXTREME VALUES
 VARI TYPE    IDENTIFIERS    NAME    MINIMUM    AT TIME      MAXIMUM    AT TIME
  1  TIME     1   TIME       TIME    .1000E-09  .1000E-09    6.000      6.000
  2  NSOL     51  UX         UX      .0000E+00  .1000E-09    .3569      1.000
  3  NSOL     30  UY         UY      -.3701     6.000        .2126      1.000
```

对于由实部和虚部组成的复变量，PRVAR 命令的默认列表是实部和虚部。可通过命令 PRCPLX 选择实部、虚部、幅值、相位中的任何一个。

另一个有用的列表命令是 EXTREM（GUI：Main Menu > TimeHist Postpro > List Extremes），可用于打印设定的 X 和 Y 范围内 Y 变量的最大和最小值。也可通过命令"*GET"（GUI：Utility Menu > Parameters > Get Scalar Data）将极限值指定给参数。下面是 EXTREM 命令的一个输出示例。

```
 Time-History SUMMARY OF VARIABLE EXTREME VALUES
 VARI TYPE    IDENTIFIERS    NAME    MINIMUM    AT TIME      MAXIMUM    AT TIME
  1  TIME     1   TIME       TIME    .1000E-09  .1000E-09    6.000      6.000
  2  NSOL     50  UX         UX      .0000E+00  .1000E-09    .4170      6.000
  3  NSOL     30  UY         UY      -.3930     6.000        .2146      1.000
```

6.4.3 POST26 后处理器的其他功能

1. 进行变量运算

POST26 可对原先定义的变量进行数学运算，下面给出两个应用实例。

实例（1）：在瞬态分析时定义了位移变量，可让该位移变量对时间求导，得到速度和加速度，命令流如下。

```
NSOL,2,441,U,Y,UY441     !定义变量 2 为节点 441 的 UY，名称=UY441
DERIV,3,2,1,,BEL441      !变量 3 为变量 2 对变量 1（时间）的一阶导数，名称为 BEL441
DERIV,4,3,1,,ACCL441     !变量 4 为变量 3 对变量 1（时间）的一阶导数，名称为 ACCL441
```

实例（2）：将谐响应分析中的复变量（$a+ib$）分成实部和虚部，再计算它的幅值（$\sqrt{a^2+b^2}$）和相位角，命令流如下。

```
REALVAR,3,2,,,REAL2      !变量 3 为变量 2 的实部，名称为 REAL2
IMAGIN,4,2,,IMAG2        !变量 4 为变量 2 的虚部，名称为 IMAG2
PROD,5,3,3               !变量 5 为变量 3 的平方
PROD,6,4,4               !变量 6 为变量 4 的平方
ADD,5,5,6                !变量 5（重新使用）为变量 5 和变量 6 的和
SQRT,6,5,,,AMPL2         !变量 6（重新使用）为幅值
QUOT,5,3,4               !变量 5（重新使用）为（b/a）
ATAN,7,5,,,PHASE2        !变量 7 为相位角
```

可通过下列方法之一创建自己的 POST26 变量。

☑ FILLDATA 命令（GUI：Main Menu > TimeHist Postpro > Table Operations > Fill Data）：用多项式函数将数据填入变量。

☑ DATA 命令将数据从文件中读出。该命令无对应的 GUI，被读文件必须在第一行中含有 DATA 命令，第二行括号内是格式说明，数据从接下去的几行读取。然后通过"/INPUT"命令（GUI：Urility Menu > File > Read Input from）读入。

另一个创建 POST26 变量的方法是使用 VPUT 命令，它允许将数组参数移入变量内。逆操作命令为 VGET，将 POST26 变量移入数组参数内。

2. 产生响应谱

该方法允许在给定的时间历程中生成位移、速度、加速度响应谱，频谱分析中的响应谱可用于计算结构的整个响应。

POST26 的 RESP 命令用来产生响应谱。

> 命令：RESP
> GUI: Main Menu > TimeHist Postpro > Generate Spectrm

RESP 命令需要先定义两个变量：一个含有响应谱的频率值（LFTAB 字段）；另一个含有位移的时间历程（LDTAB 字段）。LFTAB 的频率值不仅代表响应谱曲线的横坐标，而且也是用于产生响应谱的单自由度激励的频率。可通过 FILLDATA 或 DATA 命令产生 LFTAB 变量。

LDTAB 中的位移时间历程值常产生于单自由度系统的瞬态动力学分析。通过 DATA 命令（位移时间历程在文件中时）和 NSOL 命令（GUI：Main Menu > TimeHist Postpro > Define Variables）创建 LDTAB 变量。系统采用数据时间积分法计算响应谱。

6.5 实例——储液罐计算结果后处理

为了使读者对 ANSYS 的后处理操作有比较清楚的认识和掌握，以下实例将对第 4 章的有限元计算结果进行后处理，以此分析轴承座和储液罐在载荷作用下的受力情况，从而分析研究其危险部位进行应力校核和评定。

6.5.1 GUI 方式

在对储液罐求解结束之后，就可以进行后处理操作查看其变形和应力分布情况了。

首先打开轴承座计算结果文件 Result_Tank.db。

1. 查看储液罐变形情况

选择主菜单中的 Main Menu > General Postproc > Plot Results > Deformed Shape 命令，弹出 Plot Deformed Shape 对话框，如图 6-28 所示。选中 Def+undef edge 单选按钮，然后单击 OK 按钮，即输出变形图，如图 6-29 所示。

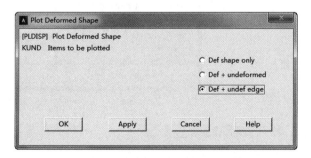

图 6-28 Plot Deformed Shape 对话框

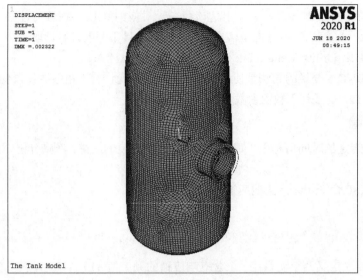

图 6-29 储液罐变形图

2. 查看储液罐位移云图

选择主菜单中的 Main Menu > General Postproc > Plot Results > Contour Plot > Nodal Solu 命令，弹出 Contour Nodal Solution Data 对话框，依次选择 Nodal Solution > DOF Solution > Displacement vector sum 选项，如图 6-30 所示。然后单击 OK 按钮，生成的结果如图 6-31 所示。

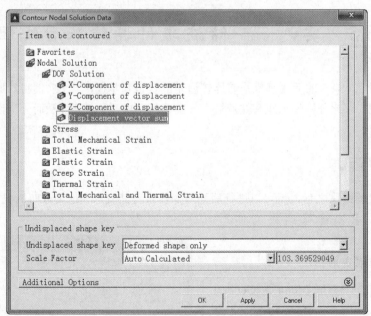

图 6-30 Contour Nodal Solution Data 对话框

3. 查看 Mises 应力

选择主菜单中的 Main Menu > General Postproc > Plot Results > Contour Plot > Nodal Solu 命令，弹出 Contour Nodal Solution Data 对话框，依次选择 Nodal Solution > Stress > von Mises stress 选项，然后单击 OK 按钮，生成的结果如图 6-32 所示。

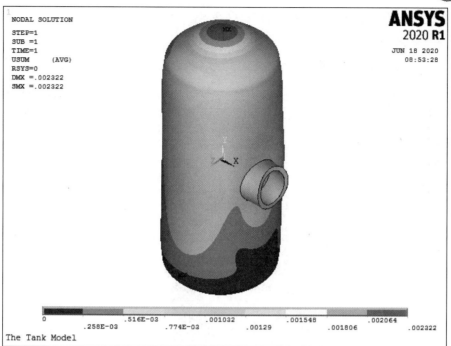

图 6-31 储液罐位移云图

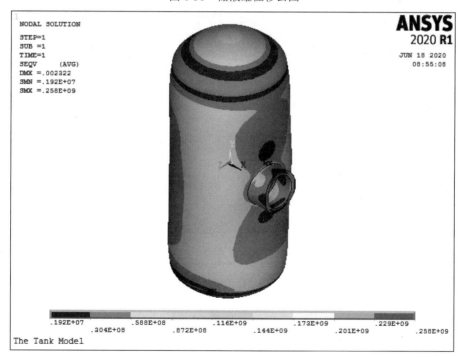

图 6-32 储液罐 Mises 应力云图

4. 等比例显示

选择实用菜单中的 Utility Menu > PlotCtrls > Style > Displacement Scaling 命令，弹出 Displacement Display Scaling 对话框，在 Displacement scale factor 后面选中 1.0（true scale）单选按钮，然后单击

OK 按钮，生成的结果即真实的变形图，如图 6-33 所示。

5. 保存结果文件

单击 ANSYS Toolbar 工具栏中的 SAVE_DB 按钮，保存文件。

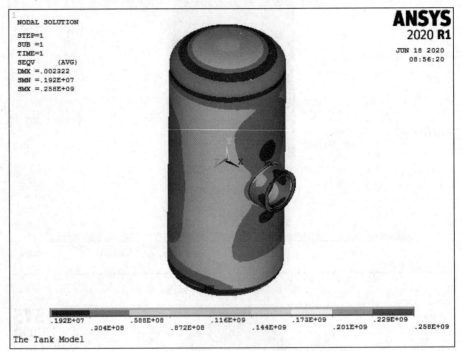

图 6-33　储液罐等比例 Mises 应力云图

6.5.2　命令流方式

```
/POST1
PLDISP,2
PLNSOL, U,SUM, 0,1.0
PLNSOL, S,EQV, 0,1.0
/DSCALE,1,1.0
SAVE
```

▶▶ 第 2 篇

专题实例篇

- ☑ 第 7 章 结构静力分析
- ☑ 第 8 章 模态分析
- ☑ 第 9 章 谐响应分析
- ☑ 第 10 章 谱分析
- ☑ 第 11 章 瞬态动力学分析
- ☑ 第 12 章 非线性分析
- ☑ 第 13 章 接触问题分析
- ☑ 第 14 章 结构屈曲分析

第 7 章

结构静力分析

静力分析用于计算由那些不包括惯性和阻尼效应的载荷,作用于结构或部件上引起的位移、应力、应变和力。

本章将通过实例讲述静力分析的基本步骤和具体方法。

- ☑ 结构静力概论
- ☑ 高速齿轮应力分析

任务驱动&项目案例

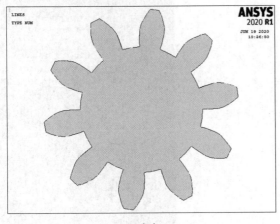

(1)

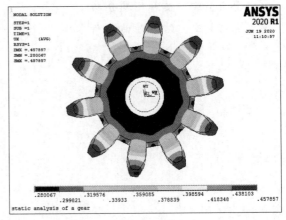

(2)

第7章 结构静力分析

7.1 结构静力概论

静力分析计算在固定不变的载荷作用下结构的响应，它不考虑惯性和阻尼的影响，也不考虑载荷随时间的变化。但是，静力分析可以计算那些固定不变的惯性载荷对结构的影响（如重力和离心力），以及那些可以近似为等价静力作用的随时间变化的载荷（例如，通常在许多建筑规范中所定义的等价静力风载和地震载荷）。

固定不变的载荷和响应是一种假定，即假定载荷和结构的响应随时间的变化非常缓慢。静力分析所施加的载荷包括以下几方面。

- ☑ 外部施加的作用力和压力。
- ☑ 稳态的惯性力（如重力和离心力）。
- ☑ 位移载荷。
- ☑ 温度载荷。
- ☑ 核膨胀中的流通量。

静力分析既可以是线性的，也可以是非线性的。非线性静力分析包括所有的非线性类型，即大变形、塑性、蠕变、应力刚化、接触（间隙）单元、超弹性单元等。本章主要讨论线性静力分析。

> **注意**：要做好有限元的静力分析，必须要记住以下几点。
> （1）单元类型必须指定为线性或非线性结构单元类型。
> （2）材料属性可以是线性或非线性、各向同性或正交各向异性、常量或与温度相关的量等，但是用户必须定义杨氏模量和泊松比；对于像重力一样的惯性载荷，必须要定义能计算出质量的参数，如密度等；对热载荷，必须要定义热膨胀系数。
> （3）对应力、应变感兴趣的区域，网格划分比仅对位移感兴趣的区域要密。
> （4）如果分析中包含非线性因素，网格应划分到能捕捉非线性因素影响的程度。

7.2 实例——高速齿轮应力分析

平面问题是对实际结构在特殊情况下的一种简化，在现实中，任何一个物体严格地说都是空间物体，它所受的载荷一般都是空间的。但是，当工程问题中某些结构或机械零件的形状和载荷情况具有某些特点时，只要经过适当的简化和抽象化处理，就可以归结为平面问题。平面问题的特点为将一切现象都看作是在一个平面内发生的，平面问题的模型可以大大简化而不失精度。平面问题分为平面应力问题和平面应变问题，二者的区别只是单元的行为方式选择设置不同而已，平面应力问题要求选择的是 Plane Stress，而平面应变问题选择 Plane Strain。

本节通过对高速旋转的齿轮进行应力分析，来讲解 ANSYS 平面问题的分析过程。

7.2.1 分析问题

通过考查齿轮泵在高速运转时发生多大的径向位移，从而判断其变形情况，以及齿轮运转过程中齿面受到的压力作用。齿轮模型如图 7-1 所示。

标准齿轮，最大转速为 62.8rad/s，计算其应力分布。
- ☑ 齿顶直径：48mm。
- ☑ 齿底直径：30mm。
- ☑ 齿数：10。
- ☑ 厚度：4mm。
- ☑ 弹性模量：2.06E11。
- ☑ 密度：7.8e3kg/m³。

7.2.2 建立模型

图 7-1 齿轮模型

建立模型包括设定分析作业名和标题、定义单元类型和实常数、定义材料属性、建立几何模型，以及划分有限元网格。

1. 设定分析作业名和标题

在进行一个新的有限元分析时，通常需要修改数据库名，并在图形输出窗口中定义一个标题来说明当前进行的工作内容。另外，对于不同的分析范畴（结构分析、热分析、流体分析、电磁场分析等），ANSYS 所用主菜单的内容不尽相同，为此，需要在分析开始时选定分析内容的范畴，以便 ANSYS 显示出与其相对应的菜单选项。

（1）从实用菜单中选择 Utility Menu > File > Change Jobname 命令，打开 Change Jobname（修改文件名）对话框，如图 7-2 所示。

（2）在 Enter new jobname（输入新的文件名）文本框中输入文字"Static Gear"，作为本分析实例的数据库文件名。

（3）单击 OK 按钮，完成文件名的修改。

（4）从实用菜单中选择 Utility Menu > File > Change Title 命令，打开 Change Title（修改标题）对话框，如图 7-3 所示。

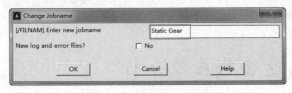
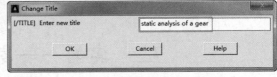

图 7-2 修改文件名对话框　　　　　　　图 7-3 修改标题对话框

（5）在 Enter new title（输入新标题）文本框中输入"static analysis of a gear"，作为本分析实例的标题名。

（6）单击 OK 按钮，完成对标题名的指定。

（7）从实用菜单中选择 Utility Menu > Plot > Replot 命令，指定的标题 static analysis of a gear 将显示在图形窗口的左下角。

（8）从主菜单中选择 Main Menu > Preference 命令，打开 Preference of GUI Filtering（菜单过滤参数选择）对话框，选中 Structural 复选框，单击 OK 按钮确定。

2. 定义单元类型

在进行有限元分析时，应根据分析问题的几何结构、分析类型和所分析问题的精度要求等，选定适合具体分析的单元类型。本例中选用四节点四边形板单元 PLANE182。PLANE182 不仅可用于计算平面应力问题，还可以用于分析平面应变和轴对称问题。

（1）从主菜单中选择 Main Menu > Preprocessor > Element Type > Add/Edit/Delete 命令，打开 Element Types（单元类型）对话框。

（2）单击 Add 按钮，打开 Library of Element Types（单元类型库）对话框，如图 7-4 所示。

（3）在左边的列表框中选择 Solid 选项，选择实体单元类型。

（4）在右边的列表框中选择 Quad 4 node 182 选项，选择四节点四边形板单元 PLANE182。

（5）单击 OK 按钮，将添加 PLANE182 单元，并关闭单元类型库对话框，同时返回步骤（1）打开的单元类型对话框，如图 7-5 所示。

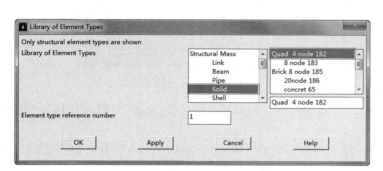

图 7-4　单元类型库对话框

图 7-5　单元类型对话框

（6）在其中单击 Options 按钮，打开如图 7-6 所示的 PLANE182 element type options（单元选项设置）对话框，对 PLANE182 单元进行设置，使其可用于计算平面应力问题。

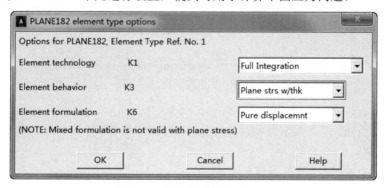

图 7-6　单元选项设置对话框

（7）在 Element behavior（单元行为方式）下拉列表中选择 Plane strs w/thk（带有厚度的平面应力）选项，如图 7-6 所示。

（8）单击 OK 按钮，关闭单元选项设置对话框，返回如图 7-5 所示的单元类型对话框。

（9）单击 Close 按钮，关闭单元类型对话框，结束单元类型的添加。

3．定义实常数

本实例中选用带有厚度的平面应力行为方式的 PLANE182 单元，需要设置其厚度实常数。

（1）从主菜单中选择 Main Menu > Preprocessor > Real Constants > Add/Edit/Delete 命令，打开如图 7-7 所示的 Real Constants（实常数）对话框。

（2）单击 Add 按钮，打开如图 7-8 所示的 Element Type for Real Constants（实常数单元类型）对话框，要求选择欲定义实常数的单元类型。

图 7-7 实常数对话框

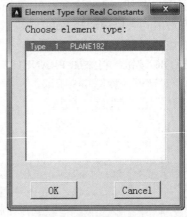
图 7-8 选择单元类型

本例中只定义了一种单元类型，在已定义的单元类型列表中选择 Type 1 PLANE182，将为 PLANE182 单元类型定义实常数。

（3）单击 OK 按钮，打开该单元类型的 Real Constant Set Number1,for PLANE182（实常数设置）对话框，如图 7-9 所示。

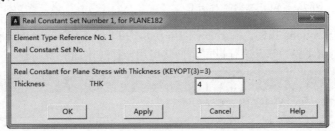
图 7-9 实常数设置对话框

（4）在 Thickness（厚度）文本框中输入"4"。

（5）单击 OK 按钮，关闭实常数设置对话框，返回实常数对话框，如图 7-10 所示。其中显示已经定义了一组实常数。

（6）单击 Close 按钮，关闭实常数对话框。

4．定义材料属性

惯性力的静力分析中必须定义材料的弹性模量和密度，具体步骤如下。

（1）从主菜单中选择 Main Menu > Preprocessor > Material Props > Material Models 命令，打开 Define Material Model Behavior（定义材料模型属性）窗口，如图 7-11 所示。

（2）依次选择 Structural > Linear > Elastic > Isotropic 选项，展开材料属性的树形结构，此时将打开 1 号材料的弹性模量 EX 和泊松比 PRXY 的定义对话框，如图 7-12 所示。

（3）在 EX 文本框中输入弹性模量"2.06E11"，在 PRXY 文本框中输入泊松比"0.3"。

（4）单击 OK 按钮，关闭对话框，并返回定义材料模型属性窗口，在该窗口的左边列表框中将出现刚刚定义的参考号为 1 的材料属性。

（5）依次选择 Structural > Density 选项，打开定义材料密度对话框，如图 7-13 所示。

图 7-10　已经定义的实常数

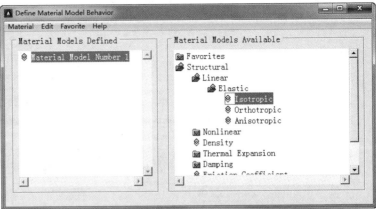

图 7-11　定义材料模型属性窗口

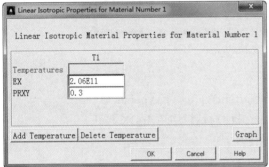

图 7-12　线性各向同性材料的弹性模量和泊松比

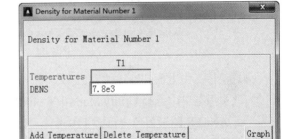

图 7-13　定义材料密度对话框

（6）在 DENS 文本框中输入密度数值"7.8e3"。

（7）单击 OK 按钮，关闭对话框，并返回定义材料模型属性窗口，在该窗口的左边列表框中参考号为 1 的材料属性下方将出现密度项。

（8）在 Define Material Model Behavior 窗口中，从菜单中选择 Material > Exit 命令，或者单击右上角的"关闭"按钮，退出定义材料模型属性窗口，完成对材料模型属性的定义。

5. 建立齿轮面模型

在使用 PLANE 系列单元时，要求模型必须位于全局 XY 平面内。默认的工作平面即为全局 XY 平面内，因此可以直接在默认的工作平面内创建齿轮面。

（1）将激活的坐标系设置为总体柱坐标系。从实用菜单中选择 Utility Menu > WorkPlane > Change Active CS to > Global Cylindrical 命令。

（2）定义一个关键点。

① 从主菜单中选择 Main Menu > Preprocessor > Modeling > Create > Keypoints > In Active CS 命令。

② 在打开对话框的 Keypoint number 文本框中输入"1"，然后在下面的文本框中分别输入"15"和"0"，设置 X=15，Y=0，单击 OK 按钮，如图 7-14 所示。

（3）定义一个点作为辅助点。

① 从主菜单中选择 Main Menu > Preprocessor > Modeling > Create > Keypoints > In Active CS 命令。

② 在打开对话框的 Keypoint number 文本框中输入"110"，在下面的文本框中分别输入"12.5"和"40"，设置 X=12.5，Y=40，单击 OK 按钮，如图 7-15 所示。

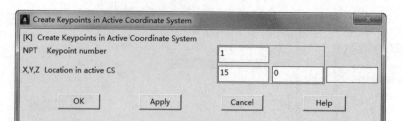

图 7-14 定义一个关键点

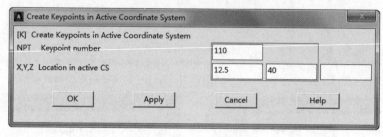

图 7-15 定义一个辅助点

(4) 偏移工作平面到给定位置。

① 从实用菜单中选择 Utility Menu > WolrkPlane > Offset WP to > Keypoints 命令。

② 在 ANSYS 图形窗口中选择 110 号点，然后在打开的对话框中单击 OK 按钮。

③ 偏移工作平面到给定位置后的结果如图 7-16 所示。

(5) 旋转工作平面。

① 从实用菜单中选择 Utility Menu > WorkPlane > Offset WP by Increments 命令。

② 将打开选择对话框，在 XY,YZ,ZX Angles 文本框中输入 "-50,0,0"，单击 OK 按钮，如图 7-17 所示。

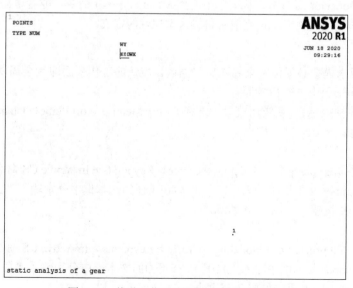

图 7-16 偏移工作平面到给定位置的结果

图 7-17 旋转工作平面

第7章 结构静力分析

（6）将激活的坐标系设置为工作平面坐标系。从实用菜单中选择 Utility Menu > WorkPlane > Change Active CS to > Working Plane 命令。

（7）建立第二个关键点。

① 从主菜单中选择 Main Menu > Preprocessor > Modeling > Create > Keypoints > In Active CS 命令。

② 在打开对话框的 Keypoint number 文本框中输入"2"，在下面的文本框中分别输入"10.489"和"0"，设置 X=10.489，Y=0，单击 OK 按钮，如图 7-18 所示。

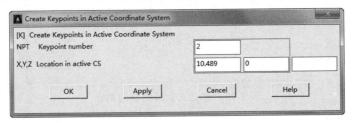

图 7-18　建立关键点

③ 得到的结果如图 7-19 所示。

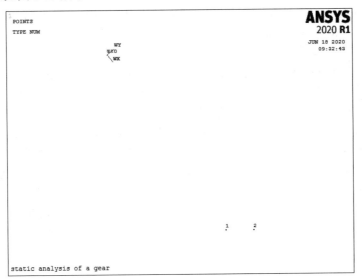

图 7-19　建立关键点的结果

（8）将激活的坐标系设置为总体柱坐标系。从实用菜单中选择 Utility Menu > WorkPlane > Change Active CS to > Global Cylindrical 命令。

（9）建立其余的辅助点。按照与步骤（3）同样的操作建立其余的辅助点，将其编号分别设为 120、130、140、150、160，其坐标分别为（12.5,44.5）、（12.5,49）、（12.5,53.5）、（12.5,58）、（12.5,62.5）。得到的结果如图 7-20 所示。

（10）将工作平面平移到第二个辅助点。

① 从实用菜单中选择 Utility Menu > WorkPlane > Offset WP to > Keypoints 命令。

② 在 ANSYS 图形窗口中选择 120 号点，然后在打开的对话框中单击 OK 按钮。

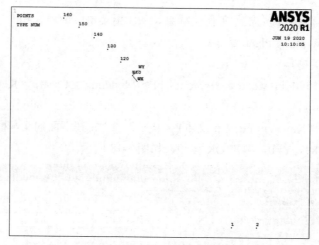

图 7-20 建立其余辅助点的结果

（11）旋转工作平面。

① 从实用菜单中选择 Utility Menu > WorkPlane > Offset WP by Increments 命令。

② 打开选择对话框，在 XY,YZ,ZX Angles 文本框中输入"4.5,0,0"，单击 OK 按钮。

（12）将激活的坐标系设置为工作平面坐标系。从实用菜单中选择 Utility Menu > WorkPlane > Change Active CS to > Working Plane 命令。

（13）建立第三个关键点。

① 从主菜单中选择 Main Menu > Preprocessor > Modeling > Create > Keypoints > In Active CS 命令。

② 在打开对话框的 Keypoint number 文本框中输入"3"，在下面的文本框中分别输入"12.221"和"0"，设置 X=12.221，Y=0，单击 OK 按钮。

（14）重复以上步骤，建立其余的辅助点和关键点。按照步骤（10）～步骤（13）的操作，分别把工作平面平移到编号为 130、140、150、160 的辅助点，然后旋转工作平面，旋转角度均为 4.5,0,0，再将工作平面设为当前坐标系，在工作平面中分别建立编号为 4、5、6、7 的关键点，其坐标分别为（14.182,0）、（16.011,0）、（17.663,0）、（19.349,0）。建立关键点的结果如图 7-21 所示。

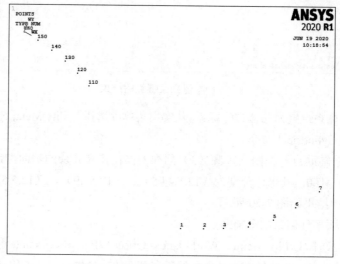

图 7-21 建立辅助点和关键点的结果

第 7 章 结构静力分析

(15) 建立编号为 8、9、10 的关键点。

① 将激活的坐标系设置为总体柱坐标系。从实用菜单中选择 Utility Menu > WorkPlane > Change Active CS to > Global Cylindrical 命令。

② 从主菜单中选择 Main Menu > Preprocessor > Modeling > Create > Keypoints > In Active CS 命令。

③ 在打开对话框的 Keypoint number 文本框中输入"8",在下面的文本框中分别输入"24"和"7.06",设置 X=24,Y=7.06,单击 OK 按钮。

④ 从主菜单中选择 Main Menu > Preprocessor > Modeling > Create > Keypoints > In Active CS 命令。

⑤ 在打开对话框的 Keypoint number 文本框中输入"9",在下面的文本框中分别输入"24"和"9.87",设置 X=24,Y=9.87,单击 OK 按钮。

⑥ 从主菜单中选择 Main Menu > Preprocessor > Modeling > Create > Keypoints > In Active CS 命令。

⑦ 在打开对话框的 Keypoint number 文本框中输入"10",在下面的文本框中分别输入"15"和"-8.13",设置 X=15,Y=-8.13,单击 OK 按钮,得到结果如图 7-22 所示。

(16) 在柱面坐标系中创建圆弧线。

① 从主菜单中选择 Main Menu > Preprocessor > Modeling > Create > Lines > Lines > Straight Line 命令,弹出创建圆弧线对话框,如图 7-23 所示。

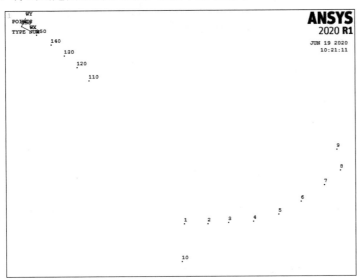

图 7-22 建立编号为 8、9、10 的关键点　　图 7-23 创建圆弧线

② 分别拾取关键点 10 和 1、1 和 2、2 和 3、3 和 4、4 和 5、5 和 6、6 和 7、7 和 8、8 和 9,然后单击 OK 按钮。

③ 创建圆弧线所得结果如图 7-24 所示。

(17) 把齿轮边上的线连接起来,使其成为一条线。

① 从主菜单中选择 Main Menu > Preprocessor > Modeling > Operate > Booleans > Add > Lines 命令。

② 在图形窗口中选择刚刚建立的齿轮边上的线,在选择对话框中单击 OK 按钮,如图 7-25 所示。

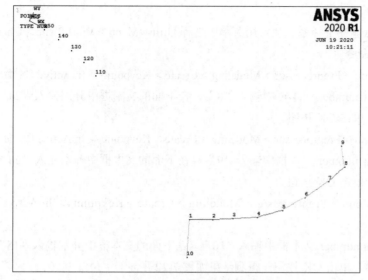

图 7-24 创建圆弧线的结果　　　　　　图 7-25 将线相加

③ 在打开的对话框中，ANSYS 会提示是否删除原来的线，在 Existing lines will be 后面的下拉列表中选择 Deleted 选项，单击 OK 按钮，如图 7-26 所示。

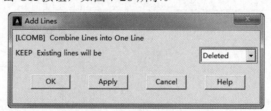

图 7-26 线相加后删除原来的线

线相加所得结果如图 7-27 所示。

（18）偏移工作平面到总坐标系的原点。从实用菜单中选择 Utility Menu > WorkPlane > Offset WP to > Global Origin 命令。

（19）将工作平面与总体直角坐标系对齐。从实用菜单中选择 Utility Menu > WorkPlane > Align WP with > Global Cartesian 命令。

（20）将工作平面旋转 9.87°。

① 从实用菜单中选择 Utility Menu > WorkPlane > Offset WP by Increments 命令。

② 打开旋转对话框，在 XY,YZ,ZX Angles 文本框中输入"9.87,0,0"，单击 OK 按钮。

（21）将激活的坐标系设置为工作平面坐标系。从实用菜单中选择 Utility Menu > WorkPlane > Change Active CS to > Working Plane 命令。

（22）将所有线沿 X-Z 面进行镜像（在 Y 方向）。

① 从主菜单中选择 Main Menu > Preprocessor > Modeling > Reflect > Lines 命令。

② 在打开的对话框中单击 Pick All 按钮，如图 7-28 所示。

③ 在打开的对话框中 ANSYS 会提示选择镜像的面和编号增量，选中 X-Z plane Y 单选按钮作为面，在 Keypoint increment 文本框中输入"1000"作为增量，然后在 Existing lines will be 下拉列表中选择 Copied 选项，单击 OK 按钮，如图 7-29 所示。

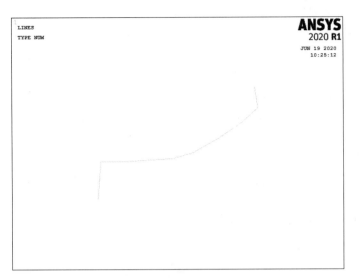

图 7-27 线相加后的结果　　　　　　　图 7-28 将线镜像

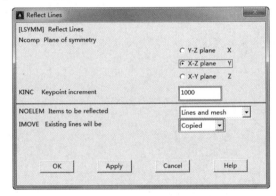

图 7-29 选择镜像面和编号增量

④ 将所有线镜像后的结果如图 7-30 所示。

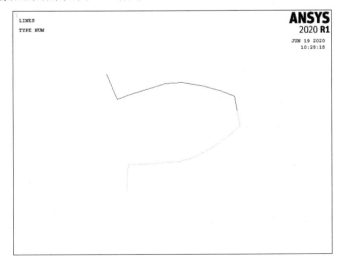

图 7-30 将所有线镜像的结果

（23）把齿顶上的两条线粘接起来。

① 从主菜单中选择 Main Menu > Preprocessor > Modeling > Operate > Booleans > Glue > Lines 命令。

② 选择齿顶上的两条线，在打开的对话框中单击 OK 按钮。

（24）把齿顶上的两条线加起来，成为一条线。

① 从主菜单中选择 Main Menu > Preprocessor > Modeling > Operate > Booleans > Add > Lines 命令。

② 选择齿顶上的两条线，在弹出的选择对话框中单击 OK 按钮，得到结果如图 7-31 所示。

（25）在柱坐标系下复制线。

① 将激活的坐标系设置为总体柱坐标系。从实用菜单中选择 Utility Menu > WorkPlane > Change Active CS to > Global Cylindrical 命令。

② 从主菜单中选择 Main Menu > Preprocessor > Modeling > Copy > Lines 命令，弹出 Copy Lines 对话框，如图 7-32 所示，单击 Pick All 按钮。

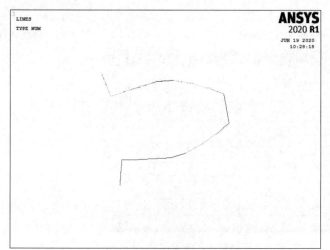
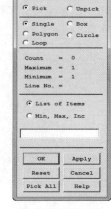

图 7-31　齿顶上线连起来的结果　　　　图 7-32　复制线

③ 在打开的对话框中，ANSYS 会提示复制的数量和偏移的坐标，在 Number of copies - including original 文本框中输入"10"，在 Y-offset in active CS 文本框中输入"36"，单击 OK 按钮，如图 7-33 所示。

④ 在柱坐标系下复制线后得到的结果如图 7-34 所示。

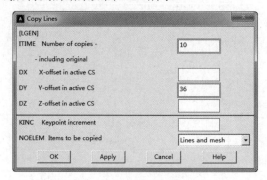

图 7-33　输入复制的数量和坐标

图 7-34　复制线后的结果

（26）把齿底上的所有线粘接起来。

① 从主菜单中选择 Main Menu > Preprocessor > Modeling > Operate > Booleans > Glue > Lines 命令。

② 分别选择齿底上的两条线，在打开的对话框中单击 OK 按钮。

（27）把齿底上的所有线加起来。

① 从主菜单中选择 Main Menu > Preprocessor > Modeling > Operate > Booleans > Add > Lines 命令。

② 分别选择齿底上的两条线，在打开的对话框中单击 OK 按钮。

③ 把齿底上的所有线加起来，结果如图 7-35 所示。

图 7-35　齿底上的线加起来的效果

（28）把所有线粘接起来。

① 从主菜单中选择 Main Menu > Preprocessor > Modeling > Operate > Booleans > Glue > Lines 命令。

② 在打开的对话框中单击 Pick All 按钮。

（29）用当前定义的所有线创建一个面。

① 从主菜单中选择 Main Menu > Preprocessor > Modeling > Create > Areas > Arbitrary > By Lines 命令。

② 选择所有的线，在打开的对话框中单击 OK 按钮。

③ 用当前定义的所有线创建一个面，效果如图 7-36 所示。

（30）创建圆面。

① 从主菜单中选择 Main Menu > Preprocessor > Modeling > Create > Areas > Circle > Solid Circle 命令。

② 在打开的对话框中设置 X = 0，Y = 0，Radius = 5，然后单击 OK 按钮，如图 7-37 所示。

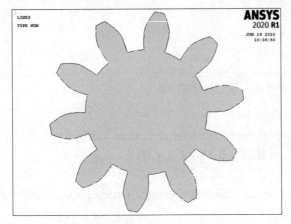

图 7-36　用线创建一个面的效果　　　　图 7-37　创建圆面

③ 创建圆面后的效果如图 7-38 所示。

（31）从齿轮面中"减"去圆面形成轴孔。

① 从主菜单中选择 Main Menu > Preprocessor > Modeling > Operate > Booleans > Subtract > Areas 命令。

② 拾取齿轮面，作为布尔"减"操作的母体，然后在打开的对话框中单击 Apply 按钮，如图 7-39 所示。

图 7-38　创建圆面的结果　　　　图 7-39　面相减

③ 拾取刚刚建立的圆面作为"减"去的对象，然后单击 OK 按钮，得到效果如图 7-40 所示。

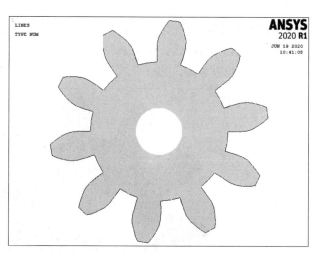

图 7-40 两个面相减的效果

（32）存储数据库 ANSYS。单击 ANSYS Toolbar 工具栏中的 SAVE_DB 按钮，保存数据库。

6. 对盘面划分网格

本节选用 PLANE182 单元对盘面划分映射网格，具体步骤如下。

（1）从主菜单中选择 Main Menu > Preprocessor > Meshing > MeshTool 命令，打开 Mesh Tool（网格划分工具）对话框，如图 7-41 所示。

（2）单击 Lines 后的 Set 按钮，打开线选择对话框，要求选择定义单元划分数的线，单击 Pick All 按钮。

（3）在弹出的对话框中 ANSYS 会提示线划分控制的信息，在 No.of element divisions（划分单元的分数）文本框中输入"10"，单击 OK 按钮，如图 7-42 所示。

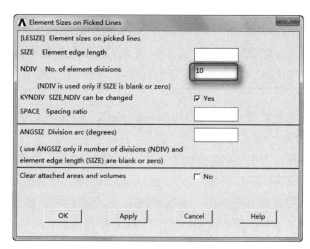

图 7-41 网格划分工具对话框　　　　图 7-42 线划分控制

（4）在 Mesh Tool（网格划分工具）对话框的 Mesh 下拉列表中选择 Areas 选项，单击 Mesh 按钮，打开面选择对话框，要求选择要划分数的面，单击 Pick All 按钮，如图 7-43 所示。

（5）ANSYS 会根据进行的线控制划分面，划分后的面如图 7-44 所示。

图 7-43　进行面选择

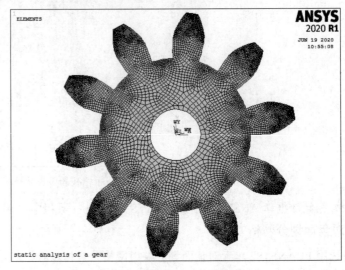

图 7-44　对面划分的结果

7.2.3　定义边界条件并求解

建立有限元模型后，就需要定义分析类型和施加边界条件及载荷，然后求解。本实例中载荷为 62.8rad/s 转速形成的离心力，位移边界条件将内孔边缘节点的周向位移固定。

1. 施加位移边界

本实例的位移边界条件为将内孔边缘节点的周向位移固定，为施加周向位移，需要将节点坐标系旋转到柱坐标系下，具体步骤如下：

（1）从实用菜单中选择 Utility Menu > WorkPlane > Change Active CS to > Global Cylindrical 命令，将激活坐标系切换到总体柱坐标系下。

（2）从主菜单中选择 Main Menu > Preprocessor > Modeling > Move/Modify > Rotate Node CS > To Active CS 命令，打开节点选择对话框，要求选择欲旋转的坐标系的节点。

（3）单击 Pick All 按钮，选择所有节点，所有节点的节点坐标系都将被旋转到当前激活坐标系即总体坐标系下。

（4）从实用菜单中选择 Utility Menu > Select > Entities 命令，弹出 Select Entities（实体选择）对话框，如图 7-45 所示。

（5）在第一个下拉列表中选择 Nodes（节点）选项，如图 7-45 所示。

（6）在下面的下拉列表中选择 By Location（通过位置选取）选项。

（7）在位置选项中列出了位置属性的 3 个可用项（即标识位置的 3 个坐标分量），选中 X coordinates（X 坐标）单选按钮，表示要通过 X 坐标进行选取，注意此时激活坐标系为柱坐标系，X 代表的是径向。

（8）在文本框中输入用最大值和最小值构成的范围，这里输入 "5"，表示选择径向坐标为 5 的

第 7 章 结构静力分析

节点，即内孔边上的节点。

（9）单击 OK 按钮，将符合要求的节点添加到选择集中。

（10）从主菜单中选择 Main Menu > Solution > Define Loads > Apply > Structural > Displacement > on Nodes 命令，打开节点选择对话框，要求选择欲施加位移约束的节点。

（11）单击 Pick All 按钮，选择当前选择集中的所有节点（当前选择集中的节点为步骤（4）～步骤（9）中选择的内孔边上的节点），打开 Apply U,ROT on Nodes（在节点上施加位移约束）对话框，如图 7-46 所示。

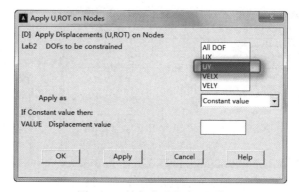

图 7-45　实体选择对话框　　　　　　图 7-46　施加位移约束对话框

（12）在其中选择 UY（Y 方向位移）选项，此时节点坐标系为柱坐标系，Y 方向为周向，即施加周向位移约束。

（13）单击 OK 按钮，ANSYS 在选定节点上施加指定的位移约束，如图 7-47 所示。

（14）从实用菜单中选择 Utility Menu > Select > Everything 命令，选取所有图元、单元和节点。

2．施加转速惯性载荷及压力载荷并求解

（1）从主菜单中选择 Main Menu > Solution > Define Load > Apply > Structural > Inertia > Angular Veloc > Global 命令，打开 Apply Angular Velocity（施加角速度）对话框，如图 7-48 所示。

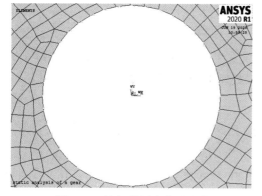
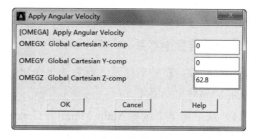

图 7-47　施加的周向位移约束　　　　　　图 7-48　施加角速度对话框

· 201 ·

（2）在 Global Cartesian Z-comp（总体 Z 轴角速度分量）文本框中输入"62.8"，需要注意的是，转速是相对于总体笛卡儿坐标系施加的，单位是 rad/s。

（3）单击 OK 按钮，施加转速引起的惯性载荷。

（4）从主菜单中选择 Main Menu > Solution > Define Load > Apply > Structural > Pressure > On Lines 命令，打开选择线对话框，选择两个相邻的齿边，单击 OK 按钮，然后打开 Apply PRES on lines 对话框，在 Load PRES value 文本框中输入"5e6"，单击 OK 按钮，施加齿轮啮合产生的压力，如图 7-49 所示。

（5）单击 ANSYS Toolbar 工具栏中的 SAVE_DB 按钮，保存数据库。

（6）从主菜单中选择 Main Menu > Solution > Solve > Current LS 命令，打开一个确认对话框，如图 7-50 所示。要求查看列出的求解选项。

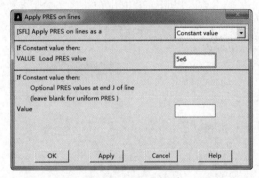
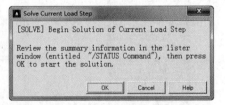

图 7-49　施加压力　　　　　图 7-50　求解当前载荷步确认对话框

（7）查看列表中的信息确认无误后，单击 OK 按钮，开始求解。

（8）求解完成后打开如图 7-51 所示的提示求解结束对话框。

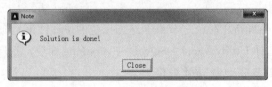

图 7-51　提示求解结束

（9）单击 Close 按钮，关闭提示求解结束对话框。

7.2.4　查看结果

求解完成后，就可以利用 ANSYS 软件生成的结果文件（对于静力分析，就是 jobname.rst）进行后处理。静力分析中通常通过 POST1 后处理器就可以处理和显示大多数感兴趣的结果数据。

1. 旋转结果坐标系

对于旋转件，在柱坐标系下查看结果会比较方便，因此在查看变形和应力分布之前，首先将结果坐标系旋转到柱坐标系下。

（1）从主菜单中选择 Main Menu > General Postproc > Option for Outp 命令，打开 Options for Output（结果输出）对话框，如图 7-52 所示。

第 7 章 结构静力分析

图 7-52 结果输出对话框

（2）在 Results coord system（结果坐标系）下拉列表中选择 Global cylindric（总体柱坐标系）选项。

（3）单击 OK 按钮，接受设定，关闭对话框。

2．查看变形

关键的变形为径向变形，在高速旋转时，径向变形过大，可能导致边缘与齿轮壳发生摩擦。

（1）从主菜单中选择 Main Menu > General Postproc > Plot Result > Contour Plot > Nodal Solu 命令，打开 Contour Nodal Solution Data（等值线显示节点解数据）对话框，如图 7-53 所示。

（2）在 Item to be contoured（等值线显示结果项）列表框中选择 DOF Solution（自由度解）> X-Component of displacement（X 向位移）选项，此时，结果坐标系为柱坐标系，X 向位移即为径向位移。

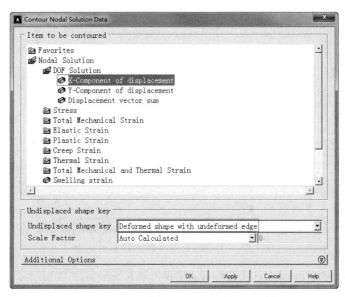

图 7-53 等值线显示节点解数据对话框

（3）在 Undisplaced shape key 下拉列表中选择 Deformed shape with undeformed edge（变形后和

未变形轮廓线）选项。

（4）单击 OK 按钮，在图形窗口中显示出变形图，包含变形前的轮廓线，如图 7-54 所示。在该图中，下方的色谱表明不同的颜色对应的数值（带符号）。

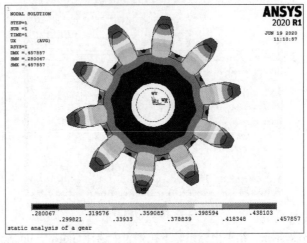

图 7-54　径向变形图

从图 7-54 中可以看出在边缘处的最大径向位移只有 0.457 左右，变形还是很小的。

（5）从主菜单中选择 Main Menu > General Postproc > Read Results > Next Set 命令，读取下一个结果。

3．查看径向应力

齿轮高速旋转时的主要应力也是径向应力，因此需要查看该方向上的应力。

（1）从主菜单中选择 Main Menu > General Postproc > Plot Results > Contour Plot > Nodal Solu 命令，打开 Contour Nodal Solution Data（等值线显示节点解数据）对话框，如图 7-55 所示。

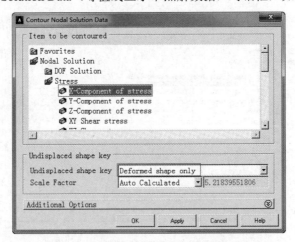

图 7-55　等值线显示节点解数据对话框

（2）在 Item to be contoured（等值线显示结果项）列表框中选择 Stress（应力）> X-Component of stress（X 方向应力）选项。

（3）在 Undisplaced shape key 下拉列表中选择 Deformed shape only（仅显示变形后模型）选项。

（4）单击 OK 按钮，图形窗口中将显示出 X 方向（径向）应力分布图，如图 7-56 所示。

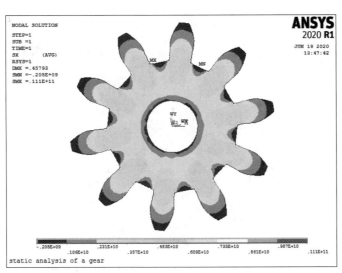

图 7-56 径向应力分布图

（5）从主菜单中选择 Main Menu > General Postproc > Plot Results > Contour Plot > Nodal Solu 命令，打开 Contour Nodal Solution Data 对话框。

（6）在 Item to be contoured 列表框中选择 Stress > von Mises stress 选项。

（7）在 Undisplaced shape key 下拉列表中选择 Deformed shape only 选项。

（8）单击 OK 按钮，图形窗口中将显示出 von Mises 等效应力分布图，如图 7-57 所示。

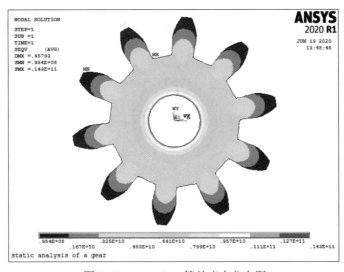

图 7-57 von Mises 等效应力分布图

4．查看周向应力

齿轮高速旋转时的主要应力也是周向应力，有必要查看这个方向上的应力。

（1）从主菜单中选择 Main Menu > General Postproc > Plot Results > Contour Plot > Nodal Solu 命令，打开 Contour Nodal Solution Data（等值线显示节点解数据）对话框。

（2）在 Item to be contoured（等值线显示结果项）列表框中选择 Stress（应力）> Y-Component of stress（Y 方向应力）选项。

（3）在 Undisplaced shape key 下拉列表中选择 Deformed shape only（仅显示变形后模型）选项。

（4）单击 OK 按钮，图形窗口中将显示出 Y 方向（周向）应力分布图，如图 7-58 所示。

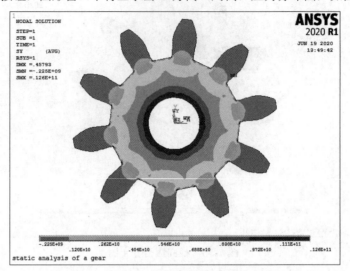

图 7-58　周向应力分布图

通过以上分析可知，在高速旋转的齿轮泵中，由于旋转引起的齿轮的应力和变形都很小。如果读者感兴趣，可以画出应力、应变、位移等变量的动态显示图。

7.2.5　命令流方式

命令流方式这里不再详细介绍，读者可参见随书资源中的电子文档。

第 8 章

模态分析

固有频率和振型是承受动态载荷结构设计中的重要参数。用 ANSYS 模态分析可以确定一个结构的固有频率和振型。

本章将通过实例讲述模态分析的基本步骤和具体方法。

- ☑ 模态分析概论
- ☑ 高速齿轮模态分析
- ☑ 钢桁架桥模态分析

任务驱动&项目案例

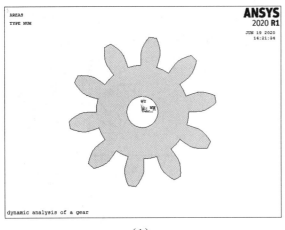

（1）

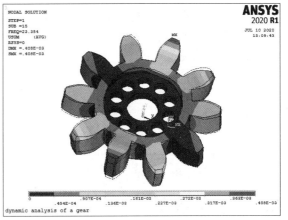

（2）

8.1 模态分析概论

用户使用 ANSYS 的模态分析来决定一个结构或者机器部件的振动频率（固有频率和振型）。模态分析也可以是另一个动力学分析的出发点，例如瞬态动力学分析、谐响应分析或者谱分析等。

可以对有预应力的结构进行模态分析，例如旋转的涡轮叶片。另一个分析功能是循环对称结构模态分析，该功能允许通过只对循环对称结构的一部分进行建模，从而分析产生整个结构的振型。

ANSYS 产品家族的模态分析是线性分析。任何非线性特性，如塑性和接触（间隙）单元，即使定义了也将被忽略。

需要记住以下两个要点。

（1）模态分析中只有线性行为是有效的，如果指定了非线性单元，它们将被当作是线性的。例如，如果分析中包含了接触单元，则系统取其初始状态的刚度值并且不再改变此刚度值。

（2）必须指定杨氏弹性模量 EX（或某种形式的刚度）和密度 DENS（或某种形式的质量）。材料性质可以是线性的或非线性的、各向同性或正交各向异性的、恒定的或与温度有关的，非线性特性将被忽略。用户必须对某些指定的单元进行实常数的定义。

8.2 实例——高速齿轮模态分析

本节通过对齿轮进行模态分析，介绍 ANSYS 的模态分析过程。

8.2.1 分析问题

齿轮结构的工作状态是变化的，即动态的，由于结构的振动特性决定结构对于各种动力载荷的响应情况，所以在准备进行其他动力分析之前首先要进行模态分析。齿轮实体如图 8-1 所示。

- 标准齿轮。
- 齿顶直径：48mm。
- 齿底直径：40mm。
- 齿数：10。
- 厚度：8mm，中间厚 3mm。
- 弹性模量：2.06E11。
- 密度：7.8e3kg/m³。

8.2.2 建立模型

图 8-1 齿轮实体

建立模型包括：设定分析作业名和标题；定义单元类型和实常数；定义材料属性；建立几何模型；划分有限元网格。

1. 设定分析作业名和标题

在进行一个新的有限元分析时，通常需要修改数据库名，并在图形输出窗口中定义一个标题来说明当前进行的工作内容。另外，对于不同的分析范畴（结构分析、热分析、流体分析、电磁场分析等），

ANSYS 所用的主菜单的内容不尽相同,为此,需要在分析开始时选定分析内容的范畴,以便 ANSYS 显示出与其相对应的菜单选项。

(1)从实用菜单中选择 Utility Menu > File > Change Jobname 命令,打开 Change Jobname(修改文件名)对话框,如图 8-2 所示。

(2)在 Enter new jobname(输入新的文件名)文本框中输入"Modal Gear",作为本分析实例的数据库文件名。

(3)单击 OK 按钮,完成文件名的修改。

(4)从实用菜单中选择 Utility Menu > File > Change Title 命令,打开 Change Title(修改标题)对话框,如图 8-3 所示。

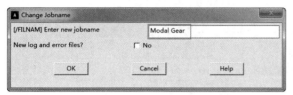

图 8-2 修改文件名对话框

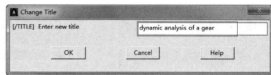

图 8-3 修改标题对话框

(5)在 Enter new title(输入新标题)文本框中输入"dynamic analysis of a gear",作为本分析实例的标题名。

(6)单击 OK 按钮,完成对标题名的指定。

(7)从实用菜单中选择 Utility Menu > Plot > Replot 命令,指定的标题 dynamic analysis of a gear 将显示在图形窗口的左下角。

(8)从主菜单中选择 Main Menu > Preference 命令,打开 Preference of GUI Filtering(菜单过滤参数选择)对话框,选中 Structural 复选框,单击 OK 按钮确定。

2.定义单元类型

在进行有限元分析时,首先应根据分析问题的几何结构、分析类型和所分析的问题精度要求等,选定适合具体分析的单元类型。本例中选用 20 节点体单元 SOLID186。

(1)从主菜单中选择 Main Menu > Preprocessor > Element Types > Add/Edit/Delete 命令,将打开 Element Types(单元类型)对话框。

(2)单击 Add 按钮,打开 Library of Element Types(单元类型库)对话框,如图 8-4 所示。

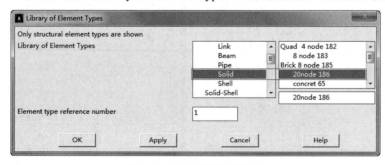

图 8-4 单元类型库对话框

(3)在左边的列表框中选择 Solid 选项,表示选择实体单元类型。

(4)在右边的列表框中选择 20node 186 选项,表示选择 20 节点三维单元 SOLID186。

（5）单击 OK 按钮，将添加 SOLID186 单元，并关闭单元类型库对话框，同时返回步骤（1）打开的单元类型对话框，如图 8-5 所示。

（6）单击 Close 按钮，关闭单元类型对话框，结束单元类型的添加。

3．定义实常数

本实例中选用三维 SOLID186 单元，不需要设置其厚度实常数。

4．定义材料属性

惯性力的静力分析中必须定义材料的弹性模量和密度，具体步骤如下：

（1）从主菜单中选择 Main Menu > Preprocessor > Material Props > Materia Models 命令，将打开 Define Material Model Behavior（定义材料模型属性）窗口，如图 8-6 所示。

图 8-5　单元类型对话框

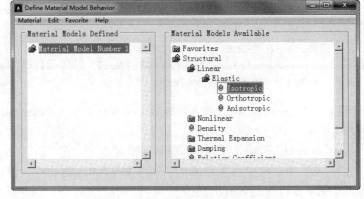

图 8-6　定义材料模型属性窗口

（2）依次选择 Structural > Linear > Elastic > Isotropic 选项，展开材料属性的树形结构，此时将打开 1 号材料的弹性模量 EX 和泊松比 PRXY 的定义对话框，如图 8-7 所示。

（3）在 EX 文本框中输入弹性模量"2.06E11"，在 PRXY 文本框中输入泊松比"0.3"。

（4）单击 OK 按钮，关闭对话框，并返回定义材料模型属性窗口，在该窗口的左边列表框中将出现刚刚定义的参考号为 1 的材料属性。

（5）依次选择 Structural > Density 选项，打开定义材料密度对话框，如图 8-8 所示。

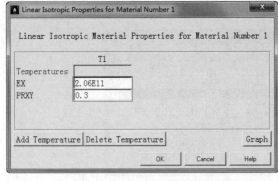

图 8-7　线性各向同性材料的弹性模量和泊松比

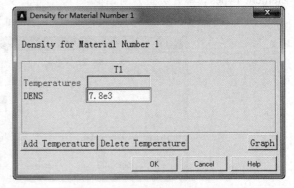

图 8-8　定义材料密度对话框

（6）在 DENS 文本框中输入密度数值"7.8e3"。

（7）单击 OK 按钮，关闭对话框，并返回定义材料模型属性窗口，在该窗口的左边列表框中参考号为 1 的材料属性下方将出现密度项。

（8）在 Define Material Model Behavior 窗口中，从菜单栏中选择 Material > Exit 命令，或者单击右上角的关闭按钮，退出定义材料模型属性窗口，完成对材料模型属性的定义。

5．建立齿轮的三维实体模型

按照前面章节中介绍的方法建立齿轮面，如图 8-9 所示。下面将继续建模直至建立三维的齿轮模型。

（1）用当前定义的面创建一个体。

① 从主菜单中选择 Main Menu > Preprocessor > Modeling > Operate > Extrude > Areas > Along Normal 命令。

② 选择创建体的面，在打开的对话框中单击 OK 按钮，如图 8-10 所示。

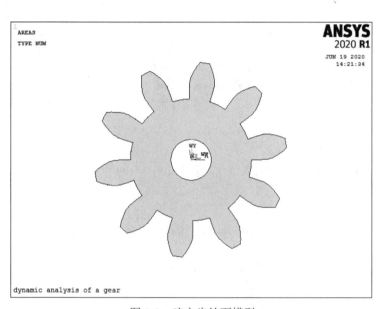
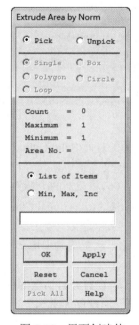

图 8-9　建立齿轮面模型　　　　　　图 8-10　用面创建体

③ 这时会打开 Extrude Area along Normal 对话框，在 Length of extrusion 文本框中输入"-8"，如图 8-11 所示。

（2）创建一个圆柱体。

① 从主菜单中选择 Main Menu > Preprocessor > Modeling > Create > Volumes > Cylinder > Solid Cylinder 命令。

② 打开 Solid Cylinder 对话框，在 WP X 文本框中输入"0"，在 WP Y 文本框中输入"0"，在 Radius 文本框中输入"12"，在 Depth 文本框中输入"2.5"，如图 8-12 所示。单击 OK 按钮，生成一个圆柱体。

（3）偏移工作平面。

① 从实用菜单中选择 Utility Menu > WorkPlane > Offset WP to >XYZ Locations + 命令。

② 打开 Offset WP to XYZ Location 对话框，在 Global Cartesian 下面的文本框中输入"0,0,8"，单击 OK 按钮，如图 8-13 所示。

（4）创建另一个圆柱体。

① 从主菜单中选择 Main Menu > Preprocessor > Modeling > Create > Volumes > Cylinder > Solid Cylinder 命令。

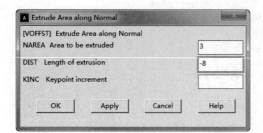

图 8-11 创建体　　　图 8-12 创建圆柱体　　　图 8-13 平移工作平面

② 打开 Solid Cylinder 对话框，在 WP X 文本框中输入"0"，在 WP Y 文本框中输入"0"，在 Radius 文本框中输入"12"，在 Depth 文本框中输入"-2.5"，单击 OK 按钮，生成另一个圆柱体。

（5）将激活的坐标系设置为总体柱坐标系。从实用菜单中选择 Utility Menu > WorkPlane > Change Active CS to > Global Cylindrical 命令。

（6）定义一个关键点。

① 从主菜单中选择 Main Menu > Preprocessor > Modeling > Create > Keypoints > In Active CS 命令。

② 在打开对话框的 NPT 后面的文本框中输入"10000"，在下面的文本框中分别输入"8.5"和"-5"，设置 X=8.5，Y=-5，单击 OK 按钮，如图 8-14 所示。

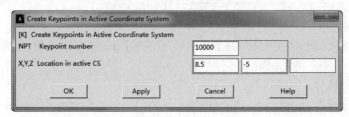

图 8-14 创建关键点

（7）偏移工作平面到给定位置。

① 从实用菜单中选择 Utility Menu > WorkPlane > Offset WP to > Keypoints + 命令。

② 在 ANSYS 图形窗口选择刚刚建立的关键点，单击 OK 按钮。

（8）将激活的坐标系设置为工作平面坐标系。从实用菜单中选择 Utility Menu > WorkPlane > Change Active CS to > Working Plane 命令。

（9）创建一个圆柱体。

① 从主菜单中选择 Main Menu > Preprocessor > Modeling > Create > Volumes > Cylinder > Solid Cylinder 命令。

② 在打开对话框的 WP X 文本框中输入"0"，在 WP Y 文本框中输入"0"，在 Radius 文本框

中输入"2",在 Depth 文本框中输入"8",单击 OK 按钮,生成另一个圆柱体。

(10) 从齿轮体中"减"去两个大圆柱体。

① 从主菜单中选择 Main Menu > Preprocessor > Modeling > Operate > Booleans > Subtract > Volumes 命令。

② 拾取齿轮体,作为布尔"减"操作的母体,在打开的对话框中单击 Apply 按钮,如图 8-15 所示。

③ 拾取前面建立的两个较大的圆柱体作为"减"去的对象,单击 OK 按钮。

(11) 从实用菜单中选择 Utility Menu > Plot > Volumes 命令,所得结果如图 8-16 所示。

(12) 将激活的坐标系设置为总体柱坐标系。从实用菜单中选择 Utility Menu > WorkPlane > Change Active CS to > Global Cylindrical 命令。

(13) 将小圆柱沿周向方向复制。

① 从主菜单中选择 Main Menu > Preprocessor > Modeling > Copy > Volumes 命令。

② 打开 Copy Volumes 拾取框,选择前面建立的小圆柱,如图 8-17 所示。

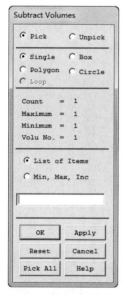  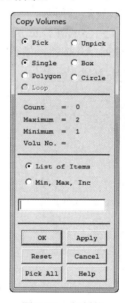

图 8-15 体相减　　　　图 8-16 体相减的结果　　　　图 8-17 复制体

③ ANSYS 会提示复制的数量和偏移的坐标,在 Number of copies 文本框中输入"10",在 Y-offset in active CS 文本框中输入"36",单击 OK 按钮,如图 8-18 所示。

(14) 从齿轮体中"减"去 10 个圆柱体。

① 从主菜单中选择 Main Menu > Preprocessor > Modeling > Operate > Booleans > Subtract > Volumes 命令。

② 拾取齿轮体作为布尔"减"操作的母体,在打开的拾取框中单击 Apply 按钮。

③ 拾取刚刚建立的 10 个圆柱体作为"减"去的对象,单击 OK 按钮。

(15) 从实用菜单中选择 Utility Menu > Plot > Volumes 命令,所得结果如图 8-19 所示。

(16) 存储数据库 ANSYS。单击 ANSYS Toolbar 工具栏中的 SAVE_DB 按钮以保存。

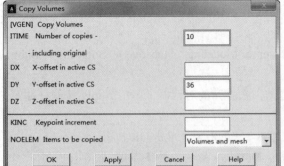

图 8-18　输入复制的数量和坐标　　　　图 8-19　最终创建的模型

6. 对齿轮体进行划分网格

本节选用 SOLID186 单元对盘面划分网格。

（1）从主菜单中选择 Preprocessor > Meshing > MeshTool 命令，打开 Mesh Tool（网格划分工具）对话框，如图 8-20 所示。

（2）选中 Smart Size 复选框，将滑标设置为 3，单击 Mesh 按钮，这时出现 Mesh Volumes 对话框，单击 Pick All 按钮，如图 8-21 所示。网格划分后的结果如图 8-22 所示。

图 8-20　网格划分工具对话框　　　图 8-21　选择分网的体　　　图 8-22　网格划分后的结果

8.2.3　进行模态分析设置、施加边界条件并求解

在进行模态分析中，建立有限元模型后，就需要进行模态分析设置、施加边界条件、求解、进行模态扩展设置、进行扩展求解。

第 8 章 模态分析

1. 进行模态分析设置

（1）从主菜单中选择 Main Menu > Solution > Analysis Type > New Analysis 命令，打开 New Analysis 设置对话框，选择分析的种类，这里选中 Modal 单选按钮，单击 OK 按钮，如图 8-23 所示。

（2）从主菜单中选择 Main Menu > Solution > Analysis Type > Analysis Options 命令，打开 Modal Analysis 设置对话框，进行模态分析设置，这里选中 Block Lanczos 单选按钮，在 No. of modes to extract 文本框中输入"15"，设置 Expand mode shapes 为 Yes，在 No. of modes to expand 文本框中输入"15"，单击 OK 按钮，如图 8-24 所示。

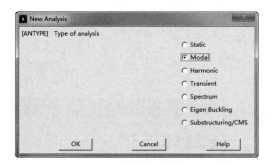
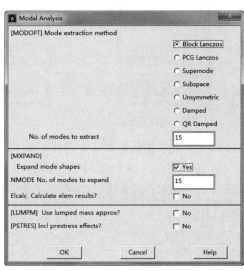

图 8-23　选择模态分析种类　　　　　　图 8-24　选择模态分析方法

（3）打开 Block Lanczos Method 对话框，在 Start Freq (initial shift) 文本框中输入"0"，在 End Frequency 文本框中输入"100000"，单击 OK 按钮，如图 8-25 所示。

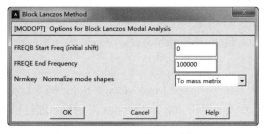

图 8-25　选择频率范围

2. 施加边界条件

（1）从主菜单中选择 Main Menu > Solution > Define Loads > Apply > Structural > Displacement > on Keypoints 命令，打开关键点选择对话框，选择欲施加位移约束的关键点，这里选择内径上的一个关键点，例如 407 号关键点，单击 OK 按钮，如图 8-26 所示。

（2）打开约束种类的对话框，在列表框中选择 All DOF 选项，单击 OK 按钮，如图 8-27 所示。

3. 求解

（1）从主菜单中选择 Main Menu > Solution > Solve > Current LS 命令，打开一个确认对话框，如图 8-28 所示。要求查看列出的求解选项。

图 8-26 选择关键点

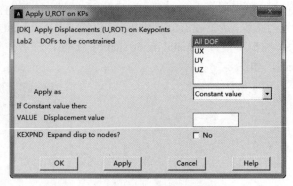

图 8-27 选择约束的种类

（2）查看列表中的信息确认无误后，单击 OK 按钮，开始求解。
（3）ANSYS 会显示求解过程中的状态，如图 8-29 所示。

图 8-28 求解当前载荷步确认对话框

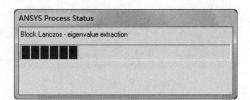

图 8-29 求解状态

（4）求解完成后打开如图 8-30 所示的提示求解结束对话框。
（5）单击 Close 按钮，关闭提示求解结束对话框。
（6）从主菜单中选择 Main Menu > Finish 命令。

4．进行模态扩展设置

（1）重新进入求解器，从主菜单中选择 Main Menu > Solution > Load Step Opts > ExpansionPass > Single Expand > Expand modes 命令，打开 Expand Modes 对话框，进行模态扩展设置，在 No. of modes to expand 文本框中输入"15"，在 Frequency range 文本框中分别输入"0"和"100000"，设置 Calculate elem results 为 Yes，单击 OK 按钮，如图 8-31 所示。

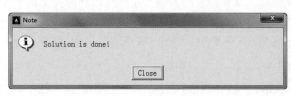

图 8-30 提示求解结束

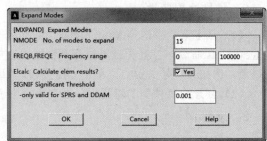

图 8-31 设置频率范围

第 8 章 模态分析

（2）从主菜单中选择 Main Menu > Solution > Load Step Opts > Output Ctrls > DB/Results Files 命令，打开数据输出设置对话框，在 Item to be controlled 下拉列表中选择 All items 选项，在 File write frequency 选项组中选中 Every substep 单选按钮，单击 OK 按钮，如图 8-32 所示。

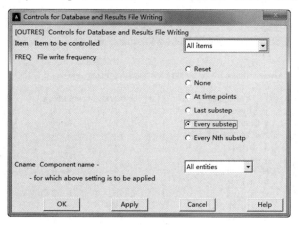

图 8-32　数据输出设置

（3）从主菜单中选择 Main Menu > Solution > Load Step Opts > Output Ctrls > Solu Printout 命令，打开结果输出设置对话框，在 Item for printout control 下拉列表中选择 All items 选项，在 Print frequency 选项组中选中 Every substep 单选按钮，单击 OK 按钮，如图 8-33 所示。

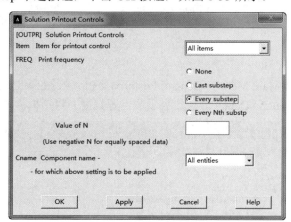

图 8-33　结果输出设置

5. 进行扩展求解

（1）从主菜单中选择 Main Menu > Solution > Solve > Current LS 命令。
（2）打开一个确认对话框，查看列出的求解选项。
（3）查看列表中的信息确认无误后，单击 OK 按钮，开始求解。
（4）求解完成后打开提示求解结束对话框，单击 Close 按钮，关闭提示求解结束对话框。

8.2.4　查看结果

求解完成后，就可以利用 ANSYS 软件生成的结果文件（对于静力分析，就是 jobname.rst）进行后处理。静力分析中通常通过 POST1 后处理器就可以处理和显示多数感兴趣的结果数据。

1. 列表显示分析的结果

（1）从主菜单中选择 Main Menu > General Postproc > Results Summary 命令，打开 SET LIST Command 列表显示结果，如图 8-34 所示。

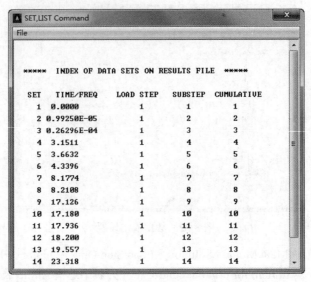

图 8-34　分析结果的列表显示

（2）读取一个载荷步的结果，从主菜单中选择 Main Menu > General Postproc > Read Results > Last Set 命令。

2. 查看总变形

（1）从主菜单中选择 Main Menu > General Postproc > Plot Result > Contour Plot > Nodal Solu 命令，打开 Contour Nodal Solution Data（等值线显示节点解数据）对话框，如图 8-35 所示。

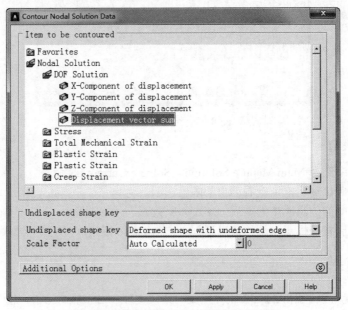

图 8-35　等值线显示节点解数据对话框

第 8 章 模态分析

（2）在 Item to be contoured（等值线显示结果项）列表框中选择 DOF Solution（自由度解）> Displacement vector sum（总位移）选项。

（3）在 Undisplaced shape key 下拉列表中选择 Deformed shape with undeformed edge（变形后和未变形轮廓线）选项。

（4）单击 OK 按钮，在图形窗口中将显示出变形图，包含变形前的轮廓线，如图 8-36 所示。在该图中，下方的色谱表示不同的颜色对应的数值（带符号）。

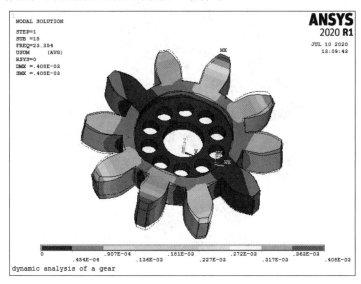

图 8-36 总变形图

3. 查看 von Mises 等效应力

（1）从主菜单中选择 Main Menu > General Postproc > Plot Results > Contour Plot > Nodal Solu 命令，打开 Contour Nodal Solution Data（等值线显示节点解数据）对话框，如图 8-37 所示。

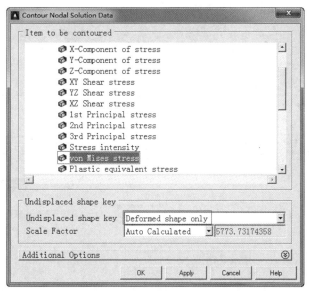

图 8-37 等值线显示节点解数据对话框

（2）在 Item to be contoured 列表框中选择 Stress > von Mises stress 选项。

（3）在 Undisplaced shape key 下拉列表中选择 Deformed shape only 选项。

（4）单击 OK 按钮，图形窗口中将显示出 von Mises 等效应力分布图，如图 8-38 所示。

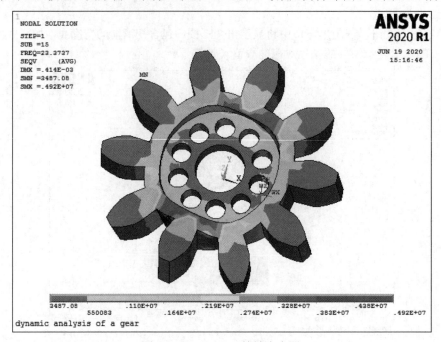

图 8-38　von Mises 等效应力图

4．动画显示模态形状

（1）从实用菜单中选择 Utility Menu > PlotCtrls > Animate > Mode Shape 命令。

（2）在打开的对话框中选择 DOF solution 选项，然后再选择 Translation USUM 选项，单击 OK 按钮，如图 8-39 所示。动画显示如图 8-40 所示。

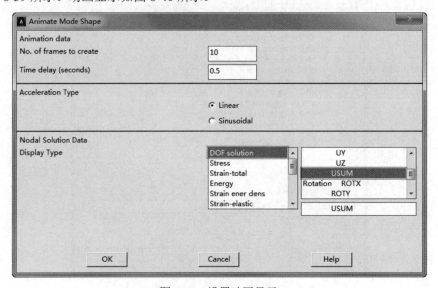

图 8-39　设置动画显示

(3) 如要停止播放变形动画,单击 Stop 按钮。

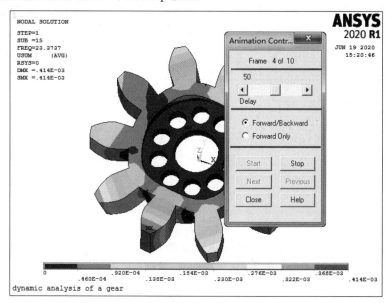

图 8-40 动画显示

8.2.5 命令流方式

命令流方式这里不再详细介绍,读者可参见随书资源中的电子文档。

8.3 实例——钢桁架桥模态分析

8.3.1 问题描述

已知下承式简支钢桁架桥尺寸如图 8-41 所示。杆件规格及材料属性如表 8-1 和表 8-2 所示。

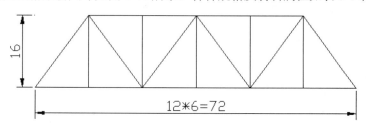

图 8-41 钢桁架桥简图

表 8-1 钢桁架桥杆件规格

杆 件	截 面 号	形 状	规 格
端斜杆	1	工字形	400×400×16×16
上下弦	2	工字形	400×400×12×12
横向连接梁	2	工字形	400×400×12×12
其他腹杆	3	工字形	400×300×12×12

表 8-2 材料属性

参　数	钢　材	混凝土
弹性模量 EX	2.1×10^{11}	3.5×10^{10}
泊松比 PRXY	0.3	0.1667
密度 DENS	7850	2500

8.3.2 GUI 操作方法

建模过程与第 7 章的建模过程相同，施加的位移约束相同，但是不需要施加荷载（除了零位移约束之外的其他类型的荷载——力、压力、加速度等可以在模态分析中指定，但是在模态提取时将被忽略）。下面进行模态求解。

1．求解

（1）选择分析类型。

（2）从主菜单中选择 Main Menu > Solution > Analysis Type > New Analysis 命令，在弹出的 New Analysis 对话框中选择 Model 选项，单击 OK 按钮关闭对话框。

设置分析选项：从主菜单中选择 Main Menu > Solution > Analysis Type > Analysis Option 命令，弹出 Modal Analysis 对话框，按图 8-42 中的参数进行设置，单击 OK 按钮。接着弹出 PCG Lanczos Modal Analysis 对话框，在 FREQE 后面的文本框中输入"100"，如图 8-43 所示。

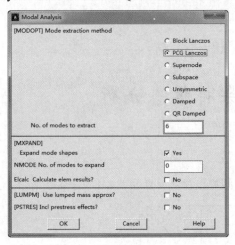
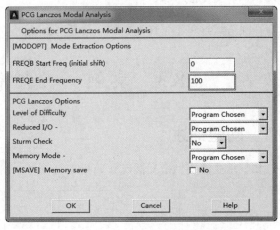

图 8-42　选择模态求解方式　　　　　　图 8-43　设置子空间求解法

（3）开始求解。从主菜单中选择 Main Menu > Solution > Solve > Current LS 命令，弹出一个名为 /STATUS Command 的对话框，如图 8-44 所示。检查无误后，单击 Close 按钮。在弹出的另一个 Solve Current Load Step 对话框中，单击 OK 按钮开始求解。求解结束后，关闭 Solution is done 对话框。

2．查看结果

（1）列表显示频率。从主菜单中选择 Main Menu > General Postproc > Results Summary 命令，弹出频率结果文本列表，如图 8-45 所示。

（2）显示各阶频率振型图。

① 读取荷载步。从主菜单中选择 Main Menu > General Postproc > Read Results > First Set 命令，菜单中 First Set（第一步）、Next Set（下一步）、Previous Set（前一步）、Last Set（最后一步）、

By Pick(任意选择步数)等,可以任意选择读取荷载步,每一步代表一阶模态。

② 显示振型图。每次读取一阶模态之后,就可以显示该阶振型。从主菜单中选择 Main Menu > General Postproc > Plot Results > Contour Plot > Nodal Solu 命令,选择 Nodal Solution > DOF Solution > Displacement vector sum 选项,就可以显示振型图。图 8-46 为前六阶模态的振型图。

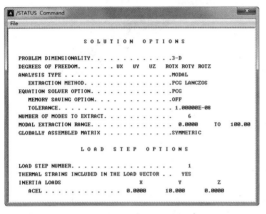

图 8-44 求解信息

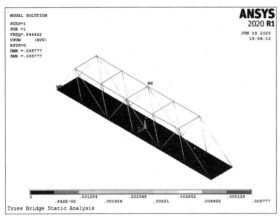

(a)第一阶振型

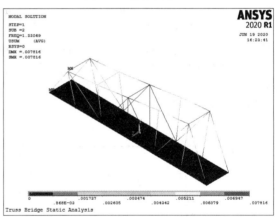

(b)第二阶振型

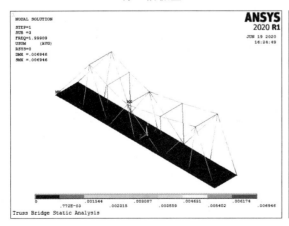

(c)第三阶振型

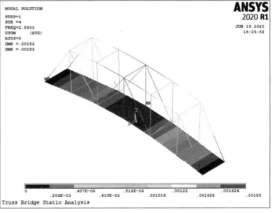

(d)第四阶振型

图 8-46 六阶模态振型图

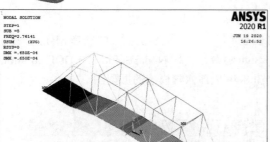
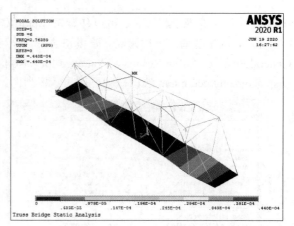

|（e）第五阶振型 | （f）第六阶振型|

图 8-46 六阶模态振型图（续）

（3）查看模态求解信息。在 ANSYS Output Window 中可以查看模态计算时的求解信息。如果想把求解信息保存下来，则需要在求解（solve）之前，将输出信息写入文本中，操作如下：在进行求解之前，从实用菜单中选择 Utility Menu > File > Switch Output to > File 命令，弹出 Switch Output to File 对话框，定义文件名，选择保存路径之后，单击 OK 按钮创建文件，然后求解。求解结束之后，从实用菜单中选择 Utility Menu > File > Switch Output to > Output Window 命令，使信息继续在输出窗口中显示，不再保存到创建的文件中。完整的求解信息中主要包含总质量、结构在各方向的总转动惯量、各种单元质量、各阶频率、周期、参与因数、参与比例、有效质量、有效质量积累因数等。

模态各方向参与因数计算如表 8-3 所示。

表 8-3 各阶模态参与因数

模态	频 率	周 期	参 与 因 数	参 与 比 例	有 效 质 量	有效质量积累
X 方向参与因数计算						
1	1.20835	0.82757	4.51E-03	0.00006	2.04E-05	3.47E-09
2	1.66921	0.59908	2.65E-04	0.000004	7.01E-08	3.48E-09
3	2.30789	0.4333	-2.13E-03	0.000029	4.56E-06	4.25E-09
4	2.43382	0.41088	-16.577	0.221531	274.783	4.68E-02
5	3.96078	0.25248	1.14E-02	0.000152	1.29E-04	4.68E-02
6	3.9914	0.25054	74.827	1	5599.12	1
					总质量 5873.90	
Y 方向参与因数计算						
模态	频 率	周 期	参 与 因 数	参 与 比 例	有 效 质 量	有效质量积累
1	1.20835	0.82757	6.14E-03	0.000009	3.76E-05	8.16E-11
2	1.66921	0.59908	-4.54E-05	0	2.06E-09	8.16E-11
3	2.30789	0.4333	-4.27E-03	0.000006	1.82E-05	1.21E-10
4	2.43382	0.41088	679.15	1	461241	0.99999
5	3.96078	0.25248	-2.23E-02	0.000033	4.97E-04	0.99999
6	3.9914	0.25054	2.1269	0.003132	4.52367	1
					总质量 461246	

续表

Z方向参与因数计算

模态	频率	周期	参与因数	参与比例	有效质量	有效质量积累
1	1.20835	0.82757	218.62	1	47799.6	0.999624
2	1.66921	0.59908	−3.245	0.014843	10.53	0.999844
3	2.30789	0.4333	2.6971	0.012337	7.27422	0.999996
4	2.43382	0.41088	−3.79E−04	0.000002	1.44E−07	0.999996
5	3.96078	0.25248	0.4391	0.002008	0.192808	1
6	3.9914	0.25054	−8.20E−03	0.000038	6.73E−05	1
					总质量 47813.6	

RX方向参与因数计算

模态	频率	周期	参与因数	参与比例	有效质量	有效质量积累
1	1.20835	0.82757	3038.8	1	9.23E+06	0.998889
2	1.66921	0.59908	8.9082	0.002932	79.3561	0.998898
3	2.30789	0.4333	−100.92	0.033212	10189.4	1
4	2.43382	0.41088	2.15E−02	0.000007	4.63E−04	1
5	3.96078	0.25248	1.2935	0.000426	1.67321	1
6	3.9914	0.25054	−0.10188	0.000034	1.04E−02	1
					总质量 9244300	

RY方向参与因数计算

模态	频率	周期	参与因数	参与比例	有效质量	有效质量积累
1	1.20835	0.82757	−62.423	0.018844	3896.61	3.52E−04
2	1.66921	0.59908	3312.6	1	1.10E+07	0.992069
3	2.30789	0.4333	−17.912	0.005407	320.826	0.992098
4	2.43382	0.41088	7.48E−03	0.000002	9.60E−05	0.992098
5	3.96078	0.25248	−299.71	0.089266	87442.2	1
6	3.9914	0.25054	1.14E−02	0.000003	1.30E−04	1
					总质量 11065200	

RZ方向参与因数计算

模态	频率	周期	参与因数	参与比例	有效质量	有效质量积累
1	1.20835	0.82757	2.76E−02	1.00E−05	7.60E−04	9.10E−11
2	1.66921	0.59908	−7.66E−03	3.00E−06	9.87E−05	9.80E−11
3	2.30789	0.4333	1.01E−02	4.00E−06	1.03E−04	1.10E−10
4	2.43382	0.41088	17.11	0.005921	292.763	3.51E−05
5	3.96078	0.25248	2.40E−03	1.00E−06	9.76E−06	3.51E−05
6	3.9914	0.25054	2889.7	1	8.35E+06	1
					总质量 8350830	

3. 退出程序

单击 ANSYS Toolbar 工具栏上的 QUIT 按钮，弹出如图 8-47 所示的 Exit 对话框，选取一种保存方式，单击 OK 按钮，退出 ANSYS。

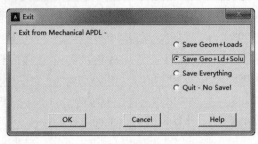

图 8-47 退出 ANSYS 对话框

8.3.3 命令流方式

命令流方式这里不再详细介绍，读者可参见随书资源中的电子文档。

第 9 章

谐响应分析

谐响应分析是用于确定线性结构在承受随时间按正弦（简谐）规律变化的载荷时的稳态响应的一种技术。分析的目的是计算出结构在几种频率下的响应，并得到一些响应值（通常是位移）对频率的曲线。从这些曲线上可以找到"峰值"响应，并进一步观察峰值频率对应的应力。

本章将通过实例讲述谐响应分析的基本步骤和具体方法。

- ☑ 谐响应分析概论
- ☑ 悬臂梁谐响应分析

任务驱动&项目案例

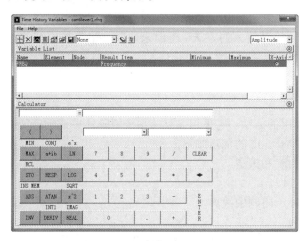

（1）

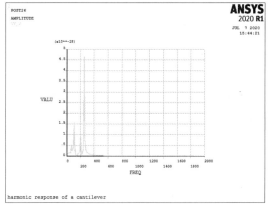

（2）

9.1 谐响应分析概论

任何持续的周期载荷将在结构系统中产生持续的周期响应（谐响应）。谐响应分析使设计人员能预测结构的持续动力特性，从而使设计人员能够验证其设计能否成功地克服共振、疲劳及其他受迫振动引起的有害后果。

这种分析技术只计算结构的稳态受迫振动，发生在激励开始时的瞬态振动不在谐响应分析中考虑，如图 9-1 所示。

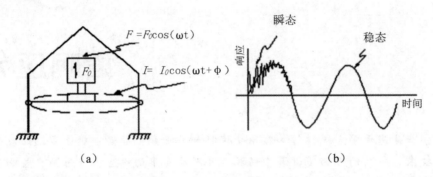

图 9-1 谐响应分析示例

说明：图 9-1（a）表示标准谐响应分析系统，F0 和 ω 已知，I0 和 φ 未知；图 9-1（b）表示结构的稳态和瞬态谐响应分析。

谐响应分析是一种线性分析。任何非线性特性，如塑性和接触（间隙）单元，即使被定义了也将被忽略。但在分析中可以包含非对称矩阵，如分析在流体——结构相互作用中的问题。谐响应分析同样也可以用于分析有预应力的结构，如小提琴的弦（假定简谐应力比预加的拉伸应力小得多）。

谐响应分析可以采用 3 种方法，即 Full Method（完全法）、Reduced Method（减缩法）和 Mode Superposition Method（模态叠加法）。当然，还有另一种方法，就是将简谐载荷指定为有时间历程的载荷函数而进行瞬态动力学分析，这是一种消耗相对较大的方法。下面来比较一下各种方法的优缺点。

9.1.1 Full Method（完全法）

Full Method（完全法）是 3 种方法中最容易使用的方法。它采用完整的系统矩阵计算谐响应（没有矩阵减缩），矩阵可以是对称或非对称的。Full Method 的优点如下。

- ☑ 容易使用，因为不必关心如何选取主自由度和振型。
- ☑ 使用完整矩阵，因此不涉及质量矩阵的近似。
- ☑ 允许有非对称矩阵，这种矩阵在声学或轴承问题中很典型。
- ☑ 用单一处理过程计算出所有的位移和应力。
- ☑ 允许施加各种类型的载荷：节点力、外加的（非零）约束、单元载荷（压力和温度）。
- ☑ 允许采用实体模型上所加的载荷。

Full Method 的一个缺点是预应力选项不可用；另一个缺点是当采用 Frontal 方程求解器时，通常比其他的方法消耗大。但是采用 JCG 求解器或 JCCG 求解器时，Full Method 的效率很高。

9.1.2 Reduced Method（减缩法）

Reduced Method（减缩法）通常采用主自由度和减缩矩阵来压缩问题的规模。主自由度处的位移被计算出来后，解可以被扩展到初始的完整 DOF 集上。

Reduced Method 的优点如下。
- ☑ 在采用 Frontal 求解器时比 Full Method 更快且消耗小。
- ☑ 可以考虑预应力效果。

Reduced Method 的缺点如下。
- ☑ 初始解只计算出主自由度的位移。如要得到完整的位移、应力和力的解，则须执行扩展处理（扩展处理在某些分析应用中是可选操作）。
- ☑ 不能施加单元载荷（压力、温度等）。
- ☑ 所有载荷必须施加在用户定义的自由度上，这就限制了采用实体模型上所加的载荷。

9.1.3 Mode Superposition Method（模态叠加法）

Mode Superposition Method（模态叠加法）通过对模态分析得到的振型（特征向量）乘上因子并求和来计算出结构的响应。它的优点如下。
- ☑ 对于许多问题，此法比 Reduced Method 或 Full Method 更快且消耗小。
- ☑ 在模态分析中施加的载荷可以通过 LVSCALE 命令用于谐响应分析中。
- ☑ 可以使解按结构的固有频率聚集，这样便可产生更平滑、更精确的响应曲线图。
- ☑ 可以包含预应力效果。
- ☑ 允许考虑振型阻尼（阻尼系数为频率的函数）。

Mode Superposition Method 的缺点如下。
- ☑ 不能施加非零位移。
- ☑ 在模态分析中使用 PowerDynamics 方法时，初始条件中不能有预加的载荷。

9.1.4　3 种方法的共同局限性

谐响应的 3 种方法有着如下的共同局限性。
- ☑ 所有载荷必须随时间按正弦规律变化。
- ☑ 所有载荷必须有相同的频率。
- ☑ 不允许有非线性特性。
- ☑ 不计算瞬态效应。

可以通过进行瞬态动力学分析来克服这些限制，这时应将简谐载荷表示为有时间历程的载荷函数。

9.2　实例——悬臂梁谐响应分析

本节通过对一根悬臂梁进行谐响应分析，来介绍 ANSYS 的谐响应分析过程。

9.2.1 分析问题

在图 9-2 中,悬臂梁长为 $L=0.6$,宽 $b=0.06$,高 $h=0.03$,材料的弹性模量 $E=70\text{GPa}$,泊松比 $\nu=0.33$,密度 $\rho=2800\ \text{kg/m}^3$,一端固定,另一端有一水平作用力 84N。受迫振动位置为 0.48 处。分析悬臂梁的响应,谐响应是所有响应的基础,可以先分析谐响应。

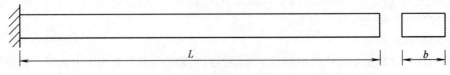

图 9-2 悬臂梁示意图

9.2.2 建立模型

建立模型包括设定分析作业名和标题;定义单元类型和实常数;定义材料属性;建立几何模型;划分有限元网格。

1. 设定分析作业名和标题

在进行一个新的有限元分析时,通常需要修改数据库名,并在图形输出窗口中定义一个标题来说明当前进行的工作内容。另外,对于不同的分析范畴(结构分析、热分析、流体分析、电磁场分析等),ANSYS 所用的主菜单的内容不尽相同,为此,我们需要在分析开始时选定分析内容的范畴,以便 ANSYS 显示出与其相对应的菜单选项。

(1)选择实用菜单中的 Utility Menu > File > Change Jobname 命令,打开 Change Jobname(更改文件名)对话框,如图 9-3 所示。

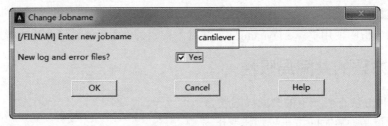

图 9-3 更改文件名对话框

(2)在 Enter new jobname 文本框中输入文字"cantilever",为本分析实例的数据库文件名。

(3)单击 OK 按钮,完成文件名的修改。

(4)选择实用菜单中的 Utility Menu > File > Change Title 命令,打开 Change Title 对话框,如图 9-4 所示。

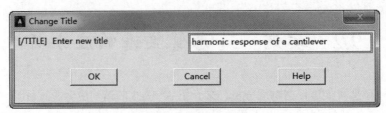

图 9-4 更改标题对话框

（5）在 Enter new title 文本框中输入文字"harmonic response of a cantilever"，为本分析实例的标题名。

（6）单击 OK 按钮，完成对标题名的指定。

（7）选择实用菜单中的 Utility Menu > Plot > Replot 命令，指定的标题"harmonic response of a cantilever"将显示在图形窗口的左下角。

（8）选择主菜单中的 Main Menu > Preference 命令，将打开菜单过滤参数选择对话框，选中 Structural 复选框，单击 OK 按钮确定。

（9）选择主菜单中的 Main Menu > Solution > Analysis Type > New Analysis 命令，打开 New Analysis（新建分析）对话框，进行模态分析设置，在 Type of analysis 选项组中选中 Static 单选按钮，单击 OK 按钮。

2. 定义单元类型

在进行有限元分析时，首先应根据分析问题的几何结构、分析类型和所分析的问题精度要求等，选定适合具体分析的单元类型。本例中选用二节点线单元 Link 180。

（1）选择主菜单中的 Main Menu > Preprocessor > Element Type > Add/Edit/Delete 命令，打开单元类型对话框。

（2）单击 Add 按钮，打开 Library of Element Types（单元类型库）对话框，如图 9-5 所示。

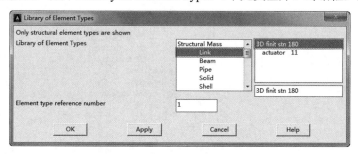

图 9-5　单元类型库对话框

（3）在左边的列表框中选择 Link 选项，选择线单元类型。

（4）在右边的列表框中选择 3D finit stn 180 选项，选择二节点线单元 Link 180。

（5）单击 OK 按钮，将 Link 180 单元添加，并关闭单元类型库对话框，同时返回步骤（1）打开的 Element Types（单元类型）对话框，如图 9-6 所示。

（6）单击 Close 按钮，关闭单元类型对话框，结束单元类型的添加。

3. 定义实常数

本实例中选用线单元 Link 180，需要设置其实常数。

（1）在命令行输入：R,1,1.8E-9

（2）选择主菜单中的 Main Menu > Preprocessor > Real Constants > Add/Edit/Delete 命令，打开如图 9-7 所示的 Real Constants（实常数）对话框，显示已经定义了 1 组实常数。

（3）单击 Close 按钮，关闭实常数对话框。

4. 定义材料属性

考虑谐响应分析中必须定义材料的弹性模量和密度。

（1）选择主菜单中的 Main Menu > Preprocessor > Material Props > Materia Models 命令，将打开 Define Material Model Behavior（定义材料模型属性）对话框，如图 9-8 所示。

图 9-6 单元类型对话框

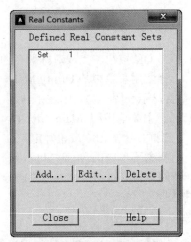
图 9-7 实常数设置对话框

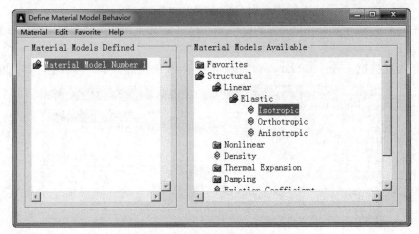
图 9-8 定义材料模型属性对话框

（2）依次选择列表框中的 Structural > Linear > Elastic > Isotropic 选项，展开材料属性的树形结构，打开线性各向同性材料对话框，在此设置 1 号材料的弹性模量 EX 和泊松比 PRXY，如图 9-9 所示。

（3）在 EX 文本框中输入弹性模量 "7E6"，在 PRXY 文本框中输入泊松比 "0.33"。

（4）单击 OK 按钮，关闭对话框，并返回定义材料模型属性对话框，在此窗口的左边一栏出现刚刚定义的参考号为 1 的材料属性。

（5）依次选择列表框中的 Structural > Density 选项，打开定义材料密度对话框，如图 9-10 所示。

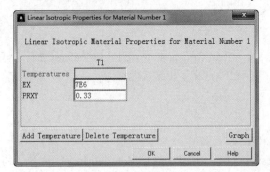
图 9-9 线性各向同性材料对话框

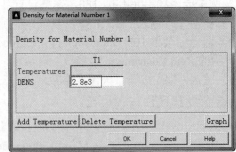
图 9-10 定义材料密度对话框

第 9 章 谐响应分析

(6) 在 DENS 文本框中输入密度数值"2.8e3"。

(7) 单击 OK 按钮，关闭对话框，并返回定义材料模型属性对话框，在此窗口的左边一栏参考号为 1 的材料属性下方出现密度项。

(8) 在定义材料模型属性对话框中，从菜单中选择 Material > Exit 命令，或者单击右上角的关闭按钮，退出定义材料模型属性对话框，完成对材料模型属性的定义。

5. 建立弹簧、质量、阻尼振动系统模型

(1) 定义两个节点 1 和 11。

① 选择主菜单中的 Main Menu > Preprocessor > Modeling > Create > Nodes > In Active CS 命令，弹出 Create Nodes in Active Coordinate System（创建当前坐标系统的节点）对话框。

② 在 Node number 文本框中输入"1"，单击 Apply 按钮，如图 9-11 所示。

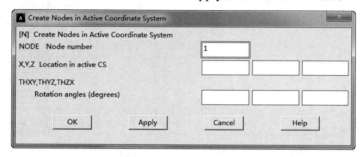

图 9-11 创建当前坐标系统的节点对话框

③ 重复上述操作，在 Node number 文本框中输入"11"，在 X,Y,Z Location in active CS 右侧的第一个文本框中输入"0.6"，单击 OK 按钮。

(2) 定义其他节点 2~10。

① 选择主菜单中的 Main Menu > Preprocessor > Modeling > Create > Nodes > Fill between nds 命令，弹出 Fill between Nds（节点间填充）对话框，如图 9-12 所示。

② 在文本框中输入"1,11"，单击 OK 按钮。

③ 在打开的 Create Nodes Between 2 Nodes（在两节点间创建节点）对话框中，单击 OK 按钮，如图 9-13 所示。所得结果如图 9-14 所示。

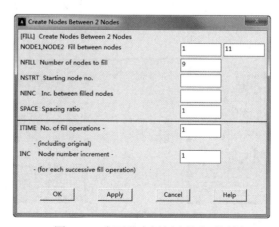

图 9-12 节点间填充对话框　　图 9-13 在两节点间创建节点对话框

(3) 定义一个单元。

① 选择主菜单中的 Main Menu > Preprocessor > Modeling > Create > Elements > Auto Numbered > Thru Nodes 命令，弹出 Elements from Nodes（自节点创建单元）拾取对话框。

② 在文本框中输入"1,2"，用节点 1 和节点 2 创建一个单元，单击 OK 按钮，如图 9-15 所示。

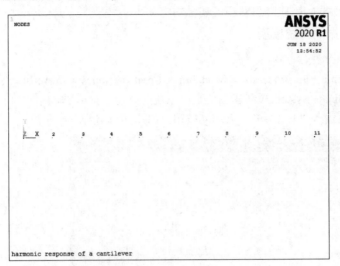
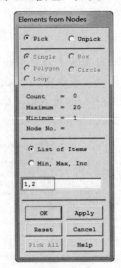

图 9-14　创建的结点　　　　　　　图 9-15　自节点创建单元拾取对话框

(4) 创建其他单元。

① 选择主菜单中的 Main Menu > Preprocessor > Modeling > Copy > Elements > Auto Numbered 命令，弹出复制单元拾取对话框。

② 在文本框中输入"1"，选择第一个单元，单击 OK 按钮，如图 9-16 所示。

③ 在打开的复制单元控制对话框中，在 Total number of copies 文本框中输入"10"，在 Node number increment 文本框中输入"1"，单击 OK 按钮，如图 9-17 所示。

(5) 选择主菜单中的 Main Menu > Solution > Define Loads > Apply > Structural > Displacement > On Nodes 命令，打开施加位移约束拾取对话框，要求选择欲施加位移约束的节点。

(6) 在文本框中输入"1"，单击 OK 按钮，如图 9-18 所示。

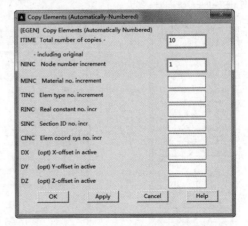

图 9-16　复制单元拾取对话框　　　　图 9-17　复制单元控制对话框

(7) 打开施加位移约束对话框，在 DOFs to be constrained 列表框中选择 All DOF 选项（单击一

第 9 章 谱响应分析

次使其高亮度显示，确保其他选项未被高亮度显示）。单击 OK 按钮，如图 9-19 所示。

（8）选择主菜单中的 Main Menu > Solution > Define Loads > Apply > Structural > Displacement > On Nodes 命令，打开施加位移约束拾取对话框，要求选择欲施加位移约束的节点。在节点选择对话框中，在文本框中输入"11"，单击 OK 按钮。

（9）打开施加位移约束对话框，在 DOFs to be constrained 列表框中选择 UY 选项（单击一次使其高亮度显示，确保其他选项未被高亮度显示），单击 OK 按钮。

（10）选择主菜单中的 Main Menu > Solution > Define Loads > Apply > Structural > Displacement > On Nodes 命令，打开施加位移约束拾取对话框，要求选择欲施加位移约束的节点。在节点选择对话框中单击 Pick All。

（11）打开施加位移约束对话框，在 DOFs to be constrained 列表框中选择 UZ 选项（单击一次使其高亮度显示，确保其他选项未被高亮度显示），单击 OK 按钮。

（12）选择主菜单中的 Main Menu > Solution > Define Loads > Apply > Structure > Force/Moment > On Nodes 命令，打开施加力约束拾取对话框。

（13）在文本框中输入"11"，单击 OK 按钮，如图 9-20 所示。

图 9-18　施加位移约束拾取对话框

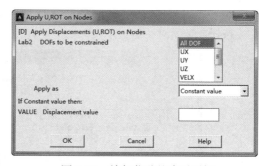
图 9-19　施加位移约束对话框

（14）在 Direction of force/mom 下拉列表中选择 FX 选项，在 Force/moment value 文本框中输入"84"，单击 OK 按钮，如图 9-21 所示。

图 9-20　施加力约束拾取对话框

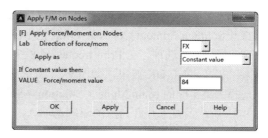
图 9-21　施加力约束对话框

(15)施加载荷后的结果如图9-22所示。

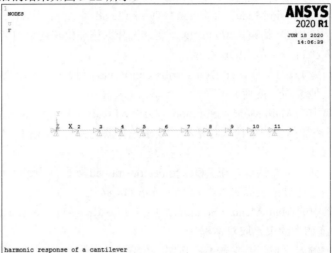

图9-22　加载后的图

(16)选择主菜单中的 Main Menu > Solution > Analysis Type > Sol'n Controls 命令,弹出 Solution Controls(求解控制)对话框。

(17)在 Basic 选项卡中选中 Calculate prestress effects 复选框,使求解过程包含预应力,如图9-23所示。单击 OK 按钮,关闭对话框。

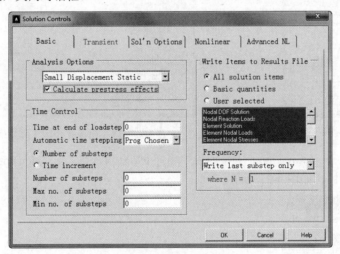

图9-23　求解控制对话框

(18)选择主菜单中的 Main Menu > Solution > Load Step Opts > Output Ctrls > Solu Printout 命令。

(19)打开 Solution Printout Controls(求解输出控制)对话框,在 Item for printout control 下拉列表中选择 Basic quantities 选项,在 Print frequency 栏中选中 Every Nth substp 单选按钮,在 Value of N 文本框中输入"1",单击 OK 按钮,如图9-24所示。

(20)选择主菜单中的 Main Menu > Solution > Solve > Current LS 命令,打开确认对话框和状态列表,如图9-25所示。要求查看列出的求解选项。

第 9 章 谱响应分析

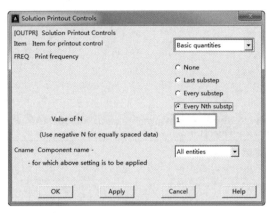

图 9-24 求解输出控制对话框

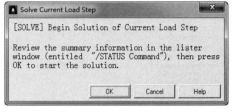

图 9-25 求解当前载荷步对话框

（21）查看列表中的信息确认无误后，单击 OK 按钮，开始求解。

（22）求解完成后，打开如图 9-26 所示的提示求解结束对话框。

（23）单击 Close 按钮，关闭提示求解结束对话框。

（24）选择主菜单中的 Main Menu > Finish 命令。

（25）选择主菜单中的 Main Menu > Solution > Analysis Type > New Analysis 命令，打开 New Analysis（新建分析）对话框，进行模态分析设置，在 Type of analysis 选项组中选中 Modal 单选按钮，单击 OK 按钮，如图 9-27 所示。

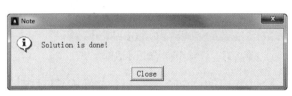

图 9-26 提示求解结束对话框

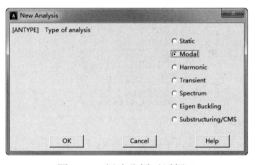

图 9-27 新建分析对话框

（26）选择主菜单中的 Main Menu > Solution > Analysis Type > Analysis Options 命令，打开 Modal Analysis（模态分析）对话框，要求进行模态分析设置，选中 Block Lanczos 单选按钮，在 No. of modes to extract 文本框中输入"6"，将 Expand mode shapes 设置为 Yes，在 No. of modes to expand 文本框中输入"6"，将 Incl prestress effects 设置为 Yes，单击 OK 按钮，如图 9-28 所示。

（27）在兰索斯（Block Lanczos）模态提取法对话框的 Start Freq 文本框中输入"0"，在 End Frequency 文本框中输入"100000"，单击 OK 按钮，如图 9-29 所示。

（28）选择主菜单中的 Main Menu > Solution > Define Loads > Delete > Structural > Displacement > on Nodes 命令，弹出 Delete Node Constraints（删除节点约束）拾取对话框，要求选择欲施加位移约束的节点，在文本框中输入"11"，选择 11 号节点，单击 OK 按钮，如图 9-30 所示。

（29）打开删除节点约束对话框，在下拉列表中选择 UY 选项，单击 OK 按钮，如图 9-31 所示。

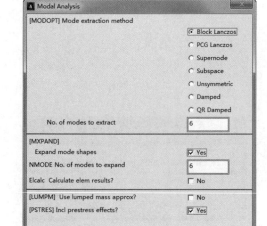

图 9-28　模态分析对话框

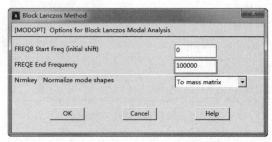

图 9-29　兰索斯（Block Lanczos）模态提取法对话框

图 9-30　删除节点约束拾取对话框

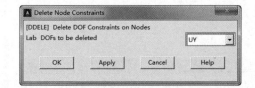

图 9-31　删除节点约束对话框

（30）选择主菜单中的 Main Menu > Solution > Solve > Current LS 命令，打开确认对话框和状态列表，要求查看列出的求解选项。

（31）查看列表中的信息确认无误后，单击 OK 按钮，开始求解。

（32）求解完成后，打开提示求解结束对话框。

（33）单击 Close 按钮，关闭提示求解结束对话框。

（34）选择主菜单中的 Main Menu > Finish 命令。

（35）选择主菜单中的 Main Menu > Solution > Analysis Type > New Analysis 命令，打开 New Analysis（新建分析）对话框，进行模态分析设置，在 Type of analysis 选项组中选中 Harmonic 单选按钮，单击 OK 按钮，如图 9-32 所示。

（36）选择主菜单中的 Main Menu > Solution > Analysis Type > Analysis Options 命令，打开 Harmonic Analysis（谐响应分析）对话框，要求进行谐响应分析设置，在 Solution method 下拉列表中选择 Mode Superpos'n 选项，在 DOF printout format 下拉列表中选择 Amplitud+phase 选项，单击 OK 按钮，如图 9-33 所示。

第9章 谐响应分析

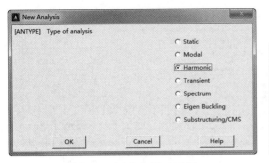
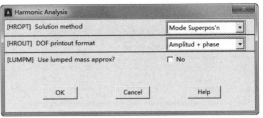

图 9-32　新建分析对话框　　　　　图 9-33　谐响应分析对话框

（37）系统弹出 Mode Sup Harmonic Analysis（模态子步谐响应分析）对话框，在 Maximum mode number 文本框中输入 "6"，单击 OK 按钮，如图 9-34 所示。

（38）选择主菜单中的 Main Menu > Solution > Define Loads > Delete > Structure > Force/Moment > On Nodes 命令，打开删除节点力拾取对话框。

（39）在文本框中输入 "11"，单击 OK 按钮，如图 9-35 所示。

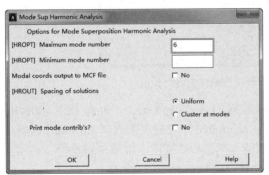

图 9-34　模态子步谐响应分析对话框　　　图 9-35　删除节点力拾取对话框

（40）打开删除节点力对话框，在下拉列表中选择 FX 选项，单击 OK 按钮，如图 9-36 所示。

（41）选择主菜单中的 Main Menu > Solution > Define Loads > Apply > Structural > Force/Moment > On Nodes，打开施加节点力拾取对话框。

（42）在文本框中输入 "9"，单击 OK 按钮。

（43）在 Direction of force/mom 下拉列表中选择 FY 选项，在 Real part of force/mom 文本框中输入 "-1"，单击 OK 按钮。

（44）选择主菜单中的 Main Menu > Solution > Load Step Opts > Time/Frequenc > Freq and Substps 命令。

（45）在 Harmonic Frequency and Substep Options（频率和子步控制）对话框中，在 Harmonic freq range 文本框中分别输入 "0" 和 "2000"，在 Number of substeps 文本框中输入 "250"，在 Stepped or ramped b.c. 选项组中选中 Stepped 单选按钮，单击 OK 按钮，如图 9-37 所示。

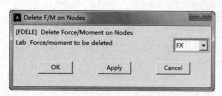

图 9-36　删除节点力对话框

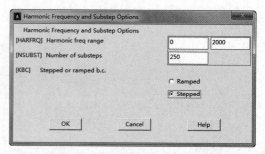

图 9-37　频率和子步控制对话框

（46）选择主菜单中的 Main Menu > Solution > Load Step Opts > Output Ctrls > Solu Printout 命令，打开解决方案控制器对话框，如图 9-38 所示。在 Item for printout control 下拉列表中选择 Basic quantities 选项，然后选中 Print frequency 后面的 None 单选按钮，单击 OK 按钮。

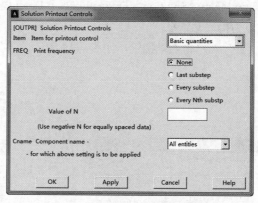

图 9-38　解决方案控制器对话框

（47）选择主菜单中的 Main Menu > Solution > Load Step Opts > Output Ctrls > DB/Results Files 命令，打开数据输出设置对话框，在 Item to be controlled 下拉列表中选择 All items 选项，在 File write frequency 选项组中选中 Every substep 单选按钮，单击 OK 按钮，如图 9-39 所示。

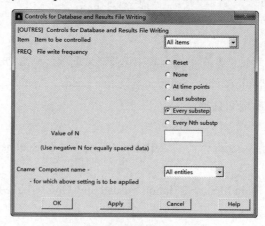

图 9-39　数据输出设置对话框

（48）选择主菜单中的 Main Menu > Solution > Solve > Current LS 命令，打开确认对话框和状态列表，要求查看列出的求解选项。

第 9 章 谐响应分析

（49）查看列表中的信息确认无误后，单击 OK 按钮，开始求解。

（50）求解完成后打开提示求解结束对话框。单击 Close 按钮，关闭提示求解结束对话框。

（51）选择主菜单中的 Main Menu > Finish 命令。

（52）单击 ANSYS Toolbar 工具条中的 SAVE_DB 按钮，保存文件。

9.2.3 查看结果

求解完成后，就可以利用 ANSYS 软件生成的结果文件（对于静力分析，就是 Jobname.RST）进行后处理。动态分析中通常通过 POST26 时间历程后处理器就可以处理和显示大多数感兴趣的结果数据。

1. 图形显示

（1）选择主菜单中的 Main Menu > TimeHist Postpro 命令，将出现时间历程变量对话框，如图 9-40 所示。

（2）选择菜单命令 Open Results…，打开 cantilever.rfrq 结果文件，同时打开 cantilever.db 数据文件。

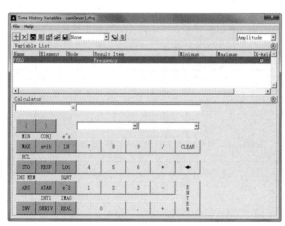

图 9-40 时间历程变量对话框

（3）单击"添加"按钮，打开 Add Time-History Variable（添加时间历程变量）对话框，如图 9-41 所示。

图 9-41 添加时间历程变量对话框

(4)通过选择 Nodal Solution > DOF Solution > Y-Component of displacement 选项，单击 OK 按钮，打开 Node for Data（定义节点数据）拾取对话框，如图 9-42 所示。

(5)在文本框中输入"5"，单击 OK 按钮。返回时间历程变量对话框，结果如图 9-43 所示。

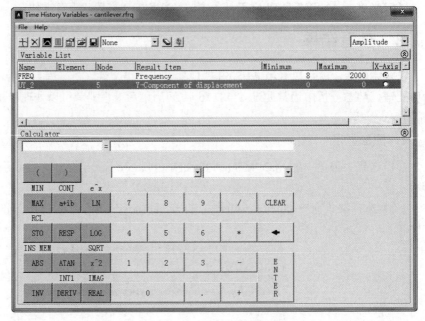

图 9-42　定义节点数据拾取对话框

图 9-43　时间历程变量对话框

(6)单击 Graph Data 按钮，在图形窗口中就会出现该变量随时间的变化曲线，如图 9-44 所示。

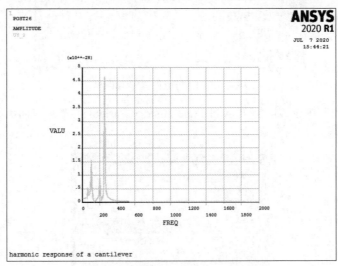

图 9-44　变量随频率的变化曲线

2. 列表显示

(1)选择主菜单中的 Main Menu > TimeHist Postpro > List Variables 命令。

(2)在弹出对话框的 1st variable to list 文本框中输入"2"，单击 OK 按钮，如图 9-45 所示。

（3）ANSYS 进行列表显示，会出现变量与频率的值的列表，如图 9-46 所示。

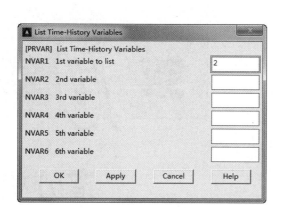

图 9-45　选择变量

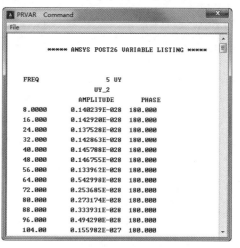

图 9-46　变量与频率的列表

9.2.4　命令流方式

命令流方式这里不再详细介绍，读者可参见随书资源中的电子文档。

第 10 章

谱分析

谱分析是模态分析的扩展,用于计算结构对地震及其他随机激励的响应。本章将介绍 ANSYS 谱分析的全流程,讲解其中各种参数的设置方法与功能,最后通过支撑平板的动力效果分析实例对 ANSYS 谱分析功能进行具体演示。

通过本章的学习,读者将可以完整深入地掌握 ANSYS 谱分析的各种功能和应用方法。

- ☑ 谱分析概论
- ☑ 支撑平板动力效果谱分析

任务驱动&项目案例

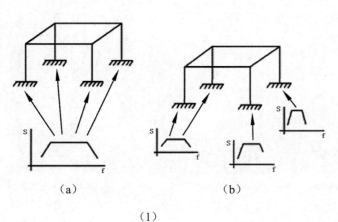

第 10 章 谱分析

10.1 谱分析概论

ANSYS 谱分析总共包括以下 3 种类型。
- ☑ 响应谱：又分为两类，即单点响应谱（SPRS）和多点响应谱（MPRS）。
- ☑ 动力设计分析方法（DDAM）。
- ☑ 功率谱密度（PSD）。

10.1.1 响应谱

响应谱表示单自由度系统对时间历程载荷的响应，它是响应与频率的曲线，这里的响应可以是位移、速度、加速度或者力。响应谱包括两种，分别是单点响应谱和多点响应谱。

1. 单点响应谱（SPRS）

在单点响应谱分析（SPRS）中，只可以给节点指定一种谱曲线（或者一族谱曲线），例如，在支撑处指定一种谱曲线，如图 10-1（a）所示。

2. 多点响应谱（MPRS）

在多点响应谱分析（MPRS）中，可以在不同的节点处指定不同的谱曲线，如图 10-1（b）所示。

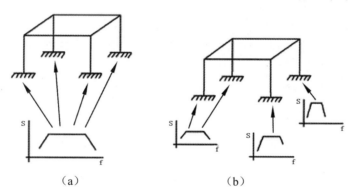

图 10-1 响应谱分析示意图

> 说明：图 10-1（a）表示单点谱响应分析；图 10-1（b）表示多点谱响应分析；另外，图 10-1 中的 s 表示谱值，f 表示频率。

10.1.2 动力设计分析方法（DDAM）

动力设计分析方法是一种用于分析船装备抗震性的技术，本质上来说也是一种响应谱分析。该方法中用到的谱曲线是根据一系列经验公式和美国海军研究实验报告（NRL-1396）所提供的抗震设计表格得到的。

10.1.3 功率谱密度（PSD）

功率谱密度（PSD）是针对随机变量在均方意义上的统计方法，用于随机振动分析。此时，响应的瞬态数值只能用概率函数来表示，其数值的概率对应一个精确值。

功率密度函数表示功率谱密度值与频率的曲线，这里的功率谱可以是位移功率谱、速度功率谱、加速度功率谱或者力功率谱。从数学意义上来说，功率谱密度与频率所围成的面积就等于方差。

与响应谱分析类似，随机振动分析也可以是单点或者多点。对于单点随机振动分析，在模型的一组节点处指定一种功率谱密度；对于多点随机振动分析，可以在模型的不同节点处指定不同的功率谱密度。

10.2 实例——支撑平板动力效果谱分析

下面通过对一个平板结构的随机载荷分析，阐述谱分析的具体方法和步骤，同时，本实例采用的是直接生成有限元模型方法，该方法最大的优点在于可以完全控制节点的编号和排序，用户会通过对本实例的学习更深一步地体会直接方法的优越性。

10.2.1 问题描述

平板结构的 4 个顶点简支，结构和载荷如图 10-2 和图 10-3 所示。

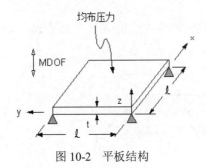

图 10-2 平板结构

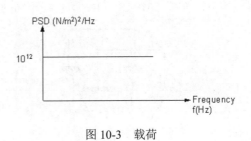

图 10-3 载荷

- ☑ 弹性模量：$E = 200×10^9 \text{N/m}^2$。
- ☑ 泊松比：$\nu = 0.3$。
- ☑ 密度：8000kg/m^3。
- ☑ 厚度：$t = 1.0 \text{m}$。
- ☑ 宽度：$l = 10 \text{m}$。
- ☑ 载荷：$PSD = 10^6 (\text{N/m}^2)^2/\text{Hz}$。
- ☑ 阻尼：$\delta = 2\%$。

10.2.2 建立模型

建立模型包括设定分析作业名和标题；定义单元类型和实常数；定义材料属性；建立几何模型以及划分有限元网格。

1. 前处理

（1）定义工作文件名。从实用菜单中选择 Utility Menu > File > Change Jobname 命令，弹出 Change Jobname 对话框，在 Enter new jobname 文本框中输入"Dynamic Plate"，并设置 New Log and error files 为 YES，单击 OK 按钮。

第 10 章 谱分析

（2）定义工作标题。从实用菜单中选择 Utility Menu > File > Change Title 命令，在弹出对话框的文本框中输入"DYNAMIC LOAD EFFECT ON SIMPLY-SUPPORTED THICK SQUARE PLATE"，如图 10-4 所示，单击 OK 按钮。

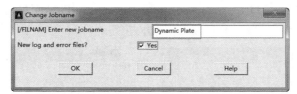

图 10-4 定义工作标题

（3）定义单元类型。选择主菜单中的 Main Menu > Preprocessor > Element Type > Add/Edit/Delete 命令，弹出 Element Types 对话框，如图 10-5 所示，单击 Add 按钮，弹出 Library of Element Types 对话框，在左边的列表框中选择 Structural Mass 及其下的 Shell 选项，在右边的列表框中选择 8node 281 选项，如图 10-6 所示。单击 OK 按钮，返回如图 10-5 所示的 Element Types 对话框。

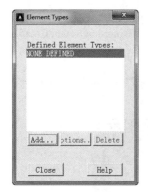 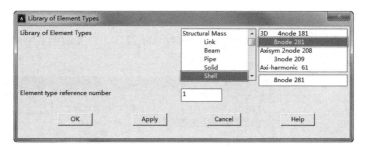

图 10-5　Element Types 对话框　　　　图 10-6　Library of Element Types 对话框

（4）定义材料性质。选择主菜单中的 Main Menu > Preprocessor > Material Props > Material Models 命令，弹出 Define Material Model Behavior 窗口，如图 10-7 所示。

（5）在 Material Models Available 栏中依次选择 Favorites > Linear Static > Density 选项，弹出 Density for Material Number 1 对话框，如图 10-8 所示。在 DENS 文本框中输入"8000"，单击 OK 按钮。

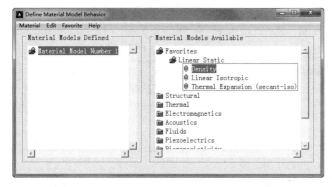 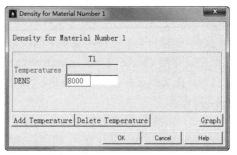

图 10-7　Define Material Model Behavior 窗口　　　图 10-8　Density for Material Number 1 对话框

（6）在 Material Models Available 栏中依次选择 Favorites > Linear Static > Linear Isotropic 选项，

弹出 Linear Isotropic Properties for Material Number 1 对话框，如图 10-9 所示。在 EX 文本框中输入"2E+011"，在 PRXY 文本框中输入"0.3"，单击 OK 按钮。

（7）在 Material Models Available 栏中依次选择 Favorites > Linear Static > Thermal Expansion（secant-iso）选项，弹出 Thermal Expansion Secant Coefficient for Material Number 1 对话框，如图 10-10 所示。在 ALPX 文本框中输入"1E-006"，单击 OK 按钮。

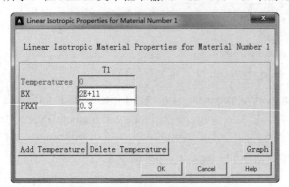
图 10-9　Linear Isotropic Properties for Material Number 1 对话框

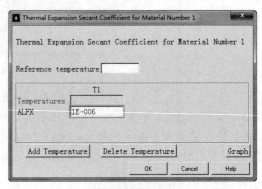
图 10-10　Thermal Expansion Secant Coefficient for Material Number 1 对话框

最后返回 Define Material Model Behavior 窗口，如图 10-11 所示。选择 Material > Exit 命令，退出材料定义窗口。

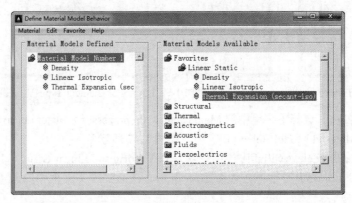
图 10-11　设置后的 Define Material Model Behavior 窗口

（8）定义厚度。选择主菜单中的 Main Menu > Preprocessor > Sections > Shell > Lay-up > Add / Edit 命令，在弹出的对话框中设置 Thickness 为 1、Integration Pts 为 5，如图 10-12 所示。然后单击 OK 按钮。

（9）创建节点。选择主菜单中的 Main Menu > Preprocessor > Modeling > Create > Nodes > In Active CS 命令，弹出 Create Nodes in Active Coordinate System 对话框。在 NODE Node number 文本框中输入"1"，在 X,Y,Z Location in active CS 后面的文本框中分别输入 3 个 0，如图 10-13 所示。然后单击 Apply 按钮。

（10）继续在 NODE Node number 文本框中输入"9"，在 X,Y,Z Location in active CS 后面的文本框中分别输入"0，10，0"，单击 OK 按钮。

（11）打开节点编号显示控制。从实用菜单中选择 Utility Menu > PlotCtrls > Numbering 命令，弹出 Plot Numbering Controls 对话框，选中 NODE Node numbers 后面的复选框使其显示为 On，如图 10-14 所示。然后单击 OK 按钮。

第 10 章 谱分析

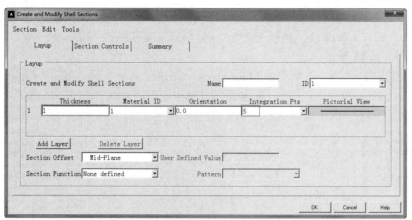

图 10-12 Create and Modify Shell Sections 对话框

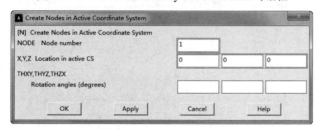

图 10-13 生成第一个节点

（12）选择菜单路径。从实用菜单中选择 Utility Menu > PlotCtrls > Window Controls > Window Options 命令，弹出 Window Options 对话框，在[/TRIAD] Location of triad 下拉列表中选择 Not shown 选项，如图 10-15 所示。单击 OK 按钮关闭该对话框。

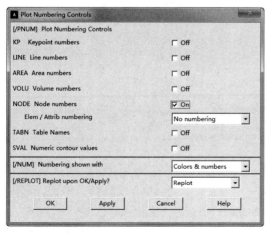

图 10-14 打开节点编号显示控制

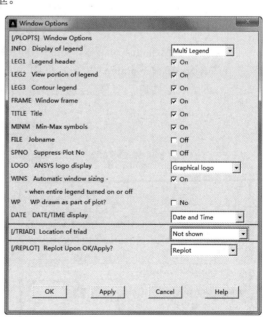

图 10-15 窗口显示控制对话框

（13）插入新节点。从实用菜单中选择 Main Menu > Preprocessor > Modeling > Create > Nodes >

· 249 ·

Fill between Nds 命令，弹出 Fill between Nds 拾取框，如图 10-16 所示。用鼠标在屏幕上单击拾取编号为 1 和 9 的两个节点，单击 OK 按钮，弹出 Create Nodes Between 2 Nodes 对话框。单击 OK 按钮接受默认设置，如图 10-17 所示。

（14）复制节点组。选择主菜单中的 Main Menu > Preprocessor > Modeling > Copy > Nodes > Copy 命令，弹出 Copy nodes 拾取框，如图 10-18 所示。选中上面的 Box 单选按钮，然后在屏幕上框选编号为 1~9 的节点（即目前的所有节点），单击 OK 按钮。

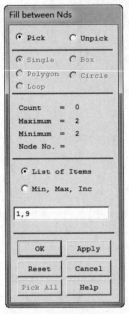
图 10-16　Fill between Nds 拾取框

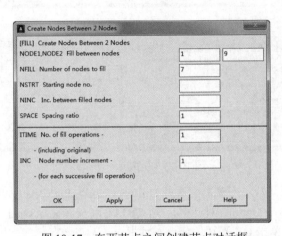
图 10-17　在两节点之间创建节点对话框

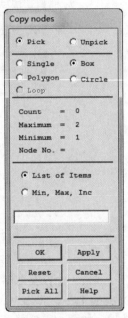
图 10-18　Copy nodes 拾取框

（15）弹出 Copy nodes 对话框，如图 10-19 所示。在 ITIME Total number of copies 文本框中输入"5"，在 DX X-offset in active CS 文本框中输入"2.5"，在 INC Node number increment 文本框中输入"40"，单击 OK 按钮，屏幕显示如图 10-20 所示。

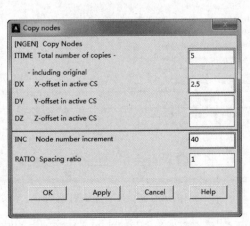
图 10-19　Copy nodes 对话框

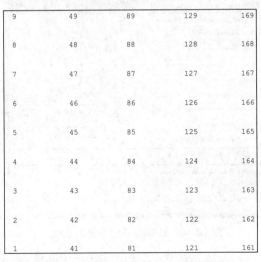
图 10-20　第一次复制节点后的显示

第 10 章 谱分析

（16）创建节点。选择主菜单中的 Main Menu > Preprocessor > Modeling > Create > Nodes > In Active CS 命令，弹出 Create Nodes in Active Coordinate System 对话框。在 NODE Node number 文本框中输入"21"，在 X,Y,Z Location in active CS 后面的文本框中分别输入"1.25，0，0"，如图 10-21 所示。然后单击 Apply 按钮。

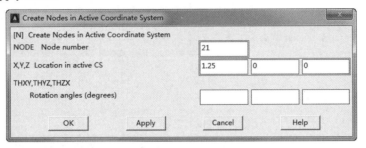

图 10-21　生成第一个节点

（17）在 Create Nodes in Active Coordinate System 对话框中，在 NODE Node number 文本框中输入"29"，在 X,Y,Z Location in active CS 后面的文本框中分别输入"1.25，10，0"，单击 OK 按钮。

（18）插入新节点。选择主菜单中的 Main Menu > Preprocessor > Modeling > Create > Nodes > Fill between Nds 命令，弹出 Fill between Nds 拾取框。用鼠标在屏幕上单击拾取编号为 21 和 29 的两个节点，单击 OK 按钮，弹出 Create Nodes Between 2 Nodes 对话框。在 NFILL Number of nodes to fill 文本框中输入"3"，单击 OK 按钮接受其余默认设置，如图 10-22 所示。

（19）复制节点组。选择主菜单中的 Main Menu > Preprocessor > Modeling > Copy > Nodes > Copy 命令，弹出 Copy nodes 拾取框，选中上面的 Box 复选框，然后在屏幕上框选编号为 21～29 的节点，单击 OK 按钮，弹出 Copy nodes 对话框，如图 10-23 所示。在 ITIME Total number of copies 文本框中输入"4"，在 DX X-offset in active CS 文本框中输入"2.5"，在 INC Node number increment 文本框中输入"40"，单击 OK 按钮，屏幕显示如图 10-24 所示。

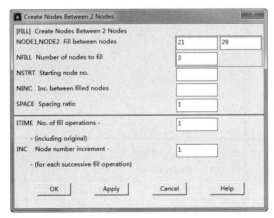

图 10-22　在两节点之间创建节点对话框

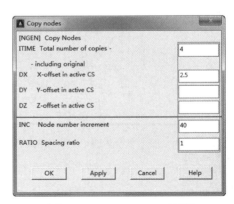

图 10-23　Copy nodes 对话框

（20）创建单元。选择主菜单中的 Main Menu > Preprocessor > Modeling > Create > Elements > User Numbered > Thru Nodes 命令，弹出 Create Elems User-Num 对话框，如图 10-25 所示。单击 OK 按钮接受默认选项，弹出 Elements from Nodes 拾取框，用鼠标在屏幕上依次拾取编号为 1、41、43、3、21、42、23、2 的节点，单击 OK 按钮，屏幕显示如图 10-26 所示。

注意：创建单元时一定要注意选择节点的顺序，先依次选择 4 个边节点，然后再依次选择 4 个中节点。

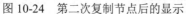

图 10-24　第二次复制节点后的显示　　　　图 10-25　Create Elems User-Num 对话框

（21）复制单元。选择主菜单中的 Main Menu > Preprocessor > Modeling > Copy > Elements > Auto Numbered 命令，弹出 Copy Element Auto-num 拾取框，用鼠标在屏幕上单击拾取刚创建的单元，单击 OK 按钮，弹出 Copy Elements (Automatically-Numbered)对话框，如图 10-27 所示。在 ITIME Total number of copies 文本框中输入"4"，在 NINC Node number increment 文本框中输入"2"，单击 OK 按钮，屏幕显示如图 10-28 所示。

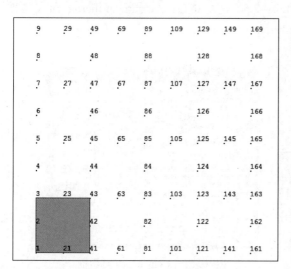
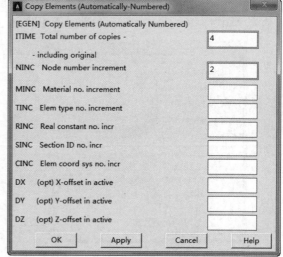

图 10-26　创建第一个单元　　　　图 10-27　Copy Elements(Automatically-Numbered)对话框

（22）复制单元。选择主菜单中的 Main Menu > Preprocessor > Modeling > Copy > Elements > Auto Numbered 命令，弹出 Copy Element Auto-num 拾取框，用鼠标在屏幕上单击拾取屏幕上的所有单元（共 4 个），单击 OK 按钮，弹出 Copy Elements (Automatically-Numbered)对话框，在 ITIME Total number of copies 文本框中输入 "4"，在 NINC Node number increment 文本框中输入 "40"，单击 OK 按钮，屏幕显示如图 10-29 所示。

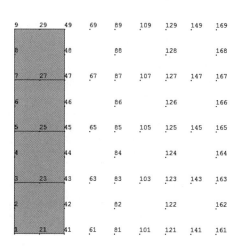

图 10-28　第一次单元复制后的显示　　　图 10-29　第二次单元复制后的显示

2. 模态分析

（1）设定分析类型。选择主菜单中的 Main Menu > Solution > Unabridged Menu > Analysis Type > New Analysis 命令，弹出 New Analysis 对话框，如图 10-30 所示。在[ANTYPE] Type of analysis 选项组中选中 Modal 单选按钮，单击 OK 按钮。

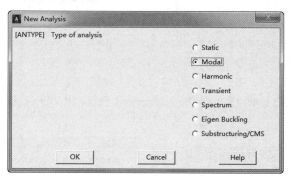

图 10-30　设置分析类型

（2）设定分析选项。在命令行中输入以下命令定义分析选项。

```
ANTYPE,MODAL
MODOPT,LANPCG,16
MXPAND,16,,,YES
```

（3）施加载荷。选择主菜单中的 Main Menu > Solution > Define Loads > Apply > Structural > Pressure > On Elements 命令，弹出 Apply PRES on Elems 拾取框。单击 Pick All 按钮，弹出 Apply PRES on elems 对话框，如图 10-31 所示。在 VALUE Load PRES value 文本框中输入 "-1E6"，单击 OK 按钮接受其余默认设置。

（4）定义面内约束。选择主菜单中的 Main Menu > Solution > Define Loads > Apply > Structural >

Displacement > On Nodes 命令，弹出 Apply U,ROT on Nodes 拾取框。单击 Pick All 按钮，弹出如图 10-32 所示的 Apply U,ROT on Nodes 对话框，在 Lab2 DOFs to be constrained 列表框中选择 UX、UY、ROTZ 这 3 个选项，单击 OK 按钮。

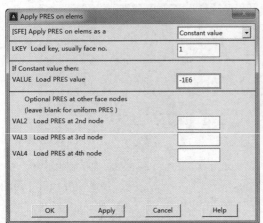

图 10-31　施加面载荷　　　　　　　　　图 10-32　施加面内约束

（5）定义左右边界条件。选择主菜单中的 Main Menu > Solution > Define Loads > Apply > Structural > Displacement > On Nodes 命令，弹出 Apply U,ROT on Nodes 拾取框。用鼠标在屏幕上单击拾取左边和右边的节点（左边节点编号为 1、2、3、4、5、6、7、8、9；右边节点编号为 161、162、163、164、165、166、167、168、169），单击 OK 按钮，弹出如图 10-33 所示的 Apply U,ROT on Nodes 对话框，在 Lab2 DOFs to be constrained 列表框中选择 UZ、ROTX 这两个选项，单击 OK 按钮。

（6）定义上下边界条件。选择主菜单中的 Main Menu > Solution > Define Loads > Apply > Structural > Displacement > On Nodes 命令，弹出 Apply U,ROT on Nodes 拾取框。用鼠标在屏幕上单击拾取上边界和下边界的节点（上边界节点编号为 9、29、49、69、89、109、129、149、169；下边界节点编号为 1、21、41、61、81、101、121、141、161），单击 OK 按钮，弹出如图 10-34 所示的 Apply U,ROT on Nodes 对话框，在 Lab2 DOFs to be constrained 列表框中选择 UZ、ROTY 这两个选项，单击 OK 按钮。

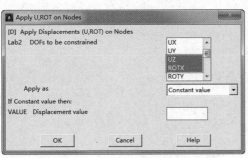 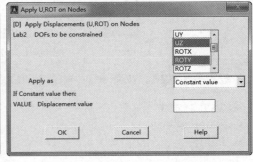

图 10-33　定义左右边界条件　　　　　　　图 10-34　定义上下边界条件

（7）选择主节点（左右界限）。从实用菜单中选择 Utility Menu > Select > Entities 命令，弹出 Select Entities 对话框，如图 10-35 所示。在第一个下拉列表中选择 Nodes 选项，在第二个下拉列表中选择 By Location 选项，选中下面的 X coordinates 单选按钮，在 Min,Max 文本框中输入"0.1,9.9"，选中其下面的 From Full 单选按钮，单击 OK 按钮。

(8)选择主节点(上下界限)。从实用菜单中选择 Utility Menu > Select > Entities 命令,弹出 Select Entities 对话框,如图 10-36 所示。在第一个下拉列表中选择 Nodes 选项,在第二个下拉列表中选择 By Location 选项,选中 Y coordinates 单选按钮,在 Min,Max 下面的文本框中输入"0.1,9.9",选中 Reselect 单选按钮,单击 OK 按钮。

(9)显示刚才选择的节点。从实用菜单中选择 Utility Menu > Plot > Nodes 命令,屏幕显示如图 10-37 所示。

  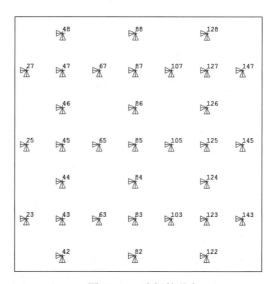

图 10-35 选择左右界限　图 10-36 选择上下界限　　　图 10-37 选择的节点

(10)定义主自由度。

在命令行输入以下命令,定义分析选项。

```
M,ALL,UZ
```

(11)选择所有节点。从实用菜单中选择 Utility Menu > Select > Everything 命令,然后执行 Utility Menu > Plot > Replot 路径,此时的屏幕显示如图 10-38 所示。

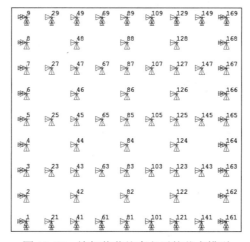

图 10-38 施加载荷约束之后的节点模型

（12）模态分析求解。选择主菜单中的 Main Menu > Solution > Solve > Current LS 命令，弹出 /STATUS Command 信息提示窗口和 Solve Current Load Step 对话框，仔细浏览信息提示窗口中的信息，如果无误则选择 File > Close 命令将其关闭。单击 Solove Current Load Step 对话框中的 OK 按钮开始求解。当静力求解结束时，屏幕上会弹出 Solution is done 提示框，单击 Close 按钮将其关闭。

（13）定义比例参数。从实用菜单中选择 Utility Menu > Parameters > Get Scalar Data 命令，弹出 Get Scalar Data 对话框，在 Type of data to be retrieved 后面的第一个列表框中选择 Results data 选项，在第二个列表框中选择 Modal results 选项，如图 10-39 所示。然后单击 OK 按钮。

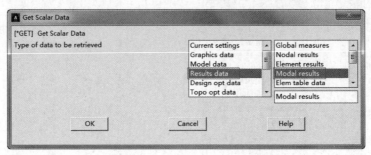

图 10-39　Get Scalar Data 对话框

（14）弹出 Get Modal Results 对话框，如图 10-40 所示。在 Name of parameter to be defined 文本框中输入"F"，在 Mode number N 文本框中输入"1"，在 Modal data to retrieved 列表框中选择 Frequency FREQ 选项，单击 OK 按钮。

（15）查看比例参数。从实用菜单中选择 Utility Menu > Parameters > Scalar Parameters 命令，弹出 Scalar Parameters 对话框，如图 10-41 所示。

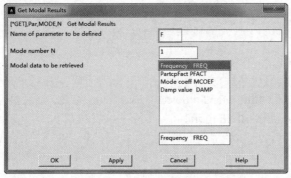

图 10-40　Get Model Results 对话框　　　图 10-41　Scalar Parameters 对话框

（16）退出求解器。选择主菜单中的 Main Menu > Finish 命令，退出求解器。

3．谱分析

（1）定义谱分析。选择主菜单中的 Main Menu > Solution > Analysis Type > New Analysis 命令，弹出如图 10-42 所示的 New Analysis 对话框，在 Type of analysis 选项组中选中 Spectrum 单选按钮，单击 OK 按钮。

（2）设定谱分析选项。选择主菜单中的 Main Menu > Solution > Analysis Type > Analysis Options 命令，弹出 Spectrum Analysis 对话框，如图 10-43 所示。在 Sptype Type of spectrum 选项组中选中 P.S.D 单选按钮，在 NMODE No. of modes for solu 文本框中输入"2"，在 Elcalc Calculate elem stresses 后面选中 Yes 复选框，单击 OK 按钮。

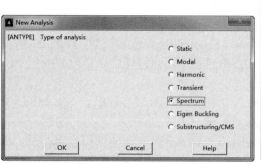

图 10-42 定义新的分析类型（谱分析）

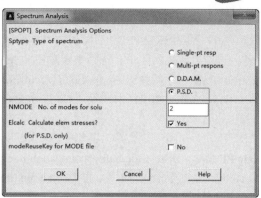

图 10-43 定义谱分析选项

（3）设置 PSD 分析。选择主菜单中的 Main Menu > Solution > Load Step Opts > Spectrum > PSD > Settings 命令，弹出 Settings for PSD Analysis 对话框，在[PSDUNIT] Type of response spct 下拉列表中选择 Pressure spct 选项，在 Table number 文本框中输入"1"，如图 10-44 所示。然后单击 OK 按钮。

（4）定义阻尼。选择主菜单中的 Main Menu > Solution > Load Step Opts > Time/Frequenc > Damping 命令，弹出 Damping Specifications 对话框，如图 10-45 所示。在[DMPRAT] Constant damping ratio 文本框中输入"0.02"，单击 OK 按钮。

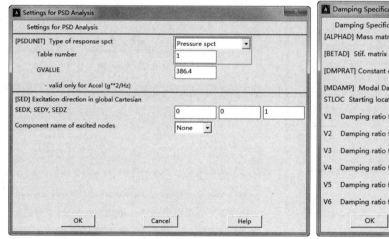

图 10-44 Settings for PSD Analysis 对话框

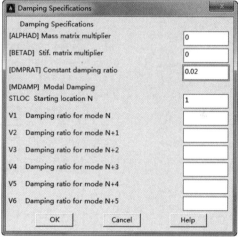

图 10-45 Damping Specifications 对话框

（5）选择主菜单中的 Main Menu > Solution > Load Step Opts > Spectrum > PSD > PSD vs Freq 命令，弹出 Table for PSD vs Frequency 对话框，如图 10-46 所示。在 Table number to be defined 文本框中输入"1"，单击 OK 按钮。

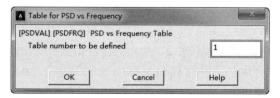

图 10-46 Table for PSD vs Frequency 对话框

（6）弹出 PSD vs Frequency Table 对话框，如图 10-47 所示。在 FREQ1,PSD1 后面的文本框中依次输入两个 1，在 FREQ2,PSD2 后面的文本框中依次输入"80"和"1"，单击 OK 按钮。

（7）设定载荷比例因子。选择主菜单中的 Main Menu > Solution > Define Loads > Apply > Load Vector > For PSD 命令，弹出 Apply Load Vector for Power Spectral Density 对话框，如图 10-48 所示。在 FACT Scale factor 文本框中输入"1"，单击 OK 按钮，弹出警告提示框，如图 10-49 所示。单击 Close 按钮关闭对话框。

（8）计算参与因子。选择主菜单中的 Main Menu > Solution > Load Step Opts > Spectrum > PSD > Calculate PF 命令，弹出 Calculate Participation Factors 对话框，如图 10-50 所示。在 TBLNO Table no. of PSD table 文本框中输入"1"，在 Excit Base or nodal excitation 下拉列表中选择 Nodal excitation 选项，单击 OK 按钮，弹出"Solution is done!"提示信息，如图 10-51 所示。单击 Close 按钮关闭对话框。

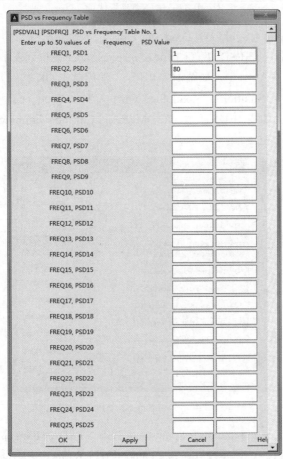

图 10-47　PSD vs Frequency Table 对话框

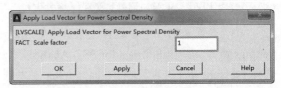

图 10-48　Apply Load Vector for Power Spectral Density 对话框

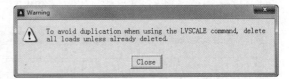

图 10-49　警告提示框

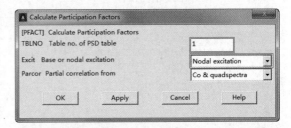

图 10-50　Calculate Participation Factors 对话框

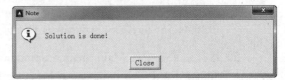

图 10-51　参与因子计算完毕

（9）设置结果输出。选择主菜单中的 Main Menu > Solution > Load Step Opts > Spectrum > PSD > Calc Controls 命令，弹出 PSD Calculation Controls 对话框，如图 10-52 所示。在 Displacement solution（DISP）下拉列表中选择 Relative to base 选项，单击 OK 按钮接受其余默认选项。

（10）设置合并模态。选择主菜单中的 Main Menu > Solution > Load Step Opts > Spectrum > PSD > Mode Combine 命令，弹出 PSD Combination Method 对话框，如图 10-53 所示。单击 OK 按钮接受默认设置。

第 10 章 谱分析

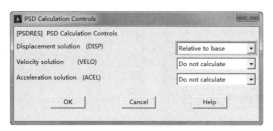
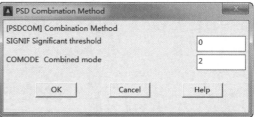

图 10-52 PSD Calculation Controls 对话框   图 10-53 PSD Combination Method 对话框

（11）谱分析求解。选择主菜单中的 Main Menu > Solution > Solve > Current LS 命令，弹出 /STATUS Command 信息提示窗口和 Solve Current Load Step 对话框。仔细浏览信息提示窗口中的信息，如果无误则选择 File > Close 命令将其关闭。单击 Solove Current Load Step 对话框中的 OK 按钮开始求解。当求解结束时，屏幕上会弹出 Solution is done 提示框，单击 Close 按钮将其关闭。

（12）退出求解器。选择主菜单中的 Main Menu > Finish 命令，退出求解器。

4．POST1 后处理器

（1）读入子步结果。选择主菜单中的 Main Menu > General Postproc > Read Results > By Pick 命令，弹出 Results File: Grain.rst 对话框，如图 10-54 所示。选择 Set 为 17 的项，单击 Read 按钮，再单击 Close 按钮。

（2）设置视角系数。从实用菜单中选择 Utility Menu > PlotCtrls > View Settings > Viewing Direction 命令，弹出 Viewing Direction 对话框，如图 10-55 所示。在 WN Window number 下拉列表中选择 Window 1 选项，在 XV,YV,ZV Coords of view point 后面的文本框中依次输入"2""3""4"，单击 OK 按钮。

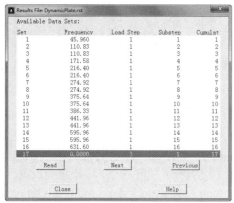
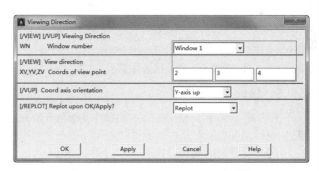

图 10-54 Results File: Grain.rst 对话框   图 10-55 Viewing Direction 对话框

（3）绘图显示。选择主菜单中的 Main Menu > General Postproc > Plot Results > Contour Plot > Nodal Solu 命令，弹出 Contour Nodal Solution Data 对话框，如图 10-56 所示。依次选择 Nodal Solution > DOF Solution > Z-Component of displacement 选项，单击 OK 按钮接受其余默认设置，屏幕显示如图 10-57 所示。

（4）列表显示。选择主菜单中的 Main Menu > General Postproc > List Results > Nodal Solution 命令，弹出 List Nodal Solution 对话框，如图 10-58 所示。依次选择 Nodal Solution > DOF Solution > Z-Component of displacement 选项，单击 OK 按钮，屏幕会弹出列表显示框。

（5）退出后处理器。选择主菜单中的 Main Menu > Finish 命令，退出后处理器。

（6）单击 ANSYS Toolbar 工具条中的 SAVE_DB 按钮，保存文件。

图 10-56 Contour Nodal Solution Data 对话框

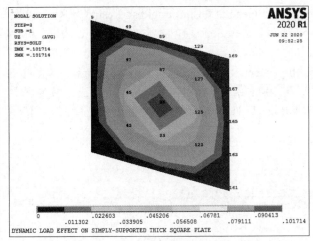

图 10-57 Z 向位移云图显示

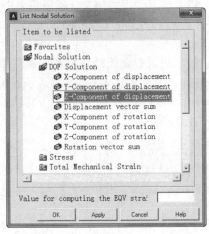

图 10-58 List Nodal Solution 对话框

5. 谐响应分析

（1）定义求解类型。选择主菜单中的 Main Menu > Solution > Analysis Type > New Analysis 命令，弹出 New Analysis 对话框，选中 Harmonic 单选按钮，如图 10-59 所示。单击 OK 按钮接受设置。

（2）设置求解选项。选择主菜单中的 Main Menu > Solution > Analysis Type > Analysis Options 命令，弹出 Harmonic Analysis 对话框，在[HROPT] Solution method 下拉列表中选择 Mode Superpos'n 选项，在[HROUT] DOF printout format 下拉列表中选择 Amplitud+phase 选项，如图 10-60 所示。单击 OK 按钮接受设置。

（3）弹出 Mode Sup Harmonic Analysis 对话框，如图 10-61 所示。单击 OK 按钮接受默认设置。

（4）设置载荷。选择主菜单中的 Main Menu > Solution > Load Step Opts > Time/Frequenc > Freq and Substps 命令，弹出 Harmonic Frequency and Substep Options 对话框，在[HARFRQ] Harmonic freq range 文本框中依次输入"1"和"80"，在[NSUBST] Number of substeps 文本框中输入"10"，在[KBC] Stepped or ramped b.c.选项组中选中 Stepped 单选按钮，如图 10-62 所示。单击 OK 按钮接受设置。

（5）设置阻尼。选择主菜单中的 Main Menu > Solution > Load Step Opts > Time/Frequenc > Damping 命令，弹出 Damping Specifications 对话框，在[DMPRAT] Constant damping ratio 文本框中输入"0.02"，如图 10-63 所示。单击 OK 按钮接受设置。

第 10 章 谱分析

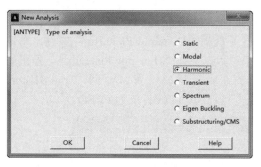

图 10-59　定义分析类型为谐响应分析

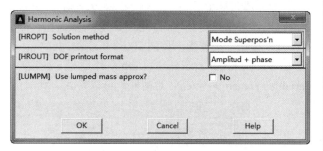

图 10-60　Harmonic Analysis 对话框

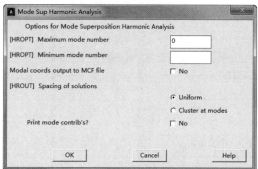

图 10-61　Mode Sup Harmonic Analysis 对话框　　图 10-62　Harmonic Frequency and Substep Options 对话框

（6）谐响应分析求解。选择主菜单中的 Main Menu > Solution > Solve > Current LS 命令，弹出 /STATUS Command 信息提示窗口和 Solve Current Load Step 对话框。浏览信息提示窗口中的信息，如果无误则选择 File > Close 命令将其关闭。单击 Solve Current Load Step 对话框中的 OK 按钮，开始求解。

（7）退出求解器。选择主菜单中的 Main Menu > Finish 命令，退出求解器。

6．POST26 后处理

（1）进入时间历程后处理。选择主菜单中的 Main Menu > TimeHist PostPro 命令，弹出如图 10-64 所示的 Spectrum Usage 对话框，单击 OK 按钮接受默认设置，弹出如图 10-65 所示的 Time History Variables-DynamicPlate.rst 对话框，里面已有默认变量时间（TIME）。

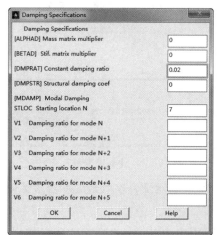

图 10-63　Damping Specifications 对话框

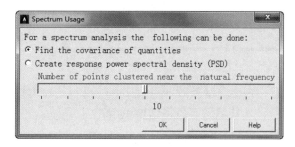

图 10-64　Spectrum Usage 对话框

· 261 ·

(2)读入结果。在 Time History Variables-DynamicPlate.rst 对话框中选择 File > Open Results 命令,弹出读取结果对话框,如图 10-66 所示。在相应的路径下选择"Dynamic Plate.rfrq"文件,单击"打开"按钮,接着弹出如图 10-67 所示的对话框,选择模型数据文件"Dynamic Plate.db",弹出如图 10-64 所示的 Spectrum Usage 对话框,单击 OK 按钮接受默认设置。返回 Time History Variables-DynamicPlate.rst 对话框,可以看到,此时的默认变量已经由 TIME 变为 FREQ。

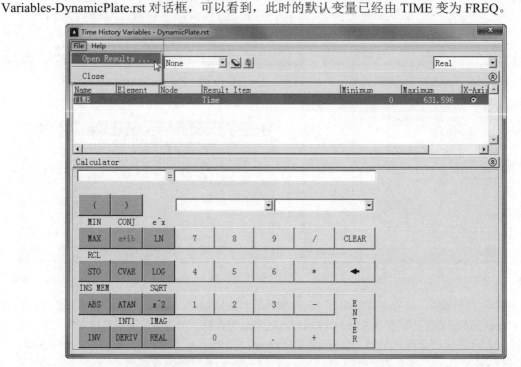

图 10-65 Time History Variables-DynamicPlate.rst 对话框

图 10-66 读取结果　　　　　　　　图 10-67 读取模型数据文件

注意:在读取结果时,"响应的路径"是指工作文件存放的地址,读取的文件后缀名是.rfrq,文件名是工作名(jobname)。

(3)定义位移变量 UZ。在 Time History Variables 对话框中单击左上角的 Add Data 按钮,弹出 Add Time-History Variable 对话框,依次选择 Nodal Solution > DOF Solution > Z-Component of displacement 选项，如图 10-68 所示。在 Variable Name 文本框中输入"UZ_2"，单击 OK 按钮。

（4）弹出 Node for Data 拾取框，如图 10-69 所示。在其文本框中输入"85"，单击 OK 按钮。返回 Time History Variables 对话框，此时变量列表中多了一项 UZ_2 变量，如图 10-70 所示。

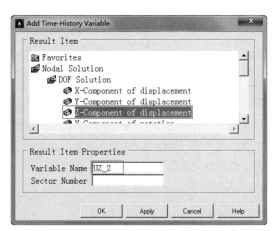

图 10-68　Add Time-History Variable 对话框　　　图 10-69　Node for Data 拾取框

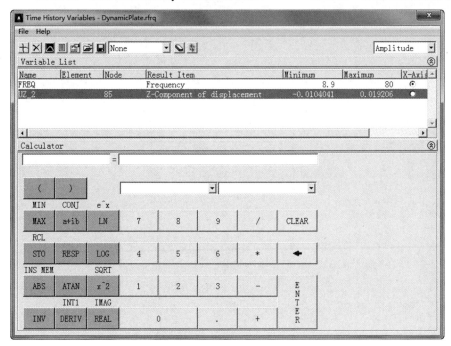

图 10-70　Time History Variables 对话框

（5）绘制位移频率曲线。在 Time History Variables 对话框中单击 Graph Data 按钮，屏幕显示如图 10-71 所示。

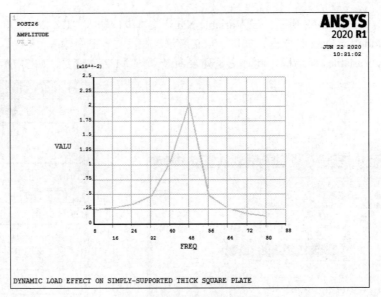

图 10-71 位移频率关系图

10.2.3 命令流方式

命令流方式这里不再详细介绍,读者可参见随书资源中的电子文档。

第 11 章

瞬态动力学分析

瞬态动力学分析（也称时间历程分析）是用于确定承受任意随时间变化载荷结构的动力学响应的一种方法。

本章将通过实例讲述瞬态动力学分析的基本步骤和具体方法。

- ☑ 瞬态动力学概论
- ☑ 哥伦布阻尼的自由振动分析

任务驱动&项目案例

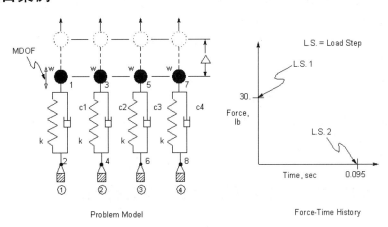

11.1 瞬态动力学概论

可以用瞬态动力学分析确定结构在静载荷、瞬态载荷和简谐载荷的随意组合作用下随时间变化的位移、应变、应力及力。载荷和时间的相关性使得惯性力和阻尼作用比较显著。如果惯性力和阻尼作用不重要，就可以用静力学分析代替瞬态分析。

瞬态动力学分析比静力学分析更复杂，因为按"工程"时间计算，瞬态动力学分析通常要占用更多的计算机资源和人力。可以先做一些预备工作以理解问题的物理意义，从而节省大量资源，例如，可以做以下预备工作。

首先分析一个比较简单的模型，由梁、质量体、弹簧组成的模型可以以最小的代价对问题提供有效、深入的理解，简单模型或许正是确定结构所有的动力学响应所需要的。

如果分析中包含非线性，可以首先通过进行静力学分析尝试了解非线性特性如何影响结构的响应。有时在动力学分析中没必要包括非线性。

了解问题的动力学特性。通过做模态分析计算结构的固有频率和振型，便可了解当这些模态被激活时结构如何响应。固有频率同样也对计算出正确的积分时间步长有用。

对于非线性问题，应考虑将模型的线性部分子结构化以降低分析代价。子结构在帮助文件中的 ANSYS Advanced Analysis Techniques Guide 里有详细的描述。

进行瞬态动力学分析可以采用 3 种方法，即 Full Method（完全法）、Mode Superposition Method（模态叠加法）和 Reduced Method（减缩法）。下面来比较一下各种方法的优缺点。

11.1.1 Full Method（完全法）

Full Method 采用完整的系统矩阵计算瞬态响应（没有矩阵减缩）。它是 3 种方法中功能最强的，允许包含各类非线性特性（塑性、大变形、大应变等）。Full Method 的优点如下。

- ☑ 容易使用，因为不必关心如何选取主自由度和振型。
- ☑ 允许包含各类非线性特性。
- ☑ 使用完整矩阵，因此不涉及质量矩阵的近似。
- ☑ 在一次处理过程中计算出所有的位移和应力。
- ☑ 允许施加各种类型的载荷，例如节点力、外加的（非零）约束、单元载荷（压力和温度）。
- ☑ 允许采用实体模型上所加的载荷。

Full Method 的主要缺点是比其他方法消耗大。

11.1.2 Mode Superposition Method（模态叠加法）

Mode Superposition Method 通过对模态分析得到的振型（特征值）乘以因子并求和来计算出结构的响应。它的优点如下。

- ☑ 对于许多问题，该方法比 Reduced Method 或 Full Method 更快且消耗小。
- ☑ 在模态分析中施加的载荷可以通过 LVSCALE 命令用于谐响应分析中。
- ☑ 允许指定振型阻尼（阻尼系数为频率的函数）。

Mode Superposition Method 的缺点如下。

- ☑ 整个瞬态分析过程中时间步长必须保持恒定，因此不允许用自动时间步长。

- ☑ 唯一允许的非线性是点点接触（有间隙情形）。
- ☑ 不能用于分析"未固定的（floating）"或不连续结构。
- ☑ 不接受外加的非零位移。
- ☑ 在模态分析中使用 PowerDynamics 方法时，初始条件中不能有预加的载荷或位移。

11.1.3 Reduced Method（减缩法）

Reduced Method 通常采用主自由度和减缩矩阵来压缩问题的规模。主自由度处的位移被计算出来后，解可以被扩展到初始的完整 DOF 集上。

这种方法的优点是比 Full Method 更快且消耗小。

Reduced Method 的缺点如下。

- ☑ 初始解只计算出主自由度的位移。要得到完整的位移、应力和力的解，需执行扩展处理（扩展处理在某些分析应用中可能不必要）。
- ☑ 不能施加单元载荷（压力、温度等），但允许有加速度。
- ☑ 所有载荷必须施加在用户定义的自由度上，这就限制了采用实体模型上所加的载荷。
- ☑ 整个瞬态分析过程中时间步长必须保持恒定，因此不允许用自动时间步长。
- ☑ 唯一允许的非线性是点点接触（有间隙情形）。

11.2 实例——哥伦布阻尼的自由振动分析

在此例中，有一个集中质量块的钢梁受到动力载荷作用，用完全法（Full Method）来执行动力响应分析，确定一个随时间变化载荷作用的瞬态响应。

11.2.1 问题描述

图 11-1 为一个有哥伦布阻尼的弹簧-质量块系统，质量块被移动 Δ 位移然后释放。假定表面摩擦力是一个滑动常阻力 F，求系统的位移时间关系。表 11-1 给出了问题的材料属性以及载荷条件和初始条件（采用英制单位）。

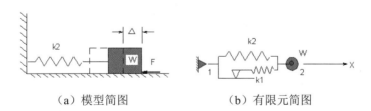

（a）模型简图　　　　　　（b）有限元简图

图 11-1　模型简图

表 11-1　材料属性、载荷以及初始条件

材料属性	载　　荷	初　始　条　件		
			X	v0
W = 10 lb	Δ = −1 in	—		
k2 = 30 lb/in	F = 1.875 lb	t=0	−1	0.0
m = W/g	—		—	

11.2.2 GUI 模式

1. 前处理（建模及分网）

（1）定义工作标题。选择实用菜单中的 Utility Menu > File > Change Title 命令，弹出 Change Title 对话框，输入"FREE VIBRATION WITH COULOMB DAMPING"，如图 11-2 所示。然后单击 OK 按钮。

图 11-2 定义工作标题

（2）定义单元类型。选择主菜单中的 Main Menu > Preprocessor > Element Type > Add/Edit/Delete 命令，弹出 Element Types 对话框，如图 11-3 所示。单击 Add 按钮，弹出 Library of Element Types 对话框，在左边的列表框中选择 Combination 选项，在右边的列表框中选择 Combination 40 选项，如图 11-4 所示。单击 OK 按钮，返回如图 11-3 所示的对话框。

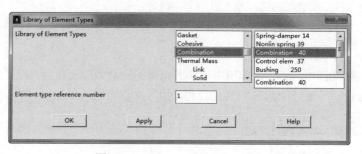

图 11-3 Element Types 对话框   图 11-4 Library of Element Types 对话框

（3）定义单元选项。在如图 11-3 所示的对话框中单击 Options 按钮，弹出 COMBIN40 element type options 对话框，如图 11-5 所示。在 Element degree(s) of freedom K3 下拉列表中选择 UX 选项，在 Mass location K6 下拉列表中选择 Mass at node J 选项，如图 11-5 所示。单击 OK 按钮，返回如图 11-3 所示的对话框。单击 Close 按钮关闭该对话框。

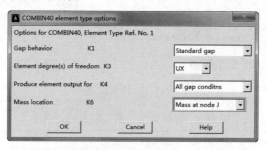

图 11-5 COMBIN40 element type options 对话框

（4）定义第一种实常数。选择主菜单中的 Main Menu > Preprocessor > Real Constants > Add/Edit/Delete 命令，弹出 Real Constants 对话框，如图 11-6 所示。单击 Add 按钮，弹出 Element Type for Real

Constants 对话框，如图 11-7 所示。

图 11-6 Real Constants 对话框

图 11-7 Element Type for Real Constants 对话框

在图 11-7 中选择 Type 1 COMBIN40 选项，单击 OK 按钮，弹出 Real Constant Set Number1,for COMBIN40 对话框，在 Spring constant K1 文本框中输入"10000"，在 Mass M 文本框中输入"10/386"，在 Limiting sliding force FSLIDE 文本框中输入"1.875"，在 Spring const(par to slide) K2 文本框中输入"30"，如图 11-8 所示。单击 OK 按钮，返回 Real Constants 对话框。接着单击 Real Constants 对话框中的 Close 按钮关闭该对话框，退出实常数定义。

（5）创建节点。选择主菜单中的 Main Menu > Preprocessor > Modeling > Create > Nodes > In Active CS 命令，弹出 Create Nodes in Active Coordinate System 对话框。在 NODE Node number 文本框中输入"1"，如图 11-9 所示。在 X,Y,Z Location in active CS 文本框中输入"0、0、0"，单击 Apply 按钮。

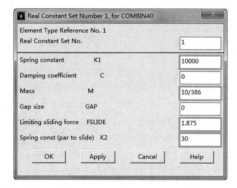

图 11-8 Real Constant Set Number1,
　　　　for COMBIN40 对话框

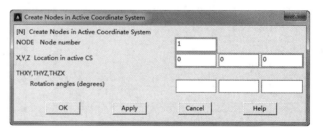

图 11-9 生成第一个节点

在 Create Nodes in Active Coordinate System 对话框的 NODE Node number 文本框中输入"2"，在 X,Y,Z Location in active CS 文本框中输入"1、0、0"，单击 OK 按钮，屏幕显示如图 11-10 所示。

（6）打开节点编号显示控制。选择实用菜单中的 Utility Menu > PlotCtrls > Numbering 命令，弹出 Plot Numbering Controls 对话框，选中 NODE Node numbers 后面的复选框使其显示为 On，如图 11-11 所示。单击 OK 按钮关闭该对话框。

（7）选择菜单路径。选择实用菜单中的 Utility Menu > PlotCtrls > Window Controls > Window Options 命令，弹出 Window Options 对话框，在 [/TRIAD] Location of triad 下拉列表中选择 At top left 选项，如图 11-12 所示。单击 OK 按钮关闭该对话框。

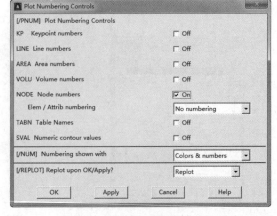

图 11-10 节点显示　　　　　图 11-11 打开节点编号显示控制

（8）定义梁单元属性。选择主菜单中的 Main Menu > Preprocessor > Modeling > Create > Elements > Elem Attributes 命令，弹出 Element Attributes 对话框，在[TYPE] Element type number 下拉列表中选择 1 COMBIN40 选项，在[REAL] Real constant set number 下拉列表中选择 1 选项，如图 11-13 所示。

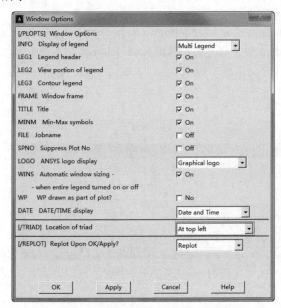

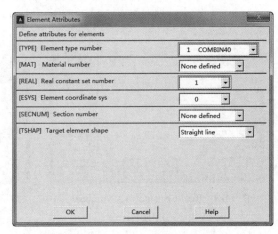

图 11-12 Window Options 对话框　　　　　图 11-13 Element Attributes 对话框

（9）创建梁单元。选择主菜单中的 Main Menu > Preprocessor > Modeling > Create > Elements > Auto Numbered > Thru Nodes 命令，弹出 Elements from Nodes 拾取菜单。用鼠标在屏幕上拾取编号为 1 和 2 的节点，单击 OK 按钮，在屏幕上的节点 1 和节点 2 之间出现一条直线，此时屏幕显示如图 11-14 所示。

2．建立初始条件

定义初始位移和速度。选择主菜单中的 Main Menu > Preprocessor > Loads > Define Loads > Apply > Initial Condit'n > Define 命令，弹出 Define Initial Conditions 拾取菜单，用鼠标在屏幕上拾取编号为 2 的节点，单击 OK 按钮，弹出 Define Initial Conditions 对话框，如图 11-15 所示。在 Lab DOF to be specified 下拉列表中选择 UX 选项,在 VALUE Initial value of DOF 文本框中输入"-1",在 VALUE2 Initial velocity 文本框中输入"0",单击 OK 按钮。

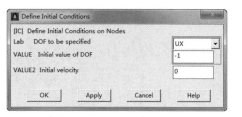

图 11-14　单元模型　　　　　图 11-15　Define Initial Conditions 对话框

注意:如果在 Main Menu > Preprocessor > Loads > Define Loads > Apply 路径下没有找到 Initial Condit'n 选项,可以先选择 Main Menu > Solution > Unabridged Menu 路径显示所有可能的菜单,然后再执行 Main Menu > Preprocessor > Loads > Define Loads > Apply > Initial Condit'n > Define 命令。另外,定义初始位移和初始速度还有一条路径:Main Menu > Solution > Define Loads > Apply > Initial Condit'n > Define,它跟上面的做法是完全等效的。

3. 设定求解类型和求解控制器

(1)定义求解类型。选择主菜单中的 Main Menu > Solution > Analysis Type > New Analysis 命令,弹出 New Analysis 对话框,选中 Transient 单选按钮,如图 11-16 所示。单击 OK 按钮,弹出 Transient Analysis 对话框,如图 11-17 所示。在[TRNOPT] Solution method 选项组中选中 Full 单选按钮(通常它也是默认选项),单击 OK 按钮。

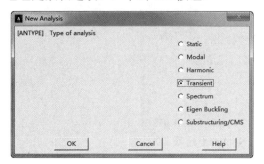 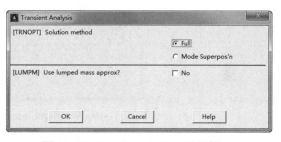

图 11-16　New Analysis 对话框　　　　　图 11-17　Transient Analysis 对话框

(2)设置求解控制器。选择主菜单中的 Main Menu > Solution > Analysis Type > Sol'n Controls 命令,弹出 Solution Controls 对话框(求解控制器),如图 11-18 所示。在 Time at end of loadstep 文本框中输入"0.2025",在 Automatic time stepping 下拉列表中选择 Off 选项,选中 Number of substeps 单选按钮,在 Number of substeps 文本框中输入"404",在 Write Items to Results File 选项组中选中 All solution items 单选按钮,在 Frequency 下拉列表中选择 Write every substep 选项。

① 在如图 11-18 所示的对话框中,选择 Nonlinear 选项卡,如图 11-19 所示。

② 单击 Set convergence criteria 按钮,弹出 Default Nonlinear Convergence Criteria 对话框,如图 11-20 所示。

③ 单击 Replace 按钮,弹出如图 11-21 所示的 Nonlinear Convergence Criteria 对话框,在 Lab Convergence is based on 右面的第一列表框中选择 Structural 选项,在第二列表框中选择 Force F 选项,在 VALUE Reference value of lab 文本框中输入"1",在 TOLER Tolerance about VALUE 文本框中输

入"0.001",单击 OK 按钮接受其他默认设置,返回如图 11-20 所示的对话框,单击 Close 按钮,返回如图 11-19 所示的选项卡,单击 OK 按钮。

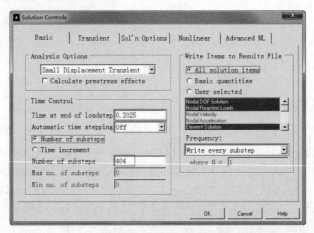

图 11-18　Solution Controls 对话框（Basic 选项卡）

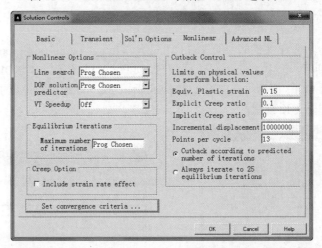

图 11-19　Solution Controls 对话框（Nonlinear 选项卡）

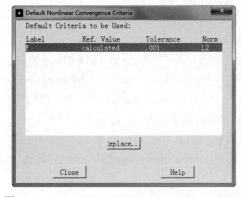

图 11-20　Default Nonlinear Convergence Criteria 对话框

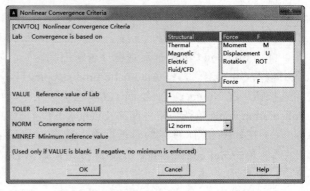

图 11-21　Nonlinear Convergence Criteria 对话框

第 11 章 瞬态动力学分析

4. 设定其他求解选项

设置载荷和约束类型（阶跃或者倾斜）。选择主菜单中的 Main Menu > Solution > Unabridged Menu > Load Step Opts > Time/Frequenc > Time and Substps 命令，弹出 Time and Substep Options 对话框，如图 11-22 所示。在[KBC] Stepped or ramped b.c.选项组中选中 Stepped 单选按钮，单击 OK 按钮接受其他设置。

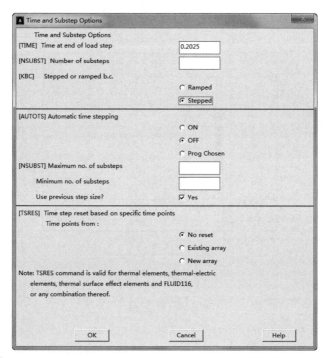

图 11-22　Time and Substep Options 对话框

5. 施加载荷和约束

施加约束。选择主菜单中的 Main Menu > Solution > Define Loads > Apply > Structural > Displacement > On Nodes 命令，弹出 Apply U,ROT on Nodes 拾取菜单，用鼠标在屏幕上拾取编号为 1 的节点，单击 OK 按钮，弹出 Apply U,ROT on Nodes 对话框，在 Lab2 DOFs to be constrained 列表框中选择 UX 选项，如图 11-23 所示。然后单击 OK 按钮。

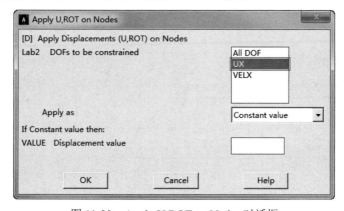

图 11-23　Apply U,ROT on Nodes 对话框

6. 瞬态求解

（1）瞬态分析求解。选择主菜单中的 Main Menu > Solution > Solve > Current LS 命令，弹出 /STATUS Command 信息提示栏和 Solve Current Load Step 对话框。浏览信息提示栏中的信息，如果无误，则选择 File > Close 命令将其关闭。单击 Solve Current Load Step 对话框中的 OK 按钮，开始求解。

（2）当求解结束时，会弹出 Solution is done 的提示框，单击 OK 按钮。此时屏幕显示求解迭代进程，如图 11-24 所示。

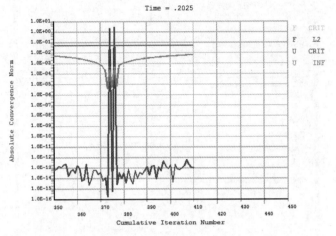

图 11-24 求解迭代进程

（3）退出求解器。选择主菜单中的 Main Menu > Finish 命令。

7. 观察结果（后处理器）

（1）进入时间历程后处理器。选择主菜单中的 Main Menu > TimeHist PostPro 命令，弹出如图 11-25 所示的 Time History Variables 对话框，里面已有默认变量时间（TIME）。

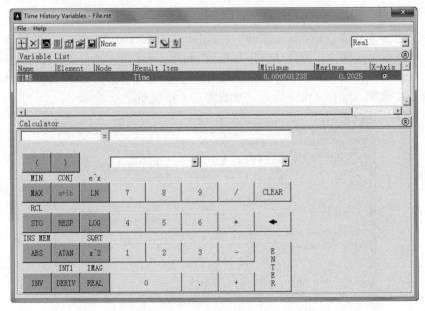

图 11-25 Time History Variables 对话框

第11章 瞬态动力学分析

（2）定义位移变量"UX"。在如图 11-25 所示的对话框中单击左上角的 Add Data 按钮，弹出 Add Time-History Variable 对话框，依次选择 Nodal Solution > DOF Solution > X-Component of displacement 选项，在 Variable Name 文本框中输入"UX_2"，如图 11-26 所示。然后单击 OK 按钮。

弹出 Node for Data 拾取菜单，如图 11-27 所示。在拾取菜单文本框中输入"2"，单击 OK 按钮，返回如图 11-25 所示的 Time History Variables 对话框，不过此时变量列表里面多了一项 UX 变量。

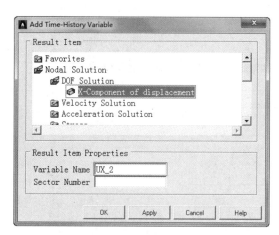

图 11-26 Add Time-History Variable 对话框　　　　图 11-27 Node for Data 拾取菜单

（3）定义应力变量 F1。在如图 11-25 所示的对话框中单击左上角的 Add Data 按钮，弹出如图 11-26 所示的对话框，在该对话框中依次选择 Element Solution > Miscellaneous Items > Summable data（SMISC,1）选项，弹出 Miscellaneous Sequence Number 对话框，如图 11-28 所示。在 Sequence number SMIS,文本框中输入"1"，单击 OK 按钮。返回如图 11-29 所示的 Add Time-History Variable 对话框，在 Variable Name 文本框中输入"F1"，单击 OK 按钮。

图 11-28 Miscellaneous Sequence Number 对话框

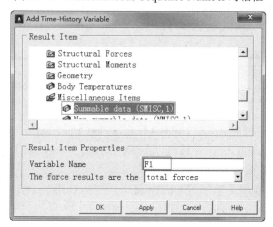

图 11-29 Add Time-History Variable 对话框

弹出 Element for Data 拾取菜单，在文本框中输入"1"（或者用鼠标在屏幕上拾取编号为 1 的单元），单击 OK 按钮，弹出 Node for Data 拾取菜单，在文本框中输入"1"（或者用鼠标在屏幕上拾取编号为 1 的节点），单击 OK 按钮，返回 Time History Variables 对话框，不过此时 Variable List 下增加了两个变量：UX_2 和 F1，如图 11-30 所示，单击"关闭"按钮，关闭该对话框。

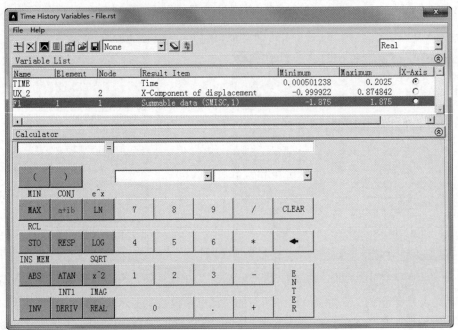

图 11-30　Time History Variables 对话框

（4）设置坐标 1。选择实用菜单中的 Utility Menu > PlotCtrls > Style > Graphs > Modify Grid 命令，弹出 Grid Modifications for Graph Plots 对话框，在[/GRID] Type of grid 下拉列表中选择 X and Y lines 选项，如图 11-31 所示。然后单击 OK 按钮。

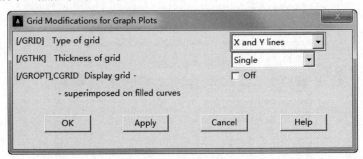

图 11-31　Grid Modifications for Graph Plots 对话框

（5）设置坐标 2。选择实用菜单中的 Utility Menu > PlotCtrls > Style > Graphs > Modify Axes 命令，弹出 Axes Modifications for Graph Plots 对话框，在[/AXLAB] Y-axis label 文本框中输入"DISP"，如图 11-32 所示。然后单击 OK 按钮。

（6）设置坐标 3。选择实用菜单中的 Utility Menu > PlotCtrls > Style > Graphs > Modify Curve 命令，弹出 Curve Modifications for Graph Plots 对话框，如图 11-33 所示。在[/GTHK] Thickness of curves 下拉列表中选择 Double 选项，单击 OK 按钮。

第 11 章 瞬态动力学分析

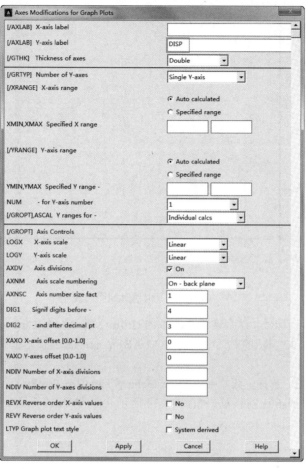

图 11-32 Axes Modifications for Graph Plots 对话框

（7）绘制 UX 变量图。选择主菜单中的 Main Menu > TimeHist PostPro > Graph Variables 命令，弹出 Graph Time-History Variables 对话框，如图 11-34 所示。在 NVAR1 后面的文本框中输入"2"，单击 OK 按钮，屏幕显示如图 11-35 所示。

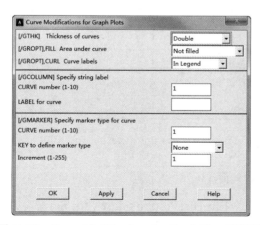 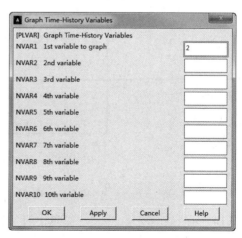

图 11-33 Curve Modifications for Graph Plots 对话框   图 11-34 Graph Time-History Variables 对话框

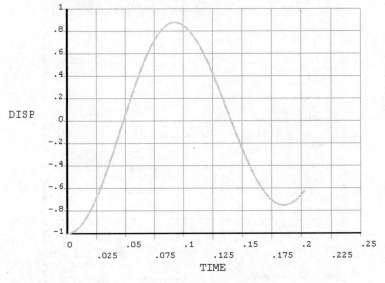

图 11-35 位移时间图曲线

（8）重新设置坐标轴标号。选择实用菜单中的 Utility Menu > PlotCtrls > Style > Graphs > Modify Axes 命令，弹出如图 11-32 所示的对话框，在[/AXLAB] Y-axis label 文本框中输入"FORCE"，单击 OK 按钮。

（9）绘制 F1 变量图。选择主菜单中的 Main Menu > TimeHist PostPro > Graph Variables 命令，弹出 Graph Time-History Variables 对话框，如图 11-34 所示。在 NVAR1 后面的文本框中输入"3"，单击 OK 按钮，屏幕显示如图 11-36 所示。

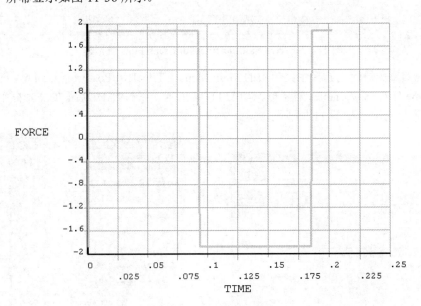

图 11-36 应力时间曲线

（10）列表显示变量。选择主菜单中的 Main Menu > TimeHist PostPro > List Variables 命令，弹出 List Time-History Variables 对话框，如图 11-37 所示。在 NVAR1 后面的文本框中输入"2"，在 NVAR2 后面的文本框中输入"3"，单击 OK 按钮，屏幕显示如图 11-38 所示。

（11）退出 ANSYS。在 ANAYS Toolbar 工具栏中单击 Quit 按钮，选择要保存的选项后单击 OK 按钮。

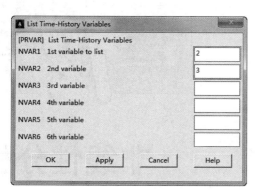

图 11-37　List Time-History Variables 对话框

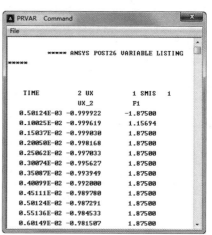

图 11-38　列表显示变量

11.2.3　命令流方式

命令流方式这里不再详细介绍，读者可参见随书资源中的电子文档。

第12章

非线性分析

　　非线性变化是工程分析中常见的一种现象。非线性问题表现出与线性问题不同的性质。尽管非线性分析比线性分析变得更加复杂，但处理基本相同。只是在非线性分析的适当过程中，添加了需要的非线性特性。

　　本章将通过实例讲述非线性分析的基本步骤和具体方法。

　　☑　非线性分析概论
　　☑　深沟球轴承

任务驱动&项目案例

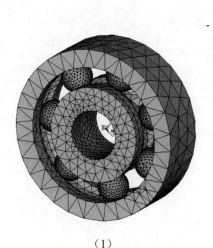

（1）

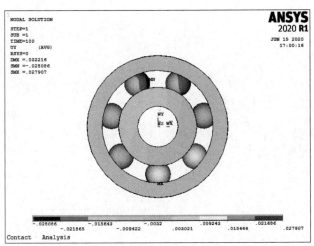

（2）

第12章 非线性分析

12.1 非线性分析概论

在日常生活中,经常会遇到结构非线性,例如,无论何时用订书针钉书,金属订书针将会弯曲成一个不同的形状,如图12-1(a)所示;如果在一个木架上放置重物,随着时间的迁移它将越来越下垂,如图12-1(b)所示;当在汽车或卡车上装货时,它的轮胎和下面路面间的接触将随货物重量而变化,如图12-1(c)所示。如果将上面例子的载荷-变形曲线画出来,将会发现它们都显示了非线性结构的基本特征,即变化的结构刚性。

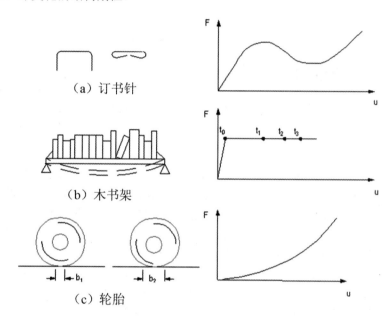

图 12-1 非线性结构行为的普通例子

12.1.1 非线性行为的原因

引起结构非线性行为的原因很多,本节将介绍其中的3种主要原因。

1. 状态变化(包括接触)

许多普通结构表现出一种与状态相关的非线性行为,例如,一根只能拉伸的电缆可能是松散的,也可能是绷紧的;轴承套可能是接触的,也可能是不接触的;冻土可能是冻结的,也可能是融化的。这些系统的刚度由于系统状态的改变在不同的值之间发生变化。状态改变也许和载荷直接有关,也可能由某种外部原因引起(如在冻土中的紊乱热力学条件)。ANSYS程序中单元的激活与杀死选项用来给这种状态的变化建模。

接触是一种很普遍的非线性行为,是状态变化非线性类型中一个特殊而重要的子集。

2. 几何非线性

如果结构经受大变形,则变化的几何形状可能会引起结构的非线性响应。图12-2为随着垂向载荷的增加,钓鱼竿不断弯曲以至于动力臂明显地减少,导致钓鱼竿端显示出在较高载荷下不断增长的刚性。

3. 材料非线性

非线性的应力-应变关系是造成结构非线性的常见原因。许多因素可以影响材料的应力-应变性质，包括加载历史（如在弹-塑性响应状况下）、环境状况（如温度）、加载的时间总量（如在蠕变响应状况下）。

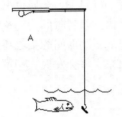
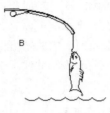
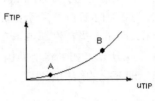

图 12-2　钓鱼竿示范几何非线性

12.1.2　非线性分析的基本信息

ANSYS 程序的方程求解器计算一系列的联立线性方程来预测工程系统的响应。然而，非线性结构的行为不能直接用这样一系列的线性方程表示，需要一系列带校正的线性近似来求解非线性问题。

1. 非线性求解方法

一种近似的非线性求解方法是将载荷分成一系列的载荷增量。可以在几个载荷步内或者在一个载荷步的几个子步内施加载荷增量。在每一个增量的求解完成后，在继续进行下一个载荷增量之前，程序调整刚度矩阵以反映结构刚度的非线性变化。遗憾的是，纯粹的增量不可避免地会随着每一个载荷增量积累误差，导致结果最终失去平衡，如图 12-3（a）所示。

ANSYS 程序通过使用牛顿-拉普森平衡迭代克服了这种困难，它迫使在每一个载荷增量的末端解达到平衡收敛（在某个容限范围内）。图 12-3（b）为在单自由度非线性分析中牛顿-拉普森平衡迭代的使用。在每次求解前，NR 方法估算出残差矢量，这个矢量是回复力（对应于单元应力的载荷）和所加载荷的差值。然后程序使用非平衡载荷进行线性求解，且核查收敛性。如果不满足收敛准则，则重新估算非平衡载荷，修改刚度矩阵，获得新解。一直持续这种迭代过程直到问题收敛。

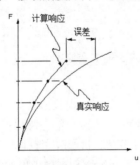
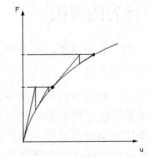

（a）普通增量式解　　　　　　（b）牛顿-拉普森迭代求解（两个载荷增量）

图 12-3　纯粹增量近似与牛顿-拉普森近似的关系

ANSYS 程序提供了一系列命令来增强问题的收敛性，如自适应下降、线性搜索、自动载荷步及二分法等，可被激活来加强问题的收敛性，如果不能得到收敛，那么程序要么继续计算下一个载荷步，要么终止（依据用户的指示而定）。

对某些物理意义上不稳定系统的非线性静态分析，如果仅使用 NR 方法，正切刚度矩阵可能变为降秩矩阵，导致严重的收敛问题。这样的情况包括独立实体从固定表面分离的静态接触分析、结构，或者完全崩溃，或者"突然变成"另一个稳定形状的非线性弯曲问题。对这样的情况，可以激活另外一种迭代方法（弧长方法）来帮助稳定求解。弧长方法导致 NR 平衡迭代沿一段弧收敛，所以即使当正切刚度矩阵的倾斜为 0 或负值时，也会阻止发散。这种迭代方法以图形表示，如图 12-4 所示。

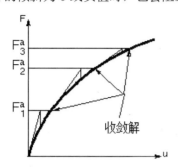
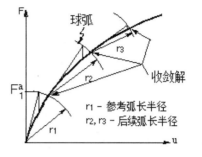

图 12-4　传统的 NR 方法与弧长方法的比较

2．非线性求解级别

非线性求解被分成 3 个操作级别，即载荷步、子步和平衡迭代。

（1）"顶层"级别由在一定"时间"范围内明确定义的载荷步组成。假定载荷在载荷步内是线性变化的。

（2）在每一个载荷子步内，为了逐步加载可以控制程序来执行多次求解（子步或时间步）。

（3）在每一个子步内，程序将进行一系列的平衡迭代以获得收敛的解。

图 12-5 为一个典型的用于非线性分析的载荷历史图。

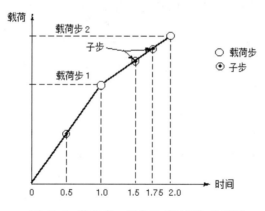

图 12-5　载荷步、子步及"时间"关系图

3．载荷和位移的方向改变

当结构经历大变形时应该考虑到载荷发生了什么变化。在许多情况中，无论结构如何变形，施加在系统中的载荷保持恒定的方向；而在另一些情况中，力将改变方向，并随着单元方向的改变而变化。

ANSYS 程序对这两种情况都可以建模，依赖于所施加的载荷类型。加速度和集中力将不管单元方向的改变而保持它们最初的方向，表面载荷作用在变形单元表面的法向，且可被用来模拟"跟随"力。图 12-6 为恒力和跟随力示意图。

注意：在大变形分析中不修正节点坐标系方向，因此计算出的位移在最初的方向上输出。

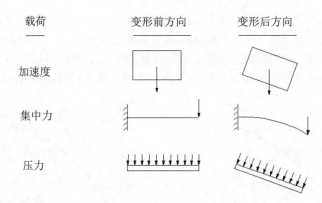

图 12-6 变形前后载荷方向

4．非线性瞬态过程分析

非线性瞬态过程的分析与线性静态或准静态分析类似，即以步进增量加载，程序在每一步中进行平衡迭代。静态和瞬态处理的主要不同是在瞬态过程分析中要激活时间积分效应（因此，在瞬态过程分析中"时间"总是表示实际的时序）。自动时间分步和二等分特点同样也适用于瞬态过程分析。

12.1.3 几何非线性

通常假定小转动（小挠度）和小应变变形足够小，以至于可以不考虑由变形导致的刚度阵变化，但是大变形分析中，必须考虑由于单元形状或者方向导致的刚度阵变化。使用命令 NLGEOM,ON（GUI：Main Menu > Solution > Analysis Type > Sol'n Control (Basic 选项卡) 或者 Main Menu > Solution > Unabridged Menu > Analysis Type > Analysis Options）可以激活大变形效应（针对支持大变形的单元）。大多数实体单元（包括所有大变形单元和超弹单元）和大多数梁单元和壳单元都支持大变形。

大变形过程在理论上并没有限制单元的变形或者转动（实际的单元还要受到经验变形的约束，即不能无限大），但求解过程必须保证应变增量满足精度要求，即总体载荷要被划分为很多小步来加载。

1．小应变大挠度（大转动）

所有梁单元和大多数壳单元以及其他的非线性单元都有大挠度（大转动）效应，可以通过命令 NLGEOM,ON（GUI：Main Menu > Solution > Analysis Type > Sol'n Control (Basic 选项卡) 或者 Main Menu > Solution > Unabridged Menu > Analysis Type > Analysis Options）来激活该选项。

2．应力刚化

结构的面外刚度有时会受到面内应力的明显影响，这种面内应力与面外刚度的耦合即应力刚化，在面内应力很大的薄结构（例如缆索、隔膜）中非常明显。

因为应力刚化理论通常假定单元的转动和变形都非常小，所以它应用小转动或者线性理论。但在有些结构中，应力刚化只有在大转动（大挠度）下才会体现，例如图 12-7 中的结构。

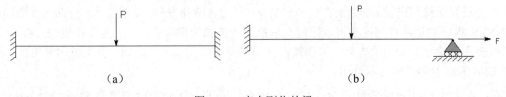

图 12-7 应力刚化的梁

可以在第一个载荷步中利用命令 PSTRES,ON（GUI：Main Menu > Solution > Unabridged Menu > Analysis Type > Analysis Options）来激活应力刚化选项。

大应变和大转动分析过程理论上包括初始应力的影响，多于大多数单元，在使用命令 NLGEOM, ON（GUI：Main Menu > Solution > Analysis Type > Sol'n Control (Basic 选项卡)或者 Main Menu > Solution > Unabridged Menu > Analysis Type > Analysis Options）激活大变形效应时，会自动包括初始刚度的影响。

3. 旋转软化

旋转软化会调整（软化）旋转结构的刚度矩阵来考虑动态质量的影响，这种调整近似于在小挠度分析中考虑大挠度圆周运动引起的几何尺寸的变化，它通常与由旋转模型的离心力所产生的预应力[PSTRES]（GUI：Main Menu > Solution > Unabridged Menu > Analysis Type > Analysis Options）一起使用。

注意：旋转软化不能与其他的几何非线性、大转动或者大应变同时使用。

利用命令 OMEGA 和命令 CMOMEGA 中的 KSPIN 选项（GUI：Main Menu > Preprocessor > Loads > Define Loads > Apply > Structural > Inertia > Angular Velocity）来激活旋转软化效应。

12.1.4 材料非线性

在求解过程中，与材料相关的因子会导致结构的刚度变化。塑性、多线性和超弹性的非线性应力-应变关系会导致结构刚度在不同载荷阶段（例如不同温度）发生变化。蠕变、黏弹性和黏塑性的非线性则与时间、速度、温度以及应力相关。

如果材料的应力-应变关系是非线性的或者是和速度相关的，必须利用 TB 命令族（TBTEMP, TBDATA, TBPT, TBCOPY, TBLIST, TBPLOT, TBDELE）（GUI：Main Menu > Preprocessor > Material Props > Material Models > Structural > Nonlinear）用数据表的形式来定义非线性材料特性。下面对不同的材料非线性行为选项进行简单介绍。

1. 塑性

对于多数工程材料，在达到比例极限之前，应力-应变关系都采用线性形式。超过比例极限之后，应力-应变关系呈现非线性，不过通常还是弹性的。而塑性则以无法恢复的变形为特征，在应力超过屈服极限之后就会出现。因为通常情况下比例极限和屈服极限只有微小的差别，在塑性分析中，ANSYS 程序假定这两点重合，如图 12-8 所示。

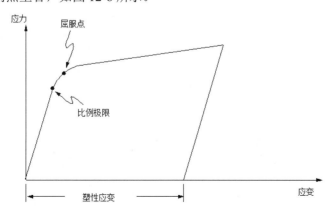

图 12-8 弹塑性应力-应变关系

塑性是一种不可恢复的、与路径相关的变形现象。换句话说，施加载荷的次序以及在何种塑性阶段施加将影响最终的结果。如果想在分析中预测塑性响应，则需要将载荷分解成一系列增量步（或者时间步），这样模型才可能正确地模拟载荷-响应路径。每一个子步的最大塑性应变会储存在输出文件（jobname.out）中。

自动步长调整选项 [AUTOTS]（GUI：Main Menu > Solution > Analysis Type > Sol'n Control (Basic 选项卡)或者 Main Menu > Solution > Unabridged Menu > Load Step Opts > Time/Frequenc > Time and Substps）会根据实际的塑性变形调整步长，当求解迭代次数过多或者塑性应变增量大于 15%时会自动缩短步长。如果采用的步长过长，ANSYS 程序会减半或者采用更短的步长，如图 12-9 所示。

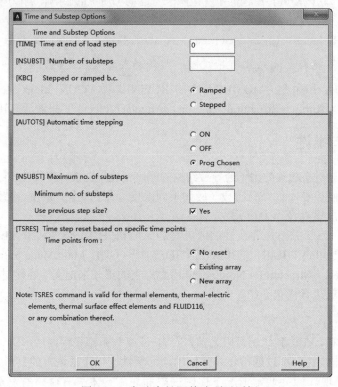

图 12-9 自动步长调整选项对话框

在塑性分析时，可能还会同时出现其他非线性特性。例如，大转动（大挠度）和大应变的几何非线性通常伴随塑性同时出现。如果想在分析中加入大变形，可以用命令 NLGEOM,ON（GUI：Main Menu > Solution > Analysis Type > Sol'n Control (Basic 选项卡)或者 Main Menu > Solution > Unabridged Menu > Analysis Type > Analysis Options）来激活相关选项。对于大应变分析，材料的应力-应变特性必须是用真实应力和对数应变输入的。

2. 多线性

多线性弹性材料行为选项（MELAS）描述一种保守响应（与路径无关），其加载和卸载沿相同的应力-应变路径。所以，对于这种非线性行为，可以使用相对较大的步长。

3. 超弹性

如果存在一种弹性能函数（或者应变能密度函数），它是应变或者变形张量的比例函数，对相应应变项求导就能得到相应应力项，这种材料通常称为超弹性。

超弹性可以用来解释类橡胶材料（例如人造橡胶）在经历大应变和大变形时（需要[NLGEOM,ON]），其体积变化是非常微小的情况（近似于不可压缩材料）。一种有代表性的超弹结构（气球封管）如图12-10所示。

有两种类型的单元适合模拟超弹性材料。

（1）超弹单元（HYPER56、HYPER58、HYPER74、HYPER158）。

（2）除了梁杆单元以外，所有编号为18x的单元（PLANE182、PLANE183、SOLID185、SOLID186、SOLID187）。

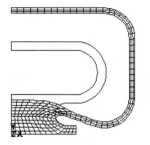

图12-10 超弹结构

4. 蠕变

蠕变是一种与速度相关的材料非线性，指当材料受到持续载荷作用时，其变形会持续增加。相反地，如果施加强制位移，反作用力（或者应力）会随着时间慢慢减小（应力松弛，见图12-11（a））。蠕变的3个阶段如图12-11（b）所示。ANSYS程序可以模拟前两个阶段，第3个阶段通常不分析，因为已经接近破坏程度。

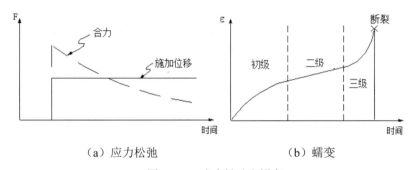

（a）应力松弛　　　　　　（b）蠕变

图12-11 应力松弛和蠕变

在高温应力分析中，例如原子反应器，蠕变是非常重要的。例如，如果在原子反应器施加预载荷以防止邻近部件移动，过了一段时间之后（高温），预载荷会自动降低（应力松弛），导致邻近部件开始移动。对于预应力混凝土结构，蠕变效应也是非常显著的，而且蠕变是持久的。

ANSYS程序利用两种时间积分方法来分析蠕变，这两种方法都适用于静力学分析和瞬态分析。

（1）隐式蠕变方法：该方法功能更强大、更快、更精确，对于普通分析，推荐使用。其蠕变常数依赖于温度，也可以与各向同性硬化塑性模型耦合。

（2）显式蠕变方法：当需要使用非常短的时间步长时，可考虑该方法，其蠕变常数不能依赖于温度，另外，可以通过强制手段与其他塑性模型耦合。

需要注意以下几个方面。

☑ 隐式和显式这两个词是针对蠕变的，不能用于其他环境，例如，没有显式动力分析的说法，也没有显式单元的说法。

☑ 隐式蠕变方法支持如下单元：PLANE42、SOLID45、PLANE82、SOLID92、SOLID95、LINK180、SHELL181、PLANE182、PLANE183、SOLID185、SOLID186、SOLID187、BEAM188和BEAM189。

☑ 显式蠕变方法支持如下单元：LINK1、PLANE2、LINK8、PIPE20、BEAM23、BEAM24、PLANE42、SHELL43、SOLID45、SHELL51、PIPE60、SOLID62、SOLID65、PLANE82、SOLID92和SOLID95。

5. 形状记忆合金

形状记忆合金（SMA）材料行为选项指镍钛合金的过弹性行为。镍钛合金是一种柔韧性非常好的合金，无论在加载和卸载时经历多大的变形都不会留下永久变形，如图 12-12 所示。材料行为包含 3 个阶段，即奥氏体阶段（线弹性）、马氏体阶段（也是线弹性）和两者间的过渡阶段。

利用 MP 命令可定义奥氏体阶段的线弹性材料行为，利用 TB、SMA 命令可定义马氏体阶段和过渡阶段的线弹性材料行为。另外，可以用 TBDATA 命令输入合金的指定材料参数组，总共可以输入 6 组参数。

形状记忆合金可以使用如下单元：PLANE182、PLANE183、SOLID185、SOLID186、SOLID187。

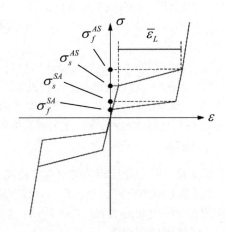

图 12-12　形状记忆合金状态图

6. 黏弹性

黏弹性类似于蠕变，当去掉载荷时，部分变形会跟着消失。最普遍的黏弹性材料是玻璃，部分塑料也可认为是黏弹性材料。图 12-13 为一种黏弹性。

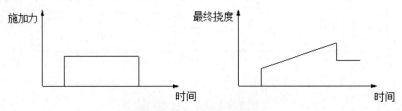

图 12-13　黏弹性行为（麦克斯韦模型）

可以利用单元 VISCO88 和 VISCO89 模拟小变形黏弹性，LINK180、SHELL181、PLANE182、PLANE183、SOLID185、SOLID186、SOLID187、BEAM188 和 BEAM189 模拟小变形或者大变形黏弹性。用户可以用 TB 命令族输入材料属性。对于单元 SHELL181、PLANE182、PLANE183、SOLID185、SOLID186 和 SOLID187，须用 MP 命令指定其黏弹性材料属性，用 TB,HYPER 指定其超弹性材料属性。弹性常数与快速载荷值有关。用 TB,PRONY 和 TB,SHIFT 命令输入松弛属性（读者可参考对 TB 命令的解释以获得更详细的信息）。

7. 黏塑性

黏塑性是一种与时间相关的塑性现象，塑性应变的扩展和加载速率有关，其基本应用是高温金属成型过程，例如滚动锻压会产生很大的塑性变形，而弹性变形却非常小，如图 12-14 所示。因为塑性应变所占比例非常大（通常超过 50%），所以要求打开大变形选项（NLGEOM,ON）。可利用 VISCO106、VISCO107 和 VISCO108 几种单元来模拟黏塑性。黏塑性是通过一套流动和强化准则将塑性和蠕变平均化，约束方程通常用于保证塑性区域的体积。

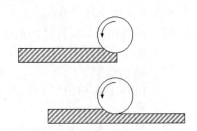

图 12-14　翻滚操作中的黏塑性行为

12.1.5 其他非线性问题

除了以上几种非线性问题之外，还有其他非线性问题，常见的有屈曲和接触。

（1）屈曲：屈曲分析是一种用于确定结构的屈曲载荷（使结构开始变得不稳定的临界载荷）和屈曲模态（结构屈曲响应的特征形态）的技术。

（2）接触：接触问题分为两种基本类型，即刚体-柔体的接触和半柔体-柔体的接触。它们均为高度非线性行为。

12.2 实例——深沟球轴承

12.2.1 分析问题

以图 12-15 所示为例进行分析，材料选择 GCr15 制造，该型号的几何参数为外径 D 为 $\varphi35$、内径 d 为 $\varphi10$、宽度 B 为 11、钢球直径 Dw 为 $\varphi6.4$、接触角 α 为零和钢球数量 Z 为 7 个；材料参数为弹性模量 $E=207000\text{MPa}$ 和泊松比 $\mu=0.3$；接触面应力为 3472.00N。观察深沟球轴承接触面的应力。

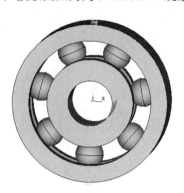

图 12-15　圆柱套筒示意图

12.2.2 GUI 方式

1. 建立模型

（1）定义工作文件名。从菜单中选择 Utility Menu > File > Change Jobname 命令，弹出 Change Jobname 对话框，在 Enter new jobname 文本框中输入 Bearing，并选中 New Log and error files 复选框，使其状态为 yes，单击 OK 按钮。

（2）设置分析标题。选择 Utility Menu > File > Change Title 命令，在文本框中输入"Contact Analysis"，单击 OK 按钮。

（3）定义单元类型。选择 Main Menu > Preprocessor > Element Type > Add/Edit/Delete 命令，弹出 Element Types 对话框，如图 12-16 所示。单击 Add 按钮，弹出如图 12-17 所示的 Library of Element Types 对话框，选择 Structural Solid 和 Brick 8 node 185 选项，单击 OK 按钮，然后单击 Element Types 对话框中的 Close 按钮。

图 12-16　Element Types 对话框

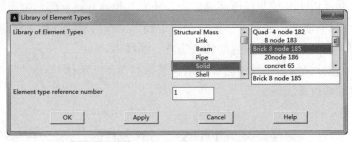

图 12-17　Library of Element Types 对话框

（4）定义材料性质。选择 Main Menu > Preprocessor > Material Props > Material Models 命令，弹出如图 12-18 所示的 Define Material Model Behavior 窗口，在 Material Models Available 列表框中依次选择 Structural > Linear > Elastic > Isotropic 选项，弹出如图 12-19 所示的 Linear Isotropic Properties for Material Number 1 对话框，在 EX 文本框中输入 "3e7"，在 PRXY 文本框中输入 "0.25"，单击 OK 按钮。然后选择 Define Material Models Behavior 窗口中的 Material > Exit 命令退出。

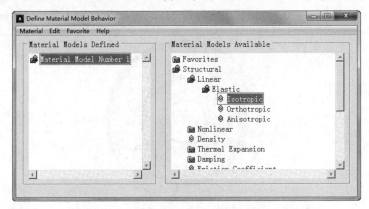

图 12-18　Define Material Model Behavior 窗口

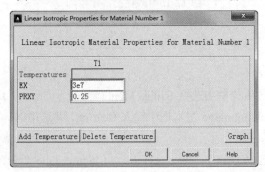

图 12-19　Linear Isotropic Properties for Material Number 1 对话框

（5）偏移工作平面到给定位置。从应用菜单中选择 Utility Menu：WorkPlane > Offset WP to > XYZ Locations +命令，打开偏移工作平面对话框，在文本框中输入 "0,0,-5.5"，单击 OK 按钮，如图 12-20 所示。

第 12 章 非线性分析

(6) 生成外环。选择 Main Menu > Preprocessor > Modeling > Create > Volumes > Cylinder > Hollow Cylinder 命令，弹出如图 12-21 所示的 Hollow Cylinder 对话框，在 WP X 和 WP Y 文本框中均输入"0"，在 Rad-1 文本框中输入"17.5"，Rad-2 文本框中输入"13.8"，在 Depth 文本框中输入"11"，单击 Apply 按钮。

(7) 生成内环。在弹出的 Hollow Cylinder 对话框中，在 WP X 和 WP Y 文本框中均输入 0，在 Rad-1 文本框中输入"9.7"，在 Rad-2 文本框中输入"5"，在 Depth 文本框中输入"11"，单击 OK 按钮。绘制的结果如图 12-22 所示。

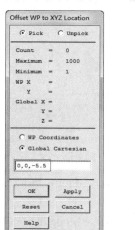

图 12-20　偏移工作平面　　图 12-21　Hollow Cylinder 对话框　　图 12-22　内外环模型

(8) 恢复工作平面到原始位置。从应用菜单中选择 Utility Menu：WorkPlane > Offset WP to > Global Origin 命令，恢复到原始位置。

(9) 生成圆环。选择 Main Menu > Preprocessor > Modeling > Create > Volumes > Torus 命令，弹出如图 12-23 所示的 Create Torus by Dimensions 对话框，在 RAD1 文本框中输入"3.2"，在 RAD2 文本框中输入"0"，在 RADMAJ 文本框中输入"11.75"，单击 OK 按钮。

(10) 从内外环中"减"去圆环形成滚珠轨道。从主菜单中选择 Main Menu：Preprocessor > Modeling > Operate > Booleans > Subtract > Volumes 命令。然后，在图形窗口中拾取外环及内环，作为布尔"减"操作的母体，单击 Apply 按钮。在图形窗口中拾取刚刚建立的圆环作为"减"去的对象，单击 OK 按钮。所得结果如图 12-24 所示。

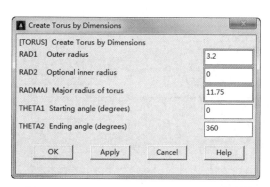
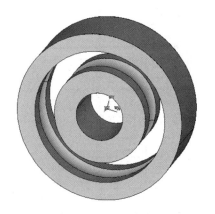

图 12-23　Create Torus by Dimensions 对话框　　　图 12-24　形成滚珠轨道

（11）生成滚珠。选择 Main Menu > Preprocessor > Modeling > Create > Volumes > Sphere > Solid Sphere 命令，弹出如图 12-25 所示的 Solid Sphere 对话框，在 WP X 文本框中输入"0"，在 WP Y 文本框中输入"-11.75"，在 Radius 文本框中输入"3.2"，单击 OK 按钮。得到结果如图 12-26 所示。

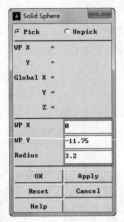
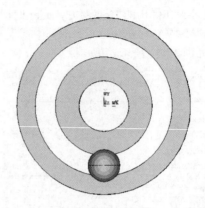

图 12-25　Solid Sphere 对话框　　　　　　图 12-26　生成滚珠

（12）将激活的坐标系设置为总体柱坐标系。从实用菜单中依次选择 Utility Menu：WorkPlane > Change Active CS to > Global Cylindrical 命令。

（13）将滚珠沿周向方向复制。从主菜单中选择 Main Menu：Preprocessor > Modeling > Copy > Volumes 命令。然后，选择刚刚建立的滚珠，单击 OK 按钮，如图 12-27 所示。ANSYS 会提示复制的数量和偏移的坐标，在 Number of copies 文本框中输入"7"，在 Y-offset in active CS 文本框中输入"51.42857"，单击 OK 按钮，如图 12-28 所示。

（14）打开体编号显示。选择 Utility Memu > PlotCtrls > Numbering 命令，弹出 Plot Numbering Controls 对话框，选中 VOLU Volume numbers 后面复选框，使其状态由 Off 变为 On，如图 12-29 所示，单击 OK 按钮。

（15）重新显示。选择 Utility Menu > Plot > Replot 命令，结果显示如图 12-30 所示。

（16）保存数据。单击工具条上的 SAVE_DB 按钮。

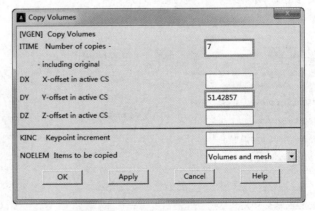

图 12-27　复制体　　　　　　　　　图 12-28　输入复制的数量和坐标

· 292 ·

第 12 章 非线性分析

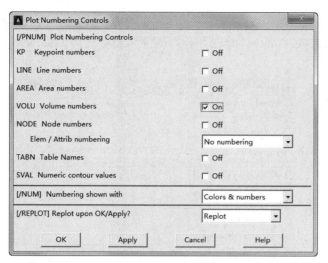

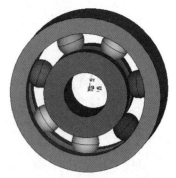

图 12-29 Plot Numbering Controls 对话框   图 12-30 深沟球轴承显示

2. 对轴承划分网格

（1）从主菜单中选择 Main Menu：Preprocessor > Meshing > Mesh Tool 命令，打开 Mesh Tool（网格划分工具）对话框，如图 12-31 所示。

（2）选中 Smart Size 复选框，随后拖动滑块到 3 的位置。然后选择 Mesh 下拉列表中的 Volumes 选项，单击 Mesh 按钮，打开体选择对话框，要求选择要划分网格数的体。单击 Pick All 按钮，如图 12-32 所示。

（3）根据进行的控制划分体，划分过程中 ANSYS 会产生提示，如图 12-33 所示，单击 Close 按钮。划分后的体如图 12-34 所示。

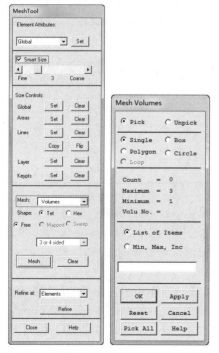

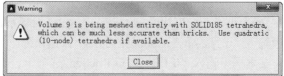

图 12-31 网格工具   图 12-32 进行体选择   图 12-33 分网提示

· 293 ·

（4）优化网格。选择 Utility Menu > PlotCtrls > Style > Size and Shape 命令，弹出如图 12-35 所示的 Size and Shape 对话框，在[/EFACET] Facets/element edge 后面的下拉列表框中选择 2 facets/edge 选项，单击 OK 按钮。

图 12-34 对体划分的结果　　　　图 12-35 Size and Shape 对话框

（5）保存数据。单击 ANSYS Toolbar 上的 SAVE_DB 按钮。

3. 定义外环与滚珠接触面

（1）创建目标面。选择 Main Menu > Preprocessor > Modeling > Create > Contact Pair 命令，弹出如图 12-36 所示的 Pair Based Contact Manager 对话框。单击 Contact Wizard 按钮（位于对话框左上角），弹出如图 12-37 所示的 Contact Wizard 对话框，接受默认选项，单击 Pick Target 按钮，弹出一个拾取框，在图形上单击拾取外环的轨道槽，如图 12-38 所示，单击 OK 按钮。

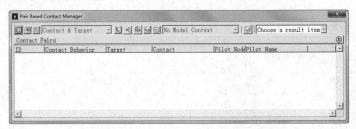

图 12-36 Pair Based Contact Manager 对话框

（2）创建接触面。屏幕再次弹出 Contact Wizard 对话框，单击 Next 按钮，弹出如图 12-39 所示的 Contact Wizard 对话框，在 Contact Element Type 下面的单选栏中选中 Surface-to-Surface 单选按钮，单击 Pick Contact 按钮，弹出一个拾取框，在图形上单击拾取滚珠与外环的接触面，如图 12-40 所示。单击 OK 按钮，再次弹出 Contact Wizard 按钮，单击 Next 按钮。

（3）设置接触面。再次弹出 Contact Wizard 对话框，如图 12-41 所示，在 Coefficient of Friction 文本框中输入"0.2"，单击 Optional settings 按钮，弹出如图 12-42 所示的对话框，在 Normal Penalty Stiffness 文本框中输入"0.1"。单击 Friction 选项卡，选择 Stiffness matrix 后面的下拉列表框中的 Unsymmetric 选项，如图 12-43 所示，单击 OK 按钮。

第12章 非线性分析

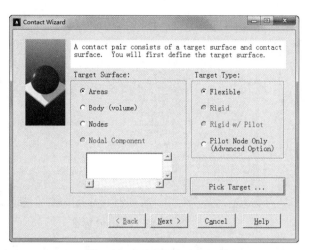

图 12-37 选择目标面对话框

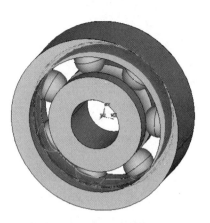

图 12-38 选择目标面的显示

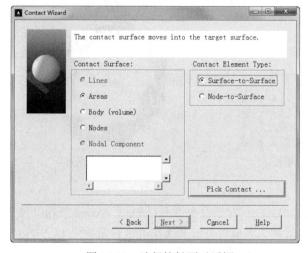

图 12-39 选择接触面对话框

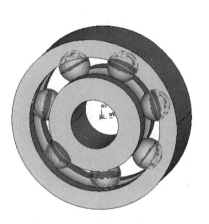

图 12-40 选择接触面的显示

图 12-41 定义接触面性质对话框

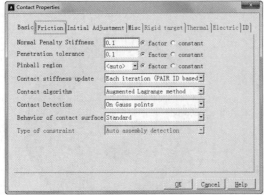

图 12-42 Contact Properties 对话框　　　　图 12-43 Friction 标签

（4）接触面的生成。再次回到 Contact Wizard 对话框，单击 Create 按钮，弹出 Contact Wizard 对话框，如图 12-44 所示，单击 Finish 按钮，结果如图 12-45 所示。然后关闭对话框。

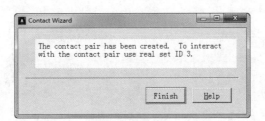

图 12-44　创建完成接触面提示框　　　　图 12-45　接触面显示

4. 定义内环与滚珠接触面

（1）创建目标面。在 Pair Based Contact Manager 对话框中单击 Contact Wizard 按钮（位于对话框左上角），弹出 Contact Wizard 对话框，接受默认选项，单击 Pick Target 按钮，弹出一个拾取框，在图形上单击拾取内环的轨道槽，如图 12-46 所示，单击 OK 按钮。

（2）创建接触面。屏幕再次弹出 Contact Wizard 对话框，单击 Next 按钮，弹出 Contact Wizard 对话框，在 Contact Element Type 下面的单选栏中选中 Surface-to-Surface 单选按钮，单击 Pick Contact 按钮，弹出一个拾取框，在图形上单击拾取滚珠与内环的接触面，如图 12-47 所示，单击 OK 按钮，再次弹出 Contact Wizard 按钮，单击 Next 按钮。

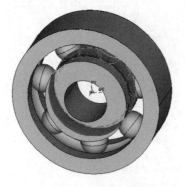
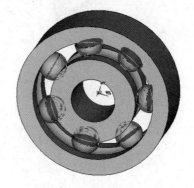

图 12-46　选择目标面的显示　　　　图 12-47　选择接触面的显示

(3）设置接触面。再次弹出 Contact Wizard 对话框，在 Coefficient of Friction 文本框中输入"0.2"，单击 Optional settings 按钮，在 Normal Penalty Stiffness 文本框中输入"0.1"。单击 Friction 选项卡，选择 Stiffness matrix 下拉列表中的 Unsymmetric 选项，单击 OK 按钮。

（4）接触面的生成。再次回到 Contact Wizard 对话框，单击 Create 按钮，弹出 Contact Wizard 对话框，单击 Finish 按钮，结果如图 12-48 所示。

图 12-48 接触面显示

5. 施加载荷并求解

（1）打开面编号显示。选择 Utility Menu > PlotCtrls > Numbering 命令，弹出 Plot Numbering Controls 对话框，选中 AREA Area numbers 复选框，使其状态显示为 On，然后单击 OK 按钮。

（2）施加面约束条件。选择 Main Menu > Solution > Define Loads > Apply > Structural > Displacement > On Areas 命令，弹出一个拾取框，在图形上拾取编号为 1、2、3 和 4 的面，即外环的侧面及外表面，如图 12-49 所示。单击 OK 按钮，弹出如图 12-50 所示的"Apply U, ROT on Areas"对话框，选择 All DOF 选项，然后单击 OK 按钮。

 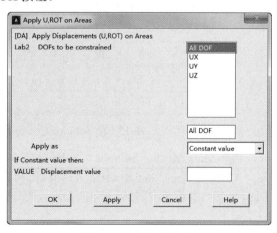

图 12-49 选择压力面　　　　图 12-50 施加位移约束

（3）施加载荷。选择 Main Menu > Solution > Define Loads > Apply > Structural > Pressure > On Areas 命令，弹出 Apply PRES on Areas 拾取菜单。拾取最内环面的下半部分，然后单击 OK 按钮，弹出 Apply PRES on areas 对话框，如图 12-51 所示。在 VALUE Load PRES value 文本框中输入"3472"，单击 OK 按钮，其余接受默认设置。

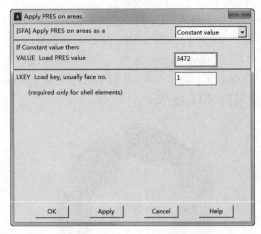

图 12-51　施加面载荷

（4）设定求解选项。选择 Main Menu > Solution > Analysis Type > Sol'n Controls 命令，弹出 Solution Controls 对话框，在 Analysis Options 下拉列表框中选择 Large Displacement Static 选项，在 Time at end of loadstep 文本框中输入"100"，在 Automatic time stepping 下拉列表框中选择 Off 选项，在 Number of substeps 文本框中输入"1"，如图 12-52 所示，单击 OK 按钮。

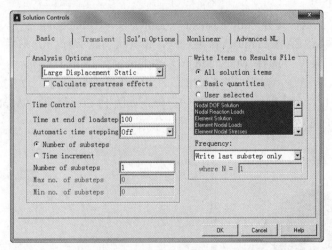

图 12-52　Solution Controls 对话框

（5）求解。选择 Main Menu > Solution > Solve > Current LS 命令，弹出"/STATUS Command"状态窗口和 Solve Current Load Step 对话框，仔细浏览状态窗口中的信息然后将其关闭，单击 Solve Current Load Step（求解当前载荷步）对话框中的 OK 按钮开始求解。求解完成后会弹出 Solution is done 提示框，单击 Close 按钮。

12.2.3　查看结果

求解完成后，就可以利用 ANSYS 软件对生成的结果文件（对于静力分析，就是 Jobname.RST）进行后处理。静力分析中通常通过 POST1 后处理器就可以处理和显示大多数感兴趣的结果数据。

1. 查看变形

（1）在主菜单中选择 Main Menu: General Postproc > Plot Result > Contour Plot > Nodal Solu 命令，

打开 Contour Nodal Solution Data（等值线显示节点解数据）对话框，如图 12-53 所示。

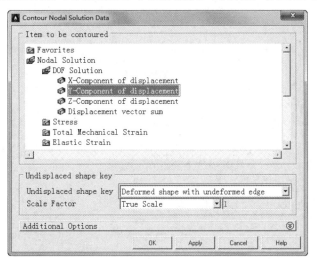

图 12-53　等值线显示节点解数据对话框

（2）在 Item to be contoured（等值线显示结果项）列表框中依次选择 DOFsolution（自由度解）>Y-Component of displacement（Y 向位移）选项，Y 向位移即为轴承竖直方向的位移。

（3）在 Undisplaced Shape key 下拉列表框中选择 Deformed shape with undeformed edge（变形后和未变形轮廓线）选项。

（4）单击 OK 按钮，在图形窗口中显示出变形图，包含变形前的轮廓线，如图 12-54 所示。在该图中下方的色谱表明不同的颜色对应的数值（带符号）。

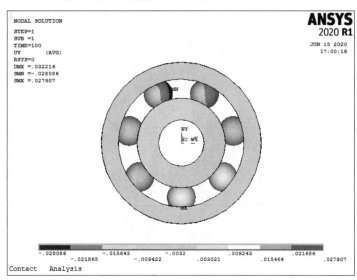

图 12-54　Y 向变形图

2．查看应力

（1）从主菜单中选择 Main Menu：General Postproc > Read Results > Last Set 命令，读取最后一个分析结果。

（2）从主菜单中选择 Main Menu：General Postproc > Plot Results > Contour Plot > Nodal Solu 命

令，打开 Contour Nodal Solution Data（等值线显示节点解数据）对话框，如图 12-55 所示。

图 12-55　等值线显示节点解数据对话框

（3）在 Item to be contoured（等值线显示结果项）列表框中依次选择 Total Mechanical Strain（应变）＞von Mises total mechanical strain（von Mises 应变）选项。

（4）在 Undisplaced Shape key 下拉列表框中选择 Deformed shape only（仅显示变形后模型）选项。

（5）单击 OK 按钮，图形窗口中显示出 von Mises 应变分布图，如图 12-56 所示。

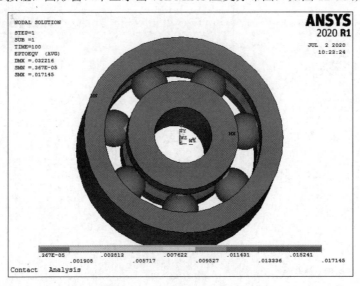

图 12-56　von Mises 应变分布图

3. 动画显示模态形状

（1）从应用菜单中选择 Utility Menu：PlotCtrls > Animate > Mode Shape 命令。

（2）依次选择 DOF solution＞Translation UY 选项，单击 OK 按钮，如图 12-57 所示。

第12章 非线性分析

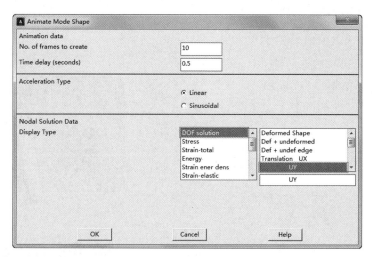

图 12-57 设置动画显示

ANSYS 将在图形窗口中进行动画显示，如图 12-58 所示。

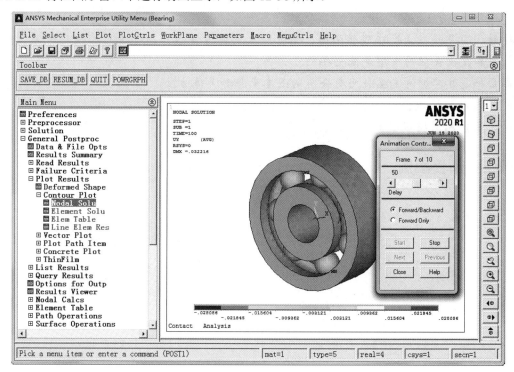

图 12-58 动画显示

12.2.4 命令流方式

命令流方式这里不再详细介绍，读者可参见随书资源中的电子文档。

第13章

接触问题分析

接触问题是一种高度非线性问题，需要较大的计算资源，为了进行有效的计算，理解问题的特性和建立合理的模型是很重要的。

本章将通过实例讲述接触问题分析的基本步骤和具体方法。

- ☑ 接触问题概论
- ☑ 齿轮副的接触分析

任务驱动&项目案例

（1）

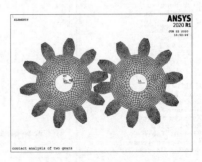

（2）

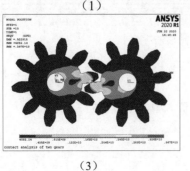

（3）

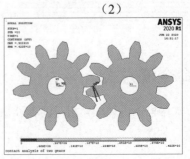

（4）

第 13 章 接触问题分析

13.1 接触问题概论

接触问题存在两个较大的难点。

(1) 在求解问题之前，不知道接触区域，表面之间是接触还是分开是未知的、突然变化的，这些随载荷、材料、边界条件和其他因素而定。

(2) 大多数接触问题需要计算摩擦，有几种摩擦和模型可供挑选，它们都是非线性的，摩擦使问题的收敛性变得困难。

13.1.1 一般分类

接触问题分为两种基本类型，即刚体-柔体的接触和半柔体-柔体的接触。在刚体-柔体的接触问题中，接触面的一个或多个被当作刚体（与它接触的变形体相比，有大得多的刚度），一般情况下，一种软材料和一种硬材料接触时，问题可以被假定为刚体-柔体的接触，许多金属成型问题归为此类接触。另一类为半柔体-柔体的接触，是一种更普遍的类型，在这种情况下，两个接触体都是变形体（有近似的刚度）。

ANSYS 支持 3 种接触方式，即点-点、点-面、面-面，每种接触方式使用的接触单元适用于某一类问题。

13.1.2 接触单元

为了给接触问题建模，首先必须认识到模型中的哪些部分可能会相互接触，如果相互作用的其中之一是一点，则模型的对应组元是一个节点；如果相互作用的其中之一是一个面，则模型的对应组元是单元，例如梁单元、壳单元或实体单元。有限元模型通过指定的接触单元来识别可能的接触匹对，接触单元是覆盖在分析模型接触面之上的一层单元，关于 ANSTS 使用的接触单元和使用过程，下面分类详述。

1. 点-点接触单元

点-点接触单元主要用于模拟点-点的接触行为，为了使用点-点的接触单元，需要预先知道接触位置。这类接触问题只能适用于接触面之间有较小相对滑动的情况（即使在几何非线性情况下）。

如果两个面上的节点一一对应，相对滑动可以忽略不计，两个面保持小量挠度（转动），那么可以用点-点的接触单元来求解面-面的接触问题，过盈装配问题就是一个用点-点的接触单元来模拟面-面接触问题的典型例子。

2. 点-面接触单元

点-面接触单元主要用于给点-面的接触行为建模，例如两根梁的相互接触。

如果通过一组节点来定义接触面，生成多个单元，那么可以通过点-面的接触单元来模拟面-面的接触问题。面既可以是刚性体，也可以是柔性体，这类接触问题的一个典型例子是插头插入插座里。使用这类接触单元，不需要预先知道确切的接触位置，接触面之间也不需要保持一致的网格，并且允许有大的变形和大的相对滑动。

Contact48 和 Contact49 都是点-面的接触单元，Contact26 用来模拟柔性点-刚性面的接触，对有不连续的刚性面的问题，不推荐采用 Contact26，因为可能导致接触的丢失，在这种情况下，Contact48

通过使用伪单元算法能提供较好的建模能力。

3. 面-面接触单元

ANSYS 支持刚体-柔体的面-面的接触单元,刚性面被当作"目标"面,分别用 Targe169 和 Targe170 来模拟 2D 和 3D 的"目标"面;柔性体的表面被当作"接触"面,分别用 Conta171、Conta172、Conta173、Conta174 来模拟。一个目标单元和一个接触单元叫作一个"接触对",程序通过一个共享的实常数号来识别"接触对",为了建立一个"接触对",应给目标单元和接触单元指定相同的实常数号。

与点-面接触单元相比,面-面接触单元有以下几个优点。

- ☑ 支持低阶和高阶单元。
- ☑ 支持有大滑动和摩擦的大变形、协调刚度阵计算、不对称单元刚度阵的计算。
- ☑ 提供工程目的采用的更好的接触结果,例如法向压力和摩擦应力。
- ☑ 没有刚体表面形状的限制,刚体表面的光滑性不是必需的,允许有自然的或网格离散引起的表面不连续。
- ☑ 与点-面接触单元相比,需要较多的接触单元,因而造成需要较小的磁盘空间和 CPU 时间。
- ☑ 允许多种建模控制,例如,绑定接触、渐变初始渗透、目标面自动移动到补始接触、平移接触面(老虎梁和单元的厚度)、支持单元、支持耦合场分析、支持磁场接触分析等。

13.2 实例——齿轮副的接触分析

本节通过一对接触的齿轮进行接触应力分析,来介绍 ANSYS 接触问题的分析过程。

13.2.1 分析问题

一对啮合的齿轮在工作时产生接触,分析其接触的位置、面积和接触力的大小。

标准齿轮如图 13-1 所示。

- ☑ 齿顶直径:48mm。
- ☑ 齿底直径:30mm。
- ☑ 齿数:10。
- ☑ 厚度:4mm。
- ☑ 弹性模量:2.06E11。
- ☑ 摩擦系数:0.1。
- ☑ 中心距:40mm。

图 13-1 齿轮模型

13.2.2 建立模型

建立模型包括设定分析作业名和标题;定义单元类型和实常数;定义材料属性;建立几何模型;划分有限元网格。

1. 设定分析作业名和标题

在进行一个新的有限元分析时,通常需要修改数据库名,并在图形输出窗口中定义一个标题来说明当前进行的工作内容。另外,对于不同的分析范畴(结构分析、热分析、流体分析、电磁场分析等),ANSYS 所用的主菜单的内容不尽相同,为此,需要在分析开始时选定分析内容的范畴,以便 ANSYS

显示出与其相对应的菜单选项。

（1）从实用菜单中选择 Utility Menu > File > Change Jobname 命令，打开 Change Jobname（修改文件名）对话框，如图 13-2 所示。

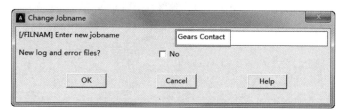

图 13-2　修改文件名对话框

（2）在 Enter new jobname（输入新的文件名）文本框中输入"Gears Contact"，作为本分析实例的数据库文件名。

（3）单击 OK 按钮，完成文件名的修改。

（4）从实用菜单中选择 Utility Menu > File > Change Title 命令，打开 Change Title（修改标题）对话框，如图 13-3 所示。

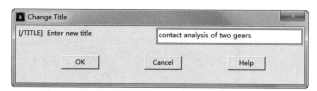

图 13-3　修改标题对话框

（5）在 Enter new title（输入新标题）文本框中输入"contact analysis of two gears"，作为本分析实例的标题名。

（6）单击 OK 按钮，完成对标题名的指定。

（7）从实用菜单中选择 Utility Menu > Plot > Replot 命令，指定的标题 contact analysis of two gears 将显示在图形窗口的左下角。

（8）从主菜单中选择 Main Menu > Preference 命令，打开 Preference of GUI Filtering（菜单过滤参数选择）对话框，选中 Structural 复选框，单击 OK 按钮确定。

2．定义单元类型

在进行有限元分析时，首先应根据分析问题的几何结构、分析类型和所分析的问题精度要求等，选定适合具体分析的单元类型。本例中选用四节点四边形板单元 PLANE182。PLANE182 不仅可用于计算平面应力问题，还可以用于分析平面应变和轴对称问题。

（1）从主菜单中选择 Main Menu > Preprocessor > Element Type > Add/Edit/Delete 命令，打开 Element Types（单元类型）对话框。

（2）单击 Add 按钮，打开 Library of Element Types（单元类型库）对话框，如图 13-4 所示。

（3）在左边的列表框中选择 Solid 选项，作为实体单元类型。

（4）在右边的列表框中选择 Quad 4 node 182 选项，作为四节点四边形板单元 PLANE182。

（5）单击 OK 按钮，将添加 PLANE182 单元，并关闭单元类型库对话框，同时返回步骤（1）打开的单元类型对话框，如图 13-5 所示。

（6）单击 Options 按钮，打开如图 13-6 所示的 PLANE182 element type options（单元选项设置）对话框，对 PLANE182 单元进行设置，使其可用于计算平面应力问题。

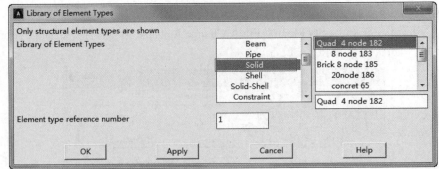

图 13-4 单元类型库对话框

图 13-5 单元类型对话框

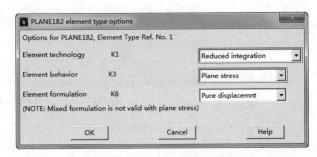

图 13-6 单元选项设置对话框

（7）在 Element technology K1 后面的下拉列表中选择 Reduced integration 选项。

（8）在 Element behavior K3（单元行为方式）下拉列表中选择 Plane stress（平面应力）选项。

（9）单击 OK 按钮，关闭单元选项设置对话框，返回如图 13-5 所示的单元类型对话框。

（10）单击 Close 按钮，关闭单元类型对话框，结束单元类型的添加。

3. 定义实常数

要使用平面应力行为方式的 PLANE182 单元，需要设置其厚度实常数。

（1）从主菜单中选择 Main Menu > Preprocessor > Real Constants > Add/Edit/Delete 命令，打开如图 13-7 所示的 Real Constants（实常数设置）对话框。

（2）单击 Add 按钮，打开如图 13-8 所示的 Element Type for Real Constants（实常数单元类型）对话框，要求选择欲定义实常数的单元类型。

（3）本例中只定义了一种单元类型，在已定义的单元类型列表中选择 Type 1 PLANE182，单击 OK 按钮，将为 PLANE182 单元类型定义实常数，在弹出的对话框中将厚度设置为 4。

（4）单击 OK 按钮，关闭选择单元类型对话框，打开该单元类型 Real Constant Set（实常数设置）对话框。

（5）单击 OK 按钮，关闭实常数设置对话框，返回实常数对话框。该对话框中显示已经定义了一组实常数，如图 13-9 所示。

 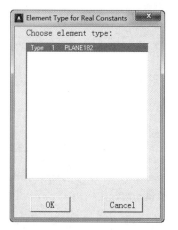 

图 13-7 实常数设置对话框　　图 13-8 实常数单元类型对话框　　图 13-9 已经定义的实常数

（6）单击 Close 按钮，关闭实常数对话框。

4．定义材料属性

在考虑惯性力的静力分析中必须定义材料的弹性模量和密度。

（1）从主菜单中选择 Main Menu > Preprocessor > Material Props > Materia Models 命令，打开 Define Material Model Behavior（定义材料模型属性）窗口，如图 13-10 所示。

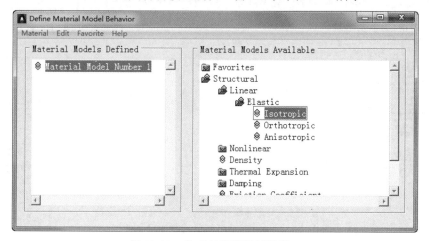

图 13-10　定义材料模型属性窗口

（2）依次选择 Structural > Linear > Elastic > Isotropic 选项，展开材料属性的树形结构，将打开 1 号材料的弹性模量 EX 和泊松比 PRXY 的定义对话框，如图 13-11 所示。

（3）在 EX 文本框中输入弹性模量"2.06E11"，在 PRXY 文本框中输入泊松比"0.3"。

（4）单击 OK 按钮，关闭对话框，并返回定义材料模型属性窗口，在该窗口的左边一栏将出现刚定义的参考号为 1 的材料属性。

（5）依次选择 Structural > Friction Coefficient 选项，打开定义材料密度对话框，如图 13-12 所示。

（6）在 MU 文本框中输入密度数值"0.3"。

（7）单击 OK 按钮，关闭对话框，并返回定义材料模型属性窗口，在该窗口的左边一栏参考号为 1 的材料属性下方将出现密度项。

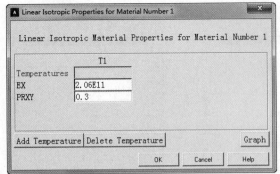

图 13-11 线性各向同性材料的弹性模量和泊松比

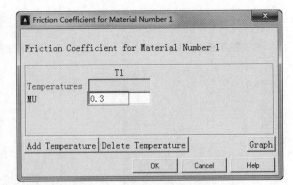

图 13-12 定义材料密度对话框

（8）在 Define Material Model Behavior 窗口中，选择 Material > Exit 命令，或者单击右上角的"关闭"按钮，退出定义材料模型属性窗口，完成对材料模型属性的定义。

5．建立齿轮面模型

在使用 PLANE 系列单元时，要求模型必须位于全局 XY 平面内。默认的工作平面即为全局 XY 平面，因此可以直接在默认的工作平面内创建齿轮面。

按照前面章节中介绍的方法建立一个齿轮面模型，如图 13-13 所示。

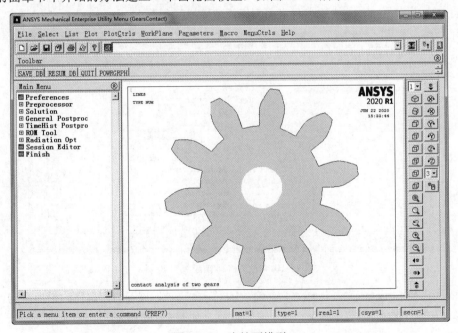

图 13-13 齿轮面模型

（1）将激活的坐标系设置为总体直角坐标系。从实用菜单中选择 Utility Menu > WorkPlane > Change Active CS to > Global Cartesian 命令。

（2）在直角坐标系下进行复制面。

① 从主菜单中选择 Main Menu > Preprocessor > Modeling > Copy > Areas 命令。

② 弹出 Copy Areas 对话框，单击 Pick All 按钮，如图 13-14 所示。

③ 在弹出的对话框中 ANSYS 会提示复制的数量和偏移的坐标，在 Number of copies 文本框中输入"2"，在 X-offset in active CS 文本框中输入"40"，单击 OK 按钮，如图 13-15 所示。

图 13-14 复制面

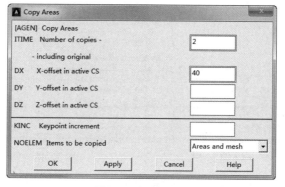

图 13-15 输入坐标

所得结果如图 13-16 所示。

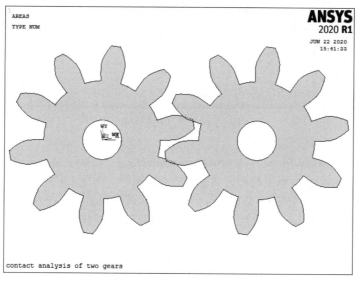

图 13-16 复制面的结果

（3）创建局部坐标系。

① 从实用菜单中选择 Utility Menu > WorkPlane > Local Coordinate Systems > Create Local CS > At Specified Loc 命令。

② 弹出 Create CS at Location 对话框，在文本框中输入"40,0,0"，单击 OK 按钮，如图 13-17 所示。

③ 弹出 Create Local CS at Specified Location 对话框，在 Ref number of new coord sys 文本框中输入"11"，在 Type of coordinate system 下拉列表中选择 Cylindrical 1 选项，在 Origin of coord system 后面的 3 个文本框中分别输入"40""0""0"，单击 OK 按钮，如图 13-18 所示。

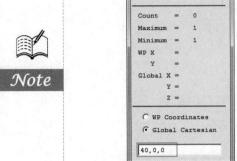

图 13-17 输入坐标

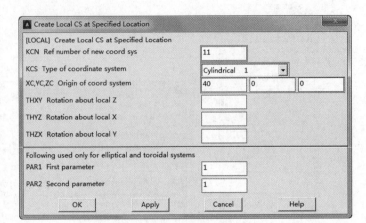

图 13-18 创建局部坐标

（4）将激活的坐标系设置为局部坐标系。

① 从实用菜单中选择 Utility Menu > WorkPlane > Change Active CS to > Specified Coord Sys 命令。

② 在弹出对话框的文本框中输入"11"，如图 13-19 所示。

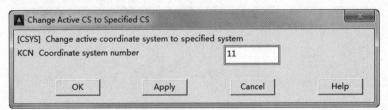

图 13-19 激活局部坐标

（5）在局部坐标系下进行复制面。

① 从主菜单中选择 Main Menu > Preprocessor > Modeling > Copy > Areas 命令。

② 选择生成的第二个面，单击弹出对话框中的 OK 按钮，如图 13-20 所示。

③ 在弹出的对话框中，ANSYS 会提示复制的数量和偏移的坐标，在 Number of copies 文本框中输入"2"，在 Y-offset in active CS 文本框中输入"-1.8"，单击 OK 按钮，将产生第三个面。

（6）删除第二个面。

① 从主菜单中选择 Main Menu > Preprocessor > Modeling > Delete > Area and Below 命令。

② 选择第二个面，由于第二个面和第三个面的位置接近，因此 ANSYS 会产生提示，如图 13-21 所示。

③ 在提示对话框中单击 OK 按钮。最后生成的结果如图 13-22 所示。

（7）存储数据库 ANSYS。单击 ANSYS Toobar 工具栏中的 SAVE_DB 按钮，存储数据库。

6. 对齿面划分网格

本节选用 PLANE182 单元对齿面划分映射网格。

（1）从主菜单中选择 Main Menu > Preprocessor > Meshing > MeshTool 命令，打开 MeshTool（网格划分工具）对话框，如图 13-23 所示。

图 13-20 选择面

图 13-21 提示选择

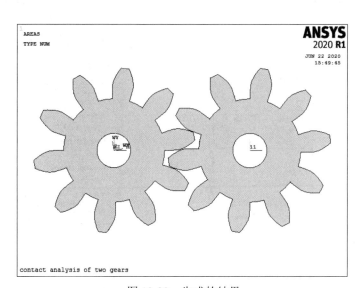

图 13-22 生成的结果

图 13-23 网格划分工具对话框

（2）在 Mesh 下拉列表中选择 Areas 选项，单击 Mesh 按钮，打开面选择对话框，要求选择要划分的面。单击 Pick All 按钮，如图 13-24 所示。

（3）ANSYS 会根据进行的线控制划分面，划分网格会出现 ANSYS 提示对话框，在其中单击

OK 按钮。划分后的面如图 13-25 所示。

图 13-24　进行面选择

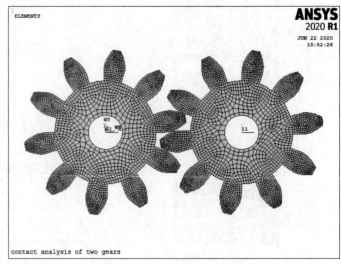

图 13-25　对面划分的结果

7．定义接触对

（1）从实用菜单中选择 Utility Menu > Select > Entities 命令，在弹出对话框的类型下拉列表中选择 Lines 选项，单击 Apply 按钮，如图 13-26 所示。

（2）打开线选择对话框，如图 13-27 所示。选择一个齿轮上可能与另一个齿轮相接触的线，单击 OK 按钮。

（3）从实用菜单中选择 Utility Menu > Select > Entities 命令，弹出实体选择对话框，在类型下拉列表中选择 Nodes 选项，在选择方式下拉列表中选择 Attached to 选项，选中 Lines,all 单选按钮，如图 13-28 所示，单击 OK 按钮。

图 13-26　选择线控制

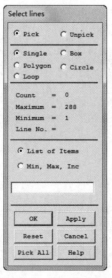

图 13-27　选择线对话框

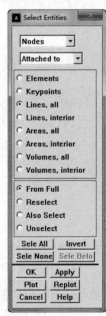

图 13-28　选择节点

(4)从实用菜单中选择 Utility Menu > Select > Comp/Assembly > Create Component 命令,在弹出对话框的 Component name 文本框中输入"node 1"。

(5)单击 OK 按钮,如图 13-29 所示。

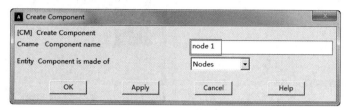

图 13-29 定义部件

(6)从实用菜单中选择 Utility Menu > Select > Entities 命令,弹出实体选择对话框。

(7)先选择线,在类型下拉列表中选择 Lines 选项,在选择方式下拉列表中选择 By Num/Pick 选项,单击 Apply 按钮。

(8)打开线选择对话框,选择另一个齿轮上可能与前一个齿轮相接触的线,单击 OK 按钮。

(9)从实用菜单中选择 Utility Menu > Select > Entities 命令,在弹出的实体选择对话框的类型下拉列表中选择 Nodes 选项,在选择方式下拉列表中选择 Attached to 选项,选中 Lines,all 单选按钮,单击 OK 按钮。

(10)从实用菜单中选择 Utility Menu > Select > Comp/Assembly > Create Component 命令,在弹出对话框的 Component name 文本框中输入"node 2",单击 OK 按钮。这样就定义了节点集合。

(11)从实用菜单中选择 Utility Menu > Select > Everything 命令。

(12)在弹出的工具窗口中单击接触定义向导按钮,如图 13-30 所示。

图 13-30 单击接触定义向导按钮

(13)ANSYS 将会打开 Pair Based Contact Manager 对话框,如图 13-31 所示。单击"创建"按钮,会弹出第 2 步向导。

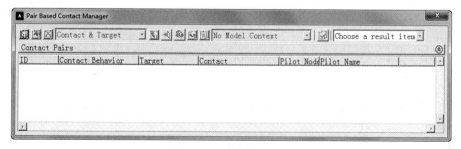

图 13-31 定义接触向导

(14)选择工具窗口中的第一项 NODE1,单击 Next 按钮,会打开下一步操作的向导,如图 13-32 所示。

(15)在对话框中选择 NODE2 选项,单击 Next 按钮,如图 13-33 所示。

(16)在第 4 步向导对话框中单击 Create 按钮,如图 13-34 所示。

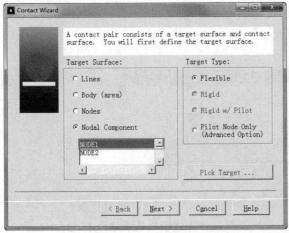

图 13-32　第 2 步向导

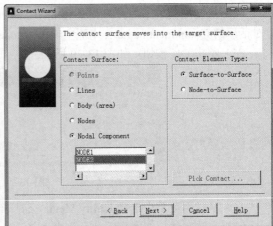

图 13-33　第 3 步向导

图 13-34　第 4 步向导

（17）ANSYS 会提示接触对建立完成，在弹出的提示对话框中单击 Finish 按钮，所得的结果如图 13-35 所示。

图 13-35　建立接触对的结果

13.2.3　定义边界条件并求解

建立有限元模型后，就需要定义分析类型和施加边界条件及载荷，然后求解。本实例中载荷为第一个齿轮的转角位移，位移边界条件是第一个齿轮内孔边缘节点的径向位移固定，另一个齿轮内孔边缘节点的各个方向位移固定。

1. 施加位移边界

本实例的位移边界条件为将第一个齿轮内径边缘节点的径向位移固定，为施加周向位移，需要将节点坐标系旋转到柱坐标系下。

（1）从实用菜单中选择 Utility Menu > WorkPlane > Change Active CS to > Global Cylindrical 命令，将激活坐标系切换到总体柱坐标系下。

（2）从主菜单中选择 Main Menu > Preprocessor > Modeling > Move/ Modify > Rotate Node CS > To Active CS 命令，打开节点选择对话框，要求选择欲旋转的坐标系的节点，如图 13-36 所示。

（3）选择第一个齿轮内径上的所有节点，单击 Apply 按钮，节点的节点坐标系都将被旋转到当前激活坐标系即总体坐标系下。

（4）从主菜单中选择 Main Menu > Solution > Define Loads > Apply > Structural > Displacement > on Nodes 命令，打开节点选择对话框，要求选择欲施加位移约束的节点。

（5）选择第一个齿轮内径上的所有节点，单击 Apply 按钮，打开 Apply U,ROT on Nodes（在节点上施加位移约束）对话框，如图 13-37 所示。

（6）在 DOFs to be constrained 列表框中选择 UX（X 方向位移）选项，此时节点坐标系为柱坐标系，X 方向为径向，即施加径向位移约束。

（7）单击 OK 按钮，ANSYS 在选定节点上施加指定的位移约束。

2. 施加第一个齿轮位移载荷及第二个齿轮的位移边界条件并求解

（1）从主菜单中选择 Main Menu > Solution > Define Loads > Apply > Structural > Displacement > on Nodes 命令，打开节点选择对话框，要求选择欲施加位移约束的节点。

（2）选择第一个齿轮内径上的所有节点，单击 Apply 按钮，打开 Apply U,ROT on Nodes（在节点上施加位移约束）对话框，如图 13-37 所示。

图 13-36　选择节点

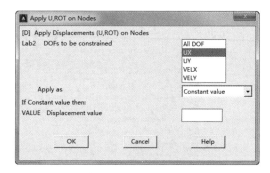

图 13-37　在节点上施加位移约束对话框

（3）在 DOFs to be constrained 列表框中选择 UY（Y 方向位移）选项，此时节点坐标系为柱坐标系，Y 方向为周向，即施加周向位移约束，在 VALUE Displacement value 文本框中输入"-0.2"，单击 OK 按钮。

（4）将激活的坐标系设置为总体柱坐标系。从实用菜单中选择 Utility Menu > WorkPlane > Change Active CS to > Global Cartesian 命令。

（5）从主菜单中选择 Main Menu > Solution > Define Loads > Apply > Structural > Displacement > on Nodes 命令，打开节点选择对话框，要求选择欲施加位移约束的节点。

（6）选择第二个齿轮内径上的所有节点，单击 Apply 按钮，打开 Apply U,ROT on Nodes（在节点上施加位移约束）对话框。

（7）在 DOFs to be constrained 列表框中选择 All DOF 选项（各方向位移），施加各个方向位移约束，在 VALUE Displacement value 文本框中输入"0"，单击 OK 按钮。所得结果如图 13-38 所示。

（8）单击 ANSYS Toolbar 工具栏中的 SAVE_DB 按钮，保存数据库。

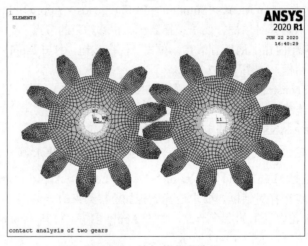

图 13-38　施加载荷和边界

（9）从主菜单中选择 Main Menu > Solution > Analysis Type > Sol'n Controls 命令，打开求解控制对话框，在 Analysis Options 下拉列表中选择 Large Displacement Static 选项，在 Time at end of loadstep 文本框中输入"1"，在 Number of substeps 文本框中输入"20"，单击 OK 按钮，如图 13-39 所示。

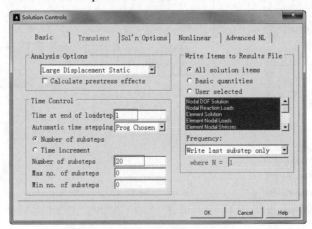

图 13-39　求解控制对话框

（10）从主菜单中选择 Main Menu > Solution > Solve > Current LS 命令，打开一个确认对话框，如图 13-40 所示。要求查看列出的求解选项。

（11）查看列表中的信息确认无误后，单击 OK 按钮，开始求解。

（12）求解过程中会出现结果收敛与否的图形显示，如图 13-41 所示。

（13）求解完成后打开如图 13-42 所示的提示求解完成对话框。

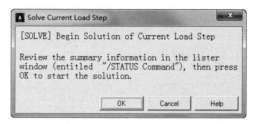

图 13-40 求解当前载荷步确认对话框

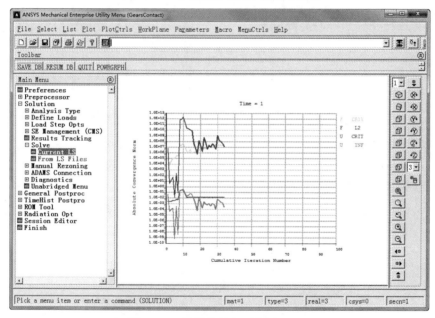

图 13-41 结果收敛与否的图形显示

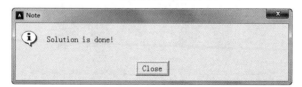

图 13-42 提示求解完成对话框

（14）单击 Close 按钮，关闭提示求解完成对话框。

13.2.4 查看结果

求解完成后，就可以利用 ANSYS 软件生成的结果文件进行后处理。静力分析中通常通过 POST1 后处理器处理和显示大多数感兴趣的结果数据。

1. 查看 von Mises 等效应力

(1) 从主菜单中选择 Main Menu > General Postproc > Plot Results > Contour Plot > Nodal Solu 命令，打开 Contour Nodal Solution Data 对话框。

(2) 在 Item to be contoured 列表框中依次选择 Nodal Solution > Stress > von Mises stress 选项，如图 13-43 所示。

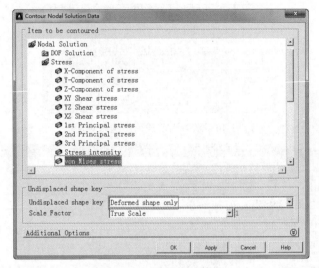

图 13-43 选择控制数据

(3) 在 Undisplaced shape key 下拉列表中选择 Deformed shape only 选项。

(4) 单击 OK 按钮，图形窗口中将显示出 von Mises 等效应力分布图，如图 13-44 所示。

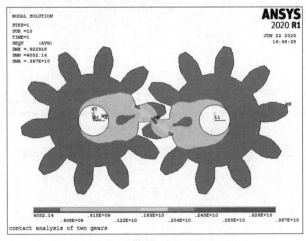

图 13-44 von Mises 等效应力分布图

2. 查看接触应力

(1) 从主菜单中选择 Main Menu > General Postproc > Plot Results > Contour Plot > Nodal Solu 命令，打开 Contour Nodal Solution Data 对话框。

(2) 在 Item to be contoured 列表框中依次选择 Contact > Contact pressure 选项，如图 13-45 所示。

(3) 在 Undisplaced shape key 下拉列表中选择 Deformed shape only 选项。

第 13 章 接触问题分析

（4）单击 OK 按钮，图形窗口中将显示出 Pressure FRES 等效应力分布图，如图 13-46 所示。

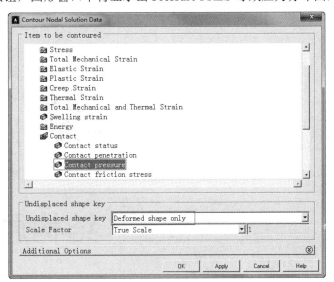

图 13-45 选择控制数据

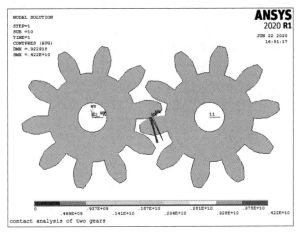

图 13-46 Pressure FRES 等效应力分布图

13.2.5 命令流方式

命令流方式这里不再详细介绍，读者可参见随书资源中的电子文档。

结构屈曲分析

屈曲分析是一种用于确定结构的屈曲载荷（使结构开始变得不稳定的临界载荷）和屈曲模态（结构屈曲响应的特征形态）的技术。

本章将通过实例讲述结构屈曲分析的基本步骤和具体方法。

- ☑ 结构屈曲概论
- ☑ 框架结构屈曲分析

任务驱动&项目案例

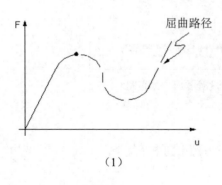

（1）

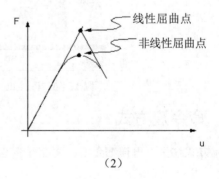

（2）

第 14 章 结构屈曲分析

14.1 结构屈曲概论

ANSYS 提供了以下两种分析结构屈曲的技术。

（1）非线性屈曲分析：该方法是逐步增加载荷，对结构进行非线性静力学分析，然后在此基础上寻找临界点，如图 14-1（a）所示。

（2）特征值屈曲分析（线性屈曲分析）：该方法用于预测理想弹性结构的理论屈曲强度（即通常所说的欧拉临界载荷），如图 14-1（b）所示。

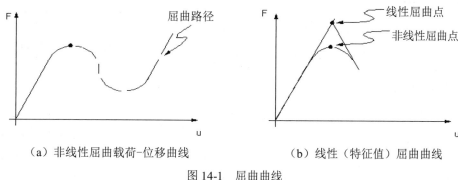

图 14-1 屈曲曲线

14.2 实例——框架结构屈曲分析

本节通过一个框架结构屈曲分析实例，详细讲解特征值屈曲分析的过程和技巧。另外，本节还将介绍如何利用梁单元表格以进行后处理。

14.2.1 分析问题

现有一个框架结构，如图 14-2（a）所示。框架的端部固定，横截面是边长为 150mm 的正三角形构架，框架总长 15m，分成 15 小节，即每小节长 1m，如图 14-2（b）所示。求该结构顶部三角顶点受均匀集中载荷作用时的屈曲临界载荷。已知所有杆件均为空心圆管（内半径为 4mm，外半径为 5mm），所有接头均为完全焊接。材料弹性模量为 1.5×10^{11} Pa，泊松比为 0.35。

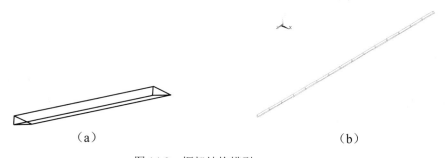

图 14-2 框架结构模型

14.2.2 GUI 路径模式

1. 定义工作标题

选择实用菜单中的 Utility Menu > File > Change Title 命令，弹出 Change Title 对话框。在其中输入 Buckling of a Frame，单击 OK 按钮。

2. 定义单元类型

在命令行输入以下命令定义单元类型：

```
/PREP7
ET,1,BEAM4
```

3. 定义实常数

在命令行输入以下命令定义实常数：

```
R,1,2.83e-5,2.89e-10,2.89e-10,0.01e0.01,,
RMORE, , , , , , ,
```

4. 定义材料性质

从主菜单中选择 Main Menu > Preprocessor > Material Props > Material Models 命令，弹出如图 14-3（a）所示的 Define Material Model Behavior 窗口，在 Material Models Available 列表框中依次选择 Favorites > Linear Static > Linear Isotropic 选项，弹出如图 14-3（b）所示的 Linear Isotropic Properties for Material Number 1 对话框，在 EX 文本框中输入弹性模量 "1.5e11"，在 PRXY 文本框中输入泊松比 "0.35"，单击 OK 按钮，关闭对话框，并返回定义材料模型属性窗口，选择菜单 Material > Exit 命令，退出材料定义窗口。

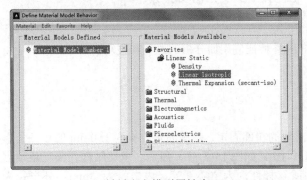
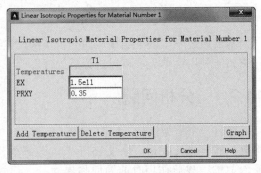

（a）材料定义模型属性窗口　　　　　　　　（b）定义线弹性材料属性

图 14-3　定义材料性质

5. 建立模型

（1）定义杆件材料性质。

从主菜单中选择 Main Menu > Preprocessor > Sections > Beam > Common Section 命令，弹出如图 14-4 所示的 Beam Tool 对话框，在 Sub-Type 下拉列表框中选择空心圆管，在 Ri 文本框中输入内半径 "4"，在 Ro 文本框中输入外半径为 "5"，单击 OK 按钮。

（2）定义三角形。

从主菜单中选择 Main Menu > Preprocessor > Modeling > Create > Areas > Polygon > Triangle 命令，

弹出 Triangular Area 对话框，如图 14-5（a）所示。在 WP X 和 WP Y 文本框中均输入"0"，在 Radius 文本框中输入"86.6025e-3"，单击 OK 按钮，结果显示如图 14-5（b）所示。

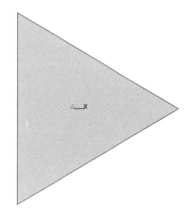

（a）Triangular Area 对话框　　（b）三角形显示

图 14-4　Beam Tool 对话框　　　　图 14-5　定义三角形

（3）延伸三角形面。

从主菜单中选择 Main Menu > Preprocessor > Modeling > Operate > Extrude > Areas > Along Normal 命令，弹出 Extrude Area by Normal 拾取菜单，用鼠标在屏幕上单击拾取刚建立的三角形，单击 OK 按钮，弹出 Extrude Area along Normal 对话框，如图 14-6 所示。在 DIST 文本框中输入"1"，单击 OK 按钮。

（4）转换视角。

单击屏幕窗口右侧的 Isometric View 按钮 ，屏幕显示如图 14-7 所示。

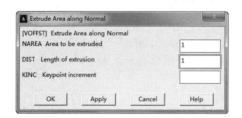

图 14-6　Extrude Area along Normal 对话框　　图 14-7　视角转换控制条和三角柱显示

（5）删除多余的体。

从主菜单中选择 Main Menu > Preprocessor > Modeling > Delete > Volumes Only 命令，弹出 Delete Volumes Only 拾取菜单，单击 Pick All 按钮。

（6）删除多余面。

从主菜单中选择 Main Menu > Preprocessor > Modeling > Delete > Areas Only 命令，弹出 Delete Areas Only 拾取菜单，单击 Pick All 按钮。

（7）显示框架。

从实用菜单中选择 Utility Menu > Plot > Multi-Plots 命令，屏幕显示如图 14-8 所示。

(8) 移动总体坐标符号。

选择实用菜单中的 Utility Menu > PlotCtrls > Window Controls > Window Options 命令,弹出 Window Options 对话框,如图 14-9 所示。在[/TRIAD] Location of triad 下拉列表框中选择 At top left 选项,单击 OK 按钮。

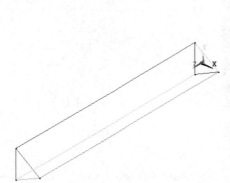

图 14-8 显示三角框架

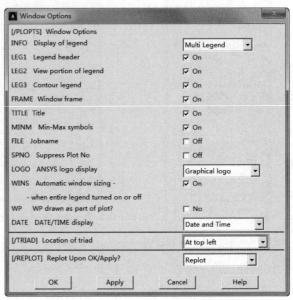

图 14-9 Window Options 对话框

(9) 指定单元划分尺寸。

从主菜单中选择 Main Menu > Preprocessor > Meshing > Size Ctrls > Manual Size > Lines > Pick Lines 命令,弹出 Element Sizes on Picked Lines 拾取菜单,用鼠标在屏幕上拾取所有三角形边框(编号分别为 L1、L2、L3、L4、L5 和 L6),单击 OK 按钮,弹出 Element Sizes on Picked Lines 对话框,如图 14-10 所示。在 NDIV 后面的文本框中输入"3",选中 KYNDIV 后面的复选框,使其显示为 No,单击 Apply 按钮。继续弹出 Element Sizes on Picked Lines 拾取菜单,用鼠标在屏幕上拾取剩余线(编号为 L7、L8 和 L9),单击 OK 按钮,弹出 Element Sizes on Picked Lines 对话框,在 NDIV 后面的文本框中输入"20",选中 KYNDIV 后面的复选框,使其显示为 No,单击 OK 按钮,屏幕显示如图 14-11 所示。

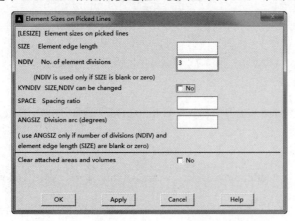

图 14-10 Element Sizes on Picked Lines 对话框

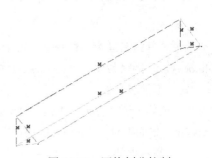

图 14-11 网格划分控制

（10）复制线和单元划分设定。

从主菜单中选择 Main Menu > Preprocessor > Modeling > Copy > Lines 命令，弹出 Copy Lines 拾取菜单，用鼠标单击选择编号分别为 L4、L5、L6、L7、L8 和 L9 的线（可参考图 14-11），单击 OK 按钮，弹出 Copy Lines 对话框，如图 14-12 所示。在 ITIME Number of copies 后面的文本框中输入"15"，在 DZ Z-offset in active CS 后面的文本框中输入"1"，在 NOELEM 后面的下拉列表框中选择 Lines and mesh 选项，单击 OK 按钮，屏幕显示如图 14-13 所示。

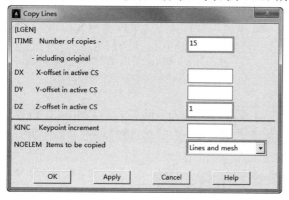

图 14-12 Copy Lines 对话框

图 14-13 完成复制操作后的屏幕显示

注意：在不同机器上操作时，线编号可能稍微有些不同，这是可参考图形。

（11）合并关键点和线。

从主菜单中选择 Main Menu > Preprocessor > Numbering Ctrls > Merge Items 命令，弹出 Merge Coincident or Equivalently Defined Items 对话框，如图 14-14 所示。在 Label 后面的下拉列表框中选择 Keypoints 选项，单击 OK 按钮。

（12）压缩关键点和线。

从主菜单中选择 Main Menu > Preprocessor > Numbering Ctrls > Compress Numbers 命令，弹出 Compress Numbers 对话框，如图 14-15 所示。在 Label 后面的下拉列表框中选择 Keypoints 选项，单击 Apply 按钮，继续在 Label 后面的下拉列表框中选择 Lines 选项，单击 OK 按钮。

（13）划分单元。

从主菜单中选择 Main Menu > Preprocessor > Meshing > Mesh > Lines 命令，弹出 Mesh Lines 拾取菜单，单击 Pick All 按钮，屏幕显示如图 14-16 所示。

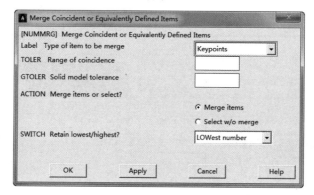

图 14-14 合并关键点和线

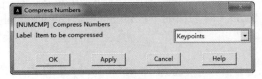

图 14-15 压缩关键点和线　　　　　图 14-16 划分网格

6. 获得静力解

（1）设定分析类型。

从主菜单中选择 Main Menu > Solution > Unabridged Menu > Analysis Type > New Analysis 命令，弹出 New Analysis 对话框，如图 14-17 所示，单击 OK 按钮以接受默认设置（即 Static 单选按钮为选中状态）。

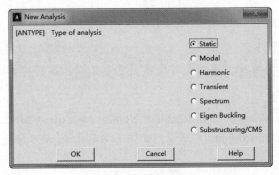

图 14-17 设定分析类型

（2）设定分析选项。

从主菜单中选择 Main Menu > Solution > Analysis Type > Sol'n Controls 命令，弹出如图 14-18 所示的 Solution Controls 对话框，选中 Calculate prestress effects 复选框，单击 OK 按钮。

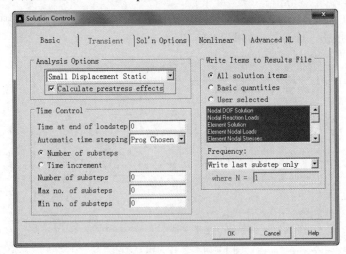

图 14-18 静力分析选项

（3）打开节点编号显示。

选择实用菜单中的 Utility Menu > PlotCtrls > Numbering 命令，弹出 Plot Numbering Controls 对话框，如图 14-19 所示，选中 NODE 后面的复选框，使其状态为 On，单击 OK 按钮。

（4）定义边界条件。

从主菜单中选择 Main Menu > Solution > Define Loads > Apply > Structural > Displacement > On Nodes 命令，弹出 Apply U,ROT on Nodes 拾取菜单。用鼠标在屏幕里面单击拾取三角框架端部（编号分别为 1、2 和 5，如图 14-20 所示）的 3 个节点，单击 OK 按钮，弹出如图 14-21 所示的 Apply U,ROT on Nodes 对话框，在 Lab2 后面的下拉列表框中选择 All DOF 选项，单击 OK 按钮，屏幕显示如图 14-22 所示。

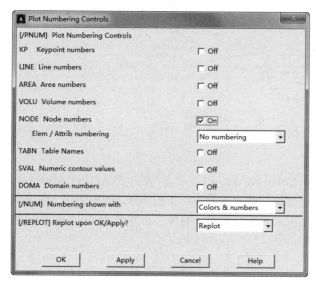

图 14-19　Plot Numbering Controls 对话框

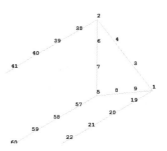

图 14-20　节点显示模式

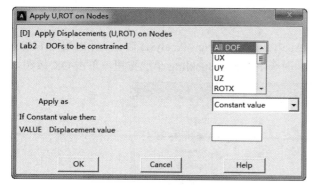

图 14-21　施加位移约束对话框

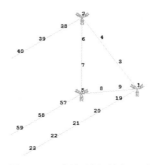

图 14-22　框架端部施加约束

（5）施加载荷。

从主菜单中选择 Main Menu > Solution > Define Loads > Apply > Structural > Force/Moment > On Nodes 命令，弹出 Apply F/M on Nodes 拾取菜单。用鼠标单击拾取三角框架顶部的 3 个节点（编号分别为 934、935、938，如图 14-23 所示），单击 OK 按钮，弹出 Apply F/M on Nodes 对话框，如图 14-24 所示。在 Lab Direction of force/mom 后面的下拉列表框中选择 FZ，在 VALUE Force/moment value 后面的文本框中输入"-1"，单击 OK 按钮。屏幕显示如图 14-25 所示。

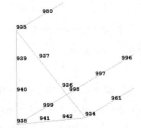

图 14-23 节点编号显示模型

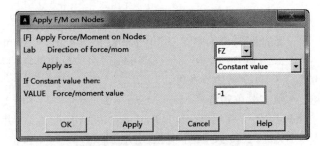

图 14-24 Apply F/M on Nodes 对话框

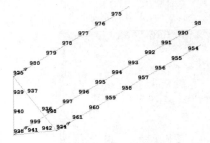

图 14-25 施加位载荷

(6) 静力分析求解。

从主菜单中选择 Main Menu > Solution > Solve > Current LS 命令，弹出/STATUS Command 信息提示窗口和 Solve Current Load Step 对话框，仔细浏览信息提示窗口中的信息，如果无误，则选择 File > Close 命令关闭。单击 OK 按钮开始求解。当静力求解结束时，屏幕上会弹出 Solution is done 提示框，单击 Close 按钮。

(7) 退出静力求解。

从主菜单中选择 Main Menu > Finish 命令，退出求解。

7. 获得特征值屈曲解

(1) 屈曲分析求解。

从主菜单中选择 Main Menu > Solution > Analysis Type > New Analysis 命令，弹出如图 14-26 所示的 New Analysis 对话框，在 Type of analysis 后面选中 Eigen Buckling 单选按钮，单击 OK 按钮。

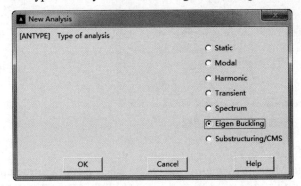

图 14-26 定义新的分析类型（特征值分析）

(2) 设定屈曲分析选项。

从主菜单中选择 Main Menu > Solution > Analysis Type > Analysis Options 命令，弹出 Eigenvalue

Buckling Options 对话框,如图 14-27 所示。在 NMODE No. of modes to extrac 后面的文本框中输入"10",单击 OK 按钮。

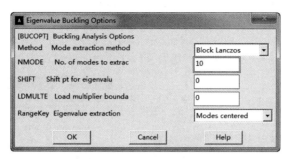

图 14-27 定义屈曲分析选项

(3)屈曲求解。

从主菜单中选择 Main Menu > Solution > Solve > Current LS 命令,弹出/STATUS Command 信息提示窗口和 Solve Current Load Step 对话框。仔细浏览信息提示窗口中的信息,如果无误,则选择 File > Close 命令关闭。单击 OK 按钮,开始求解。当屈曲求解结束时,屏幕上会弹出 Solution is done 提示框,单击 Close 按钮关闭。

(4)退出屈曲求解。

从主菜单中选择 Main Menu > Finish 命令,退出求解。

8. 扩展解

(1)激活扩展过程。

从主菜单中选择 Main Menu > Solution > Analysis Type > Expansion Pass 命令,弹出 Expansion Pass 对话框,如图 14-28 所示,选中[EXPASS] Expansion pass 后面的复选框使其显示为 On,单击 OK 按钮。

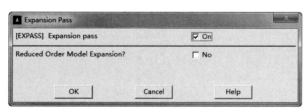

图 14-28 Expansion Pass 对话框

(2)设定扩展解:设定扩展模态选项。

从主菜单中选择 Main Menu > Solution > Load Step Opts > Expansion Pass > Single Expand > Expand Modes 命令,弹出如图 14-29 所示的 Expand Modes 对话框,在 NMODE No. of modes to expand 后面的文本框中输入"10",选中 Elcalc 后面的复选框使其显示为 Yes,单击 OK 按钮。

(3)扩展求解。

从主菜单中选择 Main Menu > Solution > Solve > Current LS 命令,弹出/STATUS Command 信息提示窗口和 Solve Current Load Step 对话框。仔细浏览信息提示窗口中的信息,如果无误,则选择 File > Close 命令关闭。单击 OK 按钮,开始求解。当屈曲求解结束时,屏幕上会弹出 Solution is done 提示框,单击 Close 关闭。

(4)退出扩展求解。

从主菜单中选择 Main Menu > Finish 命令,退出求解。

9. 后处理

（1）列表显示各阶临界载荷。

从主菜单中选择 Main Menu > General Postproc > Results Summary 命令，弹出 SET,LIST Command 列表显示窗口，如图 14-30 所示。列表显示窗口中 TIME/FREQ 下面对应的数值表示载荷放大倍数，原模型施加的是 3 个单位载荷，所以该放大倍数乘以 3 就表示欧拉临界载荷。

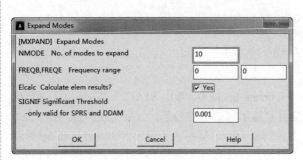

图 14-29 Expand Modes 对话框

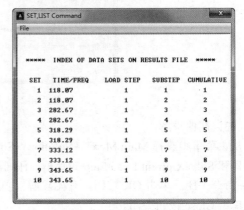

图 14-30 列表显示临界载荷

注意：从图 14-30 中可以看出，该结构的第一阶临界载荷等于第二阶，第三阶等于第四阶，以此类推，这是因为该框架结构的横截面是正三角形，两个方向的主惯性矩相等。在接下来的后处理中，只考虑奇数阶屈曲解。

（2）显示 X 方向视角。

在屏幕右端的视角控制框中单击 Right View 按钮，如图 14-31 所示。

图 14-31 视角控制工具条

注意：之所以选择该视角方向，是因为它是框架横截面的一个主惯性矩方向，所以该方向是临界失稳发生横向屈曲的一个方向。

（3）读入第一阶屈曲模态。

从主菜单中选择 Main Menu > General Postproc > Read Results > First Set 命令，读入第一阶屈曲模态。

第 14 章 结构屈曲分析

(4) 显示第一阶屈曲模态。

从主菜单中选择 Main Menu > General Postproc > Plot Results > Deformed Shape 命令，弹出如图 14-32 所示的 Plot Deformed Shape 对话框，选中 Def + undef edge 单选按钮，单击 OK 按钮，屏幕显示如图 14-33 所示。

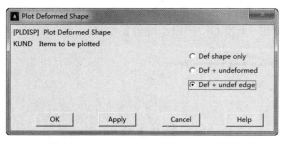

图 14-32 Plot Deformed Shape 对话框

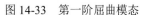

图 14-33 第一阶屈曲模态

(5) 读入第三阶屈曲模态。

从主菜单中选择 Main Menu > General Postproc > Read Results > By Pick 命令，弹出 Results File 对话框，如图 14-34 所示。选择 Set 为 3 的项，单击 Read 按钮。

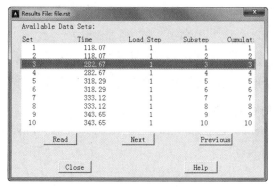

图 14-34 Results File 对话框

(6) 显示第三阶屈曲模态。

从主菜单中选择 Main Menu > General Postproc > Plot Results > Deformed Shape 命令，弹出如图 14-32 所示的对话框，选中 Def + undef edge 单选按钮，单击 OK 按钮，屏幕显示如图 14-35 所示。

图 14-35 第三阶屈曲模态

(7) 读入第五阶屈曲模态。

从主菜单中选择 Main Menu > General Postproc > Read Results > By Pick 命令，弹出如图 14-34 所示的对话框，选择 Set 为 5 的项，单击 Read 按钮。

(8) 显示五阶屈曲模态。

从主菜单中选择 Main Menu > General Postproc > Plot Results > Deformed Shape 命令，弹出如图 14-32 所示的对话框，选中 Def + undef edge 单选按钮，单击 OK 按钮，屏幕显示如图 14-36 所示。

图 14-36 第五阶屈曲模态

（9）读入第七阶屈曲模态。

从主菜单中选择 Main Menu > General Postproc > Read Results > By Pick 命令，弹出 Results File 对话框，如图 14-34 所示，选择 Set 为 7 的项，单击 Read 按钮。

（10）显示七阶屈曲模态。

从主菜单中选择 Main Menu > General Postproc > Plot Results > Deformed Shape 命令，弹出如图 14-32 所示的对话框，选中 Def + undef edge 单选按钮，单击 OK 按钮，屏幕显示如图 14-37 所示。

图 14-37　第七阶屈曲模态

（11）读入第九阶屈曲模态。

从主菜单中选择 Main Menu > General Postproc > Read Results > By Pick 命令，弹出如图 14-34 所示的对话框，选择 Set 为 9 的项，单击 Read 按钮。

（12）显示九阶屈曲模态。

从主菜单中选择 Main Menu > General Postproc > Plot Results > Deformed Shape 命令，弹出如图 14-32 所示的对话框，选中 Def + undef edge 单选按钮，单击 OK 按钮，屏幕显示如图 14-38 所示。

图 14-38　第九阶屈曲模态

注意：下面对梁内的相对内力作后处理。因为梁不同于其他实体单元，它的内力不能直接由节点读出，须另外设定单元表格，详见以下操作步骤。

（13）读取步骤（1）的结果数据（对应于第一阶屈曲模态）。

从主菜单中选择 Main Menu > General Postproc > Read Results > First Set 命令，读取步骤（1）的结果数据。

（14）定义单元表格。

从主菜单中选择 Main Menu > General Postproc > Element Table > Define Table 命令，弹出 Element Table Data 对话框，如图 14-39 所示。单击 Add 按钮，弹出 Define Additional Element Table Items 对话框，如图 14-40 所示。在 Items,Comp Results data item 后面的第一个列表框中选择 By sequence num 选项，在第二个列表框中选择 LS,选项，在下面的空白处输入"1"，单击 OK 按钮，接着单击 Element Table Data 对话框中的 Close 按钮。

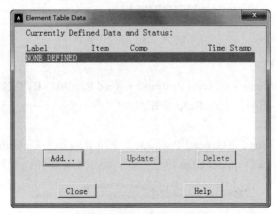

图 14-39　Element Table Data 对话框

第 14 章 结构屈曲分析

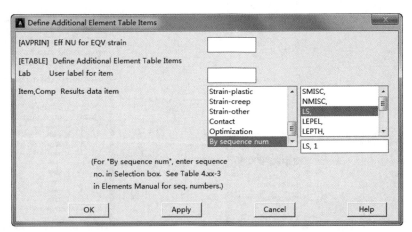

图 14-40 Define Additional Element Table Items 对话框

注意：图 14-40 的列表中每一项均对应于一种内力（比如弯矩、剪力等），该处选择的轴向应力，其余每项的具体含义可参考帮助文档中关于该单元的说明，如图 14-41 所示。

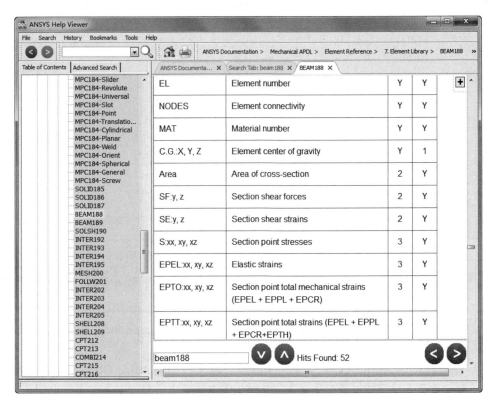

图 14-41 ANSYS 在线帮助里面有关单元表格项的说明

（15）列表显示单元表格（该处是显示梁的轴向应力）。

从主菜单中选择 Main Menu > General Postproc > Element Table > List Elem Table 命令，弹出 List Element Table Data 对话框，如图 14-42 所示。选择 LS1 选项，单击 OK 按钮，弹出如图 14-43 所示的列表框，框中列出了所选择的梁单元的轴向应力。

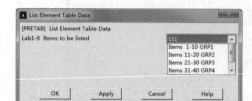

图 14-42 List Element Table Data 对话框

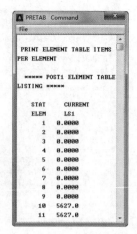

图 14-43 列表显示单元表格（该处为梁轴向应力）

（16）绘图显示单元表格（该处是显示梁的轴向应力）。

从主菜单中选择 Main Menu > General Postproc > Element Table > Plot Elem Table 命令，弹出 Contour Plot of Element Table Data 对话框，如图 14-44 所示。在 Itlab 后面的下拉列表框中选择 LS1 选项，单击 OK 按钮，屏幕显示如图 14-45 所示。

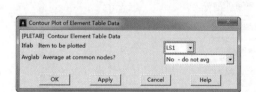

图 14-44 Contour Plot of Element Table Data 对话框

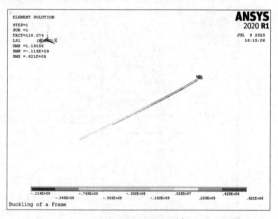

图 14-45 第一阶屈曲模态相对轴向应力

注意：重复以上步骤可以显示任意阶屈曲模态的轴向应力，下面具体说明显示第十阶。

（17）读取第十阶屈曲数据。

从主菜单中选择 Main Menu > General Postproc > Read Results > Last Set 命令，读入第十阶屈曲数据。

（18）定义单元表格。

从主菜单中选择 Main Menu > General Postproc > Element Table > Define Table 命令，弹出如图 14-39 所示的对话框，单击 Add 按钮，弹出如图 14-40 所示的对话框。在 Items,Comp Results data item 后面的第一个列表中选择 By sequence num 选项，在第二个下拉列表中单击选择 LS,选项，在下面的空白处输入"1"，单击 OK 按钮，接着单击 Element Table Data 对话框中的 Close 按钮。

（19）绘图显示单元表格（该处是显示梁的轴向应力）。

从主菜单中选择 Main Menu > General Postproc > Element Table > Plot Elem Table 命令，弹出如图 14-44 所示的对话框，在 Itlab 后面的下拉列表框中选择 LS1 选项，单击 OK 按钮，屏幕显示如图 14-46 所示。

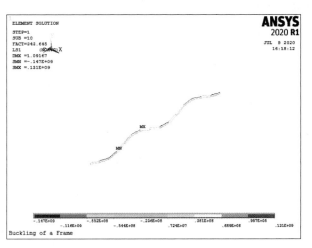

图 14-46　第十阶屈曲模态相对轴向应力

（20）退出 ANSYS。

单击 ANSYS Toolbar 工具栏上的 QUIT 按钮，弹出 Exit 对话框，选中 Quit-No Save!单选按钮，单击 OK 按钮，退出 ANSYS。

14.2.3　命令流方式

命令流方式这里不再详细介绍，读者可参见随书资源中的电子文档。

▶▶ 第3篇

热分析篇

- ☑ 第15章　稳态热分析与瞬态热分析
- ☑ 第16章　热辐射和相变分析

第15章

稳态热分析与瞬态热分析

热分析用于计算一个系统或部件的温度分布以及其他热物理参数,如热量的获取或损失、热梯度、热流密度(热通量)等。

稳态热分析和瞬态热分析是热分析中的两种基本类型。本章将通过实例讲述稳态热分析和瞬态热分析的基本步骤和具体方法。

- ☑ 热分析概论
- ☑ 热载荷和边界条件的类型
- ☑ 稳态热分析概述
- ☑ 瞬态热分析概述

任务驱动&项目案例

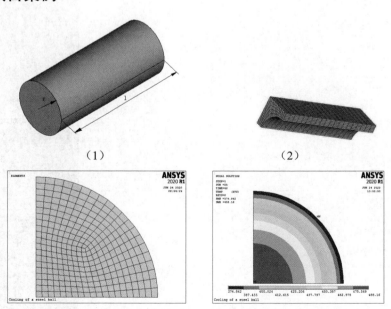

15.1 热分析概论

热分析在许多工程应用中扮演着重要角色，如内燃机、换热器、管路系统和电子元件等。

15.1.1 热分析的特点

ANSYS 的热分析是基于能量守恒原理的热平衡方程，通过有限元法计算各节点的温度分布，并由此导出其他热物理参数。ANSYS 热分析包括热传导、热对流和热辐射 3 种热传递方式。此外，还可以分析相变、内热源、接触热阻等问题。

- ☑ 热传导：是指在几个完全接触的物体之间或同一物体的不同部分之间由于温度梯度而引起的热量交换。
- ☑ 热对流：是指物体的表面与周围的环境之间，由于温差而引起的热量的交换。热对流可分为自然对流和强制对流两类。
- ☑ 热辐射：指物体发射能量，并被其他物体吸收转变为热量的能量交换过程。物体温度越高，单位时间辐射的热量越多。热传导和热对流都需要传热介质；而热辐射无须任何介质，而且在真空中热辐射的效率最高。

ANSYS 热分析包括以下两点。

- ☑ 稳态传热：系统的温度不随时间变化。
- ☑ 瞬态传热：系统的温度随时间明显变化。

ANSYS 热耦合分析包括热-结构耦合、热-流体耦合、热-电耦合、热-磁耦合以及热-电耦合、磁-结构耦合等。

ANSYS 热分析的边界条件或初始条件可以分为温度、热流率、热流密度、对流、辐射、绝热和生热。

表 15-1 列出了 ANSYS 热分析中使用的符号与单位。

表 15-1 符号与单位

项 目	国际单位	英制单位	ANSYS 代号
长度	m	ft	—
时间	s	s	—
质量	kg	lbm	—
温度	°C	°F	—
力	N	lbf	—
能量（热量）	J	BTU	—
功率（热流率）	W	BTU/sec	—
热流密度	W/m^2	$BTU/sec\text{-}ft^2$	—
生热速率	W/m^3	$BTU/sec\text{-}ft^3$	—
导热系数	$W/m \cdot °C$	$BTU/sec\text{-}ft\text{-}°F$	KXX
对流系数	$W/m^2 \cdot °C$	$BTU/sec\text{-}ft\text{-}°F$	HF
密度	kg/m^3	Lbm/ft^3	DENS
比热	$J/kg \cdot °C$	$BTU/lbm\text{-}°F$	C
焓	J/m^3	BTU/ft^3	ENTH

15.1.2 热分析单元

热分析涉及的单元有 40 多种，其中专门用于热分析的有 14 种，如表 15-2 所示。

表 15-2　热分析单元

单元类型	ANSYS 单元	说　明
线形	LINK31	2 节点热辐射单元
	LINK33	三维 2 节点热传导单元
	LINK34	2 节点热对流单元
二维实体	PLANE35	6 节点三角形单元
	PLANE55	4 节点四边形单元
	PLANE75	4 节点轴对称单元
	PLANE77	8 节点四边形单元
	PLANE78	8 节点轴对称单元
三维实体	SOLID70	8 节点六面体单元
	SOLID87	10 节点四面体单元
	SOLID90	20 节点六面体单元
壳	SHELL131	4 节点
	SHELL132	8 节点
点	MASS71	质量单元

注意：有关单元的详细解释，请读者参阅帮助文件中的 ANSYS Element Reference Guide 说明。

15.2　热载荷和边界条件的类型

15.2.1　概述

ANSYS 热载荷分为以下 4 大类。
- ☑ DOF 约束：指定的 DOF（温度）数值。
- ☑ 集中载荷：集中载荷（热流）施加在点上。
- ☑ 面载荷：在面上的分布载荷（对流、热流）。
- ☑ 体载荷：体积或区域载荷。

ANSYS 热载荷类型如表 15-3 所示，具体说明如下。

表 15-3　ANSYS 中热载荷类型

施加的载荷	载荷分类	实体模型载荷	有限元模型载荷
温度	约束	在关键点上 在线上 在面上	在节点上 均匀
热流率	集中力	在关键点上	在节点上

续表

施加的载荷	载荷分类	实体模型载荷	有限元模型载荷
对流	面载荷	在线上（2D） 在面上（3D）	在节点上 在单元上
热流	面载荷	在线上（2D） 在面上（3D）	在节点上 在单元上
热生成率	体载荷	在关键点上 在面上 在体上	在节点上 在单元上 均匀

- ☑ 温度：自由度约束，将确定的温度施加到模型的特定区域。均匀温度可以施加到所有节点上，不是一种温度约束。一般只用于施加初始温度而非约束，在稳态或瞬态分析的第一个子步施加在所有节点上。其也可以用于在非线性分析中估计随温度变化材料特性的初值。
- ☑ 热流率：是集中节点载荷。正的热流率表示能量流入模型。热流率同样可以施加在关键点上。这种载荷通常用于对流和热流不能施加的情况下。施加该载荷到导热系数有很大差距的区域上时应注意。
- ☑ 对流：施加在模型外表面上的面载荷，模拟平面和周围流体之间的热量交换。
- ☑ 热流：同样是面载荷，使用在通过面的热流率已知的情况下。正的热流值表示热流输入模型。
- ☑ 热生成率：作为体载荷施加，代表体内生成的热，单位是单位体积内的热流率。

15.2.2 热载荷和边界条件注意事项

在 ANSYS 中施加热载荷和边界条件时，需要注意以下 4 点。
- ☑ 在 ANSYS 中没有施加载荷的边界作为完全绝热处理。
- ☑ 对称边界条件的施加是使边界绝热得到的。
- ☑ 如果模型的某一区域的温度已知，就可以固定为该数值。
- ☑ 响应热流率只在固定温度自由度时使用。

15.3 稳态热分析概述

15.3.1 稳态热分析定义

如果热能流动不随时间变化，热传递就称为稳态。由于热能流动不随时间变化，系统的温度和热载荷也都不随时间变化。稳态热平衡满足热力学第一定律。

稳态传热用于分析稳定的热载荷对系统或部件的影响。通常在进行瞬态热分析以前，进行稳态热分析用于确定初始温度分布。稳态热分析可以通过有限元计算确定由于稳定的热载荷引起的温度、热梯度、热流率、热流密度等参数。

15.3.2 稳态热分析的控制方程

对于稳态热传递，表示热平衡的微分方程为

$$\frac{\partial}{\partial x}\left(k_{xx}\frac{\partial T}{\partial x}\right)+\frac{\partial}{\partial y}\left(k_{yy}\frac{\partial T}{\partial y}\right)+\frac{\partial}{\partial z}\left(k_{zz}\frac{\partial T}{\partial z}\right)+\ddot{q}=0 \text{。}$$

相应的有限元平衡方程为

$$(K)\{T\}=\{Q\} \text{。}$$

15.4 实例——电热丝生热稳态热分析

电热丝半径 $r=1.015\text{mm}$，电阻率 $\rho=80\times10^{-6}\,\Omega\cdot\text{cm}$，导热系数 $\lambda=19.03\text{W/m}\cdot\text{K}$，稳态时，通过电热丝的电流为 150A。其几何模型如图 15-1 所示，将该模型通过简化成轴对称平面来分析问题，取轴线长度为 1.5mm，简化后进行计算的几何模型示意图如图 15-2 所示，试确定中心线上的温度较表面温度高多少？

图 15-1 电热丝的几何模型

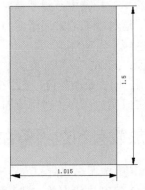
图 15-2 简化后进行计算的几何模型示意图

选用平面热分析 PLANE55 单元进行有限元分析，将电流产生的热能作为热生成体载荷施加到电热丝上，热能按下式计算：

$$Q=\frac{I^2 R}{\pi r^2 l}=\frac{I^2 \rho \dfrac{l}{\pi r^2}}{\pi r^2 l}=\frac{I^2 \rho}{\pi^2 r^4}=1.718\times 10^9\,\text{W/m}^3 \text{。}$$

分析时，温度采用 K，其他单位采用国际单位制。

15.4.1 GUI 操作步骤

1. 进行平面的轴对称分析

（1）定义分析文件名。选择实用菜单中的 Utility Menu > File > Change Jobname 命令，在弹出的对话框中输入"Exercise-1"，单击 OK 按钮。

（2）定义单元类型。选择主菜单中的 Main Menu > Preprocessor > Element Type > Add/Edit/Delete 命令，在弹出的 Element Types 对话框中单击 Add 按钮，在弹出如图 15-3 所示的单元类型库对话框中，在 Library of Element Types 后面的两个列表框中分别选择 Thermal Solid 和 Quad 4node 55 选项，作为 4 节点二维平面单元，单击 OK 按钮。在弹出如图 15-4 所示的单元类型对话框中，单击 Options 按钮，弹出如图 15-5 所示的对话框，在 K3 下拉列表中选择 Axisymmetric 选项，单击 OK 按钮，返回单元类型对话框，单击 Close 按钮，关闭该对话框。

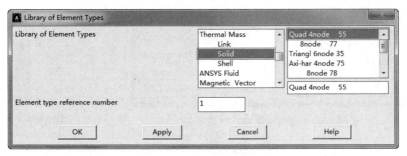

图 15-3　单元类型库对话框

图 15-4　单元类型对话框

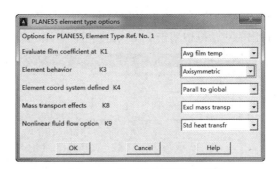

图 15-5　单元选项设置对话框

（3）定义参数。在命令窗口中输入以下参数：

```
R=0.001015
Q=1.718e9
LB=19.03
```

（4）定义电热丝的材料属性。选择主菜单中的 Main Menu > Preprocessor > Material Props > Material Models 命令，在弹出的对话框右侧列表框中依次选择 Thermal > Conductivity > Isotropic 选项，如图 15-6 所示。在弹出如图 15-7 所示的热传导系数对话框中设置 KXX（导热系数）为 LB，单击 OK 按钮。

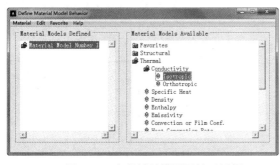

图 15-6　定义材料模型属性对话框

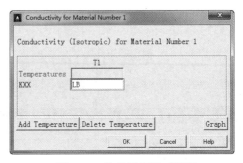

图 15-7　热传导系数对话框

（5）建立几何模型。选择主菜单中的 Main Menu > Preprocessor > Modeling > Create > Areas > Rectangle > By Dimensions 命令，弹出如图 15-8 所示的几何模型建立对话框，在 X1,X2 和 Y1,Y2 后面的文本框中分别输入"0、R、0、0.0015"，单击 OK 按钮。建立几何模型，如图 15-9 所示。

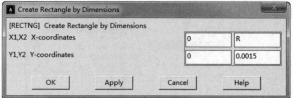
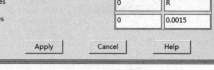

图 15-8　几何模型建立对话框　　　　　图 15-9　几何模型图

（6）设置单元密度。选择主菜单中的 Main Menu > Preprocessor > Meshing > Size Cntrls > ManualSize > Global > Size 命令，在弹出对话框的 Element edge length 文本框中输入"0.0002"，如图 15-10 所示。单击 OK 按钮。

（7）划分单元。选择主菜单中的 Main Menu > Preprocessor > Meshing > Mesh > Areas > Target Surf 命令，在弹出的对话框中单击 Pick All 按钮，有限元模型如图 15-11 所示。

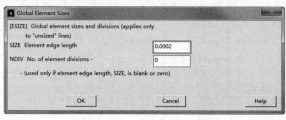

图 15-10　单元划分尺寸对话框　　　　　图 15-11　有限元模型

（8）施加热生成载荷。选择主菜单中的 Main Menu > Solution > Define Loads > Apply > Thermal > Heat Generat > On Areas 命令，用鼠标左键拾取矩形，单击 OK 按钮。弹出如图 15-12 所示的对话框，在 VALUE 文本框中输入"Q"，单击 OK 按钮。

（9）施加温度边界条件。选择主菜单中的 Main Menu > Solution > Define Loads > Apply > Thermal > Temperature > On Lines 命令，用鼠标左键拾取 2 号线，如图 15-13 所示。单击 OK 按钮，在弹出对话框的 Lab2 列表框中选择 TEMP 选项，在 VALUE 文本框中输入"0"，单击 OK 按钮，如图 15-14 所示。

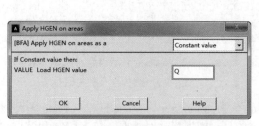
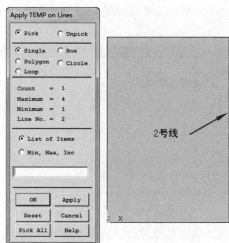

图 15-12　施加热生成载荷对话框　　　　　图 15-13　温度边界拾取示意图

（10）设置求解选项。选择主菜单中的 Main Menu > Solution > Analysis Type > New Analysis 命

第 15 章 稳态热分析与瞬态热分析

令，弹出如图 15-15 所示的对话框，选中 Steady-State 单选按钮，单击 OK 按钮。

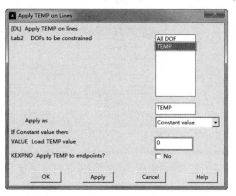

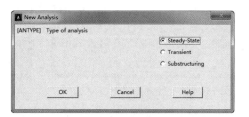

图 15-14　温度边界条件施加对话框　　　　图 15-15　分析类型选择对话框

（11）输出控制。选择主菜单中的 Main Menu > Solution > Analysis Type > Sol'n Controls 命令，弹出如图 15-16 所示的对话框，在 Time at end of loadstep 文本框中输入"1"，其他接受默认设置，单击 OK 按钮。

（12）存盘。选择实用菜单中的 Utility Menu > Select > Everything 命令，单击 ANSYS Toolbar 工具栏中的 SAVE_DB 按钮，保存文件。

（13）求解。选择主菜单中的 Main Menu > Solution > Solve > Current LS 命令，进行计算。

（14）显示沿径向路径温度分布。

① 定义径向路径：选择主菜单中的 Main Menu > General Postproc > Read Results > Last Set 命令，读最后一个子步的分析结果；选择主菜单中的 Main Menu > General Postproc > Path Operations > Define Path > By Nodes 命令，用鼠标依次拾取如图 15-17 所示的对话框的 Y=0 的所有节点，单击 OK 按钮，弹出如图 15-18 所示的径向路径定义对话框，在 Name 文本框中输入"r1"，然后单击 OK 按钮。

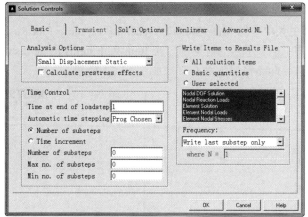

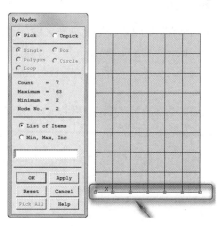

图 15-16　求解控制对话框　　　　　　图 15-17　沿径向路径拾取的节点

② 将温度场分析结果映射到径向路径上。选择主菜单中的 Main Menu > General Postproc > Path Operations > Map onto Path 命令，弹出如图 15-19 所示的对话框，在 Lab 文本框中输入"TR"，在 Item, Comp Item to be mapped 后面的两个列表框中分别选择 DOF solution 和 Temperature TEMP 选项，单击 OK 按钮。

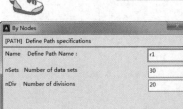

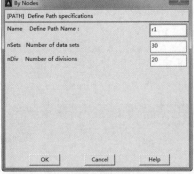

图 15-18 沿径向路径定义对话框

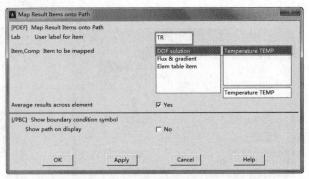

图 15-19 沿径向路径温度场分析结果映射对话框

③ 显示沿径向路径温度分布曲线。选择主菜单中的 Main Menu > General Postproc > Path Operations > Plot Path Item > On Graph 命令，弹出如图 15-20 所示的对话框，设置 Lab1-6 为 TR，然后单击 OK 按钮。沿径向路径温度分布曲线图如图 15-21 所示。

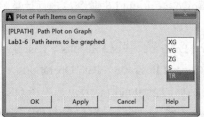

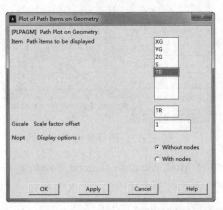

图 15-20 沿径向路径选择所要显示计算结果对话框   图 15-21 沿径向路径温度分布曲线变化图

④ 显示沿径向路径温度分布云图。选择主菜单中的 Main Menu > General Postproc > Plot Results > Plot Path Item > On Geometry 命令，弹出如图 15-22 所示的对话框，在 Item Path items to be displayed 列表中选择 TR 选项，然后单击 OK 按钮。沿径向路径温度分布云图如图 15-23 所示。

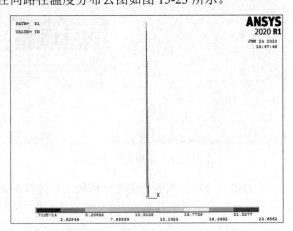

图 15-22 沿径向路径温度分布云图变量选择对话框   图 15-23 沿径向路径温度分布云图

第 15 章 稳态热分析与瞬态热分析

（15）显示温度场分布云图。选择实用菜单中的 Utility Menu > PlotCtrls > Window Controls > Window Options 命令，弹出如图 15-24 所示的对话框。在 INFO 下拉列表中选择 Legend ON 选项，单击 OK 按钮。选择主菜单中的 Main Menu > General Postproc > Plot Results > Contour Plot > Nodal Solu 命令，弹出如图 15-25 所示的对话框，在 Item to be contoured 列表框中依次选择 Nodal Solution > DOF Solution > Nodal Temperature 选项，单击 OK 按钮，温度分布云图如图 15-26 所示。选择实用菜单中的 Utility Menu > PlotCtrls > Style > Symmetry Expansion > 2D Axi-Symmetric 命令，弹出如图 15-27 所示的对话框，在 Select expansion amount 选项组中选中 3/4 expansion 单选按钮，单击 OK 按钮。扩展的温度分布云图如图 15-28 所示。

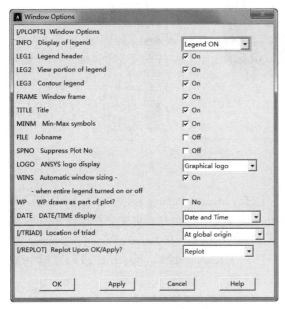

图 15-24 显示设置对话框

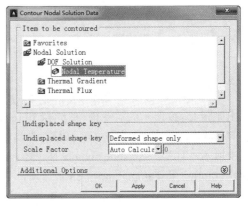

图 15-25 结果显示选择控制对话框

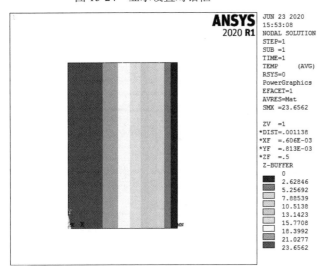

图 15-26 电热丝的温度分布云图

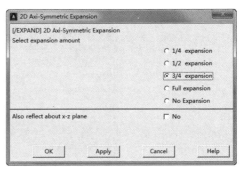

图 15-27 轴对称扩展显示控制对话框

· 347 ·

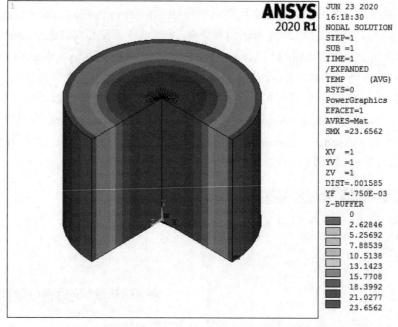

图 15-28　电热丝的三维扩展的温度分布云图

（16）获取中心线上 1 号和表面 2 号节点温度。

① 获取中心线 1 号节点温度。选择实用菜单中的 Utility Menu > Parameters > Get Array Data 命令，弹出如图 15-29 所示的对话框，在 Type of data to be retrieved 后面的两个列表框中分别选择 Results data 和 Nodal results 选项，单击 OK 按钮，弹出如图 15-30 所示的对话框，在 Name of array parameter 文本框中输入"T0"，在 Node number N 文本框中输入"1"，在 Results data to be retrieved 列表框中选择 DOF solution 和 Temperature TEMP 选项，单击 OK 按钮。

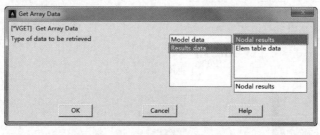

图 15-29　参数获取对话框

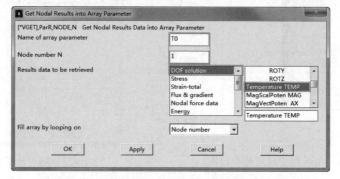

图 15-30　中心线 1 号节点温度参数设置对话框

② 获取表面 2 号节点温度。选择实用菜单中的 Utility Menu > Parameters > Get Array Data 命令，弹出如图 15-29 所示的对话框，在 Type of data to be retrieved 后面的两个列表框中分别选择 Results data 和 Nodal results 选项，单击 OK 按钮，弹出如图 15-31 所示的对话框，在 Name of array parameter 文本框中输入"T2"，在 Node number N 文本框中输入"2"，在 Results data to be retrieved 后面的两个列表框中分别选择 DOF solution 和 Temperature TEMP 选项，单击 OK 按钮。

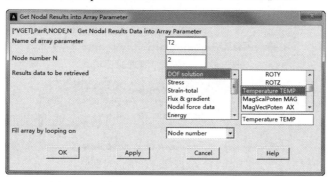

图 15-31　表面 2 号节点温度参数设置对话框

（17）计算有限元分析结果与理论值的误差。在命令输入窗口中输入以下参数：

```
T=T0-T2                          !有限元计算结果
LT=(R**2)*Q/(4*LB)               !理论计算结果
ER=1-T/LT                        !计算误差
```

（18）列出各参数值。选择实用菜单中的 Utility Menu > List > Status > Parameters > All Parameters 命令，所列出的参数的计算结果如图 15-32 所示。可见平面有限元分析与理论值的误差为 1.71%。

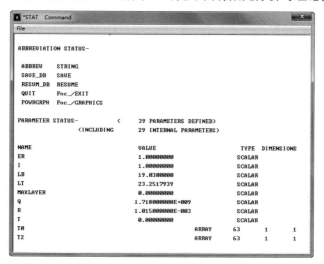

图 15-32　各参数的计算结果

2. 进行三维分析

（1）清除数据库。选择实用菜单中的 Utility Menu > File > Clear & Start New 命令，弹出如图 15-33 所示的对话框，单击 OK 按钮，弹出如图 15-34 所示的对话框，单击 Yes 按钮。

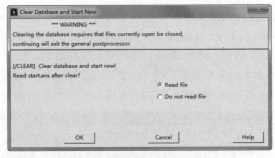

图 15-33 数据库清理对话框

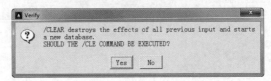

图 15-34 数据库清理确认对话框

（2）定义分析文件名。选择实用菜单中的 Utility Menu > File > Change Jobname 命令，在弹出的如图 15-35 所示的对话框中输入"Exercise-2"，单击 OK 按钮。

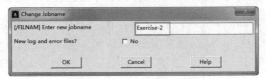

图 15-35 文件名定义对话框

（3）定义单元类型。选择主菜单中的 Main Menu > Preprocessor > Element Type > Add/Edit/Delete 命令，在弹出的 Element Types 对话框中单击 Add 按钮，在弹出的如图 15-36 所示的对话框中，在 Library of Element Types 后面的两个列表框中分别选择 Thermal Solid 和 Brick 8node 70 选项，作为 8 节点三维六面体单元，单击 OK 按钮，单击单元增添对话框中的 Close 按钮，关闭单元类型库对话框。

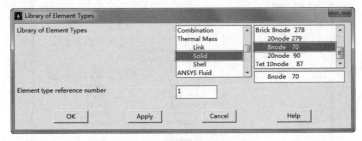

图 15-36 单元类型库对话框

（4）定义参数。在命令窗口中输入以下参数：

```
R=0.001015
Q=1.718e9
LB=19.03
```

（5）定义电热丝的材料属性。选择主菜单中的 Main Menu > Preprocessor > Material Props > Material Models 命令，在弹出对话框中依次选择 Thermal > Conductivity > Isotropic 选项，在弹出的对话框中输

入导热系数 KXX 为"LB", 单击 OK 按钮。

（6）建立几何模型。选择主菜单中的 Main Menu > Preprocessor > Modeling > Create > Volumes > Cylinder > By Dimensions 命令，弹出如图 15-37 所示的对话框，在 RAD1、RAD2、Z1,Z2、THETA1、THETA2 文本框中分别输入 "R、0、0、0.0015、0、90"，单击 OK 按钮。建立 1/4 圆柱模型，如图 15-38 所示。

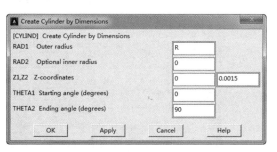

图 15-37 几何模型建立对话框

图 15-38 几何模型图

（7）设置单元密度。选择主菜单中的 Main Menu > Preprocessor > Meshing > Size Cntrls > ManualSize > Global > Size 命令，在弹出对话框的 Element edge length 文本框中输入 "0.00025"，如图 15-39 所示，单击 OK 按钮。

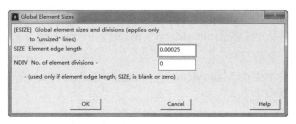

图 15-39 单元划分尺寸对话框

（8）划分单元。选择主菜单中的 Main Menu > Preprocessor > Meshing > Mesh > Volumes > Mapped > 4 to 6 Sided 命令，在弹出的对话框中单击 Pick All 按钮，有限元模型如图 15-40 所示。

（9）施加热生成载荷。选择主菜单中的 Main Menu > Solution > Define Loads > Apply > Thermal > Heat Generate > On Volumes 命令，用鼠标左键拾取圆柱体，单击 OK 按钮，弹出如图 15-41 所示的对话框，在 VALUE 文本框中输入 "Q"，然后单击 OK 按钮。

图 15-40 有限元模型

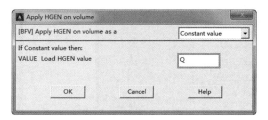

图 15-41 热生成载荷施加对话框

（10）施加温度边界条件。选择主菜单中的 Main Menu > Solution > Define Loads > Apply > Thermal > Temperature > On Areas 命令，用鼠标左键拾取 3 号面，如图 15-42 所示。单击 OK 按钮，在弹出对话框的

Lab2 后面的列表框中选择 TEMP 选项，在 VALUE 文本框中输入"0"，单击 OK 按钮，如图 15-43 所示。

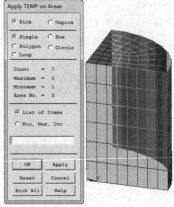

图 15-42　温度边界拾取示意图

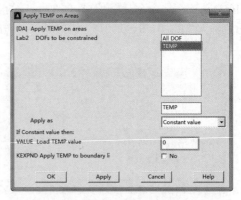

图 15-43　温度边界条件施加对话框

（11）设置求解选项。选择主菜单中的 Main Menu > Solution > Analysis Type > New Analysis 命令，在弹出的对话框中选择 Steady-State 选项，单击 OK 按钮。

（12）输出控制。选择主菜单中的 Main Menu > Solution > Analysis Type > Sol'n Controls 命令，在弹出对话框的 Time at end of loadstep 文本框中输入"1"，其他接受默认设置，单击 OK 按钮。

（13）存盘。选择实用菜单中的 Utility Menu > Select > Everything 命令，单击 ANSYS Toolbar 工具栏中的 SAVE_DB 按钮，保存文件。

（14）求解。选择主菜单中的 Main Menu > Solution > Solve > Current LS 命令，进行计算。

（15）显示沿径向路径温度分布。

① 定义径向路径。选择主菜单中的 Main Menu > General Postproc > Read Results > Last Set 命令，读最后一个子步的分析结果；选择主菜单中的 Main Menu > General Postproc > Path Operations > Define Path > By Nodes 命令，用鼠标拾取如图 15-44 所示的所有节点，单击 OK 按钮，弹出如图 15-45 所示的对话框，在 Name 后面的文本框中输入"r1"，单击 OK 按钮。

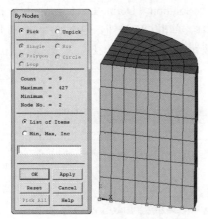

图 15-44　沿径向路径拾取的节点

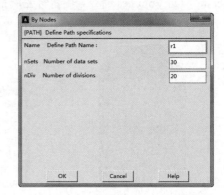

图 15-45　径向路径定义对话框

② 将温度场分析结果映射到径向路径上。选择主菜单中的 Main Menu > General Postproc > Path Operations > Map onto Path 命令，弹出如图 15-46 所示的对话框，在 Lab 后面的文本框中输入"TR2"，

第15章 稳态热分析与瞬态热分析

在 Item,Comp Item to be mapped 后面的两个列表框中分别选择 DOF solution 和 Temperature TEMP 选项，单击 OK 按钮。

③ 显示沿径向路径温度分布曲线。选择主菜单中的 Main Menu > General Postproc > Path Operations > Plot Path Item > On Graph 命令，弹出如图 15-47 所示的对话框，设置 Lab1-6 为 TR2，单击 OK 按钮。曲线图如图 15-48 所示。

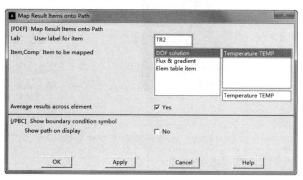

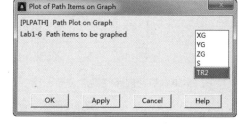

图 15-46　沿径向路径温度场分析结果映射对话框　　图 15-47　沿径向路径选择所要显示计算结果对话框

④ 显示沿径向路径温度分布云图。选择主菜单中的 Main Menu > General Postproc > Plot Results > Plot Path Item > On Geometry 命令，弹出如图 15-49 所示的对话框，设置 Item Path items to be displayed 为 TR2，单击 OK 按钮。沿径向路径温度分布云图如图 15-50 所示。

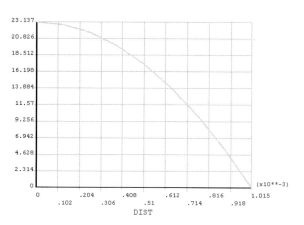

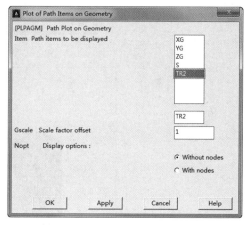

图 15-48　沿径向路径温度分布曲线变化图　　图 15-49　沿径向路径温度分布云图变量选择对话框

（16）显式温度场分布云图。选择实用菜单中的 Utility Menu > PlotCtrls > Window Controls > Window Options 命令，在弹出的对话框中设置 INFO 为 Legend ON，单击 OK 按钮。选择主菜单中的 Main Menu > General Postproc > Plot Results > Contour Plot > Nodal Solu 命令，在弹出的对话框中选择 DOF Solution 和 Nodal Temperature 选项，单击 OK 按钮。温度分布云图如图 15-51 所示。选择实用菜单中的 Utility Menu > PlotCtrls > Style > Symmetry Expansion > Periodic/Cyclic Symmetry 命令，在弹出如图 15-52 所示的对话框中，在 Select type of cyclic symmetry 选项组中选中 1/4 Dihedral Sym 单选按钮，单击 OK 按钮。扩展的温度分布云图如图 15-53 所示。选择实用菜单中的 Utility Menu > PlotCtrls > Style > Symmetry Expansion > No Expansion 命令，再选择实用菜单中的 Utility Menu > Plot > Elements 命令。

· 353 ·

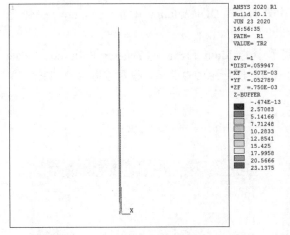

图 15-50 沿径向路径温度分布云图

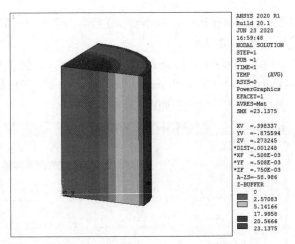

图 15-51 电热丝的温度分布云图

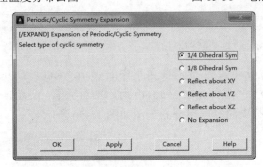

图 15-52 轴对称扩展显示控制对话框

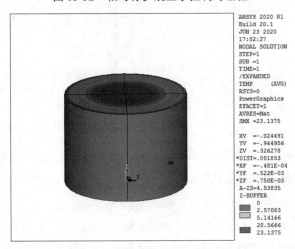

图 15-53 电热丝的扩展的温度分布云图

（17）获取中心线上 1 号和表面 2 号节点温度。

① 获取中心线 1 号节点温度。选择实用菜单中的 Utility Menu > Parameters > Get Array Data 命令，在弹出的对话框中，设置 Type of data to be retrieved 为 Results data 和 Nodal results，单击 OK 按钮，在弹出对话框的 Name of parameter to be defined 文本框中输入"T0"，在 Node number N 文本框中输入"1"，在 Results data to be retrieved 后面的两个列表框中分别选择 DOF solution 和 Temperature TEMP

选项,单击 OK 按钮。

② 获取表面 2 号节点温度。选择实用菜单中的 Utility Menu > Parameters > Get Array Data 命令,在弹出的对话框中,设置 Type of data to be retrieved 为 Results data 和 Nodal results,单击 OK 按钮。在弹出对话框的 Name of parameter to be defined 文本框中输入 "T2",在 Node number N 文本框中输入 "2",在 Results data to be retrieved 后面的两个列表框中分别选择 DOF solution 和 Temperature TEMP 选项,单击 OK 按钮。

(18) 计算有限元分析结果与理论值的误差。在命令输入窗口中输入以下参数:

```
T=T0-T2                    !有限元计算结果
LT=(R**2)*Q/(4*LB)         !理论计算结果
ER=1-T/LT                  !计算误差
```

(19) 列出各参数值。选择实用菜单中的 Utility Menu > List > Status > Parameters > All Parameters 命令,所列出的参数计算结果如图 15-54 所示。可见三维有限元分析与理论值的误差为 0.492%。

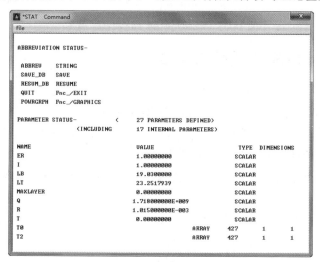

图 15-54 各参数的计算结果

(20) 退出 ANSYS。单击 ANSYS Toolbar 工具栏中的 QUIT 按钮,选中 Quit No Save!单选按钮后,单击 OK 按钮退出。

15.4.2 命令流方式

命令流方式这里不再详细介绍,读者可参见随书资源中的电子文档。

15.5 瞬态热分析概述

15.5.1 瞬态热分析特性

瞬态热分析用于计算一个系统随时间变化的温度场及其他热参数。在工程上一般用瞬态热分析计算温度场,并将其作为热载荷进行应力分析。瞬态热分析的基本步骤与稳态热分析类似,主要的区别是瞬态热分析中的载荷是随时间而变化的。时间在稳态热分析中只用于计数,现在有了确定的物理含义。热能存储效应在稳态热分析中忽略,在瞬态热分析中要考虑进去。涉及相变的分析总是瞬态热分析。这种比较特殊的瞬态分析将在第 17 章中讨论。为了表达随时间变化的载荷,首先必须将载荷—时间曲线分为载荷步。载荷—时间曲线中的每一个拐点为一个载荷步,如图 15-55 所示。对于每一个载荷步,必须定义载荷值及时间值,同时必须选择载荷步为渐变或阶越。时间在静态和瞬态分析中都用作步进参数。每个载荷步和子步都与特定的时间相联系,尽管求解本身可能不随速率变化。

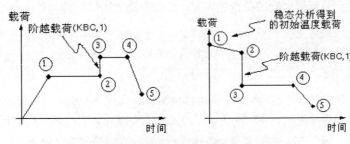

图 15-55　载荷与时间变化曲线示意图

15.5.2　瞬态热分析前处理考虑因素

除了导热系数(K)、密度(ρ)和比热容(C),材料特性应包含实体传递和存储热能的材料特性参数,可以定义热焓(H)(在相变分析中需要输入)。

材料特性用于计算每个单元的热存储性质并叠加到比热容矩阵(C)中。如果模型中有热质量交换,这些特性用于确定热传导矩阵(K)的修正项。

> **注意**:MASS71 热质量单元比较特殊,其能够存储热能但不能传递热能。因此,该单元不需要热传导系数。
> 像稳态热分析一样,瞬态热分析也可以是线性或非线性的。如果是非线性的,前处理与稳态非线性分析有同样的要求。稳态热分析和瞬态热分析最明显的区别在于加载和求解过程。

15.5.3　控制方程

热存储项的计入将静态系统转变为瞬态系统,矩阵形式为
$$(C)\{\dot{T}\}+(K)\{T\}=\{Q\}。$$

其中,$(C)\{\dot{T}\}$ 为热存储项。

在瞬态热分析中,载荷随时间变化时,则
$$(C)\{\dot{T}\}+(K)\{T\}=\{Q(t)\}。$$

对于非线性瞬态热分析,则
$$(C(T))\{\dot{T}\}+(K(T))\{T\}=\{Q(T,t)\}。$$

15.5.4　初始条件的施加

初始条件必须对模型的每个温度自由度定义,使得时间积分过程得以开始。施加在有温度约束的节点上的初始条件被忽略。根据初始温度域的性质,初始条件可以用以下方法之一指定。

第 15 章 稳态热分析与瞬态热分析

1. 施加均匀的初始温度

GUI 操作：选择主菜单中的 Main Menu > Preprocessor > Loads > Define Loads > Apply > Thermal > Temperature > Uniform Temp 命令，弹出如图 15-56 所示的对话框。

命令：TUNIF

2. 施加非均匀的初始温度

GUI 操作：选择主菜单中的 Main Menu > Preprocessor > Loads > Define Loads > Apply > Initial Condit'n > Define 命令，选择需要施加的节点，弹出如图 15-57 所示的对话框，在 Lab 后面的下拉列表中选择 TEMP 选项。

命令：IC

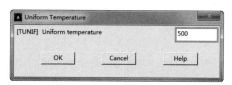
图 15-56　均匀初始温度施加对话框

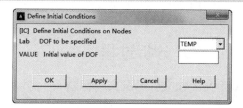
图 15-57　非均匀初始温度施加对话框

注意：当 IC 命令输入后，要使用节点组元名来区分节点。没有定义 DOF 初始温度的节点，其初始温度默认为 TUNIF 命令指定的均匀数值。当求解控制打开时，在指定初始温度前指定 TUNIF 的数值。

3. 由稳态分析得到初始温度

当模型中的初始温度分布是不均匀且未知的，单载荷步的稳态热分析可以用来确定瞬态分析前的初始温度。操作步骤如下。

（1）第一载荷步稳态求解。

① 进入求解器，使用稳态热分析类型。

② 施加稳态初始载荷和边界条件。

③ 为了方便，指定一个很小的结束时间（如 1×10^{-3}s）。不要使用非常小的时间数值（-1×10^{-10}s），因为可能形成数值错误。

④ 指定其他所需的控制或设置（如非线性控制）。

⑤ 求解当前载荷步。

注意：如果没有指定初始温度，初始 DOF 数值为 0。

（2）后续载荷步的瞬态求解。

① 时间积分效果保持打开直到在后面的载荷步中关闭为止。在第二个载荷步中，根据第一个载荷步施加载荷和边界条件。记住，要删除第一个载荷步中多余的载荷。

② 施加瞬态热分析控制和设置。

③ 求解之前打开时间积分。

④ 求解当前瞬态载荷步。

⑤ 求解后续载荷步。

15.6 实例——钢球淬火过程瞬态热分析

一个直径为 0.2m，温度为 500℃的钢球突然放入温度为 0℃的水中，对流传热系数为 650W/m²·℃，计算 1 分钟后钢球的温度场分布和球心温度随时间的变化规律。钢球材料性能参数如下。

- ☑ 弹性模量：220GPa。
- ☑ 泊松比：0.28。
- ☑ 密度：7800kg/m³。
- ☑ 热膨胀系数：1.3×10⁻⁶/℃。
- ☑ 导热系数：70。
- ☑ 比热：448J/kg·℃。

15.6.1 GUI 分析过程

1. 定义工作文件名及文件标题

（1）定义工作文件名。选择实用菜单中的 Utility Menu > File > Change Jobname 命令，弹出 Change Jobname 对话框。在其中输入文件名 Ball_thermal，单击 OK 按钮。

（2）定义工作标题。选择实用菜单中的 Utility Menu > File > Change Title 命令，弹出 Change Title 对话框。在其中输入"Cooling of a steel ball"，单击 OK 按钮。

（3）关闭坐标符号的显示。选择实用菜单中的 Utility Menu > PlotCtrls > Window Controls > Window Options 命令，弹出 Window Options 对话框。在 Location of triad 下拉列表中选择 Not shown 选项，单击 OK 按钮。

2. 定义单元类型及材料属性

（1）定义单元类型及单元特性。选择主菜单中的 Main Menu > Preprocessor > Element Type > Add/Edit/Delete 命令，弹出 Element Types（单元类型）对话框，如图 15-58 所示。

① 单击 Add 按钮，弹出 Library of Element Types（单元类型库）对话框，如图 15-59 所示。在左、右列表框中分别选择 Thermal Solid 和 Quad 4node 55 选项，单击 OK 按钮。

图 15-58 单元类型对话框

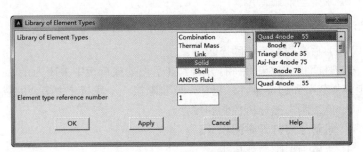

图 15-59 单元类型库对话框

② 单击 Options 按钮，弹出如图 15-60 所示的单元选项设置对话框，在 K3 后面的下拉列表中选

择 Axisymmetric 选项，单击 OK 按钮，返回 Element Types 对话框，单击 Close 按钮，关闭对话框。

（2）设置材料属性。选择主菜单中的 Main Menu > Preprocessor > Material Props > Material Models 命令，弹出 Define Material Model Behavior（定义材料模型属性）窗口，如图 15-61 所示。

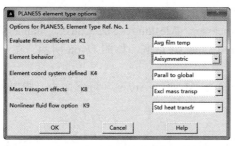

图 15-60　单元选项设置对话框

图 15-61　定义材料模型属性窗口

在 Material Models Available 列表框中依次选择 Structural > Linear > Elastic > Isotropic 选项，弹出如图 15-62 所示的 Linear Isotropic Properties for Material Number 1 对话框，在 EX 文本框中输入"2.2E11"，在 PRXY 文本框中输入"0.28"，单击 OK 按钮；然后再依次选择 Structural > Density 选项，弹出如图 15-63 所示的 Density for Material Number 1 对话框，在 DENS 文本框中输入"7800"，单击 OK 按钮；再依次选择 Structural > Thermal Expansion > Secant Coefficient > Isotropic 选项，弹出如图 15-64 所示的 Thermal Expansion Secant Coefficient for Material Number 1 对话框，在 ALPX 文本框中输入"1.3E-006"，单击 OK 按钮；再依次选择 Thermal > Conductivity > Isotropic 选项，弹出如图 15-65 所示的 Conductivity for Material Number 1 对话框，在 KXX 文本框中输入"70"，单击 OK 按钮；最后再依次选择 Thermal > Specific Heat 选项，弹出如图 15-66 所示的 Specific Heat for Material Number 1 对话框，在 C 文本框中输入"448"，单击 OK 按钮。最后再次返回如图 15-61 所示的窗口，选择 Material > Exit 命令，关闭该对话框。

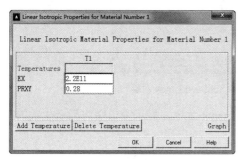

图 15-62　Linear Isotropic Properties for Material Number 1 对话框

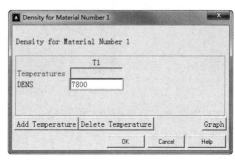

图 15-63　Density for Material Number 1 对话框

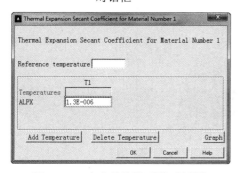

图 15-64　定义热膨胀系数对话框

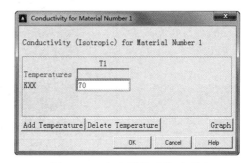

图 15-65　定义导热系数对话框

3. 建立几何模型并划分网格，生成有限元模型

（1）建立 1/4 圆面。选择主菜单中的 Main Menu > Preprocessor > Modeling > Create > Areas > Circle > By Dimensions 命令，弹出 Circular Area by Dimensions 对话框，输入如图 15-67 所示的数据，单击 OK 按钮。

（2）划分网格。选择主菜单中的 Main Menu > Preprocessor > Meshing > Size Cntrls > ManualSize > Lines > All Lines 命令，弹出 Element Sizes on All Selected Lines 对话框，如图 15-68 所示。在 NDIV 后面的文本框中输入"20"，单击 OK 按钮。

选择主菜单中的 Main Menu > Preprocessor > Meshing > Mesh > Areas > Free 命令，弹出 Mesh Areas 拾取框，用鼠标选取该面，单击 OK 按钮。

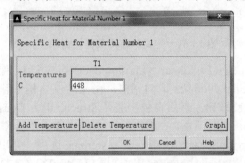

图 15-66 定义比热对话框

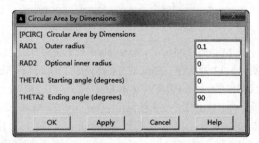

图 15-67 Circular Area by Dimensions 对话框

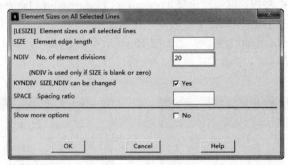

图 15-68 Element Sizes on All Selected Lines 对话框

（3）选择实用菜单中的 Utility Menu > Plot > Elements 命令，显示窗口中将显示生成的有限元模型，如图 15-69 所示。

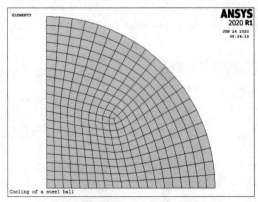

图 15-69 生成的有限元模型结果显示

4. 施加载荷和求解

（1）设定分析类型。选择主菜单中的 Main Menu > Solution > Analysis Type > New Analysis 命令，弹出 New Analysis 对话框，如图 15-70 所示。选中 Transient 单选按钮，单击 OK 按钮，弹出 Transient Analysis 对话框，如图 15-71 所示。单击 OK 按钮关闭即可。

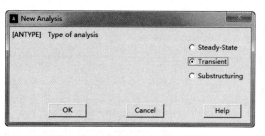

图 15-70　New Analysis 对话框

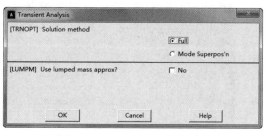

图 15-71　Transient Analysis 对话框

（2）设定载荷步、载荷子步。选择主菜单中的 Main Menu > Solution > Load Step Opts > Time/Frequenc > Time-Time Step 命令，弹出 Time and Time Step Options 对话框，输入如图 15-72 所示的数据，单击 OK 按钮。

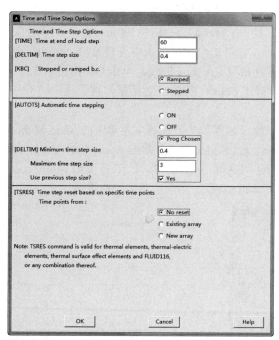

图 15-72　Time and Time Step Options 对话框

（3）输出控制。选择主菜单中的 Main Menu > Solution > Load Step Opts > Output Ctrls > DB/Results File 命令，弹出 Controls for Database and Results File Writing 对话框，按照图 15-73 中的参数进行设置，然后单击 OK 按钮。

（4）打开线编号。选择主菜单中的 Main Menu > PlotCtrls > Numbering 命令，在打开的对话框中选中 Line numbers 复选框，单击 OK 按钮。

（5）选择实用菜单中的 Utility Menu > Select > Entities 命令，弹出 Select Entities 对话框，在第一个下拉列表中选择 Lines 选项，在第二个下拉列表中选择 By Num/Pick 选项，然后单击 OK 按钮，弹出 Select Lines 拾取框，在文本框中输入"1"，单击 OK 按钮。

(6) 施加温度载荷。选择主菜单中的 Main Menu > Solution > Define Loads > Apply > Thermal > Temperature > Uniform Temp 命令，弹出 Uniform Temperature 对话框，如图 15-74 所示。在 Uniform temperature 文本框中输入"500"，单击 OK 按钮。

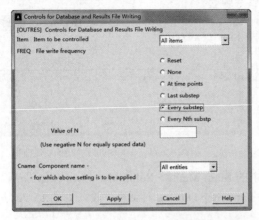

图 15-73　Controls for Database and Results File Writing 对话框

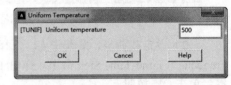

图 15-74　Uniform Temperature 对话框

(7) 选择实用菜单中的 Utility Menu > Select > Entities 命令，弹出 Select Entities 对话框，在第一个下拉列表中选择 Lines 选项，在第二个下拉列表中选择 By Num/Pick 选项，然后单击 OK 按钮，弹出 Select Lines 拾取框，用鼠标拾取编号为 1 的线，单击 OK 按钮。选择实用菜单中的 Utility Menu > Select > Entities 命令，再次弹出 Select Entities 对话框，按照图 15-75 中的参数进行设置，然后单击 OK 按钮。

(8) 给钢球外壁施加对流及温度载荷。选择主菜单中的 Main Menu > Solution > Define Loads > Apply > Thermal > Convection > On Nodes 命令，弹出 Apply CONV on Nodes 拾取框，单击 Pick All 按钮，弹出 Apply CONV on nodes 对话框，如图 15-76 所示。在 VALI Film coefficient 文本框中输入"650"，在 VAL2I Bulk temperature 文本框中输入"0"，单击 OK 按钮。

图 15-75　Select Entities 对话框

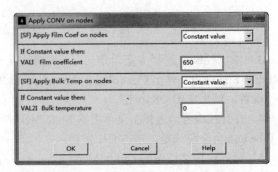

图 15-76　Apply CONV on nodes 对话框

(9) 全部选中。选择实用菜单中的 Utility Menu > Select > Everything 命令。

(10) 保存模型。选择实用菜单中的 Utility Menu > File > Save as 命令，弹出 Save Database 对话框，在 Save Database to 文本框中输入"Ball_thermal.db"，保存求解结果，单击 OK 按钮。

(11) 求解计算。选择主菜单中的 Main Menu > Solution > Solve > Current LS 命令，弹出一个信息提示窗口和 Solve Current Load Step 对话框，浏览信息提示窗口中的内容，确认无误后选择 File > Close 命令将其关闭，再单击对话框中的 OK 按钮进行求解。当求解结束后，会弹出 Solution is done 的提示窗口，关闭即可。

5. 查看结果（后处理）

(1) 选择主菜单中的 Main Menu > General Postproc > Plot Results > Contour Plot > Nodal Solu 命令，弹出 Contour Nodal Solution Data 对话框，依次选择 Nodal Solution > DOF Solution > Nodal Temperature 选项，单击 OK 按钮，计算结果的温度场分布云图如图 15-77 所示。

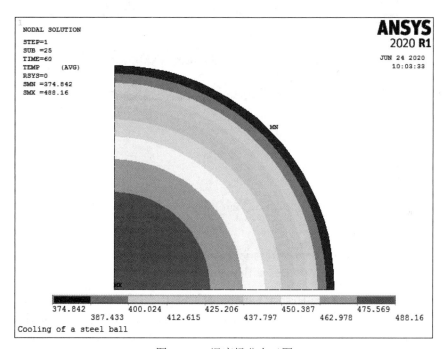

图 15-77　温度场分布云图

(2) 生成动画。选择实用菜单中的 Utility Menu > PlotCtrls > Animate > Over Time 命令，弹出 Animate Over Time 对话框，按照图 15-78 中的参数进行设置，单击 OK 按钮，即可得到整个淬火过程钢球温度分布变化的动态显示结果。

(3) 进入时间历程后处理器。选择主菜单中的 Main Menu > TimeHist Postpro 命令，弹出 Time History Variables-Ball_thermal.rth 对话框，直接单击右上角的"关闭"按钮即可。

(4) 定义分析变量。选择实用菜单中的 Utility Menu > Plot > Elements 命令显示单元。选择主菜单中的 Main Menu > TimeHist Postpro > Define Variables 命令，弹出 Defined Time-History Variables 对话框，如图 15-79 所示。

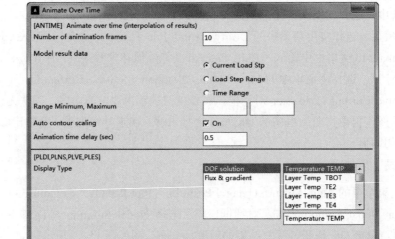

图 15-78　Animate Over Time 对话框

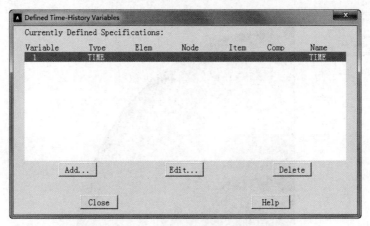

图 15-79　Define Time-History Variables 对话框

单击 Add 按钮，弹出 Add Time-History Variable 对话框，如图 15-80 所示。在其中选中 Nodal DOF result 单选按钮，单击 OK 按钮，弹出 Define Nodal Data 拾取框，在图形窗口拾取钢球模型中心节点，即两条边线相交的点（节点编号为 22），单击 OK 按钮，弹出 Define Nodal Data 对话框，如图 15-81 所示。单击 OK 按钮，返回图 15-79 所示的对话框，再单击 Close 按钮关闭该对话框。

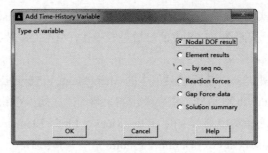

图 15-80　Add Time-History Variable 对话框

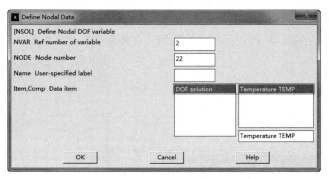

图 15-81 Define Nodal Data 对话框

（5）图形输出设置。选择实用菜单中的 Utility Menu > PlotCtrls > Style > Graphs > Modify Axes 命令，弹出 Axes Modifications for Graph Plots 对话框。在其中定义坐标轴名称，按照图 15-82 中的参数进行设置，然后单击 OK 按钮。

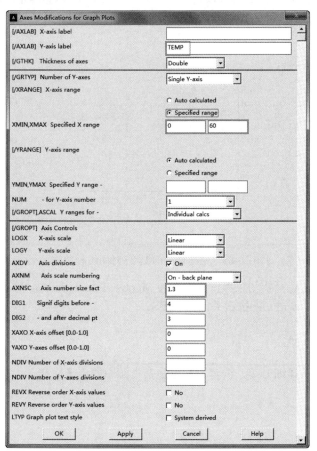

图 15-82 Axes Modifications for Graph Plots 对话框

（6）设定曲线图的网格线。选择实用菜单中的 Utility Menu > PlotCtrls > Style > Graphs > Modify Grid 命令，弹出 Grid Modifications for Graph Plots 对话框，如图 15-83 所示。在 Type of grid 下拉列表中选择 X and Y lines 选项，关闭 Display grid 复选框，单击 OK 按钮。

（7）观察载荷-位移历程曲线。选择主菜单中的 Main Menu > TimeHist Postpro > Graph Variables

命令，弹出 Graph Time-History Variables 对话框，如图 15-84 所示。在 NVAR1 后面的文本框中输入"2"，单击 OK 按钮，钢球球心的温度-时间历程曲线将出现在图形窗口上，如图 15-85 所示。

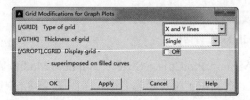
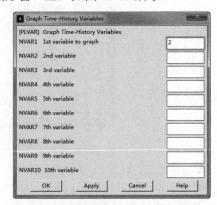

图 15-83　Grid Modifications for Graph Plots 对话框　　图 15-84　Graph Time-History Variables 对话框

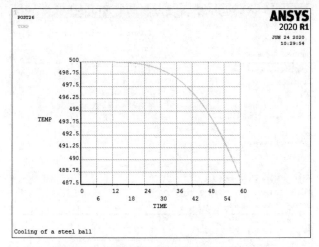

图 15-85　钢球球心的温度-时间历程曲线

（8）退出 ANSYS。选择实用菜单中的 Utility Menu > File > Exit 命令，弹出 Exit 对话框，选中 Quit-No Save!单选按钮，单击 OK 按钮关闭 ANSYS。

15.6.2　命令流方式

命令流方式这里不再详细介绍，读者可参见随书资源中的电子文档。

第16章

热辐射和相变分析

本章主要介绍热辐射和相变分析的基本步骤，并以典型工程应用为示例，讲述了进行热辐射分析的基本思路及应用 ANSYS 进行热辐射分析的基本步骤和技巧，并详细讲述了在 ANSYS 中进行相变分析的基本思路，并以铝的焓值计算为例说明了在 ANSYS 中定义焓值的方法。

- ☑ 热辐射基本理论及在 ANSYS 中的处理方法
- ☑ 相变分析概述

任务驱动&项目案例

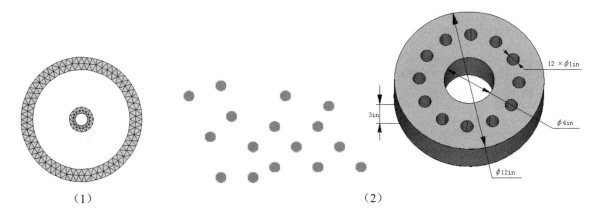

（1）　　　　　　　　　　　　　　　（2）

16.1 热辐射基本理论及在 ANSYS 中的处理方法

16.1.1 热辐射特性

（1）热辐射传递是通过电磁波传递热能的方法。热辐射的电磁波波长为 0.1μm～100μm，这包括超微波，所有可以用肉眼看到的波长和长波。

（2）不像其他热传递方式需要介质，辐射在真空中（如外层空间）效率最高。

（3）对于半透明体（如玻璃），辐射是三维实体现象，因为辐射从体中发散出来。

（4）对于不透明体，辐射主要是平面现象，因为几乎所有内部辐射都被实体吸收了。

（5）两平面间的辐射热传递与它们平面绝对温度差的四次方成正比，因此，辐射分析是非线性的，需要迭代求解。

16.1.2 ANSYS 中热辐射的处理方法

1. ANSYS 中关于辐射的重要假设

（1）ANSYS 认为辐射是平面现象，因此适合用不透明平面建模。

（2）ANSYS 不直接计入平面反射率（在考虑到效率方面时，假设平面吸收率和发射率相等），因此，只有发射率特性需要在 ANSYS 辐射分析中定义。

（3）ANSYS 不自动计入发射率的方向特性，也不允许发射率定义随波长变化。发射率可以在某些单元中定义为温度的函数。

（4）ANSYS 中所有分隔辐射面的介质在计算辐射能量交换时都看作是不参与辐射的能量交换（不吸收也不发射能量）。

2. ANSYS 求解方法

ANSYS 使用一个简单的过程求解多个平面辐射问题，矩阵形式如下：
$$[K']\{T\} = \{Q\} 。 \tag{16-1}$$

其中，$[K']$ 是 T^3 的函数。

生成多平面问题系统的矩阵要比前面列出的简单因子近似方法复杂。辐射是高度非线性分析，需要使用牛顿-拉普森迭代求解。关于非线性分析的内容详见第 12 章。

16.2 实例——两同心圆柱体间热辐射分析

本节实例将详细介绍应用 ANSYS 的热辐射矩阵生成器进行稳态热辐射分析的方法和基本步骤，该方法是进行辐射分析中的一种方法，要求读者掌握热辐射矩阵生成器的选项设置、形状系数计算方法及结果参数获取的方法，结合前面介绍的热辐射理论，体会 ANSYS 计算热辐射的计算方法与计算精度。

16.2.1 问题描述

用 AUX12 热辐射矩阵生成器，分析两圆柱体间面与面之间的热辐射，几何尺寸及温度边界条件如图 16-1 所示，计算图中内圆环外壁 4 号节点和外圆环内壁对应点 13 号节点的热流率。材料的参数如表 16-1 所示，分析时，温度采用 K，其他单位采用国际单位制。

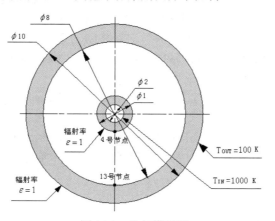

图 16-1 几何模型图

表 16-1 材料的参数表

传热系数/ (W/m·K)	密度/ (kg/m³)	弹性模量/Pa	泊松比	比热容/ (J/kg·K)	辐射率	斯蒂芬-波尔兹曼常数/ (W/m²·K⁴)
60.64	7850	2E11	0.3	460	1	5.67e-8

16.2.2 问题分析

假设两圆柱体无限长，忽略长度方向的影响，因而本实例将该问题简化为二维平面分析问题，选用 PLAN35 6 节点二阶三角形平面单元进行分析。

16.2.3 GUI 操作步骤

1．定义分析文件名

选择实用菜单中的 Utility Menu > File > Change Jobname 命令，在弹出的对话框中输入"Radiation_Cylinders"，单击 OK 按钮。

2．定义单元类型

选择主菜单中的 Main Menu > Preprocesor > Element Type > Add/Edit/Delete 命令，在弹出的 Element Types 对话框中单击 Add 按钮，在弹出的 Library of Element Types 对话框中，在 Library of Element Types 后面的两个列表框中分别选择 Thermal Solid 和 Triangl 6node 35 选项，定义平面 6 节点二阶单元，如图 16-2 所示。然后单击 OK 按钮。

3．定义参数

在命令输入窗口中输入以下参数：

```
TIN=1000            !定义内圆环内壁温度
TOUT=100            !定义外圆环外壁温度
TOFF=0              !定义温度偏移量
STFCONST=5.67e-8    !斯蒂芬-波尔兹曼常数
```

4. 定义材料属性

（1）定义热传导系数。选择主菜单中的 Main Menu > Preprocessor > Material Props > Material Models 命令，弹出定义材料属性对话框，依次选择对话框右侧的 Thermal > Conductivity > Isotropic 选项，在弹出的对话框中输入导热系数（KXX）"60.64"，单击 OK 按钮。

（2）定义材料的比热容。依次选择对话框右侧的 Thermal > Specific Heat 选项，在弹出对话框的 C 项后面的文本框中输入比热容"460"，单击 OK 按钮。

（3）定义材料的密度。依次选择对话框右侧的 Thermal > Density 选项，在弹出对话框的文本框中输入"7850"，单击 OK 按钮。

（4）定义弹性模量和泊松比。依次选择对话框右侧的 Structural > Linear > Elastic > Isotropic 选项，在弹出对话框的 EX 文本框中输入"2E11"，在 PRXY 文本框中输入"0.3"，单击 OK 按钮。然后单击"关闭"按钮退出定义材料属性对话框。

5. 建立几何模型

选择主菜单中的 Main Menu > Preprocessor > Modeling > Create > Areas > Circle > By Dimensions 命令，弹出如图 16-3 所示的对话框，分别在 RAD1、RAD2 后面的文本框中输入"0.5"和"1"，单击 Apply 按钮；按同样的方法再分别输入"4"和"5"。

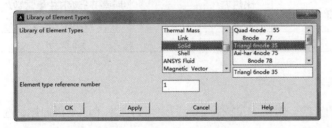

图 16-2　单元类型库对话框

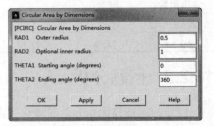

图 16-3　圆环建立对话框

6. 划分单元

选择主菜单中的 Main Menu > Preprocessor > Meshing > Size Cntrls > Smart Size > Basic 命令，弹出如图 16-4 所示的对话框，在 LVL 后面的下拉列表中选择 4 选项，单击 OK 按钮。选择主菜单中的 Main Menu > Preprocessor > Meshing > Mesh > Areas > Free 命令，弹出对话框后，单击 Pick All 按钮。所划分的单元如图 16-5 所示。

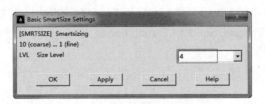

图 16-4　单元智能划分控制对话框

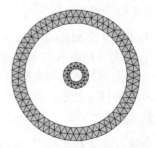

图 16-5　两圆环的有限元模型图

7. 施加辐射率

（1）选择实用菜单中的 Utility Menu > Select > Entities 命令，在弹出的对话框的两个下拉列表中分别选择 Lines 和 By Num/Pick 选项后，单击 OK 按钮，弹出 Select Lines 对话框，首先选中 Min,Max,Inc

单选按钮，然后在其下面的文本框中输入"1,4,1"后按 Enter 键确认，再输入"13,16,1"后按 Enter 键确认，最后单击 OK 按钮关闭该对话框。

（2）选择主菜单中的 Main Menu > Preprocessor > Loads > Define Loads > Apply > Thermal > Radiation > On Lines 命令，在弹出的对话框中单击 Pick All 按钮，弹出如图 16-6 所示的辐射定义对话框，在 VALUE 和 VALUE2 后面的文本框中均输入"1"后，单击 OK 按钮关闭该对话框。

8. 施加温度边界条件

（1）施加外圆环外壁温度。

① 选择外壁 4 条圆弧。选择实用菜单中的 Utility Menu > Select > Entities 命令，在弹出的对话框的两个下拉列表中分别选择 Lines 和 By Num/Pick 选项，然后选中 From Full 单选按钮，单击 OK 按钮，在弹出的对话框中选中 Min,Max,Inc 单选按钮后，在其下面的文本框中输入"9,12,1"后按 Enter 键确认，最后单击 OK 按钮关闭该对话框。

② 施加外圆环外壁温度。选择主菜单中的 Main Menu > Preprocessor > Loads > Define Loads > Apply > Thermal > Temperature > On Lines 命令，在弹出的对话框中单击 Pick All 按钮，弹出如图 16-7 所示的对话框，在 Lab2 后面的列表框中选择 TEMP 选项，在 VALUE 后面的文本框中输入"TOUT"后，单击 OK 按钮关闭该对话框。

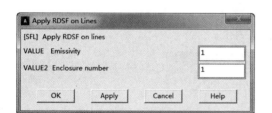

图 16-6　辐射定义对话框

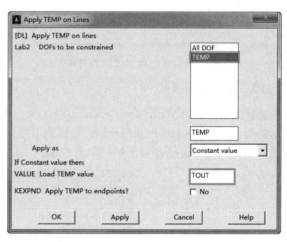

图 16-7　外圆环外壁温度施加对话框

（2）施加内圆环内壁温度。

① 选择内壁 4 条圆弧。选择实用菜单中的 Utility Menu > Select > Entities 命令，在弹出的对话框的两个下拉列表中分别选择 Lines 和 By Num/Pick 选项，然后选中 From Full 单选按钮，单击 OK 按钮，在弹出的对话框中选中 Min,Max,Inc 单选按钮，在其下面的文本框中输入"5,8,1"后按 Enter 键确认，最后单击 OK 按钮关闭该对话框。

② 施加内圆环内壁温度。选择主菜单中的 Main Menu > Preprocessor > Loads > Define Loads > Apply > Thermal > Temperature > On Lines 命令，在弹出的对话框中单击 Pick All 按钮后，弹出如图 16-8 所示的对话框，在 Lab2 后面的列表框中选择 TEMP 选项，在 VALUE 后面的文本框中输入"TIN"后，单击 OK 按钮关闭该对话框。

9. 进入热辐射矩阵生成器进行热辐射设置

选择实用菜单中的 Utility Menu > Select > Everything 命令。然后选择主菜单中的 Main Menu >

Radiation Opt > Radiosity Meth > Solution Opt 命令，弹出如图 16-9 所示的对话框，按照该图中的参数进行设置，最后单击 OK 按钮。

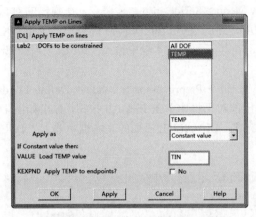

图 16-8　内圆环内壁温度施加对话框

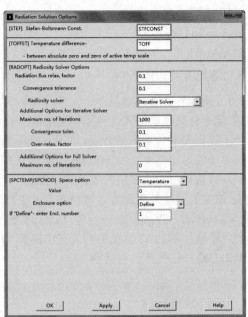

图 16-9　热辐射设置对话框

10. 计算形状系数

选择主菜单中的 Main Menu > Radiation Opt > Radiosity Meth > View Factor 命令，弹出如图 16-10 所示的对话框，在 View factor options 后面的下拉列表中选择 Recompute and save 选项，然后单击 OK 按钮，系统弹出 Warning 对话框，单击 Close 按钮，将其关闭。

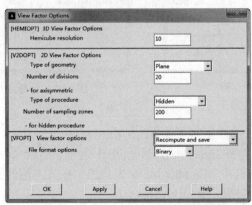

图 16-10　热辐射形状系数设置对话框

11. 查看形状系数并获取该参数

（1）查看内圆环到内圆环形状系数。选择主菜单中的 Main Menu > Radiation Opt > Radiosity Meth > Query 命令，在弹出的拾取框中选中 Circle 单选按钮，按住鼠标左键，以屏幕坐标系坐标原点为圆心进行拖曳，直到内圆环单元全部选中，单击 Apply 按钮，如图 16-11 所示。

第16章 热辐射和相变分析

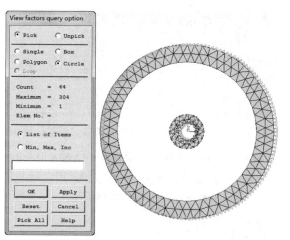

图 16-11 内圆环单元拾取示意图

在弹出的对话框中重复以上操作，依旧选取内圆环单元。完成以上操作后，计算结果如图 16-12 所示。查看完结果后，关闭对话框。

图 16-12 内圆环对内圆环热辐射形状系数计算结果

（2）获取内圆环到内圆环形状系数参数。选择实用菜单中的 Utility Menu > Parameters > Get Scalar Data 命令，弹出如图 16-13 所示的对话框，在 Type of data to be retrieved 后面的两个列表框中分别选择 Radiosity 和 Radiosity Meth 选项，单击 OK 按钮，弹出如图 16-14 所示的对话框，在 Name of parameter to be defined 文本框中输入"VFAVG1"，在 Encl Number 文本框中输入"0"，单击 OK 按钮。

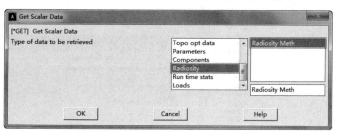

图 16-13 参数获取对话框

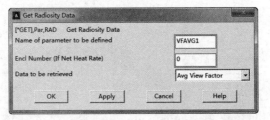

图 16-14　内圆环对内圆环形状参数设置对话框

（3）查看外圆环到内圆环形状系数。选择实用菜单中的 Main Menu > Radiation Opt > Radiosity Meth > Query 命令，在弹出的拾取框中选中 Polygon 单选按钮，用鼠标左键分两次画两个封闭的任意多边形，将外圆环单元选中后，单击 OK 按钮，如图 16-15 所示。

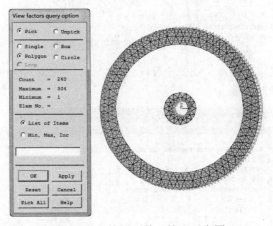

图 16-15　外圆环单元拾取示意图

在弹出的对话框中选中 Circle 单选按钮，然后按住鼠标左键，以屏幕坐标系坐标原点为圆心进行拖曳，直到内圆环单元全部选中，然后单击 OK 按钮，如图 16-15 所示。完成以上操作后，计算结果如图 16-16 所示。查看完结果后关闭对话框。

（4）获取外圆环到内圆环形状系数参数。选择实用菜单中的 Utility Menu > Parameters > Get Scalar Data 命令，弹出如图 16-13 所示的对话框，在 Type of data to be retrieved 后面的两个列表框中分别选择 Radiosity 和 Radiosity Meth 选项，单击 OK 按钮，弹出如图 16-17 所示的对话框，在 Name of parameter to be defined 文本框中输入"VFAVG2"，在 Encl Number 文本框中输入"1"，单击 OK 按钮。

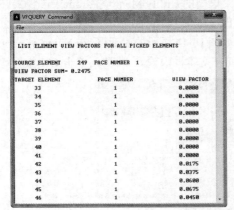

图 16-16　外圆环对内圆环热辐射形状系数计算结果

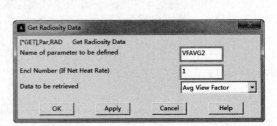

图 16-17　外圆环对内圆环形状参数设置对话框

(5) 查看外圆环到外圆环形状系数。选择主菜单中的 Main Menu > Radiation Opt > Radiosity Meth > Query 命令，在弹出的对话框中选中 Polygon 单选按钮，用鼠标左键分两次画两个封闭的任意多边形，将外圆环单元选中后，单击 OK 按钮，如图 16-15 所示。在弹出的对话框中重复以上操作，依旧选取外圆环单元。完成以上操作后，计算结果如图 16-18 所示。查看完结果后关闭对话框。

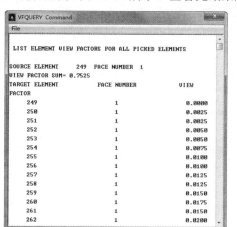

图 16-18　外圆环对外圆环热辐射形状系数计算结果

(6) 获取外圆环到外圆环形状系数参数。选择实用菜单中的 Utility Menu > Parameters > Get Scalar Data 命令，弹出如图 16-13 所示的对话框，在 Type of data to be retrieved 后面的两个列表框中分别选择 Radiosity 和 Radiosity Meth 选项，单击 OK 按钮，弹出如图 16-19 所示的对话框，在 Name of parameter to be defined 文本框中输入"VFAVG3"，在 Encl Number 文本框中输入"1"，单击 OK 按钮。

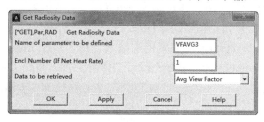

图 16-19　外圆环对外圆环形状参数设置对话框

12. 设置求解选项

选择主菜单中的 Main Menu > Solution > Load Step Opts > Time/Frequenc > Time - Time Step 命令，在弹出对话框的 TIME 文本框中输入"1"，在 DELTIM 文本框中输入"0.5"，单击 OK 按钮。

13. 存盘

选择实用菜单中的 Utility Menu > Select > Everything 命令，单击 ANSYS Toolbar 工具栏中的 SAVE_DB 按钮，保存文件。

14. 求解

选择主菜单中的 Main Menu > Solution > Solve > Current LS 命令，进行计算。

15. 获取 4 号和 13 号节点温度

(1) 获取 4 号节点温度。选择实用菜单中的 Utility Menu > Parameters > Get Scalar Data 命令，弹出如图 16-20 所示的对话框，在 Type of data to be retrieved 后面的两个列表框中分别选择 Results data

和 Nodal results 选项，单击 OK 按钮，弹出如图 16-21 所示的对话框，在 Name of parameter to be defined 文本框中输入"TI"，在 Node number N 文本框中输入"4"，在 Results data to be retrieved 后面的两个列表框中分别选择 DOF solution 和 Temperature TEMP 选项，单击 OK 按钮。

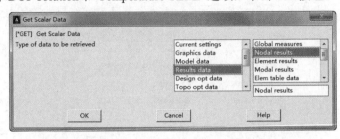

图 16-20 参数获取对话框

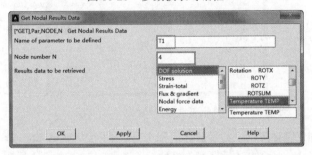

图 16-21 内圆环外壁温度参数设置对话框

（2）获取 13 号节点温度。选择实用菜单中的 Utility Menu > Parameters > Get Scalar Data 命令，弹出如图 16-20 所示的对话框，在 Type of data to be retrieved 后面的两个列表框中分别选择 Results data 和 Nodal results 选项，单击 OK 按钮，弹出如图 16-22 所示的对话框，在 Name of parameter to be defined 文本框中输入"T0"，在 Node number N 文本框中输入"13"，在 Results data to be retrieved 后面的两个列表框中分别选择 DOF solution 和 Temperature TEMP 选项，单击 OK 按钮。

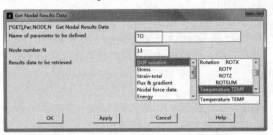

图 16-22 外圆环内壁温度参数设置对话框

16．获取 4 号和 13 号节点热流率

（1）获取 4 号节点热流率。选择实用菜单中的 Utility Menu > Parameters > Get Scalar Data 命令，弹出如图 16-20 所示的对话框，在 Type of data to be retrieved 后面的两个列表框中分别选择 Results data 和 Nodal results 选项，单击 OK 按钮，弹出如图 16-23 所示的对话框，在 Name of parameter to be defined 文本框中输入"HFI"，在 Node number N 文本框中输入"4"，在 Results data to be retrieved 后面的两个列表框中分别选择 Flux & gradient 和 TFSUM 选项，单击 OK 按钮。

第 16 章 热辐射和相变分析

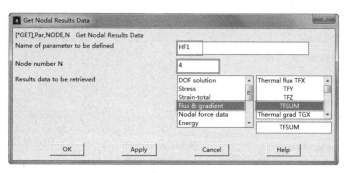

图 16-23 内圆环外壁热流率参数设置对话框

（2）获取 13 号节点热流率。选择实用菜单中的 Utility Menu > Parameters > Get Scalar Data 命令，弹出如图 16-20 所示的对话框，在 Type of data to be retrieved 后面的两个列表框中选择 Results data 和 Nodal results 选项，然后单击 OK 按钮，弹出如图 16-24 所示的对话框，在 Name of parameter to be defined 文本框中输入 "HFO"，在 Node number N 文本框中输入 "13"，在 Results data to be retrieved 后面的两个列表框中分别选择 Flux & gradient 和 TFSUM 选项，单击 OK 按钮。

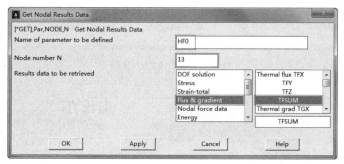

图 16-24 外圆环内壁热流率参数设置对话框

17. 计算热流率和其计算误差

在命令输入窗口中输入：

```
HFIEXP=ABS((TO+TOFF)**4-(TI+TOFF)**4)*STFCONST/1    !4号节点热流率
HFOEXP=ABS((TO+TOFF)**4-(TI+TOFF)**4)*STFCONST/4    !13号节点热流率
HFIERR=(HFIEXP/HFI)                                  !4号节点热流率误差
HFOERR=(HFOEXP/HFO)                                  !13号节点热流率误差
```

18. 列出各参数值

选择实用菜单中的 Utility Menu > List > Status > Parameters > All Parameters 命令，所列出的参数计算结果如图 16-25 所示。

19. 显示温度场分布云图

选择实用菜单中的 Utility Menu > PlotCtrls > Window Controls > Window Options 命令，在弹出对话框的 INFO 下拉列表中选择 Legend ON 选项，然后单击 OK 按钮。选择主菜单中的 Main Menu > General Postproc > Read Results > Last Set 命令，读最后一个子步的分析结果；选择主菜单中的 Main Menu > General Postproc > Plot Results > Contour Plot > Nodal Solu 命令，在弹出的对话框中分别选择 DOF Solution 和 Nodal Temperature 选项，单击 OK 按钮。两圆环温度场分布云图如图 16-26 所示。

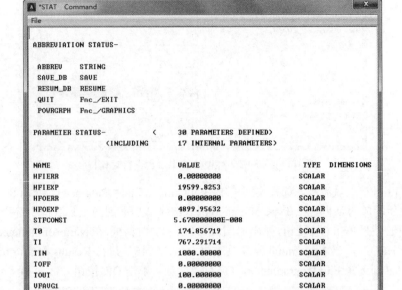

图 16-25　各参数的计算结果

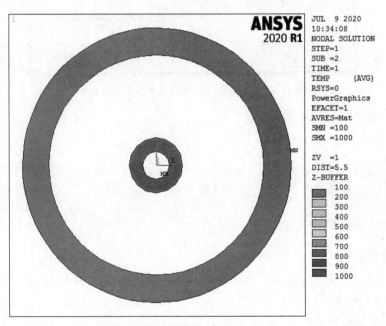

图 16-26　两圆环温度场分布云图

20. 显示热流率分布矢量图

选择主菜单中的 Main Menu > General Postproc > Plot Results > Vector Plot > Predefined 命令，在 Item 后面的两个列表框中分别选择 Flux & gradient 和 Thermal flux TF 选项，单击 OK 按钮，如图 16-27 所示。矢量分布云图如图 16-28 所示。

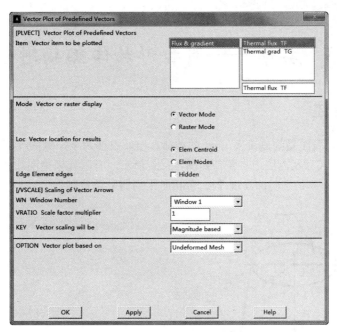

图 16-27　矢量显示控制对话框

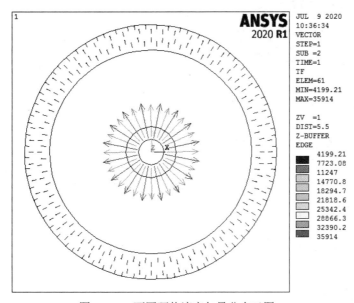

图 16-28　两圆环热流率矢量分布云图

21. 退出 ANSYS

单击 ANSYS Toolbar 工具栏中的 QUIT 按钮，在弹出的对话框中选中 Quit-No Save!单选按钮，然后单击 OK 按钮。

16.2.4　命令流方式

命令流方式这里不再详细介绍，读者可参见随书资源中的电子文档。

16.3 实例——圆台形物体热辐射分析

16.3.1 问题描述

某一圆台形物体，底面受到热流率为 q1 的载荷，顶面温度为 T3，侧面为绝热面，各面的热辐射率为 ε_1、ε_2、ε_3，几何尺寸及温度边界条件如图 16-29 所示，有限元模型图如图 16-30 所示，材料的参数如表 16-2 所示。计算稳态时的温度 T1。分析时采用国际单位制。

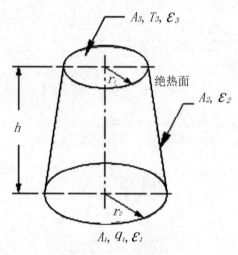

图 16-29 几何模型图

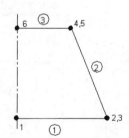

图 16-30 有限元模型图

表 16-2 材料的参数表

材料参数辐射率			几 何 参 数			载 荷	
$\varepsilon_1 = 0.06$	$\varepsilon_2 = 0.8$	$\varepsilon_3 = 0.5$	$r_1 = 0.05$m	$r_2 = 0.075$m	$h = 0.075$m	$T_3 = 550$K	$q_1 = 6000$W/m²

16.3.2 问题分析

该问题属于灰体稳态热辐射问题，用 AUX12 热辐射矩阵生成器生成超单元，结合表面效应单元 SURF151 进行热辐射分析，本例简化为二维轴对称进行分析。

16.3.3 GUI 操作步骤

1. 生成超单元

（1）定义分析文件名。选择实用菜单中的 Utility Menu > File > Change Jobname 命令，在弹出的对话框中输入"Exercise"，单击 OK 按钮。

（2）定义单元类型。选择主菜单中的 Main Menu > Preprocessor > Element Type > Add/Edit/ Delete 命令，在弹出的 Element Types（单元类型）对话框中单击 Add 按钮，在弹出的 Libray of Element Types（单元类型库）对话框中，在 Libray of Element Types 后面的两个列表框中分别选择 Thermal Link 和 3D conduction 33 选项作为传导单元，单击 OK 按钮，如图 16-31 所示。

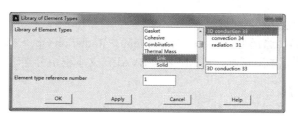

图 16-31　单元类型库对话框

（3）定义参数。在命令输入窗口中输入：

```
RA1=0.6
RA2=0.8
RA3=0.5
R1=0.05
R2=0.075
H=0.075
T3=550
Q=6000
STFCONST=5.67e-8        !斯蒂芬－波尔兹曼常数
TOFFST=0                !定义温度偏移量
```

（4）建立有限元模型。

① 建立节点。选择主菜单中的 Main Menu > Preprocessor > Modeling > Create > Nodes > In Active CS 命令，在弹出对话框的 NODE 和 X、Y、Z、THXY、THYZ、THZX 文本框中分别输入"1"和"0、0、0、0、0、0"，单击 Apply 按钮；再分别输入"2"和"R2、0、0、0、0、0"，单击 Apply 按钮；再分别输入"3"和"R2、0、0、0、0、0"，单击 Apply 按钮；再分别输入"4"和"R1、H、0、0、0、0"，单击 Apply 按钮；再分别输入"5"和"R1、H、0、0、0、0"，单击 Apply 按钮；再分别输入"6"和"0、H、0、0、0、0"，单击 OK 按钮。

注意：因为侧面为绝热面，因而在侧面的两个位置建立 2 和 3、4 和 5 这 4 个节点。

② 建立单元。

☑ 建立底面单元。在命令口输入"MAT,1"，如图 16-32 所示，按 Enter 键，选择主菜单中的 Main Menu > Preprocessor > Modeling > Create > Elements > Auto Numbered > Thru Nodes 命令，在弹出的对话框中选中 Min,Max,Inc 单选按钮，在下面的文本框中分别输入"1"和"2"，按 Enter 键确认，单击 OK 按钮。

☑ 建立侧面单元。在命令口输入"MAT,2"，如图 16-33 所示。按 Enter 键，选择主菜单中的 Main Menu > Preprocessor > Modeling > Create > Elements > Auto Numbered > Thru Nodes 命令，在弹出的对话框中选中 Min,Max,Inc 单选按钮，在下面的文本框中分别输入"3"和"4"，按 Enter 键确认，单击 OK 按钮。

☑ 建立顶面单元。在命令口输入"MAT,3"，如图 16-34 所示。按 Enter 键，选择主菜单中的 Main Menu > Preprocessor > Modeling > Create > Elements > Auto Numbered > Thru Nodes 命令，在弹出的对话框中选中 Min,Max,Inc 单选按钮，在下面的文本框中分别输入"5"和"6"，按 Enter 键确认，单击 OK 按钮。所建立的有限元模型如图 16-35 所示。

| 图 16-32　材料 1 属性输入窗口 | 图 16-33　材料 2 属性输入窗口 | 图 16-34　材料 3 属性输入窗口 |

（5）定义3个面的辐射率。

① 定义第一个面辐射。选择主菜单中的 Main Menu > Radiation Opt > Matrix Method > Emissivities 命令，弹出如图16-36所示的对话框，在 MAT 和 EVALU 文本框中分别输入"1"和"RA1"，单击 Apply 按钮。

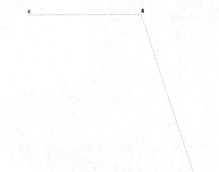

图16-35　有限元模型图

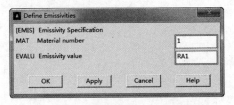

图16-36　材料辐射率定义对话框

② 定义第二个面辐射。在弹出对话框中，在 MAT 和 EVALU 文本框中分别输入"2"和"RA2"，单击 Apply 按钮。

③ 定义第三个面辐射。在弹出对话框中，在 MAT 和 EVALU 文本框中分别输入"3"和"RA3"，单击 OK 按钮。

（6）定义热辐射各参数。选择主菜单中的 Main Menu > Radiation Opt > Matrix Method > Other Settings 命令，在 STEF 文本框中输入"STFCONST"，在 K2D 下拉列表中选择 2-D geometry 选项，在 NDIV 文本框中输入"50"，单击 OK 按钮，如图16-37所示。选择主菜单中的 Main Menu > Radiation Opt > Matrix Method > Write Matrix 命令，在 NOHID 下拉列表中选择 Non-hidden 选项，在 MPRINT 下拉列表中选择 Print matrices 选项，在 WRITE 文本框中输入"CONE"，单击 OK 按钮，如图16-38所示。

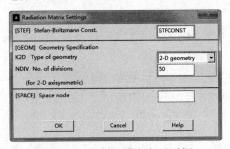

图16-37　辐射矩阵定义对话框

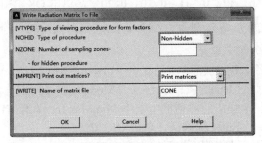

图16-38　辐射矩阵书写对话框

2．进行稳态热辐射分析

（1）清除数据库。选择实用菜单中的 Utility Menu > File > Clear & Start New 命令，在弹出的对话框中单击 OK 按钮，在随后弹出的对话框中单击 Yes 按钮。

（2）选择表面效应单元。选择主菜单中的 Main Menu > Preprocessor > Element Type > Add/Edit/Delete 命令，打开 Element Type 对话框，单击 Add 按钮，在弹出的 Library of Element Types 对话框中，在左边列表框中选择 Surface Effect 选项，在右边列表框中选择 2D thermal 151 选项，如图16-39所示。单击 OK 按钮，返回 Element Type 对话框，选中 Type 1 SURF151 单元，单击 Options 按钮，弹出如图16-40所示的对话框，在 K3 下拉列表中选择 Axisymmetric 选项，在 K4 下拉列表中选择 Exclude 选项，在 K8 下拉列表中选择 Heat flux only 选项，单击 OK 按钮。

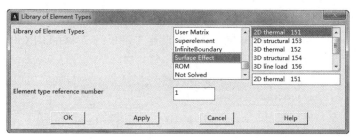

图 16-39　选择表面效应单元

返回 Element Type 对话框，单击 Add 按钮，在弹出的 Library of Element Types 对话框中，在左边列表框中选择 Superelement 选项，在右边列表框中选择 Superelement 50 选项，如图 16-41 所示。单击 OK 按钮，系统再次返回 Element Type 对话框，选中 Type 2 MATRIX50 单元，单击 Options 按钮，弹出 MATRIX50 element type options 对话框，在 K1 下拉列表中选择 Radiation substr 选项，单击 OK 按钮。

（3）建立有限元模型。

① 建立节点。选择主菜单中的 Main Menu > Preprocessor > Modeling > Create > Nodes > In Active CS 命令，在弹出对话框的 NODE 和 X、Y、Z、THXY、THYZ、THZX 文本框中分别输入"1"和"0、0、0、0、0、0"，单击 Apply 按钮；再分别输入"2"和"0.075、0、0、0、0、0"，单击 OK 按钮。

② 建立单元。

☑ 建立底面单元。选择主菜单中的 Main Menu > Preprocessor > Modeling > Create > Elements > Auto Numbered > Thru Nodes 命令，在弹出的对话框中选中 Min,Max,Inc 单选按钮，在下面的文本框中输入"1"和"2"，按 Enter 键确认，单击 OK 按钮。

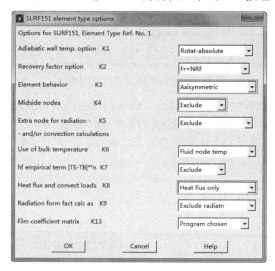

图 16-40　单元分析选项更改对话框

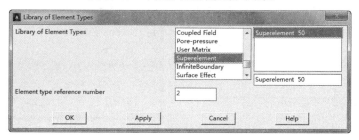

图 16-41　选择超单元

☑ 建立侧面单元。选择主菜单中的 Main Menu > Preprocessor > Modeling > Create > Elements > Elem Attributes 命令，在弹出的对话框中设置 TYPE 为 2 MATRIX50，单击 OK 按钮，如图 16-42 所示。

图 16-42 单元属性选择对话框

选择主菜单中的 Main Menu > Preprocessor > Modeling > Create > Elements > Superelements > From. SUB File 命令，弹出如图 16-43 所示的对话框，在 File 文本框中输入"CONE"，在 TOLER 文本框中输入"0.0001"，单击 OK 按钮。

图 16-43 超单元读取对话框

（4）施加热流率载荷。选择主菜单中的 Main Menu > Solution > Define Loads > Apply > Thermal > Heat Flux > On Element 命令，用鼠标左键拾取 1 号单元，如图 16-44 所示。在弹出的对话框中，在 LKEY 文本框中输入"1"，在 VAL1 文本框中输入"6000"，单击 OK 按钮，如图 16-45 所示。

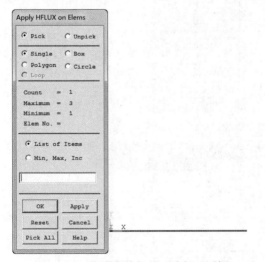

图 16-44 热流率施加单元选择对话框

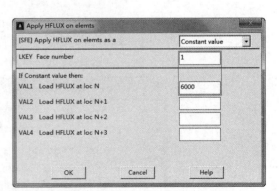

图 16-45 热流率单元施加对话框

（5）施加温度载荷。选择主菜单中的 Main Menu > Solution > Define Loads > Apply > Thermal > Temperature > Uniform Temp 命令，在弹出的对话框中输入"500"，单击 OK 按钮，如图 16-46 所示。

（6）定义温度约束条件。选择主菜单中的 Main Menu > Solution > Define Loads > Apply > Thermal > Temperature > On Nodes 命令，在弹出的对话框中选中 Min,Max,Inc 单选按钮，在下面的文本框中分别输入"5"和"6"，按 Enter 键确认，单击 OK 按钮，在弹出对话框的 Lab2 列表框中选择 TEMP 选项，在 VALUE 文本框中输入"550"，单击 OK 按钮，如图 16-47 所示。

图 16-46　温度施加对话框

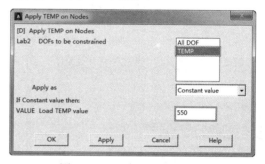

图 16-47　温度约束施加对话框

（7）设置求解选项。选择主菜单中的 Main Menu > Solution > Analysis Type > New Analysis 命令，在弹出的对话框中选中 Steady-State 单选按钮，单击 OK 按钮。

（8）存盘。选择实用菜单中的 Utility Menu > Select > Everything 命令，单击 ANSYS Toolbar 工具栏中的 SAVE_DB 按钮，保存文件。

（9）求解。选择主菜单中的 Main Menu > Solution > Solve > Current LS 命令，进行计算。

（10）获取 1 号节点温度。选择实用菜单中的 Utility Menu > Parameters > Get Scalar Data 命令，弹出如图 16-48 所示的对话框，在 Type of data to be retrieved 列表框中选择 Results data 和 Nodal results 选项，单击 OK 按钮，弹出如图 16-49 所示的对话框，在 Name of parameter to be defined 文本框中输入"T1"，在 Node number N 文本框中输入"1"，在 Results data to be retrieved 后面的两个列表框中分别选择 DOF solution 和 Temperature TEMP 选项，单击 OK 按钮。

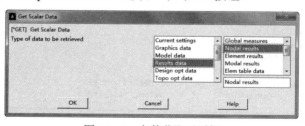

图 16-48　参数获取对话框

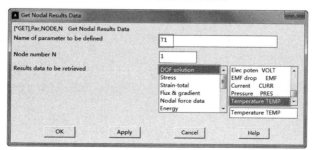

图 16-49　内圆环外壁温度参数设置对话框

（11）列出各节点计算结果。选择主菜单中的 Main Menu > General Postproc > List Results > Nodal Solution 命令，在弹出的 List Nodal Solution 对话框中，在 Item to be listed 列表框中依次选择 Nodal Solution > DOF Solution > Nodal Temperature 选项，然后单击 OK 按钮，如图 16-50 所示。计算结果如图 16-51 所示。

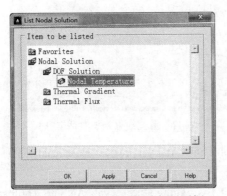

图 16-50　节点结果列表选择对话框

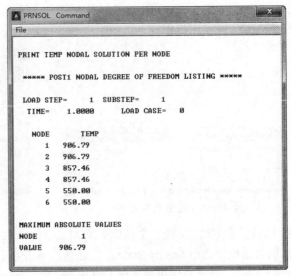

图 16-51　节点计算结果列表

（12）列出各参数值。选择实用菜单中的 Utility Menu > List > Status > Parameters > All Parameters 命令，所列出的参数计算结果如图 16-52 所示。

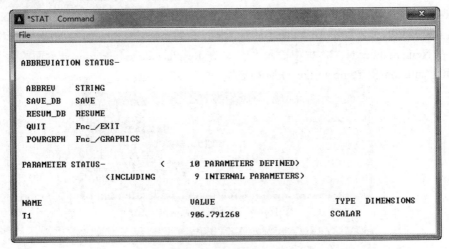

图 16-52　各参数的计算结果

（13）退出 ANSYS。单击 ANSYS Toolbar 工具栏中的 QUIT 按钮，选中 Quit-No Save!单选按钮后单击 OK 按钮，退出 ANSYS 软件。

16.3.4　命令流方式

命令流方式这里不再详细介绍，读者可参见随书资源中的电子文档。

16.4 相变分析概述

16.4.1 相和相变

1. 相

物质的一种确定原子结构形态，均匀同性称为相。有3种基本的相，分别是气体、液体和固体，如图16-53所示。

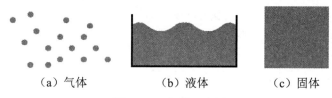

（a）气体　　　　（b）液体　　　　（c）固体

图16-53　相的示意图

2. 相变

系统能量的变化（增加或减少）可能导致物质的原子结构发生改变称为相变。通常的相变过程称为固结、融化、汽化或凝固。

16.4.2 潜在热量和焓

1. 潜在热量

当物质相变时，温度保持不变，在物质相变过程中需要的热量称为融化的潜在热量。例如，0℃的冰溶解为0℃的水，需要吸收热量。

2. 焓

在热力学上，焓由式（16-2）确定：

$$H = U + PV 。 \tag{16-2}$$

其中，H 为焓；U 为内能；P 为压力；V 为体积。

焓在化学热力学中是个重要的物理量，可以从以下几个方面来理解它的意义和性质。

（1）焓是状态函数，具有能量的量纲。

（2）焓是体系的广度性质，它的量值与物质的量有关，具有加和性。

（3）焓与热力学能一样，其绝对值至今尚无法确定，但状态变化时体系的焓变 ΔH 却是确定的，而且是可求的。

（4）对于一定量的某物质而言，由固态变为液态或液态变为气态都必须吸热，所以有

$$H(g) > H(l) > H(s) 。 \tag{16-3}$$

其中，$H(g)$ 为气体焓值；$H(l)$ 为液体焓值；$H(s)$ 为固体焓值。

（5）当某一过程或反应逆向进行时，其 ΔH 要改变符号，即 $\Delta H_{(正)} = -\Delta H_{(逆)}$。

相变分析必须考虑材料的潜在热量，即在相变过程吸收或释放的热量，通过定义材料的热焓特性用来计入潜在热量。经典（热动力学）热焓数值单位是能量单位，为 kJ 或 BTU。单位热焓单位为能量/质量，为 kJ/kg 或 BTU/lbm，在 ANSYS 中，热焓材料特性为单位热焓，如果单位热焓在某些

材料中不能使用时，可以用密度、比热和物质潜在热量得出。如下式：

$$H = \int \rho c(T) dT \quad 。 \tag{16-4}$$

其中，H 为焓；ρ 为密度；$c(T)$ 为随温度变化的比热。

16.4.3 相变分析基本思路

相变分析必须考虑材料的潜在热量，将材料的潜在热量定义到材料的焓中，其中热焓数值随温度变化，相变时，热焓变化相对温度变化而言十分迅速。对于纯材料，液体温度（T_l）与固体温度（T_s）之差（T_l–T_s）应该为 0，在计算时，通常取很小的温度差值。因此，热分析是非线性的。在 ANSYS 中，将焓（ENTH）作为材料属性定义，通过温度来区分相，通过相变分析，可以获得物质的各时刻的温度分布，以及典型位置处节点的温度随时间变化曲线，通过温度云图，可以得到完全相变所需的时间（融化或凝固时间），并对物质在任何时间间隔融化、凝固进行预测。

1. 相变分析的控制方程

在相变分析过程中，控制方程为

$$[C]\{\dot{T_i}\} + [K]\{T_i\} = \{Q_f\} \quad 。 \tag{16-5}$$

其中，

$$[C] = \int \rho c[N]^T[N] dV \quad 。 \tag{16-6}$$

在式（16-6）中计入相变，而在控制方程中的其他两项不随相变改变。

2. 焓的计算方法

焓曲线根据温度可以分成 3 个区：在固体温度（T_s）以下，物质为纯固体；在固体温度（T_s）与液体温度（T_l）之间，物质为相变区；在液体温度（T_l）以上，物质为纯液体。根据比热及潜热可计算各温度的焓值，如图 16-54 所示。

（1）在固体温度以下：$T < T_s$，

$$H = \rho C_s (T - T_l) \quad 。 \tag{16-7}$$

其中，C_s 为固体比热。

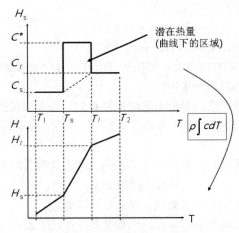

图 16-54 焓值计算示意图

（2）在固体温度时：$T = T_s$，

$$H_s = \rho C_s (T_s - T_l) \quad 。 \tag{16-8}$$

（3）在固体和液体温度之间（相变区域）时：$T_s < T < T_l$，

$$H = H_s + \rho C^*(T - T_s), \tag{16-9}$$

$$C_{avg} = \frac{(C_s + C_l)}{2}, \tag{16-10}$$

$$C^* = C_{avg} + \frac{L}{(T_l - T_s)}. \tag{16-11}$$

其中，C_l 为液体比热，L 为潜热。

（4）在液体温度时：$T = T_l$，

$$H_l = H_s + \rho C^*(T_l - T_s). \tag{16-12}$$

（5）超过液体温度时：$T_l < T$，

$$H = H_l + \rho C_l(T - T_l). \tag{16-13}$$

下面以铝的热焓数据计算为例，介绍在 ANSYS 中对热焓材料特性的处理方法，此处，铝的焓值没有直接给出，比热等其余材料特性数据如表 16-3 所示。在计算时，根据铝的熔点，选择 $T_s = 695$℃ 和 $T_l = 697$℃。根据式（16-7）～式（16-13）可以计算热焓，铝的各温度下的焓值如表 16-4 所示。铝的焓值随温度变化曲线图如图 16-55 所示。

表 16-3 铝的材料性能参数表

材料物理性能	数　　值
熔点	696℃
密度（ρ）	2707kg/m³
固体时的比热（C_s）	896J/kg·℃
液体时的比热（C_l）	1050J/kg·℃
单位质量的潜热（L）	3956440J/kg
单位体积的潜热（$L \times \rho$）	1.0704e9J/m³

表 16-4 铝的各温度下的焓值

温度（℃）	焓值（J/m³）
0	0
695	1.6857e9
697	2.7614e9
1000	3.6226e9

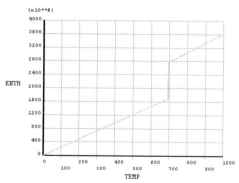

图 16-55　铝的焓值随温度变化曲线图

16.5 实例——茶杯中水结冰过程分析

16.5.1 问题描述

对一茶杯中水的结冰过程进行分析，水的初始温度为 0℃，环境温度为-20℃，杯中水的顶面和侧面对流换热系数为 12.5W/m²·℃，几何尺寸、边界条件如图 16-56 所示，水焓值随温度变化曲线如图 16-57 所示，水的材料参数如表 16-5 所示，计算 45min 以后茶杯中水的温度场分布。分析时，温度采用℃，其他单位采用国际单位制。

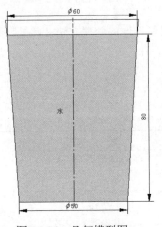
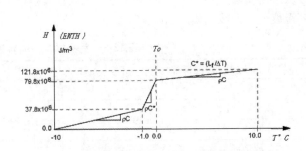

图 16-56 几何模型图　　　　图 16-57 水焓值随温度变化曲线图

表 16-5 水的材料参数表

温度/℃	焓/（J/m³）	热传导系数/（W/m·℃）	比热容/（J/kg·℃）	密度/（kg/m³）	对流换热系数/（W/m²·℃）
-10	0	0.6	4200	1000	45
-1	37.8e6				—
0	79.8e6				—
10	121.8e6				—

16.5.2 问题分析

本例属于轴对称问题，采用二维四节点平面热分析 PLANE55 单元进行有限元分析，假设 0℃水结成 0℃的冰需要放出 42000J/kg·℃的热能，通过定义焓曲线来实现，假设温度区间长度为 1℃，因而温度低于-1℃，表示水已结成冰。

16.5.3 GUI 操作步骤

1. 定义分析文件名

选择实用菜单中的 Utility Menu > File > Change Jobname 命令，在弹出的对话框的文本框中输入"Exercise"，单击 OK 按钮。

2. 定义单元类型

选择主菜单中的 Main Menu > Preprocessor > Element Type > Add/Edit/Delete 命令，在弹出的 Element Types（单元类型）对话框中单击 Add 按钮，在弹出的 Library of Element Types（单元类型）对话框中，在左边列表框中选择 Thermal Solid 选项，在右边列表框中选择 Quad 4node 55 选项，即定义 4 节点二维平面单元，在如图 16-58 所示的对话框中，单击 Options 按钮，弹出如图 16-59 所示的对话框，在 K3 下拉列表中选择 Axisymmetric 选项，单击 OK 按钮，单击 Close 按钮，关闭单元类型对话框。

图 16-58　单元类型对话框

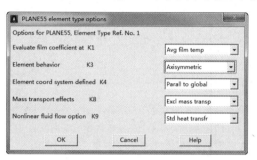
图 16-59　单元分析选项设置对话框

3. 定义水的材料属性

（1）定义水的密度。选择主菜单中的 Main Menu > Preprocessor > Material Props > Material Models 命令，在弹出的对话框中，默认材料编号 1，单击对话框右侧的 Thermal 后，单击 Density，在文本框中输入"1000"，单击 OK 按钮。

（2）定义水的热传导系数。选择对话框右侧的 Thermal > Conductivity > Isotropic 选项，在弹出的对话框中输入导热系数（KXX）"0.6"，单击 OK 按钮。

（3）定义水的比热容。选择对话框右侧的 Thermal > Specific Heat 选项，在弹出的对话框中输入比热容"4200"。

（4）定义水与温度相关的焓参数。选择主菜单中的 Main Menu > Preprocessor > Material Props > Material Models 命令，选择对话框右侧的 Thermal > Enthalpy 选项，在弹出如图 16-60 所示的对话框左下角单击 Add Temperature 按钮，增加温度到 T4，按照如图 16-60 所示的数据输入材料参数，单击对话框右下角的 Graph 按钮，水焓值随温度变化曲线如图 16-61 所示，然后单击 OK 按钮。完成以上操作后关闭材料属性定义对话框。

4. 建立几何模型

（1）建立关键点。选择主菜单中的 Main Menu > Preprocessor > Modeling > Create > Keypoints > In Active CS 命令，在弹出对话框的 NPT 和 X、Y、Z 文本框中分别输入"1"和"0、0、0"，单击 Apply 按钮；再分别输入"2"和"0.025、0、0"，单击 Apply 按钮；再分别输入"3"和"0.03、0.08、0"，单击 Apply 按钮；再分别输入"4"和"0、0.08、0"，单击 OK 按钮。建立几何模型的 4 个关键点。

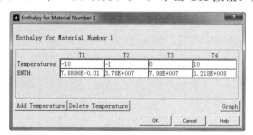
图 16-60　水焓参数输入对话框

(2) 建立线。选择主菜单中的 Main Menu > Preprocessor > Modeling > Create > Lines > lines > Straight Line 命令,用鼠标选择 1 号和 2 号关键点,单击 Apply 按钮,依次选择 2 和 3、3 和 4、4 和 1,建立 4 条直线。

(3) 建立四边形。选择主菜单中的 Main Menu > Preprocessor > Modeling > Create > Areas > Arbitrary > By Lines 命令,选择 4 条直线,单击 OK 按钮,建立四边形。建立的几何模型如图 16-62 所示。

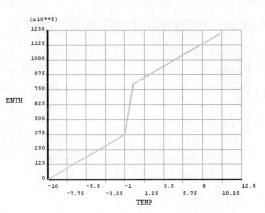

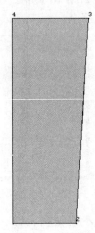

图 16-61　水焓值随温度变化曲线图　　　　图 16-62　几何模型

5. 设置单元密度

选择主菜单中的 Main Menu > Preprocessor > Meshing > Size Cntrls > ManualSize > Global > Size 命令,弹出如图 16-63 所示的对话框,在 SIZE Element edge length 文本框中输入"0.005",单击 OK 按钮。

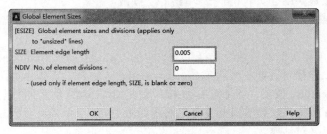

图 16-63　单元尺寸控制对话框

6. 划分单元

选择主菜单中的 Main Menu > Preprocessor > Meshing > Mesh > Areas > Target Surf 命令,单击 Pick All 按钮。有限元模型如图 16-64 所示。

7. 施加初始温度

选择主菜单中的 Main Menu > Solution > Define Loads > Apply > Initial Condit'n > Define 命令,单击 Pick All 按钮,弹出如图 16-65 所示的对话框,在 Lab 下拉列表中选择 TEMP 选项,在 VALUE 文本框中输入"0",单击 OK 按钮。

8. 在顶面施加对流载荷

选择主菜单中的 Main Menu > Solution > Define Loads > Apply > Thermal > Convection > On Lines 命令,用鼠标左键拾取顶面和侧面的 2 号和 3 号线,单击 OK 按钮,弹出如图 16-66 所示的对话框,在

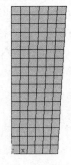

图 16-64　有限元模型

VALI 文本框中输入"12.5",在 VAL2I 文本框中输入"-20",单击 OK 按钮。

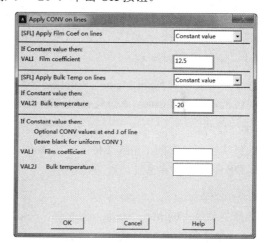

图 16-65 初始温度施加对话框　　　　图 16-66 对流载荷施加对话框

9. 设置求解选项

选择主菜单中的 Main Menu > Solution > Analysis Type > New Analysis 命令,弹出如图 16-67 所示的对话框,选中 Transient 单选按钮,单击 OK 按钮。弹出如图 16-68 所示的对话框,接受默认设置,单击 OK 按钮。

选择主菜单中的 Main Menu > Preprocessor > Loads > Load Step Opts > Time/Frequenc > Time-Time Step 命令,在弹出对话框的 Time at end of load step 文本框中输入"2700",在 Time step size 文本框中输入"30",在 KBC 选项组中选中 Stepped 单选按钮,在 AUTOTS 选项组中选中 ON 单选按钮,在 DELTIM 选项组中的 Minimum time step size 文本框中输入"30",在 DELTIM 选项组中的 Maximum time step size 文本框中输入"100",单击 OK 按钮,如图 16-69 所示。

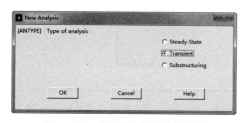

图 16-67 分析类型选择对话框

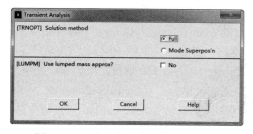

图 16-68 瞬态分析类型设置对话框

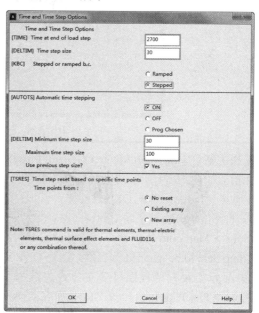

图 16-69 瞬态分析类型求解设置对话框

· 393 ·

10. 温度偏移量设置

选择主菜单中的 Main Menu > Solution > Analysis Type > Analysis Options 命令，在弹出对话框的 TOFFST 文本框中输入"273"，单击 OK 按钮。

11. 输出控制对话框

选择主菜单中的 Main Menu > Solution > Analysis Type > Sol'n Controls 命令，弹出如图 16-70 所示的对话框，在 Frequency 下拉列表中选择 Write every substep 选项，单击 OK 按钮。

12. 存盘

选择实用菜单中的 Utility Menu > Select > Everything 命令，单击 ANSYS Toolbar 工具栏中的 SAVE_DB 按钮，保存文件。

13. 求解

选择主菜单中的 Main Menu > Solution > Solve > Current LS 命令，进行计算。

14. 显示沿径向和对称轴高度方向路径温度分布

（1）显示沿径向温度分布。

① 定义径向路径。选择主菜单中的 Main Menu > General Postproc > Read Results > Last Set 命令，读最后一个子步的分析结果，选择实用菜单中的 Utility Menu > Plot > Elements 命令。

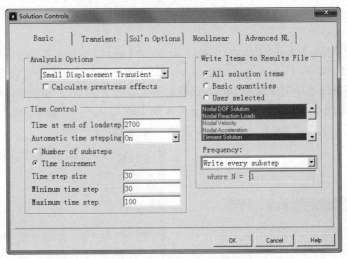

图 16-70　求解设置对话框

选择主菜单中的 Main Menu > General Postproc > Path Operations > Define Path > By Nodes 命令，用鼠标拾取如图 16-71 所示的所有节点，单击 OK 按钮，弹出如图 16-72 所示的对话框，在 Name 文本框中输入"rad"，单击 OK 按钮。

② 将温度场分析结果映射到径向路径上。选择主菜单中的 Main Menu > General Postproc > Path Operations > Map onto Path 命令，弹出如图 16-73 所示的对话框，在 Lab 文本框中输入"TRAD"，在 Item,Comp Item to be mapped 列表框中选择 DOF solution 和 Temperature TEMP 选项，单击 OK 按钮。

③ 显示沿径向路径温度分布曲线。选择主菜单中的 Main Menu > General Postproc > Path Operations > Plot Path Item > On Graph 命令，弹出如图 16-74 所示的对话框，在 Lab1-6 列表框中选择 TRAD 选项，单击 OK 按钮。曲线图如图 16-75 所示。

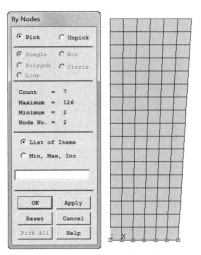

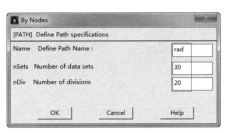

图 16-71　沿径向路径拾取的节点　　　　　图 16-72　径向路径定义对话框

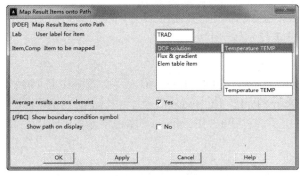

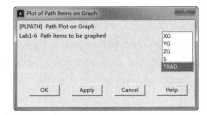

图 16-73　径向温度场分析结果映射对话框　　　图 16-74　沿路径选择所要显示计算结果对话框

④ 显示沿径向路径温度分布云图。选择主菜单中的 Main Menu > General Postproc > Plot Results > Plot Path Item > On Geometry 命令，弹出如图 16-76 所示的对话框，在 Item Path items to be displayed 列表框中选择 TRAD 选项，单击 OK 按钮。沿径向温度分布云图如图 16-77 所示。

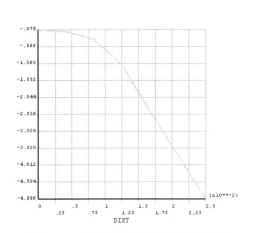

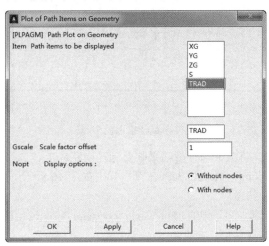

图 16-75　沿径向温度分布曲线变化图　　　图 16-76　沿径向温度分布云图变量选择对话框

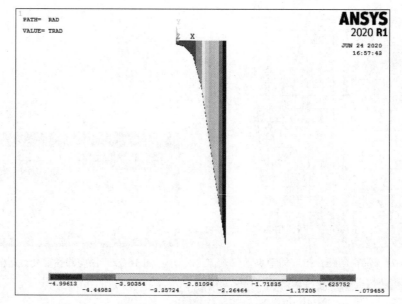

图 16-77 沿径向温度分布云图

（2）显示沿高度方向路径温度分布。

① 定义高度方向路径。选择实用菜单中的 Utility Menu > Plot > Elements 命令。选择主菜单中的 Main Menu > General Postproc > Path Operations > Define Path > By Nodes 命令，用鼠标拾取如图 16-78 所示的所有节点，单击 OK 按钮，弹出如图 16-79 所示的对话框，在 Name 文本框中输入"hig"，单击 OK 按钮。

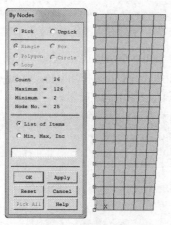
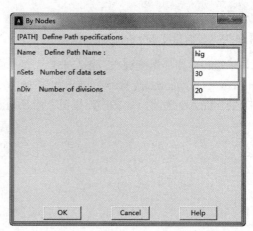

图 16-78　沿高度方向路径拾取的节点　　　　图 16-79　高度方向路径定义对话框

② 将温度场分析结果映射到径向路径上。选择主菜单中的 Main Menu > General Postproc > Path Operations > Recall Path 命令，弹出如图 16-80 所示的对话框，在 Name 列表框中选择 HIG 选项，单击 OK 按钮。

选择主菜单中的 Main Menu > General Postproc > Path Operations > Map onto Path 命令，弹出如图 16-81 所示的对话框，在 Lab 文本框中输入"THIG"，在 Item,Comp Item to be mapped 列表框中选择 DOF solution 和 Temperature TEMP 选项，单击 OK 按钮。

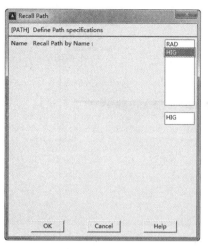

图 16-80 高度方向路径选择对话框

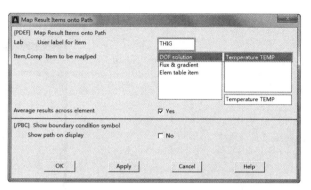

图 16-81 高度方向温度场分析结果映射对话框

③ 显示沿高度方向路径温度分布曲线。选择主菜单中的 Main Menu > General Postproc > Path Operations > Plot Path Item > On Graph 命令，弹出如图 16-82 所示的对话框，在 Lab1-6 列表框中选择 THIG 选项，单击 OK 按钮。曲线图如图 16-83 所示。

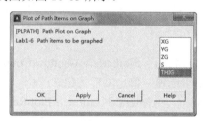

图 16-82 沿路径选择所要显示计算结果对话框

④ 显示沿高度方向温度分布云图。选择主菜单中的 Main Menu > General Postproc > Plot Results > Plot Path Item > On Geometry 命令，弹出如图 16-84 所示的对话框，在 Item Path items to be displayed 列表框中选择 THIG 选项，单击 OK 按钮。沿径向温度分布云图如图 16-85 所示。

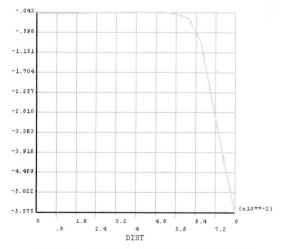

图 16-83 沿高度方向温度分布曲线变化图

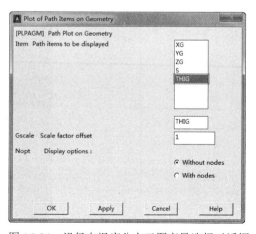

图 16-84 沿径向温度分布云图变量选择对话框

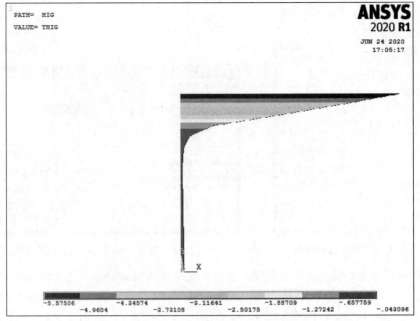

图 16-85 沿径向温度分布云图

15. 显式温度场分布云图

（1）选择实用菜单中的 Utility Menu > PlotCtrls > Window Controls > Window Options 命令，在弹出对话框的 INF0 中选择 Legend ON 选项，单击 OK 按钮。

（2）选择主菜单中的 Main Menu > General Postproc > Plot Results > Contour Plot > Nodal Solu 命令，选择 DOF Solution 和 Nodal Temperature 选项，单击 OK 按钮。温度分布云图如图 16-86 所示。选择实用菜单中的 Utility Menu > PlotCtrls > Style > Symmetry Expansion > 2D Axi-Symmetric 命令，在弹出对话框的 Select expansion amount 中选择 3/4 expansion 选项，然后单击 OK 按钮。扩展的温度分布云图如图 16-87 所示。

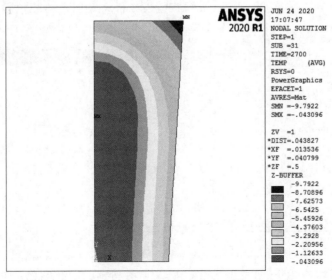

图 16-86 水的温度分布云图

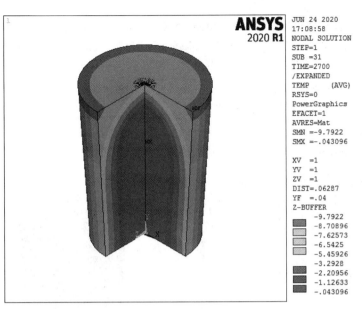

图 16-87　水三维扩展的温度分布云图

16．生成水结冰过程动画

选择实用菜单中的 Utility Menu > PlotCtrls > Animate > Over Results 命令，弹出如图 16-88 所示的对话框，选中在 Auto contour scaling 后面的 OFF 复选框，在 Display Type 后面的两个列表框中分别选择 DOF solution 和 Temperature TEMP 选项，单击 OK 按钮。在放映的过程中，选择实用菜单中的 Utility Menu > PlotCtrls > Animate > Save Animation 命令，可存储动画，当观看完结果时可单击图 16-89 中的 Close 按钮，结束动画放映。

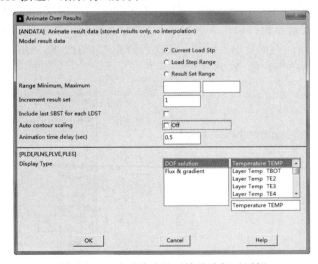

图 16-88　动画放映显示结果选择对话框

图 16-89　动画放映控制对话框

17．显示水和冰的区域

（1）选择实用菜单中的 Utility Menu > PlotCtrls > Style > Contours > Non-uniform Contours 命令，弹出如图 16-90 所示的对话框，在 V1 和 V2 文本框中分别输入"-1"和"-0.04"，单击 OK 按钮。

（2）选择主菜单中的 Main Menu > General Postproc > Read Results > Last Set 命令，读最后一个

子步的分析结果；选择实用菜单中的 Main Menu > General Postproc > Plot Results > Contour Plot > Nodal Solu 命令，在弹出的对话框中选择 DOF solution 和 Nodal Temperature 选项，然后单击 OK 按钮。温度场分布云图如图 16-91 所示，从该图中可见，里面红色的区域为没有结冰的水的区域，外面蓝色的区域为结冰的冰的区域。

18. 显示水中的节点温度随时间变化曲线图

（1）显示如图 16-92 所示的 9 个节点温度随时间变化曲线图。选择实用菜单中的 Utility Menu > PlotCtrls > Style > Symmetry Expansion > No Expansion 命令。

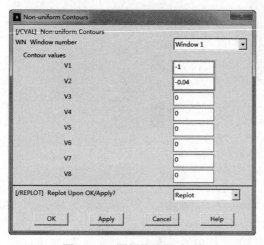

图 16-90　图例值设置对话框　　　　图 16-91　45min 后温度场分布云图

（2）选择主菜单中的 Main Menu > TimeHist Postpro 命令，在弹出的对话框中单击 Add Data 按钮，弹出如图 16-93 所示的对话框，依次选择 Nodal Solution > DOF Solution > Nodal Temperature 选项，单击 OK 按钮。弹出如图 16-94 所示的对话框，选中 Min,Max,Inc 单选按钮后，在下面文本框中输入"1"后按 Enter 键确认，单击 OK 按钮；再重复以上操作，依次选择 5、2、38、86、16、25、28、8 号节点，完成以上操作后，最后得到的结果如图 16-95 所示。

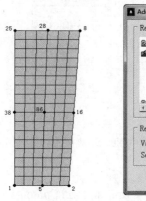 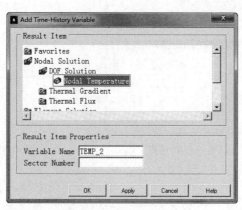 

图 16-92　所要显示节点的　　图 16-93　温度场结果选取　　图 16-94　节点选择
　　　　示意图　　　　　　　　　　　　对话框　　　　　　　　　　　对话框

第 16 章 热辐射和相变分析

（3）选择实用菜单中的 Utility Menu > PlotCtrls > Style > Graphs > Modify Axes 命令，弹出如图 16-96 所示的对话框，在 X-axis label 和 Y-axis label 文本框中分别输入"TIME"和"TEMPERATURE"，在/XRANGE 选项组中选中 Specified range 单选按钮，在 XMIN 和 XMAX 文本框中分别输入"0"和"2700"，单击 OK 按钮。然后按住 Ctrl 键，在如图 16-95 所示的对话框中选择 TEMP_2 到 TEMP_10，单击 图标，曲线图如图 16-97 所示。

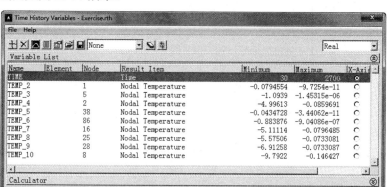

图 16-95 时间变量编辑对话框

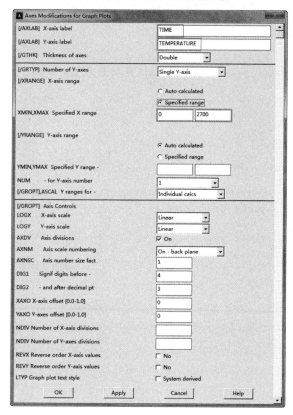

图 16-96 编辑坐标轴注释对话框

19. 退出 ANSYS

单击 ANSYS Toolbar 工具栏中的 QUIT 按钮，选中 Quit-No Save!单选按钮后单击 OK 按钮，退出 ANSYS 软件。

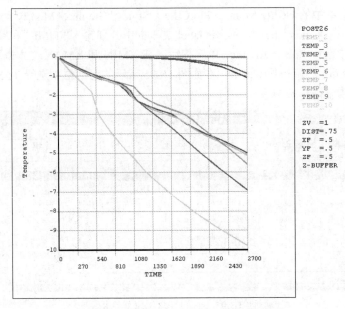

图 16-97　9 个节点温度随时间变化曲线图

16.5.4　命令流方式

命令流方式这里不再详细介绍，读者可参见随书资源中的电子文档。

▶▶ 第 4 篇

电磁分析篇

- ☑ 第 17 章　电磁场有限元分析简介
- ☑ 第 18 章　二维磁场分析
- ☑ 第 19 章　三维磁场分析
- ☑ 第 20 章　电场分析

第17章

电磁场有限元分析简介

本章将首先对电磁场的基本理论作简单介绍,然后介绍 ANSYS 电磁场分析的对象和方法,最后再介绍后面章节中经常使用的电磁宏和远场单元内容。

- ☑ 电磁场有限元分析概述
- ☑ 远场单元及远场单元的使用

任务驱动&项目案例

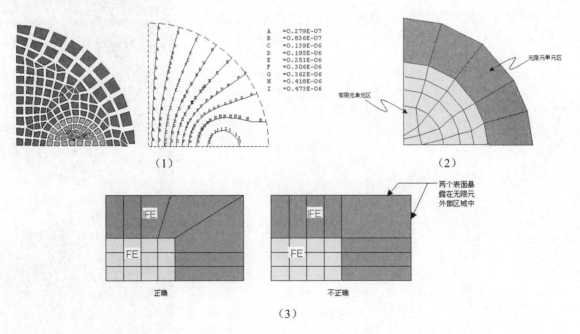

第 17 章 电磁场有限元分析简介

17.1 电磁场有限元分析概述

17.1.1 电磁场中常见边界条件

电磁场问题实际求解过程中,有各种各样的边界条件,但归结起来可概括为 3 种,即狄利克雷(Dirichlet)边界条件、诺依曼(Neumann)边界条件以及它们的组合。

狄利克雷边界条件表示为

$$\phi|_\Gamma = g(\Gamma)。 \quad (17\text{-}1)$$

式中,Γ 为狄利克雷边界;$g(\Gamma)$ 是位置的函数,可以为常数和 0,当为 0 时称此狄利克雷边界为奇次边界条件,如平行板电容器的一个极板电势可假定为 0,而另外一个假定为常数,为 0 的边界条件即为奇次边界条件。

诺依曼边界条件可表示为

$$\frac{\delta\phi}{\delta n}\bigg|_\Gamma + f(\Gamma)\phi|_\Gamma = h(\Gamma)。 \quad (17\text{-}2)$$

式中,Γ 为诺依曼边界;n 为边界 Γ 的外法线矢量;$f(\Gamma)$ 和 $h(\Gamma)$ 为一般函数(可为常数和 0),当为 0 时为奇次诺依曼条件。

实际上电磁场微分方程的求解中,只有在边界条件和初始条件的限制时,电磁场才有确定解。鉴于此,我们通常称求解此类问题为边值问题和初值问题。

17.1.2 ANSYS 电磁场分析对象

ANSYS 以麦克斯韦方程组作为电磁场分析的出发点。有限元方法计算未知量(自由度)主要是磁位或通量,其他关心的物理量可以由这些自由度导出。根据所选择的单元类型和单元选项的不同,ANSYS 计算的自由度可以是标量磁位、矢量磁位或边界通量。

ANSYS 利用 ANSYS/Emag 或 ANSYS/Multiphysics 模块中的电磁场分析类型,如图 17-1 所示。可分析计算下列设备中的电磁场:

电力发电机 磁带及磁盘驱动器 变压器
波导 螺线管传动器 谐振腔
电动机 连接器 磁成像系统
天线辐射 图像显示设备传感器 滤波器
回旋加速器

在一般电磁场分析中关心的典型物理量为

磁通密度 能量损耗 磁场强度
磁漏 磁力及磁矩 s-参数
阻抗 品质因子 Q 电感
回波损耗 涡流 本征频率

利用 ANSYS 可完成下列电磁场分析。

- ☑ 二维静态磁场分析,分析直流电(DC)或永磁体所产生的磁场。
- ☑ 二维谐波磁场分析,分析低频交流电流(AC)或交流电压所产生的磁场。
- ☑ 二维瞬态磁场分析,分析随时间任意变化的电流或外场所产生的磁场,包含永磁体的效应。

- ☑ 三维静态磁场分析，分析直流电或永磁体所产生的磁场。
- ☑ 三维谐波磁场分析，分析低频交流电所产生的磁场。
- ☑ 三维瞬态磁场分析，分析随时间任意变化的电流或外场所产生的磁场。

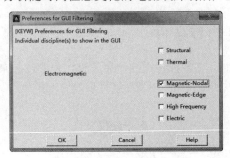

图 17-1 电磁场分析类型

17.1.3 电磁场单元概述

ANSYS 提供了很多可用于模拟电磁现象的单元，如表 17-1 所示。

表 17-1 电磁场单元

单元	维数	单元类型	节点数	形状	自由度和其他特征
PLANE53	2-D	磁实体矢量	8	四边形	AZ；AZ-VOLT；AZ-CURR；AZ-CURR-EMF
SOURC36	3-D	电流源	3	无	无自由度，线圈、杆、弧形基元
SOLID96	3-D	磁实体标量	8	砖型	MAG（简化、差分、通用标势）
SOLID97	3-D	磁实体矢量	8	砖型	AX、AY、AZ、VOLT；AX、AY、AZ、CURR；AX、AY、AZ、CURR、EMF；AX、AY、AZ、CURR、VOLT；支持速度效应和电路耦合
INTER115	3-D	界面	4	四边形	AX、AY、AZ、MAG
SOLID117	3-D	低频棱边单元	20	砖型	AZ（棱边）；AZ（棱边）-VOLT
HF119	3-D	高频棱边单元	10	四面体	AX（棱边）
HF120	3-D	高频棱边单元	20	砖型	AX（棱边）
CIRCU124	17-D	电路	8	线段	VOLT、CURR、EMF；电阻、电容、电感、电流源、电压源、3D 大线圈、互感、控制源
PLANE121	2-D	静电实体	8	四边形	VOLT
SOLID122	3-D	静电实体	20	砖型	VOLT
SOLID123	3-D	静电实体	10	四面体	VOLT
SOLID127	3-D	静电实体	10	四面体	VOLT
SOLID128	3-D	静电实体	20	砖型	VOLT
INFIN9	2-D	无限边界	2	线段	AZ-TEMP
INFIN10	2-D	无限实体	8	四边形	AZ、VOLT、TEMP
INFIN47	3-D	无限边界	4	四边形	MAG、TEMP
INFIN111	3-D	无限实体	20	砖型	MAG、AX、AY、AZ、VOLT、TEMP
PLANE67	2-D	热电实体	4	四边形	TEMP-VOLT
LINK68	3-D	热电杆	2	线段	TEMP-VOLT

续表

单 元	维 数	单元类型	节点数	形 状	自由度和其他特征
SOLID69	3-D	热电实体	8	砖型	TEMP-VOLT
SHELL157	3-D	热电壳	4	四边形	TEMP-VOLT
PLANE13	2-D	耦合实体	4	四边形	UX、UY、TEMP、AZ；UX-UY-VOLT
SOLID5	3-D	耦合实体	8	砖型	UX-UY-UZ-TEMP-VOLT-MAG；TEMP-VOLT-MAG；UX-UY-UZ；TEMP、VOLT/MAG
SOLID62	3-D	磁结构	8	砖型	UX-UY-UZ-AX-AY-AZ-VOLT
SOLID98	3-D	耦合实体	10	四面体	UX-UY-UZ-TEMP-VOLT-MAG；TEMP-VOLT-MAG；UX-UY-UZ；TEMP、VOLT/MAG

17.1.4 电磁宏

电磁宏是 ANSYS 宏命令，其功能是帮助用户方便地建立分析模型、求解及获取想要观察的分析结果。表 17-2 列出了 ANSYS 提供的电磁宏命令和功能，可用于电磁场分析。

表 17-2 电磁宏命令和功能

电 磁 宏	功 能
CMATRIX	计算导体间自有和共有电容系
CURR2D	计算二维导电体内电流
EMAGERR	计算在静电或电磁场分析中的相对误差
EMF	沿预定路径计算电动力（emf）或电压降
FLUXV	计算通过闭合回路的通量
FMAGBC	对一个单元组件加力边界条件
FMAGSUM	对单元组件进行电磁力求和计算
FOR2D	计算一个体上的磁力
HFSWEEP	在一个频率范围内对高频电磁波导进行谐响应分析，并进行相应的后处理计算
HMAGSOLV	定义 2-D 谐波电磁求解选项并进行谐波求解
IMPD	计算同轴电磁设备在一个特定参考面上的阻抗
LMATRIX	计算任意一组导体间的电感矩阵
MAGSOLV	对静态分析定义磁分析选项并开始求解
MMF	沿一条路径计算磁动力
PERBC2D	对 2-D 平面分析施加周期性约束
PLF2D	生成等势的等值线图
PMGTRAN	对瞬态分析的电磁结果求和
POWERH	在导体内计算均方根（RMS）能量损失
QFACT	根据高频模态分析结果，计算高频电磁谐振器件的品质因子
RACE	定义一个"跑道形"电流源
REFLCOEF	计算同轴电磁设备的电压反射系数、驻波比和回波损失
SENERGY	计算单元中储存的磁能或共能
SPARM	计算同轴波导或 TE10 模式矩形波导两个端口间的反射参数
TORQ2D	计算在磁场中物体上的力矩
TORQSUM	对 2-D 平面问题中单元部件上的 Maxwell 力矩和虚功力矩求和

17.2 远场单元及远场单元的使用

使用远场单元可使我们在模型的外边界不用强加边界条件而说明磁场、静电场车和热场的远场耗散的问题。图 17-2 为四分之一对称的二维偶极子有限元模型，不使用远场单元的磁力线分布图。如果不用远场单元，就必须使模型扩展到假定的无限位置，然后再说明磁力线平行或磁力线垂直边界条件；如果使用远场单元（INFIN9），只需为一部分空气建模，从而有效、精确、灵活地描述远场耗散问题。图 17-3 为使用远场单元（INFIN9）的磁力线分布图。

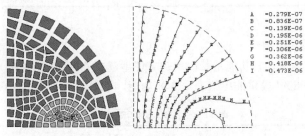

图 17-2　不使用远场单元的磁力线分布图

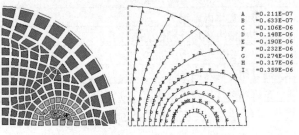

图 17-3　使用远场单元的磁力线分布图

到底应该为多少空气建模？这要依赖于所处理的问题。如问题中的磁力线相对较闭合（很少漏磁），则只需为一小部分空气建模；而对磁力线相对较开放的问题，就需要为较大部分空气建模。

17.2.1 远场单元

ANSYS 一共提供了 4 个远场单元，如表 17-3 所示。

表 17-3　远场单元

单　元	特　征
IFIN9	二维 2 节点无限远线单元，仅在平面分析中与 PLANE13、PLANE53（磁场单元）或 PLANE55、PLANE35 和 PLANE77（热单元）一起使用
IFIN10	一维 4 节点或 8 节点无限远四边形单元，仅在平面和轴对称分析中与 PLANE13、PLANE53（磁场单元）或 PLANE55、PLANE35 和 PLANE77（热单元）一起使用
IFIN47	二维 4 节点无限远面单元，与 SOLID5、SOLID62、SOLID96 和 SOLID98（磁场单元）或 SOLID70（热场单元）一起使用
IFIN111	三维 8 节点或 20 节点无限远六面体单元，与 SOLID5、SOLID62、SOLID96 和 SOLID97（磁场单元）或 SOLID70、SOLID90、SOLID87（热场单元）或 SOLID122（静电场）一起使用

其中,在热分析中,INFIN10 单元和 INFIN111 单元可以在离瞬态热源一定距离处正确地模拟热传导效应。

17.2.2 使用远场单元的注意事项

(1) INFIN9 单元和 INFIN47 单元的放置应以全局坐标原点为中心,通常,在有限元边界上的圆弧形远场单元会得到最佳结果。

(2) 使用 INFIN10 单元和 INFIN111 单元为远场效应建模时具有更大的灵活性。

(3) INFIN10 单元和 INFIN111 单元的"极向(Pole)"应与扰动(如载荷)中心一致。有时可能会有多个"极向",有时可能不落在坐标原点,这时单元极向应与最近的扰动一致,或与所有扰动的近似中心一致。与 INFIN9 单元和 INFIN47 单元相比,INFIN110 单元和 INFIN111 单元无须以全局坐标圆心为中心。

(4) 当使用 INFIN110 单元和 INFIN111 单元时,必须给它们的外表面加无限表面(INF)标志,用 SF 族命令或其相应的 GUI 路径。

(5) 通过拉伸(Extrude/Sweep)出一个划有网格的体,可以很容易地生成一层 INFIN111 远场单元。

```
命令: VEXT
GUI: Main Menu > Preprocessor > Modeling > Operate > Extrude > Areas > By XYZ Offset
```

(6) INFIN110 单元和 INFIN111 单元通常在无限方向上长得多,可能会引起斜向网格。在做后处理等值线图结果显示时,可以不显示这些单元。

(7) 为了最佳地发挥 INFIN110 单元和 INFIN111 单元的性能,必须满足下列条件中的一个或两个。

① 当有限元单元(FE)区和无限元单元(IFE)区的边界呈如图 17-4 所示的光滑曲线时,INFIN110 单元和 1NFIN111 单元的性能最好。

当有限元(FE)区和无限元(IFE)区的边界不是光滑曲线时,应按图 17-5 中显示的方法划分无限元,从有限元拐角向无限元"辐射"出去,每个无限单元只能有一个边可以"暴露"在外部区域中。

此外还要避免无限单元的两条边出现从有限元(FE)区向无限元(IEF)区汇集的情况,如图 17-6 所示。

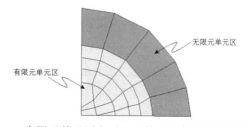

图 17-4 有限元单元区和无限元单元区交界面的理想形状

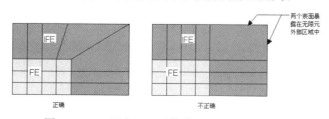

图 17-5 FE 区和 IFE 区的边界不光滑

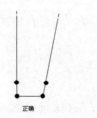

图 17-6 2D 结构 IFE 区的正确和错误例子

② 改变 INFIN110 单元性能和 INFIN111 单元性能的另一种方法,是有限元单元(FE)区和无限元单元(IFE)区的相对尺寸应当近似相等,如图 17-7 所示。

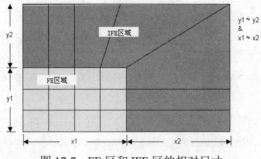

图 17-7 FE 区和 IFE 区的相对尺寸

第18章

二维磁场分析

静磁分析不考虑随时间变化效应,如涡流等。它可以模拟各种饱和、非饱和的磁性材料和永磁体。

静磁分析的分析步骤根据两个因素决定,模型是二维还是三维及在分析中,考虑使用哪种方法。静态分析为二维,则必须采用矢量位方法。

- ☑ 二维静态磁场分析中要使用的单元
- ☑ 二维谐波磁场分析中要使用的单元
- ☑ 二维瞬态磁场分析中要使用的单元

任务驱动&项目案例

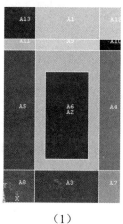　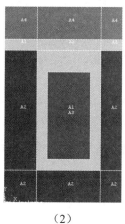　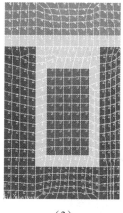

　　　(1)　　　　　　　　(2)　　　　　　　　(3)

18.1 二维静态磁场分析中要使用的单元

二维模型要使用二维单元来表示结构的几何形状。虽然所有的物体都是三维的,但在实际计算时首先要考虑是否能将它简化为二维平面问题或者是轴对称问题。这是因为二维模型建立起来更容易,运算起来也更快捷。

ANSYS/Multiphysics 和 ANSYS/Emag 模块提供了一些用于二维静态磁场分析的单元,如表18-1～表18-3所示。

表 18-1 二维实体单元

单 元	维 数	形状或特性	自 由 度
PLANE13	19-D	四边形,4 节点或三角形,3 节点	最多可达每节点 4 个:可以是磁矢势(AZ)、位移、温度或时间积分电势
PLANE53	19-D	四边形,8 节点或三角形,6 节点	最多可达每节点 4 个:可以是磁矢势(AZ)、时间积分电势、电流或电动势降

表 18-2 远场单元

单 元	维 数	形状或特性	自 由 度
INFIN9	19-D	线形,2 节点	磁矢势(AZ)
INFIN10	19-D	四边形,4 或 8 节点	磁矢势(AZ)、电势、温度

表 18-3 通用电路单元

单 元	维 数	形状或特性	自 由 度	注 意
CIRCU124	无	通用电路单元,最多可 6 节点	每节点最多可 3 个:可以是电势、电流或电动势降	通常与磁场耦合时使用

二维单元用矢量位方法,也就是在求解问题时使用的自由度为矢量位。因为单元是二维的,因此每个节点只有一个矢量位自由度——AZ(Z 方向上的矢量位)。时间积分电势(VOLT)用于载流块导体或给导体施加强制终端条件。

还有一个附加的自由度,即电流(CURR),是载压线圈中每一匝线圈中的电流值,便于给源线圈加电压载荷,常用于载压线圈和电路耦合。当电压或电流载荷是通过一个外部电路施加时,就需要 CIRCU124 单元具有 AZ、CURR 和 EMF(电动势降或电势降)这几个自由度。

18.2 实例——二维螺线管制动器内静态磁场的分析

18.2.1 问题描述

把螺线管制动器作为 2-D 轴对称模型进行分析,计算衔铁部分(螺线管制动器的运动部分)的受力情况和线圈电感。螺线管制动器如图 18-1 所示,该螺线管制动器采用的参数如表 18-4 所示。

第18章 二维磁场分析

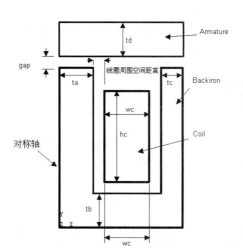

图 18-1　螺线管制动器

表 18-4　螺线管制动器采用的参数及说明

参　数	说　明
n=650	线圈匝数，在后处理中用
I=1.0	线圈电流（A）
ta=0.75	磁路内支路厚度（cm）
tb=0.75	磁路下支路厚度（cm）
tc=0.50	磁路外支路厚度（cm）
td=0.75	衔铁厚度（cm）
wc=1	线圈宽度（cm）
hc=2	线圈高度（cm）
gap=0.25	间隙（cm）
space=0.25	线圈周围空间距离（cm）
ws=wc+2*space	—
hs=hc+0.75	—
w=ta+ws+tc	模型总宽度（cm）
hb=tb+hs	—
h=hb+gap+td	模型总高度（cm）
acoil=wc*hc	线圈截面积（cm^2）
jdens=n*i/acoil	线圈电流密度

假定线圈电流产生的磁通很小，铁区没有达到饱和，故只需进行线性分析的一次迭代求解。为简化分析，模型周围铁区的磁漏假设为很小，在法向条件下，可以往模型周围直接用空气来模拟漏磁影响。

由于假设模型边缘边界上没有磁漏，则磁通量与边界平行，用flux parallel施加模型的边缘边界条件。

对于稳态（DC）电流，可以以输入线圈面上的电流密度的形式输入电流。ANSYS的APDL可以通过线圈匝数、每匝电流、线圈面积计算电流密度。衔铁被专门标记出来，以便于进行磁力计算。

后处理中，用Maxwell应力张量方法和虚功方法分别处理衔铁的受力，还得到了磁场强度及线圈电感等数据。

注意：本例题仅仅是众多 2-D 分析中的一个．不是所有分析都按相同的步骤和顺序进行。要根据材料特性或被分析的材料与周围条件的关系来决定要进行的分析步骤。

18.2.2 GUI 操作方法

1．创建物理环境

（1）过滤图形界面。从主菜单中选择 Main Menu > Preferences 命令，弹出 Preferences for GUI Filtering 对话框，选中 Magnetic-Nodal 单选按钮来对后面的分析进行菜单及相应的图形界面过滤。

（2）定义工作标题。从实用菜单中选择 Utility Menu > File > Change Title 命令，在弹出的对话框中输入 "2D Solenoid Actuator Static Analysis"，单击 OK 按钮，如图 18-2 所示。

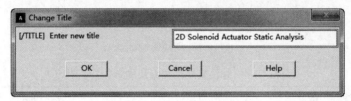

图 18-2　定义工作标题

（3）指定工作名。从实用菜单中选择 Utility Menu > File > Change Jobname 命令，弹出如图 18-3 所示的对话框，在 Enter new jobname 文本框中输入 "Emage_2D"，单击 OK 按钮。

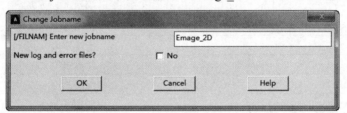

图 18-3　定义工作名

（4）定义单元类型和选项。从主菜单中选择 Main Menu > Preprocessor > Element Type > Add/Edit/Delete 命令，弹出 Element Types（单元类型）对话框，如图 18-4 所示。单击 Add 按钮，弹出 Library of Element Types（单元类型库）对话框，如图 18-5 所示。

图 18-4　单元类型对话框

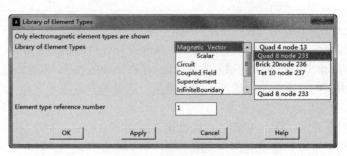

图 18-5　单元类型库对话框

在该对话框左面列表框中选择 Magnetic Vector 选项，在右边的列表框中选择 Quad 8 node 233 选项，单击 OK 按钮，定义了 PLANE233 单元。在 Element Types 对话框中单击 Options 按钮，弹出 PLANE233 element type options（单元类型选项）对话框，如图 18-6 所示。在 Element behavior K3 下拉列表框中选择 Axisymmetric 选项，将 PLANE233 单元属性修改为对称，在 Electromagnetic force output K7 下拉列表框中选择 Corners only 选项，单击 OK 按钮退出此对话框，得到如图 18-4 所示的结果。最后单击 Close 按钮，关闭单元类型对话框。

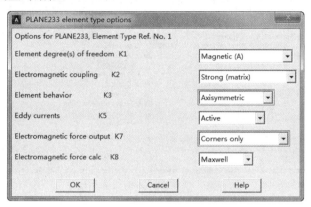

图 18-6　单元类型选项对话框

（5）定义材料属性。从主菜单中选择 Main Menu > Preprocessor > Material Props > Material Models 命令，弹出 Define Material Model Behavior 窗口，在右边的列表框中依次选择 Electromagnetics > Relative Permeability > Constant 选项后，又弹出 Permeability for Material Number 1 对话框，如图 18-7 所示。在 MURX 文本框中输入"1"，单击 OK 按钮。

① 选择 Edit > Copy 命令，弹出 Copy Material Model 对话框，如图 18-8 所示。在 from Material number 下拉列表框中选择材料号为 1；在 to Material number 文本框中输入材料号为"2"，单击 OK 按钮，这样就把 1 号材料的属性复制给了 2 号材料。在 Define Material Model Behavior 窗口左边列表框中依次选择 Material Model Number 2 > Permeability (Constant)选项，在弹出的 Permeability for Material Number 2 对话框中将 MURX 设置为 1000，单击 OK 按钮。

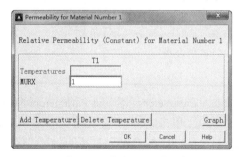
图 18-7　定义相对磁导率

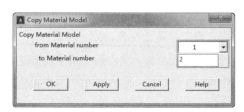
图 18-8　复制材料属性

② 选择 Edit > Copy 命令，在弹出对话框的 from Material number 下拉列表框中选择材料号为 1；在 to Material number 文本框中输入材料号为"3"，单击 OK 按钮，把 1 号材料的属性复制给 3 号材料。

③ 选择 Edit > Copy 命令，在弹出对话框的 from Material number 下拉列表框中选择材料号为 2；在 to Material number 文本框中输入材料号为"4"，单击 OK 按钮，把 2 号材料的属性复制给 4 号材

料。在 Define Material Model Behavior 窗口的左边列表框中依次选择 Material Model Number 4 > Permeability (Constant)选项，在弹出的 Permeability for Material Number 4 对话框中将 MURX 设置为2000，单击 OK 按钮。

④ 选择 Material > Exit 命令结束，得到结果如图 18-9 所示。

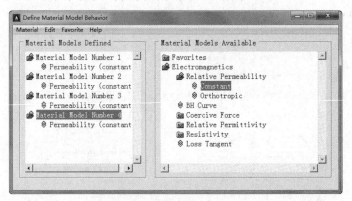

图 18-9　定义材料模型属性的结果

（6）查看材料列表。从实用菜单中选择 Utility Menu > List > Properties > All Materials 命令，弹出 MPLIST Command 信息窗口，如图 18-10 所示。信息窗口中列出了所有已经定义的材料以及其属性，确认无误后，选择 File > Close 命令关闭窗口，或者直接单击窗口右上角的 按钮关闭窗口。

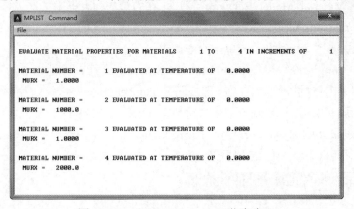

图 18-10　MPLIST Command 信息窗口

2. 建立模型，赋予特性，划分网格

（1）定义分析参数。从实用菜单中选择 Utility Menu > Parameters > Scalar Parameters 命令，弹出 Scalar Parameters 对话框，在 Selection 文本框中输入"N=650"，单击 Accept 按钮。然后依次在 Selection 文本框中输入"I=1.0""TA=0.75""TB=0.75""TC=0.50""TD=0.75""WC=1""HC=2""GAP=0.25""SPACE=0.25""WS=WC+2*SPACE""HS=HC+0.5""W=TA+WS+TC""HB=TB+HS""H=HB+GAP+TD""ACOIL=WC*HC""JDENS=N*I/ACOIL"，并单击 Accept 按钮确认，当输入完成后，单击 Close 按钮，关闭 Scalar Parameters 对话框，其输入参数的结果如图 18-11 所示。

（2）打开面积区域编号显示。从实用菜单中选择 Utility Menu > PlotCtrls > Numbering 命令，弹出 Plot Numbering Controls 对话框，如图 18-12 所示。选中 Area numbers 后面的复选框，使其状态由 Off 变为 On，单击 OK 按钮关闭对话框。

第18章 二维磁场分析

(3) 建立平面几何模型。从主菜单中选择 Main Menu > Preprocessor > Modeling > Create > Areas > Rectangle > By Dimensions 命令，弹出 Create Rectangle by Dimensions 对话框，如图 18-13 所示。在 X-coordinates 文本框中分别输入"0"和 W，在 Y-coordinates 文本框中分别输入"0"和"TB"，单击 Apply 按钮。

图 18-11　输入参数对话框

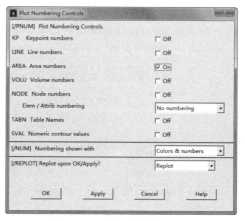

图 18-12　显示面积编号对话框

① 在 X-coordinates 文本框中分别输入 0 和 W，在 Y-coordinates 文本框中分别输入"TB"和"HB"，单击 Apply 按钮。

② 在 X-coordinates 文本框中分别输入"TA"和"TA+WS"，在 Y-coordinates 文本框中分别输入 0 和 H，单击 Apply 按钮。

③ 在 X-coordinates 文本框中分别输入"TA+SPACE"和"TA+SPACE+WC"，在 Y-coordinates 文本框中分别输入"TB+SPACE"和"TB+SPACE+HC"，单击 OK 按钮。

(4) 布尔运算。从主菜单中选择 Main Menu > Preprocessor > Modeling > Operate > Booleans > Overlap > Areas 命令，弹出 Overlap Areas 拾取框，如图 18-14 所示。单击 Pick All 按钮，对所有的面进行叠分操作。

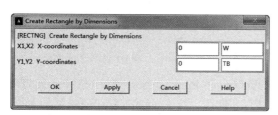

图 18-13　生成矩形对话框

图 18-14　面叠分拾取框

① 从主菜单中选择 Main Menu > Preprocessor > Modeling > Create > Areas > Rectangle > By Dimensions 命令，弹出 Create Rectangle by Dimension 对话框，在 X-coordinates 文本框中分别输入"0"和"W"，在 Y-coordinates 文本框中分别输入"0"和"HB+GAP"，单击 Apply 按钮。

② 在 X-coordinates 文本框中分别输入"0"和"W",在 Y-coordinates 文本框中分别输入"0"和"H",单击 OK 按钮。

(5) 布尔运算。从主菜单中选择 Main Menu > Preprocessor > Modeling > Operate > Booleans > Overlap > Areas 命令,弹出 Overlap Areas 拾取框,单击 Pick All 按钮,对所有的面进行叠分操作。

(6) 压缩不用的面号。从主菜单中选择 Main Menu > Preprocessor > Numbering Ctrls > Compress Numbers 命令,弹出 Compress Numbers 对话框,如图 18-15 所示。在 Item to be compressed 下拉列表框中选择 Areas 选项,将面号重新压缩编排,从 1 开始中间没有空缺,单击 OK 按钮退出对话框。

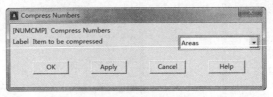

图 18-15 压缩面号对话框

(7) 重新显示。从实用菜单中选择 Utility Menu > Plot > Replot 命令,最后得到制动器的几何模型,如图 18-16 所示。

(8) 保存几何模型文件。从实用菜单中选择 Utility Menu > File > Save as 命令,弹出 Save DataBase 对话框,如图 18-17 所示。在 Save Database to 文本框中输入文件名"Emage_2D_geom.db",单击 OK 按钮。

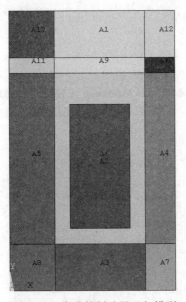

图 18-16 生成的制动器几何模型

图 18-17 Save DataBase 对话框

(9) 给面赋予特性。从主菜单中选择 Main Menu > Preprocessor > Meshing > MeshTool 命令,弹出 MeshTool(网格划分工具)对话框,如图 18-18 所示。在 Element Attributes 栏的下拉列表框中选择 Areas 选项,单击 Set 按钮,弹出 Area Attributes 面拾取框,在图形界面上拾取编号为 A2 的面,或者直接在拾取框的文本框中输入"2"并按 Enter 键,单击拾取框上的 OK 按钮,又弹出一个如图 18-19 所示的 Area Attributes 对话框,在 Material number 下拉列表框中选择 3 选项,给线圈输入材料属性。单击 Apply 按钮再次弹出面拾取框。

图 18-18　网格划分工具对话框

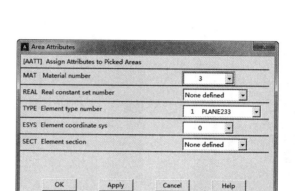

图 18-19　给面赋予属性的对话框

① 在 Area Attributes 面拾取框的文本框中输入 "1，12，13"，单击拾取框上的 OK 按钮，弹出如图 18-19 所示的 Area Attributes 对话框，在 Material number 下拉列表框中选择 4 选项，给制动器运动部分输入材料属性。单击 Apply 按钮，再次弹出面拾取框。

② 在 Area Attributes 面拾取框的文本框中输入 "3，4，5，7，8"，单击拾取框上的 OK 按钮，弹出如图 18-19 所示的 Area Attributes 对话框，在 Material number 下拉列表框中选择 2 选项，给制动器固定部分输入材料属性。单击 OK 按钮。

③ 剩下的空气面默认被赋予了 1 号材料属性。

（10）按材料属性显示面。从实用菜单中选择 Utility Menu > PlotCtrls > Numbering 命令，弹出如图 18-12 所示的 Plot Numbering Controls 对话框。在 Elem/Attrib numbering 下拉列表框中选择 Material numbers 选项，单击 OK 按钮，其结果如图 18-20 所示。

（11）保存数据结果。单击工具栏上的 SAVE_DB 按钮。

（12）选择所有的实体。从实用菜单中选择 Utility Menu > Select > Everything 命令，以选择所有实体。

（13）制定智能网格划分的等级。在图 18-18 中，选中 MeshTool 工具栏中的 Smart Size 复选框，并将 Fine—Coarse 工具条拖曳到 4 的位置。设定智能网格划分的等级为 4。

（14）智能划分网格。在图 18-18 中，在 MeshTool 工具栏的 Mesh 下拉列表框中选择 Areas 选项，在 Shape 后面的选项组中选中 Quad 单选按钮，表示要划分单元形状为四边形，在下面的自由划分 Free 和映射划分 Mapped 中选中 Free 单选按钮，如图 18-20 所示。单击 Mesh 按钮，弹出 Mesh Areas 拾取框，单击 Pick All 按钮，生成的网格结果如图 18-21 所示。单击网格划分工具栏上的 Close 按钮。

（15）保存网格数据。从实用菜单中选择 Utility Menu > File > Save as 命令，弹出 Save Database 对话框，在 Save Database to 文本框中输入文件名 "Emage_2D_mesh.db"，单击 OK 按钮。

3. 加边界条件和载荷

（1）选择衔铁上的所有单元。从实用菜单中选择 Utility Menu > Select > Entities 命令，弹出 Select Entities 对话框，如图 18-22 所示。在最上边的第一个下拉列表框中选择 Elements 选项，在其下的第二个下拉列表框中选择 By Attributes 选项，再选中 Material num 单选按钮，在 Min,Max,Inc 文本框中输入"4"，单击 OK 按钮。

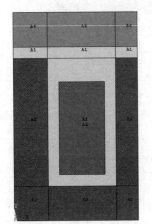
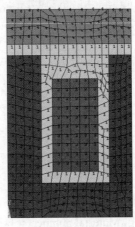

图 18-20　按材料属性显示面　　图 18-21　生成的有限元网格面　　图 18-22　选择实体对话框

（2）将所选单元生成一个组件。从实用菜单中选择 Utility Menu > Select > Comp/Assembly > Create Component 命令，弹出 Create Component 对话框，如图 18-23 所示。在 Component name 文本框中输入组件名 Arm，在 Component is made of 下拉列表框中选择 Elements 选项，单击 OK 按钮。

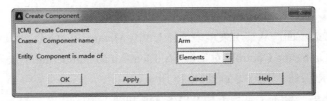

图 18-23　生成组件对话框

（3）给衔铁施加边界条件。

在命令行中输入以下命令：

```
FMAGBC,'ARM'
```

（4）选择所有实体。从实用菜单中选择 Utility Menu > Select > Everything 命令，以选择所有实体。

（5）将模型单位制改成（Scale）MKS 单位制（米）。从主菜单中选择 Main Menu > Preprocessor > Modeling > Operate > Scale > Areas 命令，弹出一个面拾取框，单击拾取框上的 Pick All 按钮，又弹出一个如图 18-24 所示的对话框，在 RX,RY,RZ Scale factors 文本框中依次输入"0.01，0.01，1"，在 Existing areas will be 下拉列表框中选择 Moved 选项，单击 OK 按钮。

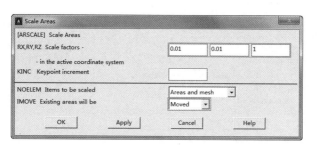

图 18-24　模型缩放对话框图

（6）选择线圈上的所有单元。从实用菜单中选择 Utility Menu > Select > Entities 命令，弹出 Select Entities 对话框，如图 18-22 所示。在最上边的第一个下拉列表框中选择 Elements 选项，在其下的第二个下拉列表框中选择 By Attributes 选项，再选中 Material num 单选按钮，在 Min,Max,Inc 文本框中输入"3"，单击 OK 按钮。

（7）在所选取单元上施加线圈的电流密度。从主菜单中选择 Main Menu > Solution > Define Loads > Apply > Magnetic > Excitation > Curr Density > On Elements 命令，弹出一个拾取框，单击 Pick All 按钮，又弹出如图 18-25 所示的对话框，在 Curr density value(JSZ)文本框中输入"jdens/(0.01**2)"，单击 OK 按钮。

（8）选择所有实体。从实用菜单中选择 Utility Menu > Select > Everything 命令。

（9）选择外围节点。从实用菜单中选择 Utility Menu > Select > Entities 命令，弹出 Select Entities 对话框。在最上边的第一个下拉列表框中选择 Nodes 选项，在其下的第二个下拉列表框中选择 Exterior 选项，单击 Sele All 按钮，再单击 OK 按钮。

（10）施加磁力线平行条件。从主菜单中选择 Main Menu > Solution > Define Loads > Apply > Magnetic > Boundary > Vector Poten > Flux Par'l > On Nodes 命令，出现一个拾取框，单击 Pick All 按钮，所施加的结果如图 18-26 所示。

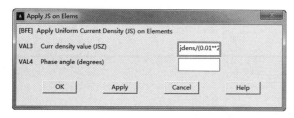

图 18-25　施加电流密度对话框

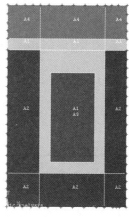

图 18-26　施加磁力线平行条件

（11）选择所有实体。从实用菜单中选择 Utility Menu > Select > Everything 命令，以选择所有实体。

4．求解

（1）求解运算。从主菜单中选择 Main Menu > Solution > Solve > Electromagnet > Static Analysis > Opt&Solv 命令，弹出如图 18-27 所示的对话框，接受默认设置，单击 OK 按钮，开始求解运算，直到出现一个 Solution is done 的提示栏，表示求解结束。

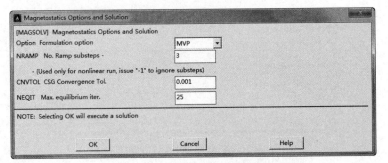

图 18-27　磁场分析求解设置对话框

（2）保存计算结果到文件中。从实用菜单中选择 Utility Menu > File > Save as 命令，弹出 Save Database 对话框，在 Save Database to 文本框中输入文件名"Emage_2D_resu.db"，单击 OK 按钮。

5．查看计算结果

（1）查看磁力线分布。从主菜单中选择 Main Menu > General Postproc > Plot Results > Contour Plot > 2D Flux Lines 命令，弹出如图 18-28 所示的对话框，单击 OK 按钮，出现磁力线分布图，如图 18-29 所示。

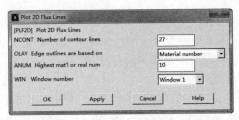

图 18-28　显示磁力线的控制对话框

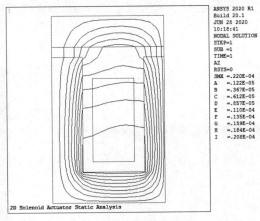

图 18-29　磁力线分布图

（2）计算衔铁上的磁力。

在命令行中输入以下命令：

```
FMAGSUM,'ARM'
```

弹出提示对话框，如图 18-30 所示，单击 No 按钮，又弹出一个信息窗口，其中列出了磁力的大小，如图 18-31 所示。查看无误后，关闭该信息窗口。

图 18-30 提示对话框

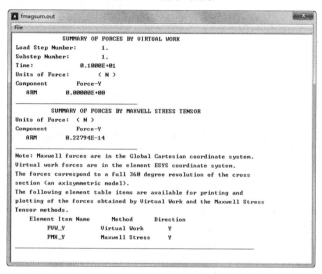

图 18-31 列表显示磁力大小

（3）读取计算结果。从主菜单中选择 Main Menu > General Postproc > Read Results > Last Set 命令，读取最后一个结果。

（4）矢量显示磁流密度。从主菜单中选择 Main Menu > General Postproc > Plot Results > Vector Plot > Predefined 命令，弹出 Vector Plot of Predefined Vectors 矢量画图对话框，如图 18-32 所示。在该对话框中，在左边列表框中选择 Flux & gradient 选项，在右边列表框中选择 Mag flux dens B 选项，单击 OK 按钮，其结果如图 18-33 所示。

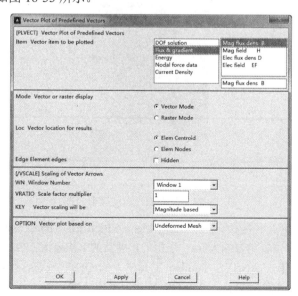

图 18-32 Vector Plot of Predefined Vectors 矢量画图对话框

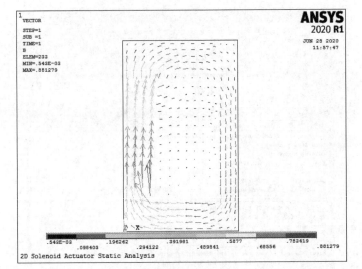

图 18-33 磁流密度矢量显示

（5）显示节点的磁流密度。从主菜单中选择 Main Menu > General Postproc > Plot Results > Contour Plot > Nodal Solu 命令，弹出 Contour Nodal Solution Data 画节点等值线的对话框，选择 Nodal Solution、Magnetic Flux Density 和 Magnetic flux density vector sum 选项后，再单击 OK 按钮，节点磁流密度等值云图如图 18-34 所示。

（6）节点磁流密度扩展。从实用菜单中选择 Utility Menu > PlotCtrls > Style > Symmetry Expansion > 2D Axi-Symmetric 命令，弹出 2D Axi-Symmetric Expansion 对话框，选择 3/4 expansion 选项，单击 OK 按钮。将图 18-34 中的节点磁流密度等值云图绕对称轴旋转 270°成一个三维实体。

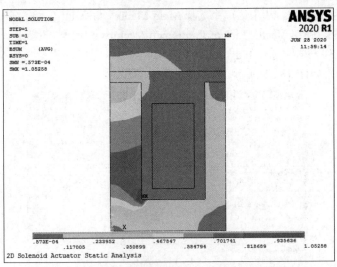

图 18-34 节点磁流密度等值云图

（7）改变视角方向。从实用菜单中选择 Utility Menu > PlotCtrls > Pan,Zoom,Rotate 命令，弹出一个移动、缩放和旋转对话框，单击视角方向为 iso，所得的扩展后的节点磁流密度等值云图如图 18-35 所示。

（8）退出 ANSYS。单击 ANSYS Toolbar 工具栏上的 QUIT 按钮，弹出如图 18-36 所示的 Exit 对话框，选中 Quit-No Save!单选按钮，单击 OK 按钮，退出 ANSYS。

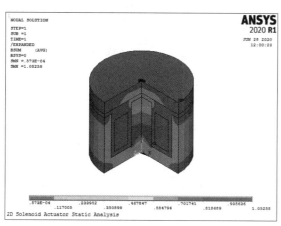

图 18-35 扩展后的节点磁流密度等值云图

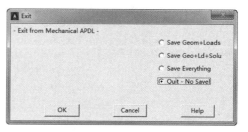

图 18-36 退出 ANSYS 对话框

18.2.3 命令流方式

命令流方式这里不再详细介绍，读者可参见随书资源中的电子文档。

18.3 二维谐波磁场分析中要使用的单元

正如 ANSYS 其他分析类型一样，对于谐波磁分析，要建立物理环境、建模、给模型区赋予属性、划分网格、加边界条件和载荷、求解，然后观察结果。二维谐波磁分析的大多数步骤都与二维静磁分析相似。在涡流区域，谐波模型只能用矢量位方程描述，故可以用表 18-1～表 18-3 列出的单元类型来模拟涡流区。

18.4 实例——二维自由空间线圈的谐波磁场的分析

18.4.1 问题描述

考虑一个载压线圈，电压为余弦交流电压，试分析计算线圈周围空间的电磁场情况，给出线圈电流和线圈总能量。实例中用到的参数如表 18-5 所示。

表 18-5 参数说明

材 料 特 性	几 何 特 性	载　荷
相对磁导率 μ_r=1.0（线圈）	n=500 匝（线圈匝数）	$V=V_0\cos\omega t$
相对磁导率 μ_r=1.0（空气）	S=0.02m（线圈宽度）	V_0=12V
电阻率 $\rho=3\times10^8\Omega\cdot m$	$r=(3\times s)/2$m（线圈平均半径）	ω=60Hz

该线圈为圆形对称，产生的电磁场在线圈的任一竖直截面（见图 18-37（a））上是相同的，而对于截面上的电磁场是对称的，因此计算截面的 1/4 区域即可。假设大圆外已经几乎没有电磁场，把小圆与大圆之间的区域看成是远场区域，即里面电磁场较小，于是得到如图 18-37（b）所示的模型。在 r=6s 到 12s 区域为远场区，r=12s 以外区域几乎无电磁场，忽略不计。

实例中使用了以下 3 种单元类型。

（1）PLANE233 模拟空气。

（2）带有 CURR 和 AZ 自由度的 PLANE233，命令载压线圈。

（3）INFIN110，命令远场单元。

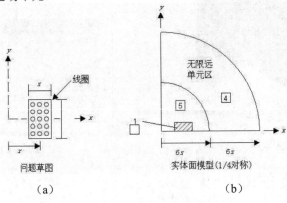

图 18-37　自由空间线圈谐波磁场分析

18.4.2 GUI 操作方法

1. 创建物理环境

（1）过滤图形界面。从主菜单中选择 Main Menu > Preferences 命令，弹出 Preferences for GUI Filtering 对话框，选择 Magnetic-Nodal 来对后面的分析进行菜单及相应的图形界面过滤。

（2）定义工作标题。从实用菜单中选择 Utility Menu > File > Change Title 命令，在弹出的对话框中输入 "Voltage-fed thick stranded coil in free space"，单击 OK 按钮。

（3）指定工作名。从实用菜单中选择 Utility Menu > File > Change Jobname 命令，弹出一个对话框，在 Enter new Name 后面的文本框中输入 "Vol_coil_2D"，单击 OK 按钮

（4）定义单元类型和选项。从主菜单中选择 Main Menu > Preprocessor > Element Type > Add/Edit/Delete 命令，弹出单元类型 Element Types 对话框，如图 18-38 所示，单击 Add 按钮，弹出 Library of Element Types 单元类型库对话框，如图 18-39 所示。在该对话框的左面列表框中选择 Magnetic Vector 选项，在右边的列表框中选择 Quad 8nod 233 选项，单击 Apply 按钮，生成了第一个 PLANE233 单元。再次单击 Apply 按钮，生成第二个 PLANE233 单元。在单元类型库对话框左面的列表框中选择 InfiniteBoundary 选项，在右边的列表框中选择 2D Inf Quad 110 选项，单击 OK 按钮回到单元类型对话框。

图 18-38　单元类型对话框

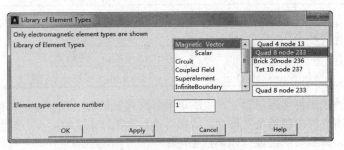

图 18-39　单元类型库对话框

① 在 Element Types 单元类型对话框中选择单元类型 1，单击 Options 按钮，弹出 PLANE233 element type options 单元类型选项对话框，如图 18-40 所示。在 Element behavior 后面的下拉列表框中选择 Axisymmetric 选项，将 PLANE233 单元属性修改为对称，单击 OK 按钮。

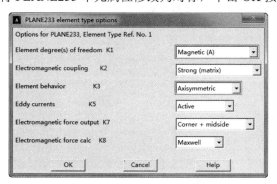

图 18-40 单元类型选项对话框

② 在 Element Types 单元类型对话框中选择单元类型 2，单击 Options 按钮，弹出 PLANE233 element options 单元类型选项对话框，在 Element degree(s) of freedom 后面的下拉列表框中选择 Coil（A+VOLT+EMF）选项，在 Element behavior 后面的下拉列表框中选择 Axisymmetric 选项，单击 OK 按钮。

③ 在 Element Types 单元类型对话框中选择单元类型 3，单击 Options 按钮，弹出 INFIN110 element options 单元类型选项对话框，在 Element behavior 后面的下拉列表框中选择 Axisymmetric 选项，单击 OK 按钮，得到如图 18-38 所示的结果。最后单击 Close 按钮，关闭单元类型对话框。

（5）设置电磁单位制。从主菜单中选择 Main Menu > Preprocessor > Material Props > Electromag Units 命令，弹出一个指定单位制的对话框，选择 MKS system，单击 OK 按钮。

（6）定义材料特性。从主菜单中选择 Main Menu > Preprocessor > Material Props > Material Models 命令，弹出 Define Material Model Behavior 窗口，在右边的列表框中依次选择 Electromagnetics > Relative Permeability > Constant 选项后，再次弹出 Permeability for Material Number 1 对话框，如图 18-41 所示，在该对话框中 MURX 后面的文本框中输入"1"，单击 OK 按钮。

① 选择 Edit > Copy 命令，弹出 Copy Material Model 对话框，如图 18-42 所示。在 from Material number 后面的下拉列表框中选择材料号为 1；在 to Material number 后面的文本框中输入材料号为"2"，单击 OK 按钮，这样就把 1 号材料的属性复制给了 2 号材料。在 Define Material Model Behavior 窗口的左边列表框中选择 Material Model Number 2，在右边的列表框中依次选择 Electromagnetics > Resistivity > Constant 选项，弹出 Resistivity for Material Number 2 对话框，在该对话框 RSVX 后面的文本框中输入"3.0e-8"，单击 OK 按钮。

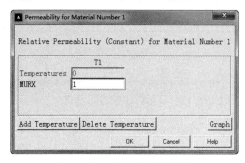

图 18-41 定义相对磁导率

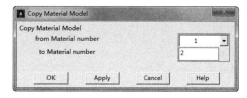

图 18-42 复制材料属性

② 选择 Material > Exit 命令结束，得到结果如图 18-43 所示。

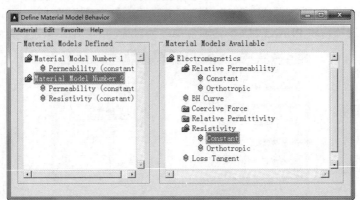

图 18-43　材料属性定义结果

（7）查看材料列表。从实用菜单中选择 Utility Menu > List > Properties > All Materials 命令，弹出 MPLIST Command 信息窗口，信息窗口中列出了所有已经定义的材料及其属性，确认无误后，单击信息窗口 File > Close 关闭窗口，或者直接单击窗口右上角关闭按钮 ，关闭窗口。

2．建立模型，赋予特性，划分网格

（1）定义分析参数。从实用菜单中选择 Utility Menu > Parameters > Scalar Parameters 命令，弹出 Scalar Parameters 对话框，如图 18-44 所示。在 Selection 文本框中输入"s=0.02"，单击 Accept 按钮。然后依次在 Selection 文本框中分别输入"n=500""r=3*s/2"，并单击 Accept 按钮确认，当输入完成后，单击 Close 按钮，关闭 Scalar Parameters 对话框，其输入参数的结果如图 18-44 所示。

（2）打开面积区域编号显示。从实用菜单中选择 Utility Menu > PlotCtrls > Numbering 命令，弹出 Plot Numbering Controls 对话框，如图 18-45 所示。选中 Area numbers 复选框，使其状态由 Off 变为 On，单击 OK 按钮关闭对话框。

图 18-44　输入参数对话框

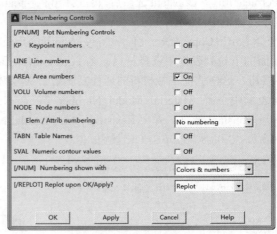

图 18-45　显示面积编号对话框

（3）创建平面几何模型。从主菜单中选择 Main Menu > Preprocessor > Modeling > Create > Areas > Rectangle > By Dimensions 命令，弹出 Create Rectangle by Dimensions 创建矩形对话框，如图 18-46 所

示。在 X-coordinates 后面的文本框中分别输入"s"和"2*s",在"Y-coordinates"后面的文本框中分别输入 0 和"s/2",单击 OK 按钮。

① 从主菜单中选择 Main Menu > Preprocessor > Modeling > Create > Areas > Circle > By Dimensions 命令,弹出 Circular Area by Dimensions 创建圆对话框,如图 18-47 所示。在 Outer radius 后面的文本框中输入"6*s",在 Starting angle(degrees)后面的文本框中输入 0,在 Ending angle(degrees) 后面的文本框中输入 90,单击 Apply 按钮。

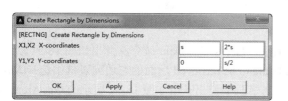

图 18-46 创建矩形对话框图

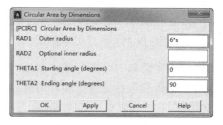

图 18-47 创建圆对话框图

② 在 Outer radius 后面的文本框中输入"12*s",在"Starting angle(degrees)"后面的文本框中输入"0",在"Ending angle(degrees)"后面的文本框中输入"90",单击 OK 按钮。

(4) 重叠实体面。从主菜单中选择 Main Menu > Preprocessor > Modeling > Operate > Booleans > Overlap > Areas 命令,弹出 Overlap Areas 拾取框,单击 Pick All 按钮,对所有的面进行叠分操作。

最后得到线圈的计算几何模型,如图 18-48 所示。

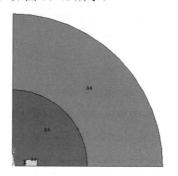

图 18-48 线圈几何模型

(5) 保存几何模型文件。从实用菜单中选择 Utility Menu > File > Save as 命令,弹出 Save Database 对话框,在 Save Database to 下面文本框中输入文件名"Vol_coil_2D_geom.db",单击 OK 按钮。

(6) 设置面实体特性。从主菜单中选择 Main Menu > Preprocessor > Meshing > Mesh Attributes > Picked Areas 命令,弹出 Area Attributes 拾取框,在图形窗口上拾取编号为 A1 的面,或者直接在拾取框的文本框中输入"1"并按 Enter 键,单击拾取框上的 OK 按钮,又弹出一个如图 18-49 所示的 Area Attributes 对话框,在 Material number 后面的下拉列表框中选择 2 选项,在 Element type number 后面的下拉列表框中选择 2 PLANE233 选项,给线圈输入材料属性和单元类型,单击 OK 按钮。

① 从主菜单中选择 Main Menu > Preprocessor > Modeling > Operate > Calc Geom Items > Of Areas 命令,弹出"Calc Geom. of Area"对话框,如图 18-50 所示。在单选栏中选中 Normal 单选按钮,单击 OK 按钮,弹出一个列出实体面几何信息的信息窗口,确认无误后关闭信息窗口。

图 18-49　设置实体面属性对话框

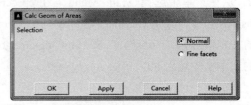

图 18-50　计算选定区域面积

② 从实用菜单中选择 Utility Menu > Parameters > Get Scalar Data 命令，弹出如图 18-51 所示的 Get Scalar Data 获取标量参数的对话框，在 Type of data to be retrieved 后面的左边列表框中选择 Model data 选项，在右边列表框中选择 Areas 选项。单击 OK 按钮，又弹出一个如图 18-52 所示的 Get Area Data 获取面参数对话框，在 Name of parameter to be defined 后面的文本框中输入 "a"，在 Area number N 后面的文本框中输入 "1"，在 Area data to be retrieved 后面的列表框中选择 Area 选项，单击 OK 按钮。

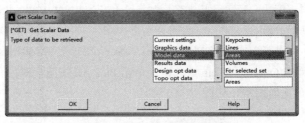

图 18-51　获取标量参数对话框

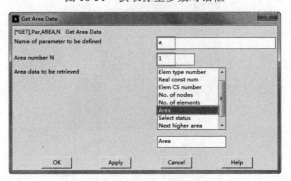

图 18-52　获取面参数对话框

③ 从主菜单中选择 Main Menu > Preprocessor > Meshing > Mesh Attributes > Picked Areas 命令，弹出 Area Attributes 拾取框，在图形窗口上拾取编号为 A4 的面，或者直接在拾取框的文本框中输入 4 并按 Enter 键，单击拾取框上的 OK 按钮，弹出一个 Area Attributes 对话框，在 Material number 后面的下拉列表框中选择 1 选项，在 Element type number 后面的下拉列表框中选择 3 INFIN110 选项，给远场区域输入材料属性和单元类型，单击 OK 按钮。

④ 剩下的空气面默认被赋予了 1 号材料属性和 1 号单元类型。

（7）保存数据结果。单击工具栏上的 SAVE_DB 按钮。

（8）选择所有的实体。从实用菜单中选择 Utility Menu > Select > Everything 命令，以选择所有实体。

（9）改变坐标系。从实用菜单中选择 Utility Menu > WorkPlane > Change Active CS to > Global Cylindrical 命令，把当前的活动坐标系由全局笛卡儿坐标系改变为全局柱坐标系。

（10）设置网格密度并划分网格。从实用菜单中选择 Utility Menu > Select > Entities 命令，弹出 Select Entities 对话框，如图 18-53 所示。在最上边的第一个下拉列表框中选择 Lines 选项，在其下的第二个下拉列表框中选择 By Location 选项，在下边的单选栏中选中 X coordinates 单选按钮，在"Min, Max"下面的文本框中输入"9*s"，再在其下的单选栏中选中 From Full 单选按钮，单击 OK 按钮，选中半径在"9*s"处的两根线。

① 从主菜单中选择 Main Menu > Preprocessor > Meshing > MeshTool 命令，弹出网格划分工具 MeshTool 对话框，如图 18-54 所示。在 Size Controls 栏中单击 Lines 旁边的 Set 按钮，弹出一个拾取线的拾取框，单击 Pick All 按钮，再次弹出 Element Sizes on Picked Lines 设置线单元网格密度的对话框，如图 18-55 所示。在"No. of element divisions"后面的输入栏中输入"1"，单击 OK 按钮。给所选远场区域线上设定划分单元数为 1。

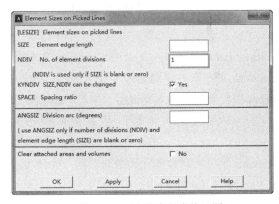

图 18-53 选择实体   图 18-54 网格工具   图 18-55 设置选定线单元图

② 在网格划分工具 MeshTool 对话框中，在 Size Controls 段单击 Global 旁边的 Set 按钮，弹出 Global Element Sizes 设置所有单元网格密度的对话框，如图 18-56 所示，在"No. of element divisions"后面的文本框中输入"8"，单击 OK 按钮。设置模型上所有区域网格数为 8。

③ 在网格划分工具 MeshTool 对话框中，在 Mesh 段后面的下拉列表框中选择 Areas 选项，再在其下选中 Quad 和 Mapped 单选按钮，并选择"3 or 4 sides"选项，单击 Mesh 按钮，弹出一个拾取面的拾取框，拾取线圈区域 A1 和远场区域 A4，单击 OK 按钮，划分得到如图 18-57 所示的网格图。

④ 在网格划分工具 MeshTool 对话框中，选中 Smart Size 前面的复选框，并将 Fine-Coarse 工具条拖到 2 的位置。在 Size Controls 段单击 Global 旁边的 Set 按钮，弹出 Global Element Sizes 设置所有单元网格密度的对话框，在"No. of element divisions"后面的文本框中输入"s/4"，单击 OK 按钮。设置模型上所有区域网格数为"s/4"。

⑤ 在网格划分工具 MeshTool 对话框中，在 Mesh 段后面的下拉列表框中选择 Areas 选项，在其下面选中 Tri 和 Free 单选按钮，单击 Mesh 按钮，弹出一个拾取面的拾取框，拾取面区域 A5，单击 OK 按钮，划分得到如图 18-58 所示的网格图。

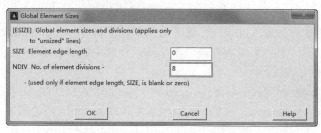

图 18-56 设置模型所有实体单元数

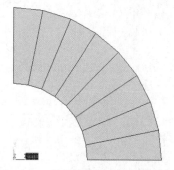 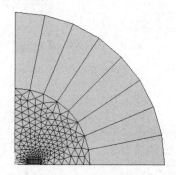

图 18-57 线圈和远场区域网格划分　　　　图 18-58 模型的网格划分

（11）定义分析参数。从实用菜单中选择 Utility Menu > Parameters > Scalar Parameters 命令，弹出 Scalar Parameters 对话框。在 Selection 文本框中输入"rho=3e-8"，单击 Accept 按钮。然后依次在 Selection 文本框中分别输入"Sc=s**2""Vc=2*acos(-1)*r*Sc""Rcoil=rho*(n/Sc)**2*Vc"并单击 Accept 按钮确认，输入完成后，单击 Close 按钮，关闭 Scalar Parameters 对话框。

① 定义线圈实常数。从主菜单中选择 Main Menu > Preprocessor > Real Constants > Add/Edit/Delete 命令，弹出 Real Constants 实常数对话框，单击 Add 按钮，弹出 Element Type for Real Constants 定义实常数单元类型对话框，选择 Type 2 PLANE233，单击 OK 按钮，弹出"Real Constant Set Number 1, for PLANE233"为 PLANE233 单元定义实常数对话框，在"Coil cross-section area　SC"后面的文本框中输入"2*a"，在"Number of coil turns　NC"后面的文本框中输入 n，在"Mean radius of coil　RAD"后面的文本框中输入 R，在"Coil resistance R"后面的文本框中输入 Rcoil，在"Coil symmetry factor"后面的文本框中输入 2。单击 OK 按钮。给载压型线圈定义了线圈的截面积、线圈匝数、电流方向以及线圈的填充因子。

② 单击实常数对话框 Close 按钮，并一同关闭网格划分工具 MeshTool 对话框。

（12）保存网格数据。从实用菜单中选择 Utility Menu > File > Save as 命令，弹出 Save Database 对话框，在"Save Database to"下面文本框中输入文件名"Vol_coil_2D_mesh.db"，单击 OK 按钮。

（13）耦合线圈的电流自由度。从实用菜单中选择 Utility Menu > Parameters > Scalar Parameters 命令，弹出 Scalar Parameters 对话框，如图 18-44 所示。在 Selection 输入行输入："n1=node(s,0,0)"，单击"Accept"按钮。然后单击 Close 按钮，关闭"Scalar Parameters"对话框。将位置为（s,0,0）处（线圈左下角）节点号值赋给参数 n1。

① 选择线圈上的所有单元。从实用菜单中选择 Utility Menu > Select > Entities 命令，弹出一个"Select Enti…"对话框，如图 18-53 所示。在最上边的第一个下拉列表框中选择 Elements，在其下的第二个下拉列表框中选择 By Attributes，再在下边的单选按钮中选中 Material Num，在"Min, Max, Inc"下面的文本框中输入"2"，单击 OK 按钮。

② 选择线圈单元上所有节点。从实用菜单中选择 Utility Menu > Select > Entities 命令，弹出一个"Select Entities"对话框，在最上边的第一个下拉列表框中选择 Nodes，在其下的第二个下拉列表框中选择 Attached to，在选取设置上边的单选按钮中选中 Elements，在下边的单选按钮中选中 From Full，单击 OK 按钮。

③ 耦合线圈电流自由度。从主菜单中选择 Main Menu > Preprocessor > Coupling / Ceqn > Couple DOFs 命令，弹出一个定义耦合节点自由度的节点拾取框，单击 Pick All 按钮，弹出 Define Couple DOFs 自由度耦合设置对话框，如图 18-59 所示。在 Set reference number 后面的文本框中输入"1"，在 Degree-of-freedom label 后面的下拉列表框中选择 VOLT，单击 Apply 按钮。单击 Pick All 按钮。然后在 Set reference number 后面的文本框中输入"2"，在"Degree-of-freedom label"后面的下拉列表框中选择 EMF。单击 OK 按钮。

（14）选择所有的实体。从实用菜单中选择 Utility Menu > Select > Everything 命令，以选择所有实体。

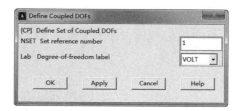

图 18-59 自由度耦合设置对话框

3. 加边界条件和载荷

（1）改变坐标系。从实用菜单中选择 Utility Menu > WorkPlane > Change Active CS to > Global Cylindrical 命令，把当前的活动坐标系由笛卡儿坐标系改变为柱坐标系。

（2）选择远场边界上的节点。从实用菜单中选择 Utility Menu > Select > Entities 命令，弹出 Select Entities 对话框，在最上边的第一个下拉列表框中选取 Nodes，在其下的第二个下拉列表框中选择 By Location，在下边的单选按钮中选中 X coordinates，在"Min, Max"下面的文本框中输入"12*s"，再在其下的单选按钮中选中 From Full，单击 OK 按钮，选中半径在"12*s"处远场边界上的所有节点。

（3）在远场外边界节点上施加磁标志。从主菜单中选择 Main Menu > Solution > Define Loads > Apply > Magnetic > Flag > Infinite Surf > On Nodes 命令，弹出一个拾取节点的拾取框，单击 Pick All 按钮。给远场区域外边界施加磁标志。

（4）选择所有的实体。从实用菜单中选择 Utility Menu > Select > Everything 命令，以选择所有实体。

（5）改变坐标系。从实用菜单中选择 Utility Menu > WorkPlane > Change Active CS to > Global Cartesian 命令，把当前的活动坐标系由全局柱坐标系改变为全局笛卡儿坐标系。

（6）选择 Y 轴上的节点。从实用菜单中选择 Utility Menu > Select > Entities 命令，弹出 Select

Entities 对话框，在最上边的第一个下拉列表框中选择 Nodes，在其下的第二个下拉列表框中选择 By Location，在下边的单选按钮中选中 X coordinates，在 Min, Max 下面的文本框中输入"0"，再在其下的单选按钮中选中 From Full，单击 OK 按钮，选中半径在 0 处即 Y 轴上的所有节点。

（7）施加磁力线平行边界条件。从主菜单中选择 Main Menu > Solution > Define Loads > Apply > Magnetic > Boundary > Vector Poten > Flux Par'l > On Nodes 命令，弹出一个拾取节点的拾取框，单击 Pick All 按钮。

（8）选择所有的实体。从实用菜单中选择 Utility Menu > Select > Everything 命令，以选择所有实体。

（9）选择分析类型。从主菜单中选择 Main Menu > Solution > Analysis Type > New Analysis 命令，弹出 New Analysis 选择分析类型对话框，如图 18-60 所示，在单选按钮中选中 Harmonic，单击 OK 按钮。

（10）选择线圈上的所有单元。从实用菜单中选择 Utility Menu > Select > Entities 命令，弹出"Select Enti…"对话框，在最上边的第一个下拉列表框中选择 Elements，在其下的第二个下拉列表框中选择 By Attributes，再在下边的单选按钮中选中 Material num，在"Min, Max, Inc"下面的文本框中输入"2"，单击 OK 按钮。

从实用菜单中选择 Utility Menu > Select > Entities 命令，弹出 Select Entities 对话框，在最上边的第一个下拉列表框中选择 Nodes，再在下边的单选按钮中选中 Attached to，然后选择 Elements，单击 OK 按钮。

（11）给线圈施加电压降载荷。从主菜单中选择 Main Menu > Solution > Define Loads > Apply > Electric > Boundary > Voltage > On Nodes 命令，在弹出的对话框中单击 Pick All 按钮，弹出 Apply VOLT on Nodes 设置激励电压降幅值对话框，如图 18-61 所示。在 VALUE Real part of VOLT 后面的文本框中输入"12"，单击 OK 按钮。

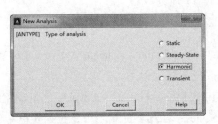
图 18-60　选择分析类型对话框

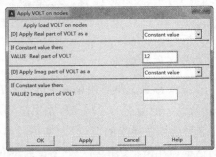
图 18-61　设置激励电压降幅值对话框

（12）选择所有的实体。从实用菜单中选择 Utility Menu > Select > Everything 命令，以选择所有实体。

（13）设置激励电压频率。从主菜单中选择 Main Menu > Solution > Load Step Opts > Time/Frequenc > Freq and Substps 命令，弹出 Harmonic Frequency and Substep Option 设置激励电压频率的对话框，如图 18-62 所示。在 Harmonic Freq range 后面的第二个文本框中输入"60"，单击 OK 按钮。

4. 求解

（1）求解运算。从主菜单中选择 Main Menu > Solution > Solve > Current LS 命令，弹出一个对话框和一个信息窗口，单击对话框上的 OK 按钮，开始求解运算，直到出现一个 Solution is done 的提示栏，表示求解结束。

（2）保存计算结果到文件。从实用菜单中选择 Utility Menu > File > Save as 命令，弹出 Save Database 对话框，在 Save Database to 下面的文本框中输入文件名"Vol_coil_2D_resu.db"，单击 OK 按钮。

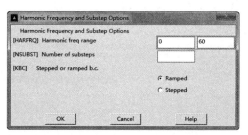

图 18-62 谐分析频率和子步选项对话框

5. 查看计算结果

（1）读入结果数据。从主菜单中选择 Main Menu > General Postproc > Read Results > First Set 命令。

（2）查看磁力线分布。从主菜单中选择 Main Menu > General Postproc > Plot Results > Contour Plot > 2D Flux Lines 命令，弹出 Plot 2D Flux Lines 对话框，采用默认设置，如图 18-63 所示，单击 OK 按钮，出现磁力线分布图，如图 18-64 所示。

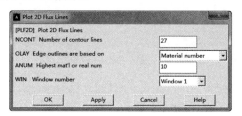

图 18-63 Plot 2D Flux Lines 对话框

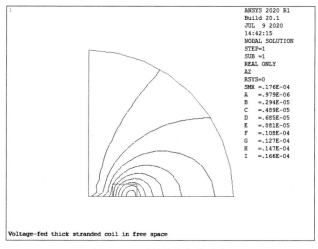

图 18-64 线圈磁力线分布

这里绘制的磁力线（通量线）是一步载荷所产生的，谐性分析中，线性谐性分析求解按一步进行。交变电流产生的是交变磁场，所以在这里的默认模式下绘制的是磁通量的实部（交变量可用复数表示）。

（3）获取实部电流值。从实用菜单中选择 Utility Menu > Parameters > Get Scalar Data 命令，弹出 Get Scalar Data 获取标量参数的对话框，如图 18-65 所示。在 Type of data to be retrieved 后面左边列表框中选择 Results data，右边列表框中选择 Nodal results，单击 OK 按钮，弹出 Get Nodal Results Data 获取指定节点电流密度的对话框，如图 18-66 所示。在 Name of parameter to be defined 后面的文本框中输入"curreal"，在 Node number N 后面的文本框中输入"n1"，在 Results data to be retrieved 后面的左边列表框中选择 DOF solution，在右边列表框中选择 Current CURR，单击 OK 按钮。

图 18-65 获取标量参数对话框

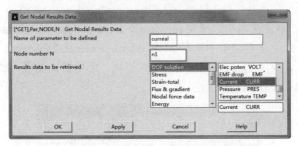

图 18-66 获取节点电流值对话框

从实用菜单中选择 Utility Menu > Parameters > Scalar Parameters 命令，弹出 Scalar Parameters 对话框，如图 18-44 所示。在列出的标量参数中会看到"CURREAL=1.1921976"，此值就是电流的实部。

（4）获取虚部电流值。从主菜单中选择 Main Menu > General Postproc > Read Results > By Load Step 命令，弹出 Read Results by Load Step Number 对话框，如图 18-67 所示，在 Real or imaginary part 后面的下拉列表框中选择 Imaginary part，单击 OK 按钮，把实部显示改为虚部显示。

① 查看虚部磁力线分布。从主菜单中选择 Main Menu > General Postproc > Plot Results > Contour Plot > 2D Flux Lines 命令，弹出 Plot 2D Flux Lines 对话框，单击 OK 按钮，出现磁力线分布图，与图 18-63 相似。

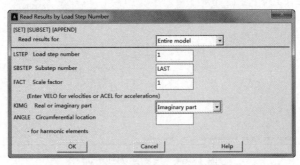

图 18-67 按载荷步读入结果数据

② 获取虚部电流值。从实用菜单中选择 Utility Menu > Parameters > Get Scalar Data 命令，弹出 Get Scalar Data 获取标量参数的对话框，如图 18-65 所示。在 Type of data to be retrieved 后面左边列表

框中选择 Results data，在右边列表框中选择 Nodal results，单击 OK 按钮，弹出 Get Nodal Results Data 获取指定节点电流密度的对话框，如图 18-66 所示。在 Name of parameter to be defined 后面的文本框中输入"curimag"，在 Node number N 后面的文本框中输入"n1"，在 Results data to be retrieved 后面的左边列表框中选择 DOF solution，在右边列表框中选择 Current CURR，单击 OK 按钮。

③ 从实用菜单中选择 Utility Menu > Parameters > Scalar Parameters 命令，弹出 Scalar Parameters 对话框，如图 18-44 所示。在列出的标量参数中会看到"CURIMAG= -1.62066033"，此值就是电流的实部。

（5）获得三维实体的磁力线分布。从实用菜单中选择 Utility Menu > PlotCtrls > Style > Symmetry Expansion > 2D Axi-Symmetric 命令，弹出 2D Axi-Symmetric Expansion 对话框，选择 1/4 expansion，单击 OK 按钮。将如图 18-64 所示的磁力线等值线图绕对称轴旋转 90º 成一个三维实体。

改变视角方向。从实用菜单中选择 Utility Menu > PlotCtrls > Pan,Zoom,Rotate 命令，弹出移动、缩放和旋转对话框，选择视角方向为 iso，所得的扩展后的节点磁流密度等值云图如图 18-68 所示。

（6）退出 ANSYS。单击工具栏上的 QUIT 按钮，弹出 Exit 对话框，选中 Quit-No Save!单选按钮，单击 OK 按钮，退出 ANSYS 软件。

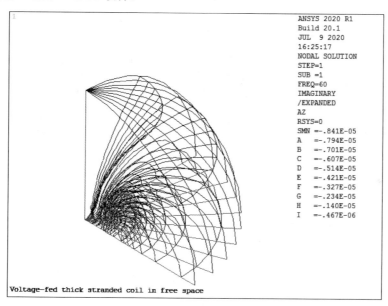

图 18-68　扩展后的三维磁力线等值线图

18.4.3　命令流方式

命令流方式这里不再详细介绍，读者可参见随书资源中的电子文档。

18.5　二维瞬态磁场分析中要使用的单元

如同 ANSYS 其他类型分析一样，瞬态磁场分析要建立物理环境、建模、给模型区域赋属性、划分网格、加边界条件和载荷、求解、检查结果。二维瞬态磁场分析的大多数步骤都相同或相似于二维静态磁场分析步骤。在涡流区域，瞬态模型只能用矢量位方程描述。

18.6 实例——二维螺线管制动器内瞬态磁场的分析

18.6.1 问题描述

把螺线管制动器作为 2-D 轴对称模型进行分析，计算衔铁部分（螺线管制动器的运动部分）的受力情况、线圈电感和电压激励下的线圈电流。螺线管制动器如图 18-69 所示，参数说明如表 18-6 所示。

在 0.01s 时间内给线圈加电压（斜坡式）0~12V，然后电压保持常数直到 0.06s。线圈要求定义其他特性，包括横截面面积和填充系数。本实例使用了铜的阻抗，衔铁部分假设为铁质，故也应该输入电阻。

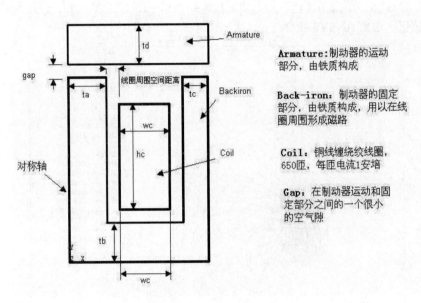

图 18-69 螺线管制动器

本实例的目的在于研究已知变化电压载荷下，线圈电流、衔铁受力和线圈电感随时间的响应情况（由于衔铁中的涡流效应，线圈电感会有微小变化）。

求解时，使用恒定时间步长，分为 3 个载荷步，分别设置在 0.01s、0.03s、0.06s。在时间历程后处理器中，对于已经定义好的组件可以用 PMGTRAN 命令或者其等效路径计算需要的结果，并可用 DISPLAY 程序显示从该命令生成的 filemg_trns.plt 文件中的结果。

表 18-6 参数说明

参　　数	说　　明
n=650	线圈匝数，在后处理中用
ta=0.75	磁路内支路厚度（cm）
tb=0.75	磁路下支路厚度（cm）
tc=0.50	磁路外支路厚度（cm）

续表

参　　数	说　　明
td=0.75	衔铁厚度（cm）
wc=1	线圈宽度（cm）
hc=2	线圈高度（cm）
gap=0.25	间隙（cm）
space=0.25	线圈周围空间距离（cm）
ws=wc+2*space	—
hs=hc+0.75	—
w=ta+ws+tc	模型总宽度（cm）
hb=tb+hs	—
h=hb+gap+td	模型总高度（cm）
acoil=wc*hc	线圈截面积（cm^2）

18.6.2　GUI 操作方法

1．创建物理环境

（1）过滤图形界面。从主菜单中选择 Main Menu > Preferences 命令，弹出 Preferences for GUI Filtering 对话框，选择 Magnetic-Nodal 以对后面进行分析的菜单及相应的图形界面过滤。

（2）定义工作标题。从实用菜单中选择 Utility Menu > File > Change Title 命令，在弹出的对话框中输入 "2D Solenoid Actuator Transient Analysis"，单击 OK 按钮，如图 18-70 所示。

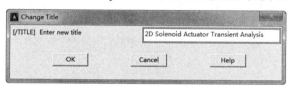

图 18-70　定义工作标题

（3）指定工作名。从实用菜单中选择 Utility Menu > File > Change Jobname 命令，弹出如图 18-71 所示的对话框，在 Enter new jobname 文本框中输入 "Emage_2D"，单击 OK 按钮。

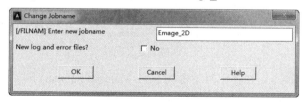

图 18-71　定义工作名

（4）定义单元类型和选项。

在命令行输入以下命令：

```
/PREP7
ET,1,PLANE53,,,1
ET,2,PLANE53,2,,1
```

（5）定义材料属性。从主菜单中选择 Main Menu > Preprocessor > Material Props > Material Models 命令，弹出 Define Material Model Behavior 对话框，在右边的列表框中依次选择 Electromagnetics > Relative Permeability > Constant 选项后，又弹出 Permeability for Material Number 1 对话框，如图 18-72 所示。在 MURX 文本框中输入"1"，单击 OK 按钮。

① 选择 Edit > Copy 命令，弹出 Copy Material Model 对话框，如图 18-73 所示。在 from Material number 下拉列表框中选择材料号为 1；在 to Material number 文本框中输入材料号为"2"，单击 OK 按钮，这样就把 1 号材料的属性复制给了 2 号材料。在 Define Material Model Behavior 对话框左边列表框中依次选择 Material Model Number 2 > Permeability (Constant)选项，在弹出的 Permeability for Material Number 2 对话框中将 MURX 设置为 1000，单击 OK 按钮。

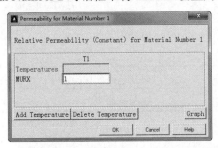

图 18-72　定义相对磁导率

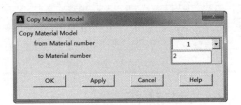

图 18-73　复制材料属性

② 选择 Edit > Copy 命令，在弹出对话框的 from Material number 下拉列表框中选择材料号为 1；在 to Material number 文本框中输入材料号为"3"，单击 OK 按钮，把 1 号材料的属性复制给 3 号材料。在 Define Material Model Behavior 对话框的左边列表框中选择 Material Model Number 3 选项，在右边列表框中依次选择 Electromagnetics > Resistivity > Constant 后选项，再次弹出 Resistivity for Material Number 3 对话框，如图 18-74 所示。在该对话框的 RSVX 文本框中输入"3E-8"，单击 OK 按钮。

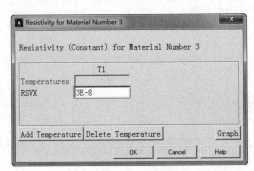

图 18-74　定义阻抗

③ 选择 Edit > Copy 命令，在弹出对话框的 from Material number 下拉列表框中选择材料号为 3；在 to Material number 文本框中输入材料号为"4"，单击 OK 按钮，把 3 号材料的属性复制给 4 号材料。在 Define Material Model Behavior 对话框的左边列表框中依次选择 Material Model Number 4 > Permeability (Constant)选项,在弹出的 Permeability for Material Number 4 对话框中将 MURX 设置为 2000，选择 Material Model Number 4 和 Resistivity (Constant)选项，在弹出的 Resistivity for Material Number 4 对话框中将 RSVX 文本框改为"70E-8"，单击 OK 按钮。

④ 选择 Material > Exit 命令以结束操作，得到结果如图 18-75 所示。

第18章 二维磁场分析

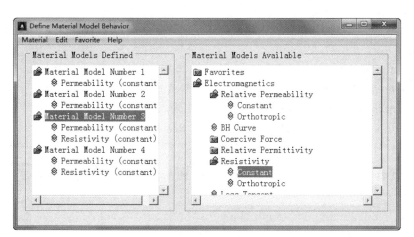

图 18-75　定义材料模型属性的结果

（6）查看材料列表。从实用菜单中选择 Utility Menu > List > Properties > All Materials 命令，弹出 MPLIST Command 信息窗口。信息窗口中列出了所有已经定义的材料及其属性，确认无误后，选择 File > Close 命令关闭窗口，或者直接单击窗口右上角的关闭按钮 ，关闭窗口。

2. 建立模型，赋予特性，划分网格

（1）定义分析参数。从实用菜单中选择 Utility Menu > Parameters > Scalar Parameters 命令，弹出 Scalar Parameters 对话框，在 Selection 文本框中输入 N=650，单击 Accept 按钮。然后依次在 Selection 文本框中输入"TA=0.75""TB=0.75""TC=0.50""TD=0.75""WC=1""HC=2""GAP=0.25""SPACE=0.25""WS=WC+2*SPACE""HS=HC+0.75""W=TA+WS+TC""HB=TB+HS""H=HB+GAP+TD""ACOIL=WC*HC"，并单击 Accept 按钮确认，当输入完成后，单击 Close 按钮，关闭 Scalar Parameters 对话框，其输入参数的结果如图 18-76 所示。

（2）打开面积区域编号显示。从实用菜单中选择 Utility Menu > PlotCtrls > Numbering 命令，弹出 Plot Numbering Controls 对话框，如图 18-77 所示。选中 Area numbers 后面的复选框，使其状态由 Off 变为 On，单击 OK 按钮关闭对话框。

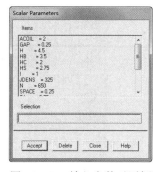

图 18-76　输入参数对话框

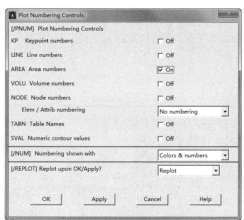

图 18-77　显示面积编号对话框

（3）定义实常数。从主菜单中选择 Main Menu > Preprocessor > Real Constants > Add/Edit/Delete 命令，弹出 Element Types 单元类型对话框，单击 Add 按钮，选择单元类型 2，再单击 OK 按钮，出

现 PLANE53 单元的实常数对话框 "Real Constant Set Number 1, for PLANE53",如图 18-78 所示。分别进行以下操作:
- ☑ 在 Coil cross-sectional area CARE 后面的文本框中输入 "acoil*(0.01**2)"。
- ☑ 在 Total number of coil turns TURN 后面的文本框中输入 "n"。
- ☑ 在 Current in z-direction DIRZ 后面的文本框中输入 "1"。
- ☑ 在 Coil fill factor FILL 后面的文本框中输入 "0.95"。

单击 OK 按钮,出现 Real Constants 实常数对话框,其中列出常数组 1,如图 18-79 所示。

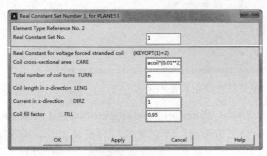
图 18-78 PLANE53 单元的实常数对话框

图 18-79 实常数数组

(4) 建立平面几何模型。从主菜单中选择 Main Menu > Preprocessor > Modeling > Create > Areas > Rectangle > By Dimensions 命令,弹出 Create Rectangle by Dimensions 对话框,如图 18-80 所示。在 X-coordinates 文本框中分别输入 "0" 和 "W",在 Y-coordinates 文本框中分别输入 "0" 和 "TB",单击 Apply 按钮。

① 在 X-coordinates 文本框中分别输入 "0" 和 "W",在 Y-coordinates 文本框中分别输入 "TB" 和 "HB",单击 Apply 按钮。

② 在 X-coordinates 文本框中分别输入 "TA" 和 "TA+WS",在 Y-coordinates 文本框中分别输入 "0" 和 "H",单击 Apply 按钮。

③ 在 X-coordinates 文本框中分别输入 "TA+SPACE" 和 "TA+SPACE+WC",在 Y-coordinates 文本框中分别输入 "TB+SPACE" 和 "TB+SPACE+HC",单击 OK 按钮。

(5) 布尔运算。从主菜单中选择 Main Menu > Preprocessor > Modeling > Operate > Booleans > Overlap > Areas 命令,弹出 Overlap Areas 拾取框,如图 18-81 所示。单击 Pick All 按钮,对所有的面进行叠分操作。

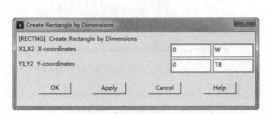
图 18-80 生成矩形对话框

图 18-81 面叠分拾取框

① 从主菜单中选择 Main Menu > Preprocessor > Modeling > Create > Areas > Rectangle > By Dimensions 命令，弹出 Create Rectangle by Dimensions 对话框，在 X-coordinates 文本框中分别输入"0"和"W"，在 Y-coordinates 文本框中分别输入"0"和"HB+GAP"，单击 Apply 按钮。

② 在 X-coordinates 文本框中分别输入"0"和"W"，在 Y-coordinates 文本框中分别输入"0"和"H"，单击 OK 按钮。

（6）布尔运算。从主菜单中选择 Main Menu > Preprocessor > Modeling > Operate > Booleans > Overlap > Areas 命令，弹出 Overlap Areas 拾取框，单击 Pick All 按钮，对所有的面进行叠分操作。

（7）压缩不用的面号。从主菜单中选择 Main Menu > Preprocessor > Numbering Ctrls > Compress Numbers 命令，弹出 Compress Numbers 对话框，如图 18-82 所示。在 Item to be compressed 下拉列表框中选择 Areas 选项，将面号重新压缩编排，从 1 开始中间没有空缺，单击 OK 按钮退出对话框。

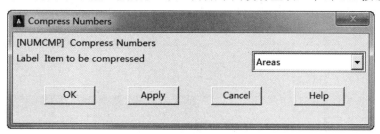

图 18-82　压缩面号对话框

（8）重新显示。从实用菜单中选择 Utility Menu > Plot > Replot 命令，最后得到制动器的几何模型，如图 18-83 所示。

（9）保存几何模型文件。从实用菜单中选择 Utility Menu > File > Save as 命令，弹出 Save DataBase 对话框，如图 18-84 所示。在 Save Database to 文本框中输入文件名"Emage_2D_geom.db"，单击 OK 按钮。

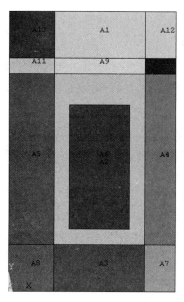

图 18-83　生成的制动器几何模型

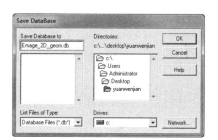

图 18-84　Save DataBase 对话框

（10）给面赋予特性。从主菜单中选择 Main Menu > Preprocessor > Meshing > MeshTool 命令，弹出 MeshTool（网格划分工具）对话框，如图 18-85 所示。在 Element Attributes 栏的下拉列表框中选择 Areas 选项，单击 Set 按钮，弹出 Area Attributes 面拾取框，在图形界面上拾取编号为 A2 的面，或者直接在拾取框的文本框中输入"2"，并按 Enter 键，单击拾取框上的 OK 按钮，又弹出一个如图 18-86 所示的 Area Attributes（给面赋予属性）对话框，在 Material number 下拉列表框中选择 3 选项，在 Element type number 后面的下拉列表框中选择 2 PLANE53 选项，给线圈输入材料属性。单击 Apply 按钮再次弹出面拾取框。

图 18-85　网格划分工具对话框

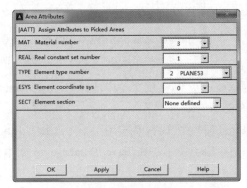

图 18-86　给面赋予属性的对话框

① 在 Area Attributes 面拾取框的文本框中输入"1，12，13"，单击拾取框上的 OK 按钮，弹出如图 18-86 所示的 Area Attributes 对话框，在 Material number 下拉列表框中选择 4 选项，在 Element type number 后面的下拉列表框中选择"1 PLANE53"选项，给制动器运动部分输入材料属性。单击 Apply 按钮，再次弹出面拾取框。

② 在 Area Attributes 面拾取框的文本框中输入"3，4，5，7，8"，单击拾取框上的 OK 按钮，弹出如图 18-86 所示的 Area Attributes 对话框，在 Material number 下拉列表框中选择 2 选项，给制动器固定部分输入材料属性。单击 OK 按钮。

③ 剩下的空气面默认被赋予了 1 号材料属性。

（11）选择所有的实体。从实用菜单中选择 Utility Menu > Select > Everything 命令，以选择所有实体。

（12）按材料属性显示面。从实用菜单中选择 Utility Menu > PlotCtrls > Numbering 命令，弹出如图 18-77 所示的 Plot Numbering Controls 对话框。在 Elem/Attrib numbering 下拉列表框中选择 Material numbers 选项，单击 OK 按钮，其结果如图 18-87 所示。

（13）保存数据结果。单击工具栏上的 SAVE_DB 按钮。

（14）制定智能网格划分的等级。在图 18-85 中，选中 MeshTool 网格划分工具对话框中的 Smart Size 复选框，并将 Fine-Coarse 工具条拖曳到 4 的位置。设定智能网格划分的等级为 4。

（15）智能划分网格。在图 18-85 中，在 MeshTool 网格划分工具对话框中的 Mesh 下拉列表框中选择 Areas 选项，在 Shape 后面的选项组中选中 Quad 单选按钮，表示要划分单元形状为四边形，在下面的自由划分 Free 和映射划分 Mapped 中选中 Free 单选按钮，其结果如图 18-87 所示。单击 Mesh 按钮，弹出 Mesh Areas 拾取框，单击 Pick All 按钮，生成的网格结果如图 18-88 所示。单击网格划分工具对话框中的 Close 按钮。

（16）保存网格数据。从实用菜单中选择 Utility Menu > File > Save as 命令，弹出 Save Database 对话框，在 Save Database to 文本框中输入文件名"Emage_2D_mesh.db"，单击 OK 按钮。

3．加边界条件和载荷

（1）选择衔铁上的所有单元。从实用菜单中选择 Utility Menu > Select > Entities 命令，弹出 Select Entities 对话框，如图 18-89 所示。在最上边的第一个下拉列表框中选择 Elements 选项，在其下的第二个下拉列表框中选择 By Attributes 选项，再选中 Material num 单选按钮，在 Min,Max,Inc 文本框中输入"4"，单击 OK 按钮。

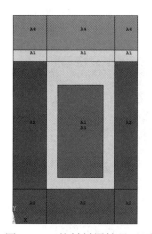 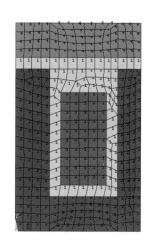 

图 18-87　按材料属性显示面　　　图 18-88　生成的有限元网格面　　　图 18-89　选择实体对话框

（2）将所选单元生成一个组件。从实用菜单中选择 Utility Menu > Select > Comp/Assembly > Create Component 命令，弹出 Create Component 对话框，如图 18-90 所示。在 Component name 文本框中输入组件名"Arm"，在 Component is made of 下拉列表框中选择 Elements 选项，单击 OK 按钮。

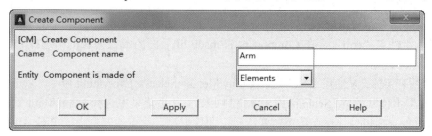

图 18-90　生成组件对话框

(3)选择所有实体。从实用菜单中选择 Utility Menu > Select > Everything 命令,以选择所有实体。

(4)给衔铁施加边界条件。

在命令行中输入以下命令:

FMAGBC, 'ARM'

(5)选择线圈上的所有单元。从实用菜单中选择 Utility Menu > Select > Entities 命令,弹出 Select Entities 对话框,如图 18-89 所示。在最上边的第一个下拉列表框中选择 Elements 选项,在其下的第二个下拉列表框中选择 By Attributes 选项,再选中 Material num 单选按钮,在 Min,Max,Inc 文本框中输入"3",单击 Apply 按钮。

(6)选择线圈上的所有节点。在最上边的第一个下拉列表框中选择 Nodes 选项,在其下的第二个下拉列表框中选择 Attached to 选项,在下面的单选按钮中分别选中 Elements 和 From Full,单击 OK 按钮。

(7)耦合线圈节点电流自由度。从主菜单中选择 Main Menu > Preprocessor > Coupling / Ceqn > Couple DOFs 命令,弹出一个定义耦合节点自由度的节点拾取框,单击 Pick All 按钮,弹出 Define Couple DOFs(自由度耦合设置)对话框,如图 18-91 所示。在 Set reference number 后面的文本框中输入"1",在 Degree-of-freedom label 后面的下拉列表框中选择 CURR 选项,单击 OK 按钮,可以看到在模型的线圈部分出现标志。图 18-92 是耦合了电流自由度后的线圈单元。

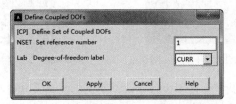

图 18-91 自由度耦合设置对话框

图 18-92 自由度耦合后线圈单元

(8)将线圈单元生成一个组件。从实用菜单中选择 Utility Menu > Select > Comp/Assembly > Create Component 命令,弹出 Create Component 对话框,如图 18-90 所示。在 Component name 后面的文本框中输入组件名"coil",在 Component is made of 后面的下拉列表框中选择 Elements 选项,单击 OK 按钮。

(9)选择所有实体。从实用菜单中选择 Utility Menu > Select > Everything 命令,以选择所有实体。

(10)将模型单位制改成(Scale)MKS 单位制(米)。从主菜单中选择 Main Menu > Preprocessor > Modeling > Operate > Scale > Areas 命令,弹出一个面拾取框,单击拾取框上的 Pick All 按钮,又弹出一个如图 18-93 所示的对话框,在 RX,RY,RZ Scale factors 文本框中依次输入"0.01,0.01,1",在

Existing areas will be 下拉列表框中选择 Moved 选项，单击 OK 按钮。

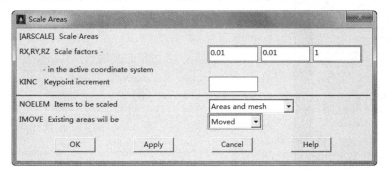

图 18-93　模型缩放对话框

（11）选择分析类型。从主菜单中选择 Main Menu > Solution > Analysis Type > New Analysis 命令，弹出 New Analysis 选择分析类型对话框，如图 18-94 所示。在单选按钮中选中 Transient，单击 OK 按钮，再次弹出 Transient Analysis 对话框，如图 18-95 所示。接受默认求解方法 Solution method 为 FUll，单击 OK 按钮。

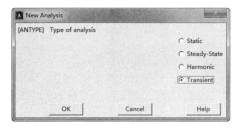
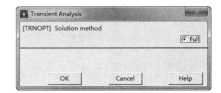

图 18-94　选择分析类型对话框　　　　　　　图 18-95　瞬态分析对话框

（12）选择外围节点。从实用菜单中选择 Utility Menu > Select > Entities 命令，弹出 Select Entities 对话框。在最上边的第一个下拉列表框中选择 Nodes 选项，在其下的第二个下拉列表框中选择 Exterior 选项，单击 Sele All 按钮，再单击 OK 按钮。

（13）施加磁力线平行条件。从主菜单中选择 Main Menu > Solution > Define Loads > Apply > Magnetic > Boundary > Vector Poten > Flux Par'l > On Nodes 命令，出现一个拾取框，单击 Pick All 按钮，所施加的结果如图 18-96 所示。

（14）选择所有实体。从实用菜单中选择 Utility Menu > Select > Everything 命令，以选择所有实体。

（15）选择组件。从实用菜单中选择 Utility Menu > Select > Comp/Assembly > Select Comp/Assembly 命令，弹出 Select Component or Assembly 对话框，接受默认选项 by Component name，单击 OK 按钮，又弹出一个选择组件对话框，在 Comp/Assemb to be selected 后面的下拉列表框中选择 COIL 选项，单击 OK 按钮。

（16）施加电压载荷。从主菜单中选择 Main Menu > Solution > Define Loads > Apply > Magnetic > Excitation > Voltage Drop > On Elements 命令，弹出一个单元拾取框，单击 Pick All 按钮，弹出 Apply VLTG on Elems（施加电压载荷）对话框，如图 18-97 所示，在 Voltage drop mag（VLTG）后面的输入栏中输入 12，单击 OK 按钮。

（17）选择所有实体。从实用菜单中选择 Utility Menu > Select > Everything 命令，以选择所有实体。

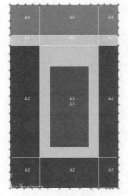

图 18-96 施加磁力线平行条件

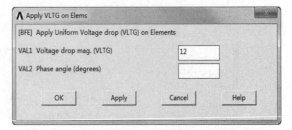

图 18-97 施加电压载荷对话框

4．求解

（1）设定时间和子步选项。从主菜单中选择 Main Menu > Solution > Load Step Opts > Time/Frequenc > Time and Substps 命令，弹出 Time and Substep Options（设定时间和子步选项）对话框，如图 18-98 所示。在 Time at end of load step 后面的文本框中输入"0.01"，单击 OK 按钮。

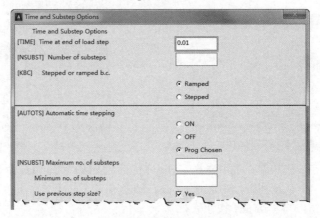

图 18-98 设定时间和子步选项对话框

（2）设定时间和时间步长选项。从主菜单中选择 Main Menu > Solution > Load Step Opts > Time/Frequenc > Time - Time Step 命令，弹出 Time and Time Step Options（设定时间和时间步长选项）对话框，如图 18-99 所示。在 Time step size 后面的文本框中输入"0.002"，单击 OK 按钮。这样将加载时间 0～0.01s 设置分为 5 个子步求解，每一步加载方式为斜坡式（ANSYS 默认设置）。

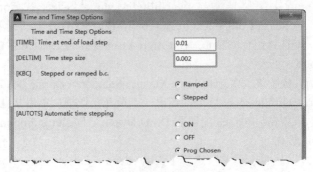

图 18-99 设定时间和时间步长选项对话框

第 18 章 二维磁场分析

（3）数据库和结果文件输出控制。从主菜单中选择 Main Menu > Solution > Load Step Opts > Output Ctrls > DB/Results File 命令，弹出 Controls for Database and Results File Writing 对话框，如图 18-100 所示。在 Item to be controlled 后面的下拉列表框中选择 All items 选项，在 File write frequency 下面的单选按钮中选中 Every substep，单击 OK 按钮，把每个子步的求解结果写到数据库中。

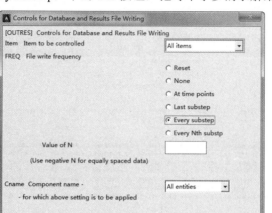

图 18-100　数据库和结果文件输出控制对话框

（4）求解。从主菜单中选择 Main Menu > Solution > Solve > Current LS 命令，弹出一个信息窗口和一个求解当前载荷步对话框，确认信息无误后关闭，单击求解对话框中的 OK 按钮，开始求解运算，直到出现 Solution is done 提示栏，表示求解结束。

（5）设定时间和子步选项。从主菜单中选择 Main Menu > Solution > Load Step Opts > Time/Frequenc > Time and Substps 命令，弹出 Time and Substp Options（设定时间和子步选项）对话框，如图 18-98 所示。在 Time at end of load step 后面的文本框中输入"0.03"，在 Number of Substeps 后面的文本框中输入"1"，单击 OK 按钮。

（6）求解。从主菜单中选择 Main Menu > Solution > Solve > Current LS 命令，弹出一个信息窗口和一个求解当前载荷步对话框，确认信息无误后关闭，单击求解对话框中的 OK 按钮，开始求解运算，直到出现 Solution is done 提示栏，表示求解结束。

（7）设定时间和时间步长选项。从主菜单中选择 Main Menu > Solution > Load Step Opts > Time/Frequenc > Time - Time Step 命令，弹出 Time and Time Step Options（设定时间和时间步长选项）对话框，如图 18-99 所示。在 Time step size 后面的文本框中输入"0.005"，单击 OK 按钮。

（8）设定时间和子步选项。从主菜单中选择 Main Menu > Solution > Load Step Opts > Time/Frequenc > Time and Substps 命令，弹出 Time and Substp Options（设定时间和子步选项）对话框，如图 18-98 所示。在 Time at end of load step 后面的文本框中输入 0.06，在 Number of Substeps 后面的文本框中输入"1"，单击 OK 按钮。

（9）求解。从主菜单中选择 Main Menu > Solution > Solve > Current LS 命令，弹出一个信息窗口和一个求解当前载荷步对话框，确认信息无误后关闭，单击求解对话框中的 OK 按钮，开始求解运算，直到出现 Solution is done 提示栏，表示求解结束。

（10）保存计算结果到文件中。从实用菜单中选择 Utility Menu > File > Save as 命令，弹出 Save Database 对话框，在 Save Database to 下面的文本框中输入文件名"Emage_2D_resu.db"，单击 OK 按钮。

5. 查看计算结果

（1）查看计算结果。从主菜单中选择 Main Menu > TimeHist Postpro > Elec&Mag > Magnetics 命令，在弹出的瞬态电磁场后处理对话框中选择计算力的单元组件 ARM 和计算电流和电感的单元组件 COIL，单击 OK 按钮，ANSYS 计算结果，然后弹出一个信息窗口并显示数据信息，如图 18-101 所示。确认无误后关闭信息窗口。图形显示如图 18-102 所示。

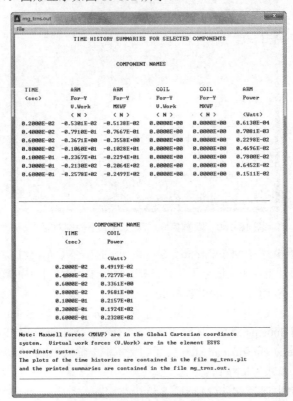

图 18-101　单元组件计算结果

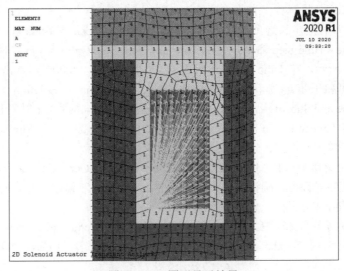

图 18-102　图形显示结果

第 18 章 二维磁场分析

（2）退出 ANSYS。单击 ANSYS Toolbar 工具栏上的 QUIT 按钮，弹出如图 18-103 所示的 Exit 对话框，选中 Quit-No Save!单选按钮，单击 OK 按钮，退出 ANSYS 软件。

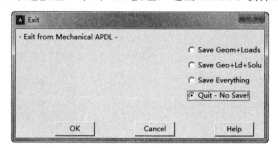

图 18-103　退出 ANSYS 对话框

18.6.3　命令流方式

命令流方式这里不再详细介绍，读者可参见随书资源中的电子文档。

第19章

三维磁场分析

对于三维静态磁场分析，可选其中标量位方法或者棱边单元方法。

磁场标量位方法将电流源以基元的方式单独处理，无须为其建立模型和划分有限元网格。当存在非均匀介质时，用基于节点的连续矢量位 A 来进行有限元计算会产生不精确的解，可通过使用棱边单元法分析方法予以消除这种理论上的缺陷。

- ☑ 三维静态磁场标量法分析中要使用的单元
- ☑ 棱边单元边方法中要使用的单元

任务驱动&项目案例

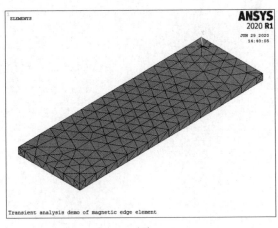

(1)

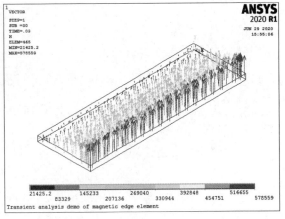

(2)

第 19 章 三维磁场分析

19.1 三维静态磁场标量法分析中要使用的单元

三维静态磁场分析（标量法）中要使用的单元如表 19-1～表 19-4 所示。

表 19-1 三维实体单元

单 元	维 数	形状或特性	自 由 度
SOLID5	3-D	六面体，8 个节点	每节点 6 个：位移、电势、磁标量位或温度
SOLID96	3-D	六面体，8 个节点	磁标量位
SOLID98	3-D	六面体，10 个节点	位移、电势、磁标量位、温度

表 19-2 三维界面单元

单 元	维 数	形状或特性	自 由 度
INTER115	3-D	四边形，4 个节点	磁标量位、磁矢量位

表 19-3 三维连接单元

单 元	维 数	形状或特性	自 由 度
SOUCE36	3D 杆装（Bar）、弧装（Arc）、线圈（Coil）基元	3 个节点	无

表 19-4 三维远场单元

单 元	维 数	形状或特性	自 由 度
INFIN47	3-D	四边形，4 个节点或三角形，3 个节点	磁标量位、温度
INFIN111	3-D	六面体，8 个或 20 个节点	磁标量位、磁矢量位、电势、温度

SOLID96 和 SOLID97 是磁场分析专用单元，SOLID62、SOLID5 和 SOLID98 更适合于耦合场求解。

在磁标量位方法中，可使用 3 种不同的分析方法，即简化标势法（RSP）、差分标势法（DSP）和通用标势法（GSP）。

- ☑ 若模型中不包含铁区，或有铁区但无电流源时，则用 RSP 法；若模型中既有铁区又有电流源时，则不能用这种方法。
- ☑ 若不适用 RSP 法，则选择 DSP 法或 GSP 法。DSP 法适用于单连通铁区，GSP 法适用于多连通铁区。

单连通铁区是指不能为电流源所产生的磁通量提供闭合回路的铁区，而多连通铁区则可以构成闭合回路。图 19-1 为连通域。

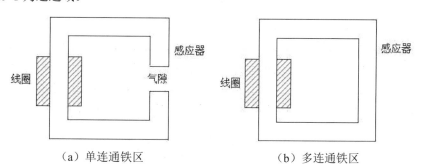

图 19-1 连通域

数学上，通过安培定律来判断单连通区或多连通区，即磁场强度沿闭合回路的积分等于包围的电流（或是电动势降 MMF）。

因为铁的磁导率非常大，所以在单连通区域中的 MMF 电动势降接近于零，几乎全部的 MMF 电动势降都发生在空气隙中。但在多连通区域中，无论铁的磁导率如何，所有的 MMF 降都发生在铁芯中。

19.2 实例——带空气隙的永磁体

在图 19-2 中，磁路是由高导磁铁芯、永磁（磁路示意图中黑色部分）和空气隙组成的。假定这是一个没有漏磁的理想磁路，决定磁通密度和磁场强度的是永磁和空气隙。

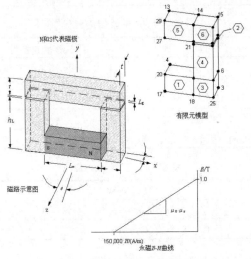

图 19-2 带空气隙永磁体磁场分析

19.2.1 问题描述

在分析中要使用的材料属性和模型几何属性列在表 19-5 中。

表 19-5 参数说明

材 料 属 性	几 何 属 性
$B_r = 1.0$ T	$L_m = 0.03$ m
$H_o = 150000$ A/m	$L_g = 0.001$ m
$\theta = -30°$（X-Z 平面）	$h_L = 0.03$ m
$\mu_r = 1 \times 10^5$（铁心）	$t = 0.01$ m

在分析中使用具有耦合场的单元 SOLID98，永磁的极化方向在 X-Z 平面内与 Z 轴形成 $\theta=-30°$ 的夹角（见图 19-2 中的磁路示意图）。永磁的矫顽力分量：MGXX = $H_o\cos\theta$=129900；MGZZ= $H_o\sin\theta$= −75000，由于永磁 B-H 曲线是直线的，其相对磁导率可通过以下方法计算：

$$\mu_r = \frac{B_r}{\mu_0 H_0} = \frac{1}{(4\pi \times 10^{-7})(150000)} = 5.30504。$$

第 19 章 三维磁场分析

铁芯具有高的导磁性,其相对导磁率为 $\mu_r = 1\times 10^5$。

由于磁路是对称的,只要建立一半的模型即可。在对称平面内磁力线垂直通过,所以在这个位置施加磁力线垂直的边界条件($\Phi=0$)。由于已假设没有漏磁,所有的磁通量沿着磁路通过,所以在所有其他外表面应施加磁力线平行的边界条件($\delta\Phi/\delta n=0$)。

此实例的理论值和 ANSYS 计算值比较如表 19-6 所示。

表 19-6 理论值和 ANSYS 计算值比较

使用 SOLID98	理 论 值	ANSYS	比 率
|B|, T（永磁）	0.7387	0.7387	1.000
|H|, A/m（永磁）	39150	39207.5582	1.001
|B|, T（空气隙）	0.7387	0.7386	1.000
|H|, A/m（空气隙）	587860	587791.7985	1.000

19.2.2 GUI 操作方法

1. 创建物理环境

（1）过滤图形界面。从主菜单中选择 Main Menu > Preferences 命令,弹出 Preferences for GUI Filtering 对话框,选中 Magnetic-Nodal 复选框来对后面的分析进行菜单及相应的图形界面过滤。

（2）定义工作标题。从实用菜单中选择 Utility Menu > File > Change Title 命令,在弹出的对话框中输入 "PERMANENT MAGNET CIRCUIT WITH AN AIR GAP",单击 OK 按钮,如图 19-3 所示。

（3）指定工作名。从实用菜单中选择 Utility Menu > File > Change Jobname 命令,在弹出对话框的 Enter new Name 文本框中输入 "permanent_3D",单击 OK 按钮。

（4）定义单元类型和选项。从主菜单中选择 Main Menu > Preprocessor > Element Type > Add/Edit/Delete 命令,弹出 Element Types（单元类型）对话框,如图 19-4 所示。单击 Add 按钮,弹出 Library of Element Types（单元类型库）对话框,如图 19-5 所示。在该对话框中左面列表框中选择 Magnetic Scalar 选项,在右边的列表框中选择 Scalar Tet 98 选项,单击 OK 按钮,定义了一个 SOLID98 单元。

图 19-3 定义工作标题

图 19-4 单元类型对话框

在图 19-4 中,单击 Options 按钮,弹出 SOILD98 element type options 对话框,如图 19-6 所示。在 Degree of freedom selection 下拉列表中选择 MAG 选项,单击 OK 按钮,返回 Element Types 单元类型对话框,得到如图 19-4 所示的结果。最后单击 Close 按钮,关闭单元类型对话框。

图 19-5 单元类型库对话框

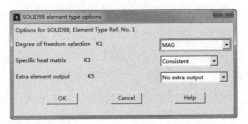

图 19-6 单元类型选项对话框

（5）设置单位制。从主菜单中选择 Main Menu > Preprocessor > Material Props > Electromag Units 命令，弹出 Electromagnetic Units 对话框，如图 19-7 所示。选中 MKS system 单选按钮，单击 OK 按钮。

（6）定义材料属性。从主菜单中选择 Main Menu > Preprocessor > Material Props > Material Models 命令，弹出 Define Material Model Behavior 窗口，在右边的列表框中依次选择 Electromagnetics > Relative Permeability > Constant 选项后，又弹出 Permeability for Material Number 1 对话框，如图 19-8 所示。在 MURX 文本框中输入"1"，单击 OK 按钮。

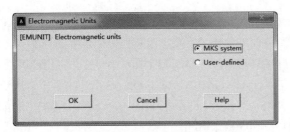

图 19-7 设定电磁单位制对话框

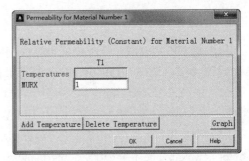

图 19-8 定义相对磁导率

① 选择 Edit > Copy 命令，弹出 Copy Material Model 对话框，如图 19-9 所示。在 from Material number 下拉列表中选择材料号为 1；在 to Material number 文本框中输入材料号为"2"，单击 OK 按钮，这样就把 1 号材料的属性复制给了 2 号材料。在 Define Material Model Behavior 窗口左边栏依次选择 Material Model Number 2 > Permeability (constant)选项，在弹出的 Permeability for Material Number 2 对话框中将 MURX 设置为 1E5，单击 OK 按钮。

② 选择 Edit > Copy 命令，在弹出对话框的 from Material number 下拉列表中选择材料号为 1；在 to Material number 文本框中输入材料号为"3"，单击 OK 按钮，把 1 号材料的属性复制给 3 号材料。在 Define Material Model Behavior 窗口左边栏依次选择 Material Model Number 3 > Permeability (constant)选项，在弹出的 Permeability for Material Number 3 对话框中将 MURX 设置为 5.30504，在右边栏依次选择 Electromagnetics > Coercive Force > Orthotropic 选项，弹出 Coercive Force for Material Number 3 对话框，如图 19-10 所示。在 MGXX 文本框中输入"129900"，在 MGZZ 文本框中输入"-75000"，单击 OK 按钮。

③ 选择 Material > Exit 命令结束，得到结果如图 19-11 所示。

（7）查看材料列表。从实用菜单中选择 Utility Menu > List > Properties > All Materials 命令，弹出 MPLIST Command 信息窗口，信息窗口列出了所有已经定义的材料以及其属性，确认无误后，关闭信息窗口。

第 19 章　三维磁场分析

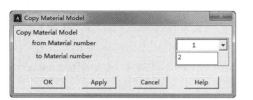

图 19-9　复制材料属性 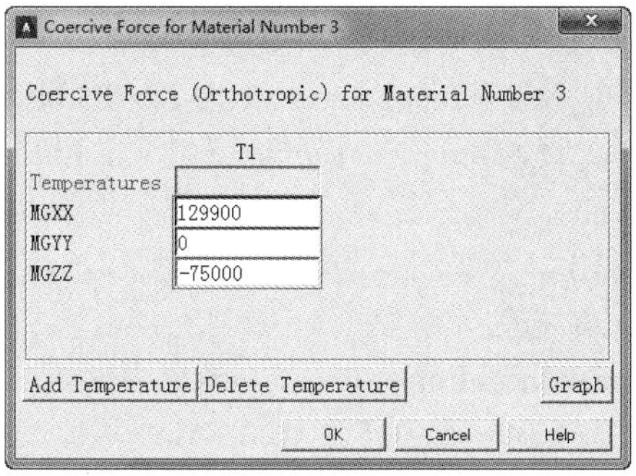　　　　　　　图 19-10　定义矫顽力

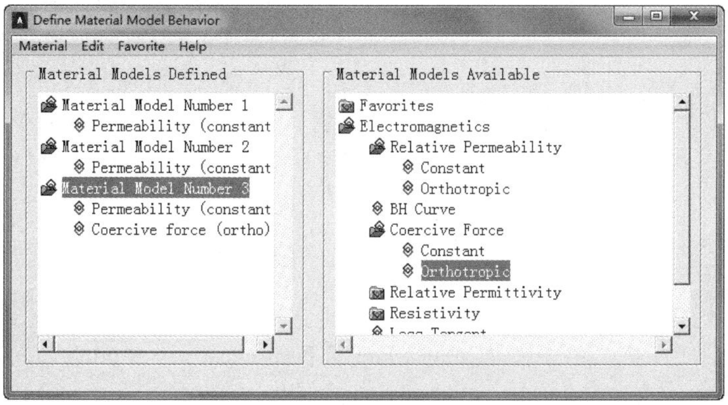

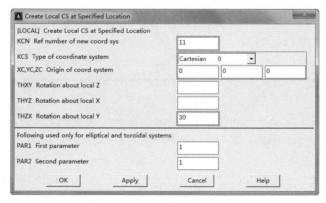

图 19-11　定义材料模型属性的结果

2. 建立模型、赋予特性、划分网格

（1）创建局部坐标系。从实用菜单中选择 Utility Menu > WorkPlane > Local Coordinate Systems > Create Local CS > At Specified Loc 命令，弹出 Create CS at Location 拾取框，在文本框中输入坐标点"0,0,0"并按 Enter 键，单击 OK 按钮，又弹出 Create Local CS at Specified Location 对话框，如图 19-12 所示。在 Ref number of new coord sys 文本框中输入"11"，在 Rotation about local Y 文本框中输入"30"，其他接受默认设置，单击 OK 按钮。

图 19-12　在指定点创建局部坐标系对话框

（2）创建关键点。从主菜单中选择 Main Menu > Preprocessor > Modeling > Create > Keypoints > In Active CS 命令，弹出 Create Keypoints in Active Coordianate System 对话框，如图 19-13 所示。在 Keypoint number 文本框中输入 "1"，在 Location in active CS 文本框中分别输入 "0,0,0"，单击 Apply 按钮。

① 设置 Keypoint number 为 2，在 Location in active CS 文本框中输入 "1.5E-2,0,0"，单击 Apply 按钮。

② 设置 Keypoint number 为 3，在 Location in active CS 文本框中输入 "2.5E-2,0,0"，单击 OK 按钮。

（3）复制关键点。从主菜单中选择 Main Menu > Preprocessor > Modeling > Copy > Keypoints 命令，弹出一个关键点拾取框，选中 List of Items 单选按钮，在文本框中输入 "1,2,3" 并按 Enter 键，单击 OK 按钮，拾取了 1~3 号关键点，又弹出 Copy Keypoints 对话框，如图 19-14 所示。在 Number of copies-including original 文本框中输入 "2"（如输入 "1" 相当于移动），在 Y-offset in active CS 文本框中输入 "0.01"，单击 OK 按钮。

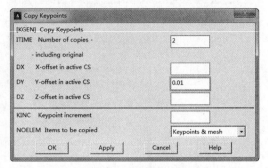

图 19-13　在激活坐标系下创建关键点对话框　　　　图 19-14　复制关键点对话框

（4）复制关键点。从主菜单中选择 Main Menu > Preprocessor > Modeling > Copy > Keypoints 命令，弹出一个关键点拾取框，选中 List of Items 单选按钮，在文本框中输入 "4,5,6" 并按 Enter 键，单击 OK 按钮，拾取了 4~6 号关键点，又弹出 Copy Keypoints 对话框，在 Y-offset in active CS 文本框中输入 "0.02"，单击 OK 按钮。

（5）复制关键点。从主菜单中选择 Main Menu > Preprocessor > Modeling > Copy > Keypoints 命令，弹出一个关键点拾取框，选中 List of Items 单选按钮，在文本框中输入 "7,8,9" 并按 Enter 键，单击 OK 按钮，拾取了 7~9 号关键点，又弹出 Copy Keypoints 对话框，在 Y-offset in active CS 文本框中输入 "0.001"，单击 OK 按钮。

（6）复制关键点。从主菜单中选择 Main Menu > Preprocessor > Modeling > Copy > Keypoints 命令，弹出一个关键点拾取框，选中 List of Items 单选按钮，在文本框中输入 "10,11,12" 并按 Enter 键，单击 OK 按钮，拾取了 10~12 号关键点，又弹出 Copy Keypoints 对话框，在 Y-offset in active CS 文本框中输入 "0.01"，单击 OK 按钮。

（7）创建面。从主菜单中选择 Main Menu > Preprocessor > Modeling > Create > Areas > Arbitrary > Through KPs 命令，弹出一个关键点拾取框，在图形界面上拾取 1、2、5 和 4 号关键点，单击 OK 按钮，创建了面 1。

（8）创建面。从主菜单中选择 Main Menu > Preprocessor > Modeling > Create > Areas > Arbitrary > Through KPs 命令，弹出一个关键点拾取框，在图形界面上拾取 2、3、6 和 5 号关键点，单击 OK 按钮，创建了面 2。

（9）创建面。从主菜单中选择 Main Menu > Preprocessor > Modeling > Create > Areas > Arbitrary > Through KPs 命令，弹出一个关键点拾取框，在图形界面上拾取 5、6、9 和 8 号关键点，单击 OK 按钮，创建了面 3。

（10）创建面。从主菜单中选择 Main Menu > Preprocessor > Modeling > Create > Areas > Arbitrary > Through KPs 命令，弹出一个关键点拾取框，在图形界面上拾取 10、11、14 和 13 号关键

点，单击 OK 按钮，创建了面 4。

（11）创建面。从主菜单中选择 Main Menu > Preprocessor > Modeling > Create > Areas > Arbitrary > Through KPs 命令，弹出一个关键点拾取框，在图形界面上拾取 11、12、15 和 14 号关键点，单击 OK 按钮，创建了面 5。

（12）创建面。从主菜单中选择 Main Menu > Preprocessor > Modeling > Create > Areas > Arbitrary > Through KPs 命令，弹出一个关键点拾取框，在图形界面上拾取 8、9、12 和 11 号关键点，单击 OK 按钮，创建了面 6。

（13）改变视角方向。从实用菜单中选择 Utility Menu > PlotCtrls > Pan, Zoom, Rotate 命令，弹出一个移动、缩放和旋转对话框，单击视角方向为 iso。

（14）创建关键点。从主菜单中选择 Main Menu > Preprocessor > Modeling > Create > Keypoints > In Active CS 命令，弹出 Create Keypoints in Active Coordinate System 对话框，如图 19-13 所示。在 Keypoint number 文本框中输入"16"，在 Location in active CS 文本框中分别输入"0,0,0.01"，单击 OK 按钮。

（15）创建线。从主菜单中选择 Main Menu > Preprocessor > Modeling > Create > Lines > Lines > In Active Coord 命令，弹出一个关键拾取框，在文本框中输入"1,16"并按 Enter 键，单击 OK 按钮。

（16）打开体积区域编号显示。从实用菜单中选择 Utility Menu > PlotCtrls > Numbering 命令，弹出 Plot Numbering Controls 对话框，如图 19-15 所示。选中 Volume numbers 后面的单选按钮，使该单选按钮状态由 Off 变为 On，单击 OK 按钮关闭窗口。

（17）将面沿线段偏移生成体。从主菜单中选择 Main Menu > Preprocessor > Modeling > Operate > Extrude > Areas > Along Lines 命令，弹出一个面拾取框，单击 Pick All 按钮，又弹出一个线拾取框，在文本框中输入"20"并按 Enter 键，单击 OK 按钮，面沿着线 20 偏移生成体，如图 19-16 所示。

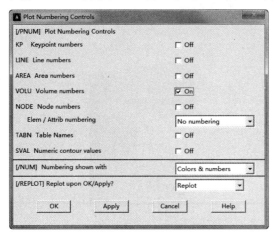

图 19-15　显示体积编号对话框

图 19-16　由面沿线偏移生成的体

（18）保存几何模型文件。从实用菜单中选择 Utility Menu > File > Save as 命令，弹出 Save Database 对话框，在 Save Database to 文本框中输入文件名"permanen_3D_geom.db"，单击 OK 按钮。

（19）设置几何体的属性。从主菜单中选择 Main Menu > Preprocessor > Meshing > Mesh Attributes > Picked Volumes 命令，弹出 Volume Attributes 体拾取框，在图形窗口拾取体 1（永磁），或者直接在拾取框的文本框中输入"1"并按 Enter 键，单击拾取框上的 OK 按钮，又弹出一个如图 19-17 所示的 Volume Attributes 对话框，在 Material number 下拉列表中选择 3 选项，给永磁输入材料属性。单击 Apply 按钮再次弹出体拾取框。

① 在拾取框的文本框中输入"6"并按 Enter 键，单击拾取框上的 OK 按钮，又弹出一个如图 19-17 所示的 Volume Attributes 对话框，在 Material number 下拉列表中选择 1 选项，给空气隙输入材料属性。单击 Apply 按钮再次弹出体拾取框。

② 在拾取框的文本框中输入"2,3,4,5"并按 Enter 键，单击拾取框上的 OK 按钮，又弹出一个如图 19-17 所示的 Volume Attributes 对话框，在 Material number 下拉列表中选择 2 选项，给铁芯输入材料属性，单击 OK 按钮。

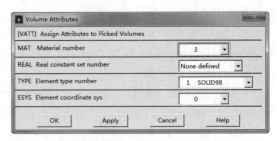

图 19-17　给体赋予属性的对话框

（20）划分网格。从实用菜单中选择 Utility Menu > Select > Entities 命令，弹出 Select Entities 对话框，如图 19-18 所示。在最上边的第一个下拉列表中选择 Volumes 选项，在其下的第二个下拉列表中选择 By Num/Pick 选项，单击 OK 按钮。弹出一个体拾取框，在文本框中输入"1,2,3,4,5"并按 Enter 键，这样就选择了永磁和铁芯体。

从主菜单中选择 Main Menu > Preprocessor > Meshing > MeshTool 命令，弹出 MeshTool 对话框，在 Mesh 下拉列表中选择 Volumes 选项，在 Shape 后面的要划分单元形状选择四面体 Tet，在下面的自由划分 Free 和映射划分 Mapped 中选择 Free，单击 Mesh 按钮，弹出 Mesh Volumes 拾取框，单击 Pick All 按钮，在图形窗口显示生成的网格。单击 MeshTool 对话框中的 Close 按钮，关闭 MeshTool 对话框。

（21）选择所有实体。从实用菜单中选择 Utility Menu > Select > Everything 命令。

（22）给空气隙体划分网格。从主菜单中选择 Main Menu > Preprocessor > Meshing > Mesh > Volumes > Free 命令，弹出一个体拾取框，在文本框中输入"6"并按 Enter 键，单击 OK 按钮，其结果如图 19-19 所示。

图 19-18　选择实体对话框

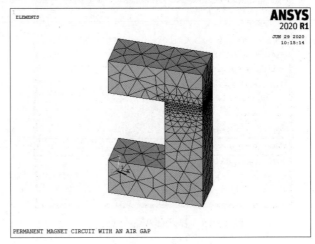

图 19-19　单元模型

（23）保存网格数据。从实用菜单中选择 Utility Menu > File > Save as 命令，弹出 Save Database 对话框，在 Save Database to 文本框中输入文件名"permanent-3D_mesh.db"，单击 OK 按钮。

3．加边界条件和载荷

（1）选择衔铁上的所有单元。从实用菜单中选择 Utility Menu > Select > Entities 命令，弹出 Select Entities 对话框。在最上边的第一个下拉列表中选择 Nodes 选项，在其下的第二个下拉列表中选择 By

Location 选项，再选中 X coordinates 单选按钮，在 Min,Max 文本框中输入"0"，单击 OK 按钮。选择 X=0 所有节点，即对称面上的节点。

（2）施加磁力线垂直边界条件。从主菜单中选择 Main Menu > Solution > Define Loads > Apply > Magnetic > Boundary > ScalarPoten > Flux Normal > On Nodes 命令，弹出一个节点拾取框。单击 Pick All 按钮，给对称面施加磁力线垂直的边界条件。

（3）选择所有实体。从实用菜单中选择 Utility Menu > Select > Everything 命令。

4. 求解

（1）求解运算。从主菜单中选择 Main Menu > Solution > Solve > Electromagnet > Static Analysis > Opt&Solv 命令，弹出如图 19-20 所示的对话框，在 Formulation option 下拉列表中选择 DSP 选项，其他接受默认设置，单击 OK 按钮，开始求解运算，直到出现一个 Solution is done 的提示栏，表示求解结束。

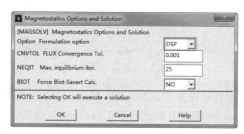

图 19-20　磁场分析求解设置对话框

（2）保存计算结果到文件。从实用菜单中选择 Utility Menu > File > Save as 命令，弹出 Save Database 对话框，在 Save Database to 文本框中输入文件名"permanent-3D_resu.db"，单击 OK 按钮。

5. 查看计算结果

（1）为列出输出结果值选择坐标系。从主菜单中选择 Main Menu > General Postproc > Options for Outp 命令，弹出 Options for Output 对话框，如图 19-21 所示。在 Results coord system 下拉列表中选择 Local system 选项，在 Local system reference no.文本框中输入"11"，单击 OK 按钮。

（2）改变视角。从实用菜单中选择 Utility Menu > PlotCtrls > View Settings > Viewing Direction 命令，弹出 Viewing Direction 对话框，在 XV, YV, ZV Coords of view point 文本框中分别输入"6E-2, 5E-2,6E-2"，单击 OK 按钮。

（3）改变显示方式。从实用菜单中选择 Utility Menu>PlotCtrls >Style> Edge Options 命令，弹出 Edge Options 对话框，如图 19-22 所示。在 Element outlines for non-contour/contour plots 下拉列表中选择 Edge Only/All 选项，单击 OK 按钮，显示非共面的线，即只显示体外表面轮廓线。

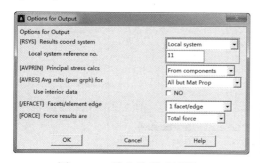

图 19-21　输出选项对话框

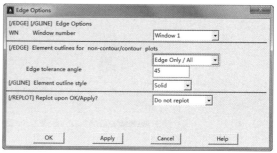

图 19-22　显示模式对话框

（4）打开矢量显示模式。从实用菜单中选择 Utility Menu > PlotCtrls > Device Options 命令，弹出 Device Options 对话框，如图 19-23 所示。检查并确认 Vector mode (wireframe)后面的复选框 On 是选中的，否则是光栅显示模式，矢量模式显示图形的线框，光栅模式显示图形实体，单击 OK 按钮。

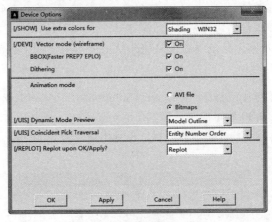

图 19-23　设备选项对话框

（5）显示磁通密度矢量。从主菜单中选择 Main Menu > General Postproc > Plot Results > Vector Plot > Predefined 命令，弹出 Vector Plot of Predefined Vectors 对话框，在 Vector item to be plotted 后面的左边列表框中选择 Flux & gradient 选项，在右边列表框中选择 Mag flux dens B 选项，单击 OK 按钮显示磁通密度矢量，结果如图 19-24 所示。

（6）显示磁场强度矢量。从主菜单中选择 Main Menu > General Postproc > Plot Results > Vector Plot > Predefined 命令，弹出 Vector Plot of Predefined Vectors 对话框，在 Vector item to be plotted 后面的左边列表框中选择 Flux & gradient 选项，在右边列表框中选择 Mag filed H 选项，并设置 Vector scaling will be 为 Uniform，设定统一的缩放比例，单击 OK 按钮，显示磁场强度矢量，结果如图 19-25 所示。

（7）选择空气单元。从实用菜单中选择 Utility Menu > Select > Entities 命令，弹出 Select Entities 对话框。在最上边的第一个下拉列表中选择 Elements 选项，在其下的第二个下拉列表中选择 By Attributes 选项，再选中 Material num 单选按钮，在 Min,Max 文本框中输入"1"，单击 OK 按钮。

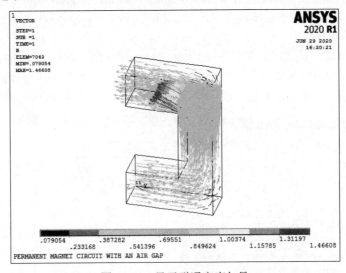

图 19-24　显示磁通密度矢量

第 19 章 三维磁场分析

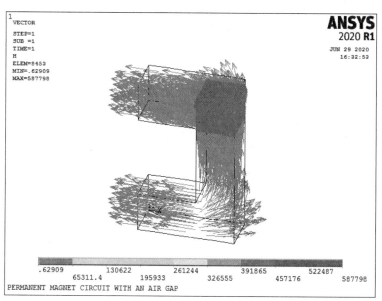

图 19-25 显示磁场强度矢量

（8）列出空气节点磁通密度。从主菜单中选择 Main Menu > General Postproc > List Results > Nodal Solution 命令，弹出 List Nodal Solution 对话框，如图 19-26 所示。在 Item to be listed 列表框中依次选择 Nodal Solution > Magnetic Flux Density > Magnetic flux density vector sum 选项，单击 OK 按钮，弹出一个信息窗口，信息窗口内按节点号顺序列出磁通密度的值。确认无误后，关闭信息窗口。

（9）按降序排列空气节点磁通密度值。从主菜单中选择 Main Menu > General Postproc > List Results > Sorted Listing > Sort Nodes 命令，弹出 Sort Nodes 对话框，如图 19-27 所示。在 Sort nodes based on 后面的左边列表框中选择 Flux & gradient 选项，在右边列表框中选择 MagFluxDens BSUM 选项，其他接受默认设置，单击 OK 按钮，将空气节点的磁通密度值按 BSUN 大小降序排列。从主菜单中选择 Main Menu > General Postproc > List Results > Nodal Solution 命令，弹出 List Nodal Solution 对话框，在 Item to be listed 列表框中依次选择 Nodal Solution > Magnetic Flux Density > Magnetic flux density vector sum 选项，单击 OK 按钮，弹出一个信息窗口，信息窗口内按节点号顺序列出磁通密度的值。确认无误后，关闭信息窗口。

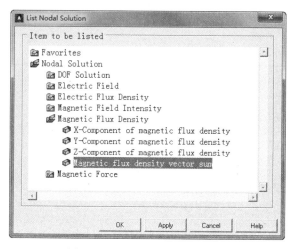

图 19-26 列出节点结果对话框

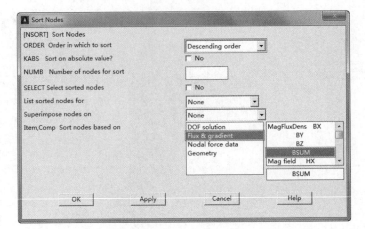

图 19-27 排列节点结果值

（10）取出排序结果（空气磁通密度最大值）。从实用菜单中选择 Utility Menu > Parameters > Get Scalar Data 命令，弹出 Get Scalar Data 对话框，如图 19-28 所示。在 Type of data to be retrieved 后面左边列表框中选择 Results data 选项，在右边列表框中选择 Other operations 选项，单击 OK 按钮，弹出 Get Date from Other POST1 Operations 对话框，如图 19-29 所示。在 Name of parameter to be defined 文本框中输入"b1"，在 Data to be retrieved 后面的左边列表框中选择 From sort oper'n 选项，在右边列表框中选择 Maximum value 选项，单击 OK 按钮。将排序获得的最大值赋给了标量参数 b1。

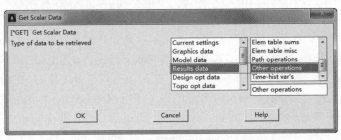

图 19-28 获取标量参数对话框

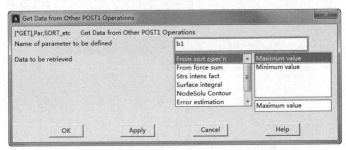

图 19-29 获取排序结果最大值对话框

（11）列出空气节点磁场强度并取出磁场强度排序最大值。将上面步骤（9）和步骤（10）中的磁通密度换成磁场强度即可，也可用下面的命令从命令窗口直接输入。

```
PRNSOL,H,COMP
NSORT,H,SUM
*GET,H1,SORT,,MAX
```

（12）列出永磁节点的磁通密度和磁场强度并取出它们的排序最大值。将步骤（7）中要选择的材料号换为 3（永磁），再顺序执行步骤（8）～步骤（10）即可，也可用下面的命令从命令窗口直接输入。

注意：以上列出的值都是在 11 号局部坐标系下完成的。

```
ESEL,,MAT,,3
PRNSOL,B,COMP
NSORT,B,SUM
*GET,B2,SORT,,MAX
PRNSOL,H,COMP
NSORT,H,SUM
*GET,H2,SORT,,MAX
```

（13）列出已定义的参数。从实用菜单中选择 Utility Menu > List > Other > Parameters 命令，弹出一个信息窗口，里面列出了上面所获取的 b1、h1、b2 和 h2 值，确认无误后，关闭信息窗口。

（14）定义数组。从实用菜单中选择 Utility Menu > Parameters > Array Parameters > Define/Edit 命令，弹出 Array Parameters 对话框，单击 Add 按钮，弹出 Add New Array Parameter 对话框，如图 19-30 所示。在 Parameter name 文本框中输入"label"，在 Parameter type 选项组中选中 Character Array 单选按钮，在 No. of rows,cols,planes 后面的文本框中分别输入"4,2,1"，单击 OK 按钮，返回 Array Parameters 对话框。这样就定义一个数组名为 LABEL 的 4×2 字符数组。

① 同样的步骤，可以定义一个数组名为 VALUE 的 4×3 一般数组。Array Parameters 对话框中列出了已经定义的数组，如图 19-31 所示。

② 在命令窗口输入下列命令给数组赋值，即将理论值与从以上步骤获取的 4 个值，以及它们之间的比率赋给数组。其结果已列在了前面的表 19-6 中。

```
*VFILL,VALUE(1,1),DATA,0.7387,39150,0.7387,587860
*VFILL,VALUE(1,2),DATA,B2,H2,B1,H1
*VFILL,VALUE(1,3),DATA,ABS(B2/.7387),ABS(H2/39150),ABS(B1/.7387),ABS(H1/587860)
```

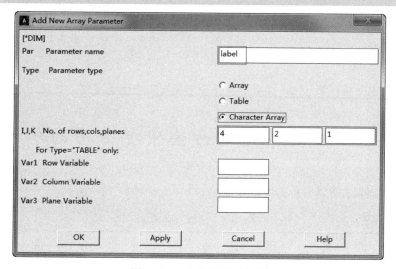

图 19-30　定义数组对话框

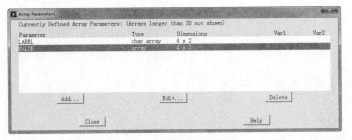

图 19-31 数组类型对话框

（15）查看数组的值。在命令窗口中输入如下命令将比较结果输出到 C 盘下的一个文件中（命令流方式，没有对应的 GUI 方式，且必须是从实用菜单中选择 Utility Menu > File > Read Input from 命令读入命令流文件），结果如表 19-6 所示。

```
*CFOPEN,FORCECAL_3D,TXT,C:\
*VWRITE,LABEL(1,1),LABEL(1,2),VALUE(1,1),VALUE(1,2),VALUE(1,3)
(1X,A8,A8,'   ',F12.4,'   ',F12.4,'   ',1F5.3)
*CFCLOS
```

（16）退出 ANSYS。单击工具栏上的 QUIT 按钮，弹出如图 19-32 所示的 Exit 对话框，选中 Quit-No Save!单选按钮，单击 OK 按钮，退出 ANSYS 软件。

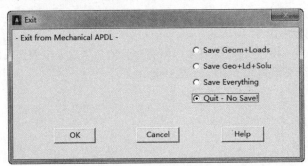

图 19-32 退出 ANSYS 对话框

19.2.3 命令流方式

命令流方式这里不再详细介绍，读者可参见随书资源中的电子文档。

19.3 棱边单元边方法中要使用的单元

棱边单元法三维瞬态磁场分析仍使用 SOLID117 单元，如表 19-7 所示。

表 19-7 三维实体单元

单　元	维　数	形　状	自　由　度
SOLID117	3-D	六面体 20 节点	中间边节点处的边通量 AZ，角节点处的电标势 VOLT

19.4 实例——电动机沟槽中瞬态磁场分布

19.4.1 问题描述

本实例计算电动机沟槽中的瞬态磁场分布。这里仅假设激励为：在 0.05s 内给导体加激励电流，以斜坡方式在 Y 方向电流密度从 0A/m² 增加到 1×10^7A/m²，然后保持电流密度不变直到 0.08s，试分析在加载时间内导线的磁场分布、响应电流以及交流阻抗情况。问题的分析区域和沟槽导体模型分别如图 19-33 和图 19-34 所示。

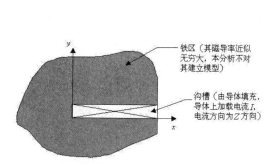

图 19-33 铁区内沟槽中的载流导体（分析问题的简图）　　图 19-34 导体的三维实体模型

本实例中使用的参数如表 19-8 所示。

表 19-8 参数说明

几 何 特 性	材 料 特 性	载 荷
l=0.3m d=0.1m w=0.01m	μ_r=1.00	JS: 0s～0.05s：0A/m²～1×10^7A/m² 斜坡方式加载 0.05s～0.08s：1×10^7A/m² 保持不变

假定沟槽顶部和底部的铁材料都是理想的，可加磁力线垂直条件，这里无须说明，程序将自动满足。

在位于 $x=d$，$z=0$ 和 $z=l$ 的开放面上，加磁力线平行边界条件，这里无法自动满足，需要说明面上的边通量自由度为常数，通常使之为 0。

使用 MKS 单位制（默认值）。

19.4.2 创建物理环境

（1）过滤图形界面。从主菜单中选择 Main Menu > Preferences 命令，弹出 Preferences for GUI Filtering 对话框，选中 Magnetic-Edge 复选框，对后面的分析进行菜单及相应的图形界面过滤。

（2）定义工作标题。从实用菜单中选择 Utility Menu > File > Change Title 命令，在弹出的对话框中输入 "Transient analysis demo of magnetic edge element"，单击 OK 按钮，如图 19-35 所示。

（3）指定工作名。从实用菜单中选择 Utility Menu > File > Change Jobname 命令，在弹出对话框

的 Enter new jobname 文本框中输入"T_Slot_3D",单击 OK 按钮。

(4)定义分析参数。从实用菜单中选择 Utility Menu > Parameters > Scalar Parameters 命令,弹出 Scalar Parameters 对话框,在 Selection 文本框中输入"L=0.3",单击 Accept 按钮。然后依次在 Selection 文本框中输入"D=0.1""W=0.01""MUR=1""T1=0.05""T2=0.08""TS1=0.001""TS2=0.006""J=1.0e7"。

单击 Accept 按钮确认,全部输入完后,单击 Close 按钮,关闭 Scalar Parameters 对话框,其输入参数的结果如图 19-36 所示。

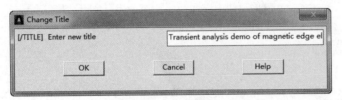

图 19-35　定义工作标题

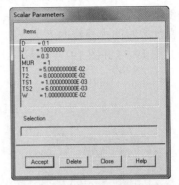

图 19-36　输入参数对话框

(5)打开体积区域编号显示。从实用菜单中选择 Utility Menu > PlotCtrls > Numbering 命令,弹出 Plot Numbering Controls 对话框,如图 19-37 所示。选中 Volume numbers 后面的单选按钮,使该单选按钮状态由 Off 变为 On,单击 OK 按钮关闭对话框。

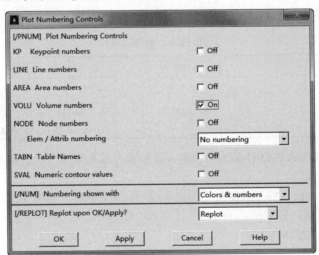

图 19-37　显示体积编号对话框

(6)定义单元类型。定义一个 SOLID117 单元。

```
/PREP7
ET,1,117
```

(7)定义材料属性。从主菜单中选择 Main Menu > Preprocessor > Material Props > Material Models 命令,弹出 Define Material Model Behavior 窗口,如图 19-38 所示。在右边的列表框中依次选择

Electromagnetics > Relative Permeability > Constant 选项后，弹出 Permeability for Material Number 1 对话框，如图 19-39 所示。在 MURX 文本框中输入"mur"，单击 OK 按钮，返回如图 19-38 所示的窗口，选择 Material > Exit 命令，得到结果如图 19-38 所示。

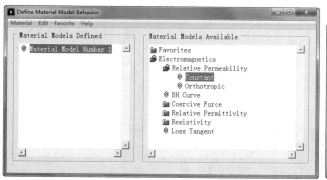

图 19-38 材料特性定义的结果

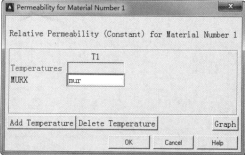

图 19-39 定义相对磁导率

19.4.3 建立模型、赋予特性、划分网格

（1）建立导体模型。从主菜单中选择 Main Menu > Preprocessor > Modeling > Create > Volumes > Block > By Dimensions 命令，弹出 Create Block by Dimensions 对话框，如图 19-40 所示。在 X-coordinates 后面的文本框中分别输入"0"和"D"，在 Y-coordinates 后面的文本框中分别输入"0"和"W"，在 Z-coordinates 后面的文本框中分别输入"0"和"L"，单击 OK 按钮。

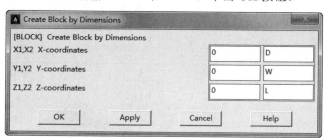

图 19-40 生成长方体对话框

（2）改变视角方向。从实用菜单中选择 Utility Menu > PlotCtrls > Pan, Zoom, Rotate 命令，弹出一个移动、缩放和旋转对话框，单击视角方向为 iso，可以在（1,1,1）方向观察模型，单击 Close 按钮关闭对话框。生成的导体模型如图 19-41 所示。

（3）保存几何模型文件。从实用菜单中选择 Utility Menu > File > Save as 命令，弹出 Save Database 对话框，在 Save Database to 文本框中输入文件名"T_Slot_3D_geom.db"，单击 OK 按钮。

（4）智能划分网格。从主菜单中选择 Main Menu > Preprocessor > Meshing > MeshTool 命令，弹出 MeshTool 对话框，如图 19-42 所示。选中 Smart Size 复选框，并将 Fine-Coarse 工具栏拖曳到 7 的位置，在 Mesh 下拉列表中选择 Volumes 选项，在 Shape 后面要划分的单元形状选项中选中四边形 Tet 单选按钮，在下面的自由划分 Free 和映射划分 Mapped 中选中 Free 单选按钮，单击 Mesh 按钮，弹出 Mesh Volumes 拾取框，单击 Pick All 按钮，生成的网格结果如图 19-43 所示。单击 MeshTool 对话框中的 Close 按钮。

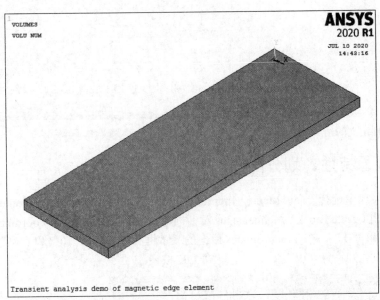

图 19-41 导体模型

图 19-42 网格划分工具栏

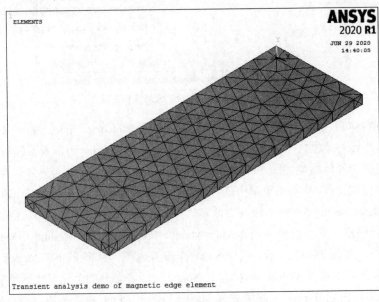

图 19-43 导体有限元模型

（5）保存网格数据。从实用菜单中选择 Utility Menu > File > Save as 命令，弹出 Save Database 对话框，在 Save Database to 文本框中输入文件名"T_Slot_3D_mesh.db"，单击 OK 按钮。

19.4.4 加边界条件和载荷

(1) 选择分析类型。从主菜单中选择 Main Menu > Solution > Analysis Type > New Analysis 命令，弹出 New Analysis 对话框，如图 19-44 所示。选中 Transient 单选按钮，单击 OK 按钮。

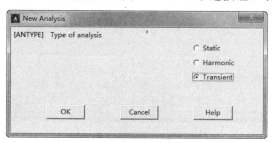

图 19-44 选择分析类型对话框

(2) 选择节点。从实用菜单中选择 Utility Menu > Select > Entities 命令，弹出 Select Entities 对话框，如图 19-45 所示。在最上面的第一个下拉列表中选择 Nodes 选项，在第二个下拉列表中选择 By Location 选项，在其下面选中 X coordinates 单选按钮，在 Min,Max 文本框中输入"D"，单击 Apply 按钮，选择了 x=D 位置的节点。

(3) 在如图 19-45 所示的对话框中，选中 Z-coordinates 单选按钮，在 Min,Max 文本框中输入"0"，在其下面选中 Also Select 单选按钮，单击 Apply 按钮，又选择了 Z=0 位置的节点。

(4) 在如图 19-45 所示的对话框中，选中 Z-coordinates 单选按钮，在 Min,Max 文本框中输入"L"，在其下面选中 Also Select 单选按钮，单击 OK 按钮，又选择了 Z=L 位置的节点。这样总共选择了 3 个面上的节点。

(5) 施加磁力线平行边界条件。从主菜单中选择 Main Menu > Solution > Define Loads > Apply > Magnetic > Boundary > Edge DOF > Flux Par'l > On Nodes 命令，弹出一个节点拾取框，单击 Pick All 按钮，给所选节点施加了磁力线平行边界条件，在导体模型上将出现标记，如图 19-46 所示。

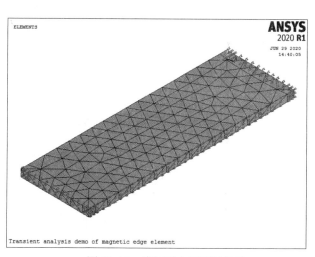

图 19-45 选择实体对话框　　　　图 19-46 施加磁力线平行条件

(6) 选择所有的实体。从实用菜单中选择 Utility Menu > Select > Everything 命令。

（7）施加电流密度载荷。从主菜单中选择 Main Menu > Solution > Define Loads > Apply > Magnetic > Excitation > Curr Density > On Elements 命令，弹出单元拾取框，单击 Pick All 按钮，弹出 Apply JS on Elems 对话框，如图 19-47 所示。在 JSX, JSY, JSZ components 后面的 3 个文本框中分别输入"0,0,J"，单击 OK 按钮，给导体施加在 Z 方向上的激励电流密度 10000000。

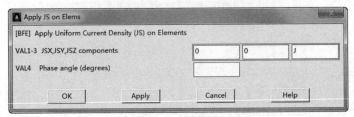

图 19-47 在单元上施加电流密度对话框

19.4.5 求解

（1）设定时间和子步选项。从主菜单中选择 Main Menu > Solution > Load Step Opts > Time/Frequenc > Time and Substeps 命令，弹出 Time and Substep Options 对话框，如图 19-48 所示。在 Time at end of load step 文本框中输入"T1"，单击 OK 按钮，设置载荷终止时间为 0.05s。

（2）设定时间和时间步长选项。从主菜单中选择 Main Menu > Solution > Load Step Opts > Time/Frequenc > Time - Time Step 命令，弹出 Time and Time Step Options 对话框，如图 19-49 所示。在 Time step size 文本框中输入"TS1"，单击 OK 按钮，设置载荷步长为 0.001s。这样将加载时间设置 0s～0.05s 分为 50 个子步求解，每一步加载方式为斜坡式（ANSYS 默认设置）。

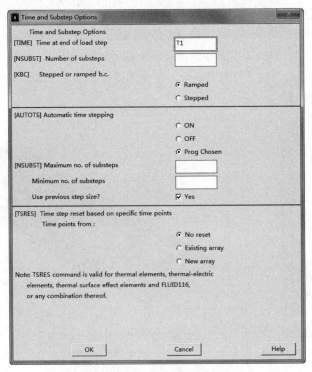

图 19-48 设定时间和子步选项对话框

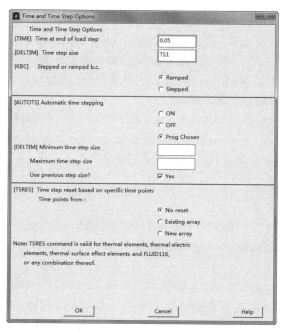

图 19-49 设定时间和时间步长选项对话框

（3）数据库和结果文件输出控制。从主菜单中选择 Main Menu > Solution > Load Step Opts > Output Ctrls > DB/Results File 命令，弹出 Controls for Database and Results File Writing 对话框，如图 19-50 所示。在 Item to be controlled 下拉列表中选择 All items 选项，在 File write frequency 选项组中选中 Every substep 单选按钮，单击 OK 按钮，把每个子步的求解结果写到数据库中。

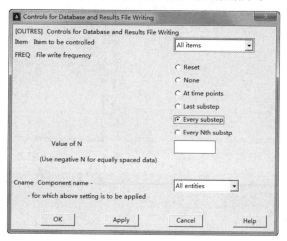

图 19-50 数据库和结果文件输出控制对话框

（4）求解。从主菜单中选择 Main Menu > Solution > Solve > Current LS 命令，弹出一个信息窗口和一个求解当前载荷步对话框，确认信息无误后关闭，单击求解对话框中的 OK 按钮，开始求解运算，直到出现一个 Solution is done 的提示框，表示求解结束。

（5）设定时间和子步选项。从主菜单中选择 Main Menu > Solution > Load Step Opts > Time/Frequenc > Time and Substeps 命令，弹出 Time and Substep Options 对话框，如图 19-48 所示。在 Time at end of load step 文本框中输入"T2"，在 Stepped or ramped b.c.选项组中选中 Stepped 单选按钮，单

击 OK 按钮，设置载荷终止时间为 0.08s。

（6）设定时间和时间步长选项。从主菜单中选择 Main Menu > Solution > Load Step Opts > Time/Frequenc > Time - Time Step 命令，弹出 Time and Time Step Options 对话框，如图 19-49 所示。在 Time step size 文本框中输入"TS2"，单击 OK 按钮，设置载荷步长为 0.006s。这样将加载时间设置 0.05s～0.08s 分为 5 个子步求解，加载方式为阶跃式。

（7）求解。从主菜单中选择 Main Menu > Solution > Solve > Current LS 命令，弹出一个信息窗口和一个求解当前载荷步对话框，确认信息无误后将其关闭，单击求解对话框中的 OK 按钮，开始求解运算，直到出现一个 Solution is done 提示框，表示求解结束。

19.4.6 查看计算结果

（1）定义变量（为查看节点磁场）。从主菜单中选择 Main Menu > TimeHist Postpro > Define Variables 命令，弹出 Define Time-History Variables 对话框，如图 19-51 所示。此时会看到只有时间 TIME 一个变量，单击 Add 按钮。

此时将弹出 Add Time-History Variable 对话框，如图 19-52 所示。选中 Element results 单选按钮，弹出一个单元拾取框，在拾取框的文本框中输入"200"，单击 OK 按钮，弹出一个节点拾取框，在拾取框的文本框中输入"72"，单击 OK 按钮，弹出 Define Element Results Variable 对话框，如图 19-53 所示。在 User-specified label 文本框中输入"BX"，并在 Comp Data item 后面的两个列表框中分别选择 Flux & gradient 和 MagFluxDens BX 选项，其他选项保持默认设置，单击 OK 按钮，于是在定义变量对话框中可以看到变量变为两个了。

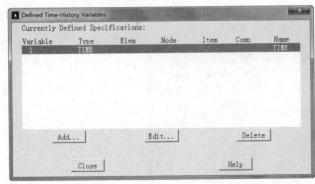

图 19-51　定义时间历程变量对话框

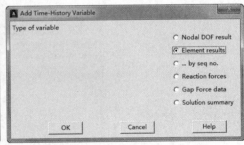

图 19-52　设置变量类型对话框

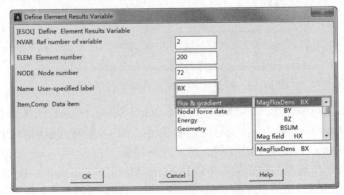

图 19-53　设置变量物理量对话框

(2) 绘出节点时间-磁场曲线。从主菜单中选择 Main Menu > TimeHist Postpro > Graph Variables 命令，弹出 Graph Time-History Variables 对话框，如图 19-54 所示。在 NVAR1 后面的文本框中输入变量名 "BX" 或者直接输入变量的代号 "2"，单击 OK 按钮，得到节点 72 的磁通密度（BX）随时间变化的曲线，如图 19-55 所示。

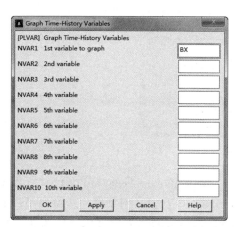
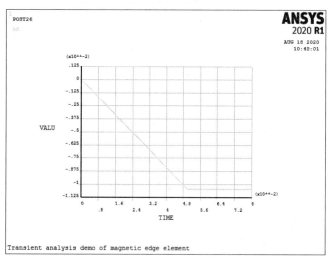

图 19-54　设置绘制时间-变量曲线对话框　　　　图 19-55　节点 72 的 Time-BX 曲线

(3) 读取第 30 子步的求解结果。从主菜单中选择 Main Menu > General Postproc > Read Results > By Pick 命令，弹出 Result File: T_Slot_3D.rmg 对话框，如图 19-56 所示。对话框中一共有 55 个子步，选择第 30 个子步，单击 Read 按钮，再单击 Close 按钮关闭对话框。

(4) 改变显示方式。从实用菜单中选择 Utility Menu > PlotCtrls > Style > Edge Options 命令，弹出 Edge Options 对话框，如图 19-57 所示。在 Element outlines for non-contour/contour plots 下拉列表中选择 Edge Only/All 选项，单击 OK 按钮，显示非共面的线，即只显示体外表面轮廓线。

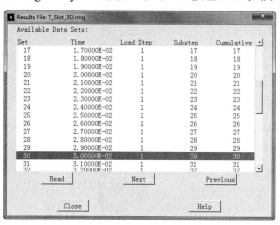
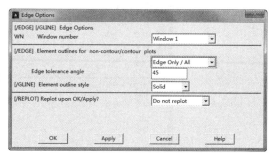

图 19-56　读取第 30 子步的求解结果　　　　图 19-57　显示模式对话框

(5) 打开矢量显示模式。从实用菜单中选择 Utility Menu > PlotCtrls > Device Options 命令，弹出 Device Options 对话框，如图 19-58 所示。检查并确认 Vector mode (wireframe) 后面的复选框 On 是选中的，否则是光栅显示模式（矢量模式显示图形的线框，光栅模式显示图形实体），单击 OK 按钮。

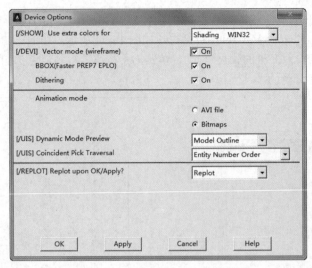

图 19-58 设备选项对话框

（6）绘出第 30 子步导体磁场强度分布。从主菜单中选择 Main Menu > General Postproc > Plot Results > Vector Plot > Predefined 命令，弹出 Vector Plot of Predefined Vectors 对话框，如图 19-59 所示。在 Vector item to be plotted 后面的两个列表框中分别选择 Flux & gradient 和 Mag field H 选项，单击 OK 按钮，绘出第 30 子步时导体磁场强度分布，如图 19-60 所示。

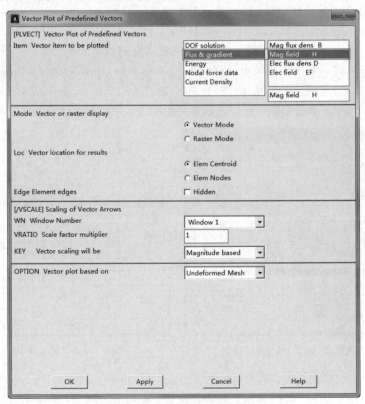

图 19-59 绘制预定义矢量对话框

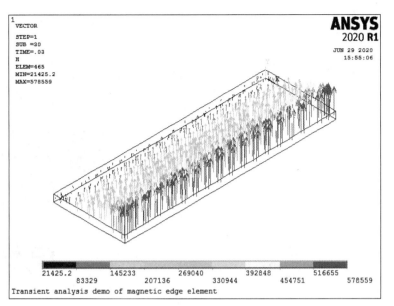

图 19-60　第 30 子步时导体磁场强度分布

（7）退出 ANSYS。单击 ANSYS Toolbar 工具栏上的 QUIT 按钮，弹出 Exit 对话框，选中 Quit-No Save!单选按钮，单击 OK 按钮，退出 ANSYS 软件。

19.4.7　命令流方式

命令流方式这里不再详细介绍，读者可参见随书资源中的电子文档。

第 20 章

电场分析

很多情况下，先进行电流传导分析，或者同时进行热分析，以确定因焦耳热而导致的温度分布；也可以在电流传导分析之后直接进行磁场分析，以确定电流产生的磁场。

ANSYS 以泊松方程作为静电场分析的基础。主要的未知量（节点自由度）是标量电位（电压）。其他物理量由节点电位导出。

- ☑ 电场分析中要使用的单元
- ☑ 电路分析中要使用的单元
- ☑ h 方法静电场分析中要使用的单元
- ☑ 多导体系统求解电容

任务驱动&项目案例

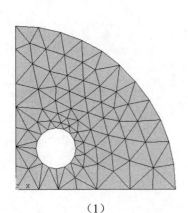

（1）

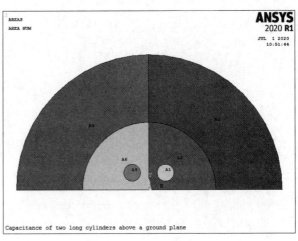

（2）

第 20 章 电场分析

20.1 电场分析中要使用的单元

在电场分析中要使用表 20-1～表 20-6 中列举的单元。

表 20-1 2-D 实体单元

单 元	维 数	形状或特性	自 由 度
PLANE121	2-D	四边形，8 节点	电压
PLANE230	2-D	四边形，8 节点	电压

表 20-2 3-D 实体单元

单 元	维 数	形状或特性	自 由 度	使用注意
SOLID5	3-D	六面体，8 节点	每个节点有 6 个自由度位移、温度、电压、磁标量位	可作为热-电耦合单元或作为电-磁耦合单元
SOLID98	3-D	六面体，10 节点	每个节点有 6 个自由度位移、温度、电压、磁标量位	—
SOLID122	3-D	六面体，20 节点	电压	—
SOLID123	3-D	六面体，10 节点	电压	—
SOLID231	3-D	六面体，20 节点	电压	—
SOLID232	3-D	六面体，10 节点	电压	—

表 20-3 壳单元

单 元	维 数	形状或特性	自 由 度
SHELL157	3-D	四边形，4 节点	温度和电压

表 20-4 特殊单元

单 元	维 数	形状或特性	自 由 度
MATRIX50	无（超单元）	根据结构中包含的单元确定	根据包含的单元类型确定
INFIN110	2-D	4 节点或 8 节点	每节点一个，可以是矢量位、温度、电压
INFIN111	2-D	4 节点或 8 节点	AX,AY,AZ 矢量位、温度、标量电位或标量电压

表 20-5 通用电路单元

单 元	维 数	形状或特性	自 由 度
CIRCU94	无	2～3 节点	—
CIRCU124	无	最多可 6 节点	每节点 3 个，可以是电势、电流或电动势降
CIRCU125	无	2 节点	—

有限元模型中可能含有带电压自由度的单元，这些单元需要相应的反作用力，如表 20-6 所示。

表 20-6 带电压自由度单元的反作用力

单 元	Keyopt(1)	自 由 度	为电压自由度输入的材料特性	反作用力
LINK68	N/A	TEMP, VOLT	RSVX	AMPS
SHELL157	N/A	TEMP, VOLT	RSVX, RSVY	AMPS

单元	Keyopt(1)	自由度	为电压自由度输入的材料特性	反作用力
PLANE53	1	VOLT, AZ	RSVX, RSVY	AMPS
SOLID97	1	AX, AY, AX, VOLT	RSVX, RSVY, RSVZ	AMPS
	4	AX, AY, AZ, VOLT, CURR		
SOLID236	1	AZ, VOLT	RSVX, RSVY, RSVZ, PERX, PERY, PERZ	AMPS
SOLID237	1	AZ, VOLT	RSVX, RSVY, RSVZ, PERX, PERY, PERZ	AMPS
PLANE121	N/A	VOLT	RSVX, RSVY, PERX, PERY, LSST	CHRG
SOLID122	N/A	VOLT	RSVX, RSVY, RSVZ, PERX, PERY, PERZ, LSST	CHRG
SOLID123	N/A	VOLT	RSVX, RSVY, RSVZ, PERX, PERY, PERZ, LSST	CHRG
PLANE230	N/A	VOLT	RSVX, RSVY, PERX, PERY, LSST	AMPS
SOLID231	N/A	VOLT	RSVX, RSVY, RSVZ, PERX, PERY, PERZ, LSST	CHRG
SOLID232	N/A	VOLT	PERX, PERY, PERZ	CHRG
CIRCU94	0-5	VOLT, CURR	N/A	CHRG,AMPS
CIRCU124	0-12	VOLT, CURR, EMF	N/A	AMPS
CIRCU125	0 或 1	VOLT	N/A	AMPS
TRANS126	N/A	UX-VOLT,UY-VOLT, UZ-VOLT	N/A	AMPS, FX
PLANE13	6	VOLT, AZ	RSVX, RSVY	AMPS
	7	UX, UY, UZ, VOLT	PERX, PERY	AMPS
SOLID5	0	UX, UY, UZ, TEMP, VOLT, MAG	RSVX, RSVY, RSVZ	AMPS
			PERX, PERY, PERZ	AMPS
	1	TEMP, VOLT, MAG	RSVX, RSVY, RSVZ	AMPS
	3	UX, UY, UZ, VOLT	PERX, PERY, PERZ	AMPS
	9	VOLT	RSVX, RSVY, RSVZ	AMPS
SOLID98	0	UX, UY, UZ, TEMP, VOLT, MAG	RSVX, RSVY, RSVZ	AMPS
			PERX, PERY, PERZ	AMPS
	1	TEMP, VOLT, MAG	RSVX, RSVY, RSVZ	AMPS
	3	UX, UY, UZ, VOLT	PERX, PERY, PERZ	AMPS
	9	VOLT	RSVX, RSVY, RSVZ	AMPS
PLANE223	101	UX, UY, VOLT	RSVX, RSVY	AMPS
	1001	UX, UY, VOLT	PERX, PERY,LSST	CHRG
	110	TEMP, VOLT	RSVX, RSVY, PERX, PERY	AMPS
	111	UX, UY, TEMP, VOLT	RSVX, RSVY, PERX, PERY	AMPS
	1011	UX, UY, TEMP, VOLT	PERX, PERY, LSST, DPER	CHRG
SOLID226	101	UX, UY, VOLT	RSVX, RSVY, RSVZ	AMPS
	1001	UX, UY, VOLT	PERX, PERY,LSST	CHRG
	110	TEMP, VOLT	RSVX, RSVY, RSVZ, PERX, PERY, PERZ	AMPS
	111	UX, UY, TEMP, VOLT	RSVX, RSVY, RSVZ, PERX, PERY, PERZ	AMPS
	1011	UX, UY, TEMP, VOLT	PERX, PERY, RSVZ, LSST, DPER	CHRG

第20章 电场分析

续表

单元	Keyopt(1)	自由度	为电压自由度输入的材料特性	反作用力
SOLID227	101	UX, UY, VOLT	RSVX, RSVY, RSVZ	AMPS
	1001	UX, UY, VOLT	PERX, PERY, PERZ, LSST	CHRG
	110	TEMP, VOLT	RSVX, RSVY, RERZ, PERX, PERY, PERZ	AMPS
	111	UX, UY, TEMP, VOLT	RSVX, RSVY, RERZ, PERX, PERY, PERZ	AMPS
	1011	UX, UY, TEMP, VOLT	PERX, PERY, PERZ, LSST, DPER	CHRG
INFIN110	1	VOLT	PERX, PERY	CHRG
INFIN111	2	VOLT	PERX, PERY, PERZ	CHRG

20.2 实例——正方形电流环中的磁场分布

20.2.1 问题描述

一个正方形电流环，载有电流 I，放置在空气中，如图 20-1 所示。试求 p 点处的磁通量密度值，p 点处的高为 b。实例中使用的参数如表 20-7 所示。

这是一个耦合电磁场的分析。使用 LINK68 单元来创建导线环中的电场，由此确定的电场再被用来计算 p 点处的磁场。在图 20-1 右图中，节点 5 是与节点 1 重合的，并且紧挨着电流环。当给节点 1 施加电流 I 时，设定节点 5 的电压为 0。

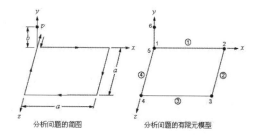

图 20-1 正方形电流环中的磁场

表 20-7 参数说明

几何特性	材料特性	载 荷
a=1.5m b=0.35m	μ_o=4π×10^{-7} H/m ρ=4.0×10^{-8} ohm-m	I=7.5A

第一步求解计算导线环中的电流分布，然后用 BIOT 命令来从电流分布中计算磁场。

由于在求解过程中并不需要导线的横截面积，所以可以任意输入一个横截面积 1.0，由于线单元的比奥-萨法儿（Biot-Savart）磁场积分是非常精确的，所以正方形每一个边用一个单元即可。磁通密度可以通过磁场强度来计算，公式为 $B=\mu_o H$。

此实例的理论值和 ANSYS 计算值比较，如表 20-8 所示。

表 20-8 理论值和 ANSYS 计算值比较

磁通密度	理 论 值	ANSYS	比 率
BX (×10^{-6} T)	2.010	2.010	1.000
BY (×10^{-6} T)	−0.662	−0.662	1.000
BZ (×10^{-6} T)	2.010	2.010	1.000

20.2.2 创建物理环境

（1）过滤图形界面。从主菜单中选择 Main Menu > Preferences 命令，弹出 Preferences for GUI Filtering 对话框，选中 Electric 复选框，对后面的分析进行菜单及相应的图形界面过滤。

（2）定义工作标题。从实用菜单中选择 Utility Menu > File > Change Title 命令，在弹出的对话框中输入"MAGNETIC FIELD FROM A SQUARE CURRENT LOOP"，单击 OK 按钮，如图 20-2 所示。

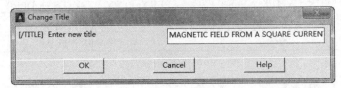

图 20-2 定义工作标题

（3）指定工作名。从实用菜单中选择 Utility Menu > File > Change Jobname 命令，在弹出对话框的 Enter new jobname 文本框中输入"CURRENT LOOP"，单击 OK 按钮。

（4）定义单元类型。从主菜单中选择 Main Menu > Preprocessor > Element Type > Add/ Edit/Delete 命令，弹出 Element Types 对话框，如图 20-3 所示。单击 Add 按钮，弹出 Library of Element Types 对话框，如图 20-4 所示。在该对话框左边的列表框中选择 Elec Conduction 选项，在右边的列表框中选择 3D Line 68 选项，单击 OK 按钮，定义一个 LINK68 单元，得到如图 20-3 所示的结果。返回单元类型对话框，单击 Close 按钮，关闭该对话框。

图 20-3 单元类型对话框

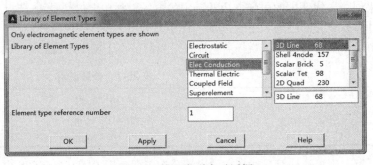

图 20-4 单元类型库对话框

（5）定义材料属性。从主菜单中选择 Main Menu > Preprocessor > Material Props > Material Models 命令，弹出 Define Material Model Behavior 窗口，如图 20-5 所示。在右边的列表框中依次选择 Electromagnetics > Resistivity > Constant 选项后，弹出 Resistivity for Material Number 1 对话框，如图 20-6 所示。在 RSVX 文本框中输入"4E-008"，单击 OK 按钮，返回如图 20-5 所示的窗口，选择 Material > Exit 命令，得到结果如图 20-5 所示。

（6）定义导线横截面积实常数。从主菜单中选择 Main Menu > Preprocessor > Real Constants > Add/Edit/Delete 命令，弹出 Real Constants 对话框，在该对话框的列表框中显示 NONE DEFINED，单击 Add 按钮，弹出 Element Types for Real Constant 对话框，在该对话框的列表框中出现 Type 1 LINK68，选择单元类型 1，单击 OK 按钮，弹出 Real Constant Set Number 1,for LINK68（为 LINK68 单元定义实常数）对话框，如图 20-7 所示。

第 20 章 电场分析

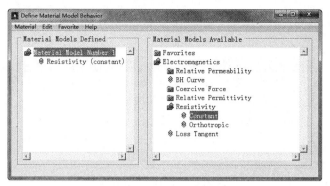

图 20-5 材料特性定义的结果

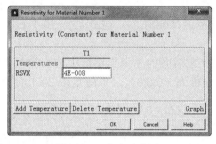

图 20-6 定义电阻率

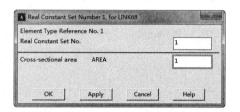

图 20-7 为 LINK68 单元定义实常数

在 Cross-sectional area 文本框中输入 "1"，单击 OK 按钮，返回 Real Constants 对话框，其中列出了常数组 1，如图 20-8 所示。

图 20-8 实常数数组

20.2.3 建立模型、赋予特性、划分网格

（1）创建节点（用节点法建立模型）。从主菜单中选择 Main Menu > Preprocessor > Modeling > Create > Nodes > In Active CS 命令，弹出 Create Nodes in Active Coordinate System 对话框，如图 20-9 所示。在 Node number 文本框中输入 "1"，单击 Apply 按钮，这样就创建了 1 号节点，坐标为 (0,0,0)。

（2）设置 Node number 为 2，在 Location in active CS 后面的 3 个文本框中分别输入 "1.5" "0" 和 "0"，单击 Apply 按钮，这样创建了第 2 个节点，坐标为 (1.5,0,0)，也就是图 20-1 右图中的 2 号节点。

（3）设置 Node number 为 3，在 Location in active CS 后面的 3 个文本框中分别输入 "1.5" "0"

和"1.5",单击 Apply 按钮,这样创建了第 3 个节点,坐标为(1.5,0,1.5),也就是图 20-1 右图中的 3 号节点。

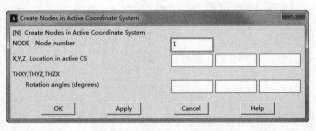

图 20-9 创建第一个节点

(4)设置 Node number 为 4,在 Location in active CS 后面的 3 个文本框中分别输入"0""0"和"1.5",单击 Apply 按钮,这样创建了第 4 个节点,坐标为(0,0,1.5),也就是图 20-1 右图中的 4 号节点。

(5)设置 Node number 为 5,在 Location in active CS 后面的 3 个文本框中分别输入"0""0"和"0",单击 Apply 按钮,这样创建了第 5 个节点,坐标为(0,0,0),也就是图 20-1 右图中的 5 号节点,此节点与 1 号节点重合。

(6)设置 Node number 为 6,在 Location in active CS 后面的 3 个文本框中分别输入"0""0.35"和"0",单击 Apply 按钮,这样创建了第 6 个节点,坐标为(0,0.35,0),也就是图 20-1 右图中的 6 号节点。

(7)改变视角方向。从实用菜单中选择 Utility Menu > PlotCtrls > Pan, Zoom, Rotate 命令,弹出移动、缩放和旋转对话框,单击视角方向为 iso,可以在(1,1,1)方向观察模型,单击 Close 按钮关闭对话框。

(8)创建导线单元。从主菜单中选择 Main Menu > Preprocessor > Modeling > Create > Elements > Auto Numbered > Thru Nodes 命令,弹出节点拾取框,在图形界面上选取节点 1 和 2,或者直接在拾取框的文本框中分别输入"1"和"2"并按 Enter 键,单击拾取框上的 OK 按钮,于是创建了第一个单元,如图 20-10 所示。由于只有一种材料属性,此单元属性默认为 1 号材料属性,用节点法建模时,每得到一个单元应立即给此单元分配属性。

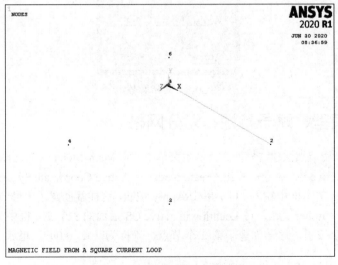

图 20-10 创建的第一个单元

（9）复制单元。从主菜单中选择 Main Menu > Preprocessor > Modeling > Copy > Elements > Auto Numbered 命令，弹出一个单元拾取框，在图形界面上拾取单元 1，单击 OK 按钮，弹出 Copy Elements (Automatically-Numbered)对话框，如图 20-11 所示。在 Total number of copies - including original 文本框中输入"4"，单击 OK 按钮，得到的所有线圈单元如图 20-12 所示。

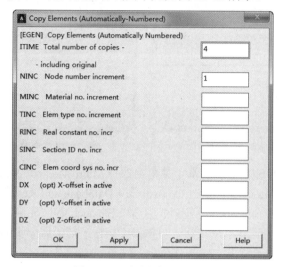

图 20-11　复制单元对话框

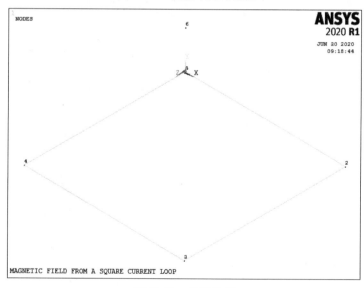

图 20-12　导线单元

20.2.4　加边界条件和载荷

（1）施加电压边界条件。从主菜单中选择 Main Menu > Solution > Define Loads > Apply > Electric > Boundary > Voltage > On Nodes 命令，弹出一个节点拾取框，在图形界面上拾取 5 号节点，或者直接在拾取框的文本框中输入"5"并按 Enter 键，单击 OK 按钮，弹出 Apply VOLT on nodes 对话框，如图 20-13 所示。在 Load VOLT value 文本框中输入"0"，单击 OK 按钮，这样就给 5 号节点施加了 0V 电压的边界条件。

（2）施加电流载荷。从主菜单中选择 Main Menu > Solution > Define Loads > Apply > Electric > Excitation > Current > On Nodes 命令，弹出一个节点拾取框，在图形界面上拾取 1 号节点，或者直接在拾取框的文本框中输入"1"并按 Enter 键，单击 OK 按钮，弹出 Apply AMPS on nodes 对话框，如图 20-14 所示。在 Load AMPS value 文本框中输入"7.5"，单击 OK 按钮，这样就给 1 号节点施加了 7.5A 电流的载荷。

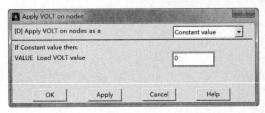
图 20-13　给节点施加电压对话框

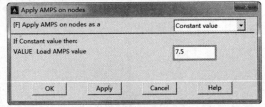
图 20-14　给节点施加电流对话框

（3）数据库和结果文件输出控制。从主菜单中选择 Main Menu > Solution > Load Step Opts > Output Ctrls > DB/Results File 命令，弹出 Controls for Database and Results File Writing 对话框，如图 20-15 所示。在 Item to be controlled 下拉列表中选择 Element solution 选项，检查并确认在 File write frequency 栏中已选中 Last substep 单选按钮，单击 OK 按钮，把最后一步的单元解求解结果写到数据库中。

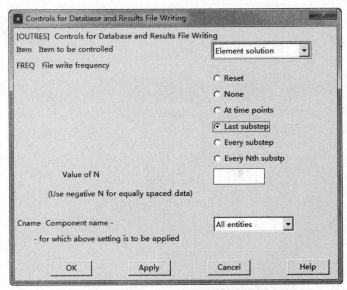
图 20-15　设定数据库和结果文件输出控制对话框

20.2.5　求解

（1）求解。从主菜单中选择 Main Menu > Solution > Solve > Current LS 命令，弹出一个信息窗口和一个求解当前载荷步对话框，确认信息无误后关闭，单击求解对话框中的 OK 按钮，开始求解运算，直到出现一个 Solution is done 的提示框，表示求解结束。

（2）比奥-萨伐儿磁场积分求解。直接在命令窗口输入"biot,new"，并按 Enter 键来执行比奥-萨伐儿磁场积分求解。

20.2.6 查看计算结果

（1）取出 6 号节点处 X 方向磁场强度值。从实用菜单中选择 Utility Menu > Parameters > Get Scalar Data 命令，弹出 Get Scalar Data 对话框，如图 20-16 所示。

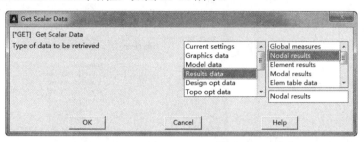

图 20-16 获取标量参数对话框

在 Type of data to be retrieved 后面的列表框中分别选择 Results data 和 Nodal results 选项，单击 OK 按钮，弹出 Get Nodal Results Data 对话框，如图 20-17 所示。在 Name of parameter to be defined 文本框中输入"hx"，在 Node number N 文本框中输入"6"，在 Results data to be retrieved 后面的两个列表框中分别选择 Flux & gradient 和 Mag source HSX 选项，单击 OK 按钮。将 6 号节点 X 方向磁场强度 HX 的值赋予标量参数 hx。

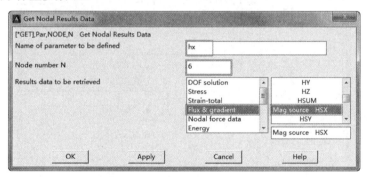

图 20-17 获取节点求解值对话框

（2）按照同样的步骤，取出 6 号节点处 Y 方向和 Z 方向的磁场强度 HY 和 HZ 值，并分别赋予标量参数 hy 和 hz。

（3）定义真空磁导率和磁通密度参数。从实用菜单中选择 Utility Menu > Parameters > Scalar Parameters 命令，弹出 Scalar Parameters 对话框，在 Selection 文本框中输入"MUZRO=12.5664E-7（真空磁导率）"，单击 Accept 按钮。然后依次在 Selection 文本框中输入：

```
BX=MUZRO*HX      （X 方向磁通密度）
BY=MUZRO*HY      （Y 方向磁通密度）
BZ=MUZRO*HZ      （Z 方向磁通密度）
```

每输入一项，单击 Accept 按钮确认，全部输入完后，单击 Close 按钮，关闭 Scalar Parameters 对话框，其输入参数的结果如图 20-18 所示。

（4）列出当前所有参数。从实用菜单中选择 Utility Menu > List > Status > Parameters > All Parameters 命令，弹出一个信息框，如图 20-19 所示。确认无误后，选择信息对话框中的 File > Close 命令，将其关闭，或者直接单击其右上角的 按钮，关闭对话框。

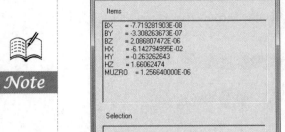

图 20-18　输入参数对话框

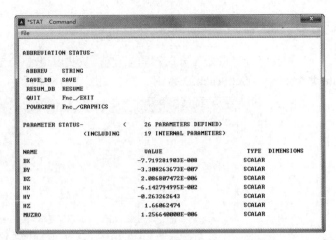

图 20-19　所有参数列表

（5）定义数组。从实用菜单中选择 Utility Menu > Parameters > Array Parameters > Define/Edit 命令，弹出 Array Parameter 对话框，单击 Add 按钮，弹出 Add New Array Parameter（定义数组类型）对话框，如图 20-20 所示。

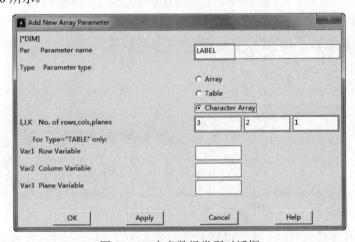

图 20-20　定义数组类型对话框

在 Parameter name 文本框中输入"LABEL"，在 Parameter type 选项组中选中 Character Array 单选按钮，在 No. of rows,cols,planes 后面的 3 个文本框中分别输入"3""2"和"1"，单击 OK 按钮，返回 Array Parameters 对话框。这样就定义了一个数组名为 LABEL 的 3×2 字符数组。

（6）按照同样的步骤，可以定义一个数组名为 VALUE 的 3×3 字符数组。Array Parameters 对话框中列出了已经定义的数组，如图 20-21 所示。

（7）在命令窗口输入以下命令给数组赋值，即把理论值、计算值和比率复制给一般数组。

```
LABEL(1,1) = 'BX ','BY ','BZ '
LABEL(1,2) = 'TESLA','TESLA','TESLA'
*VFILL,VALUE(1,1),DATA,2.010E-6,-.662E-6,2.01E-6
*VFILL,VALUE(1,2),DATA,BX,BY,BZ
*VFILL,VALUE(1,3),DATA,ABS(BX/(2.01E-6)),ABS(BY/.662E-6),ABS(BZ/(2.01E-6))
```

第 20 章　电场分析

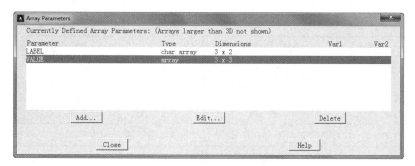

图 20-21　数组类型对话框

（8）查看数组的值，并将结果输出到 C 盘下的一个文件中（命令流方式，没有对应的 GUI 形式，且必须是从实用菜单中选择 Utility Menu>File>Read Input from 命令读入命令流文件）。

```
*CFOPEN,CURRENT LOOP,TXT,C:\
*VWRITE,LABEL(1,1),LABEL(1,2),VALUE(1,1),VALUE(1,2),VALUE(1,3)
(1X,A8,A8,' ',F12.9,' ',F12.9,' ',1F5.3)
*CFCLOS
```

（9）退出 ANSYS。单击 ANSYS Toolbar 工具栏上的 QUIT 按钮，弹出如图 20-22 所示的 Exit 对话框，选中 Quit-No Save!单选按钮，单击 OK 按钮，退出 ANSYS 软件。

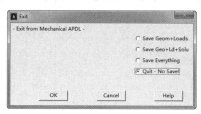

图 20-22　退出 ANSYS 对话框

20.2.7　命令流方式

命令流方式这里不再详细介绍，读者可参见随书资源中的电子文档。

20.3　h 方法静电场分析中要使用的单元

h 方法静电分析中要使用的 ANSYS 单元如表 20-9～表 20-11 所示。

表 20-9　二维实体单元

单　元	维　数	形状或特征	自　由　度
PLANE121	2-D	四边形，8 节点	每个节点上的电压

表 20-10　三维实体单元

单　元	维　数	形状或特征	自　由　度
SOLID122	3-D	砖形（六面体），20 节点	每个节点上的电压
SOLID123	3-D	砖形（六面体），20 节点	每个节点上的电压

表 20-11 特殊单元

单 元	维 数	形状或特征	自 由 度
MATRIX50	无（超单元）	取决于构成本单元的单元	取决于构成本单元的单元类型
INFIN110	2-D	4 或 8 节点	每个节点 1 个：磁矢量位，温度或电位
INFIN111	3-D	六面体，8 或 20 节点	AX、AY、AZ 磁矢势，温度，电势或磁标量势
INFIN9	2-D	平面，无界，2 节点	AZ 磁矢势，温度
INFIN47	3-D	四边形 4 节点或三角形 3 节点	AZ 磁矢势，温度

20.4 实例——屏蔽微带传输线的静电分析

20.4.1 问题描述

本实例描述如何做一个屏蔽微带传输线的静电分析，该传输线是由基片、微带和屏蔽组成的。微带电势为 V_1，屏蔽的电势为 V_0，确定传输线的电容。该实例的描述如图 20-23 所示。

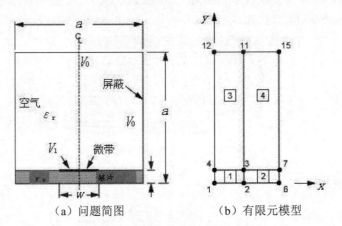

（a）问题简图　　　　　（b）有限元模型

图 20-23　屏蔽微带传输线的静电分析

实例中使用的参数如表 20-12 所示。

表 20-12　参数说明

几 何 特 性	材 料 特 性	载 荷
a=10cm	空气：ε_r=1	V_1=10V
b=1cm	基片：ε_r=10	V_0=1V
w=1cm		

通过能量和电位差的关系可以求得电容：$We=1/2C(V_1-V_0)^2$，We 是静电场能量，C 为电容。在后处理器中对所有单元能量求和可以获得静电场的能量。

后处理器中还可以画等位线和电场矢量图等。

目标结果：电容 C=178.1pF/m。

20.4.2 GUI 操作方法

1. 创建物理环境

（1）过滤图形界面。从主菜单中选择 Main Menu > Preferences 命令，弹出 Preferences for GUI Filtering 对话框，选中 Electric 复选框，对后面的分析进行菜单及相应的图形界面过滤。

（2）定义工作标题。从实用菜单中选择 Utility Menu > File > Change Title 命令，在弹出的对话框中输入"MICROSTRIP TRANSMISSION LINE ANALYSIS"，单击 OK 按钮，如图 20-24 所示。

（3）指定工作名。从实用菜单中选择 Utility Menu > File > Change Jobname 命令，在弹出对话框的 Enter new jobname 文本框中输入"strip"，单击 OK 按钮。

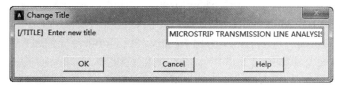

图 20-24　定义工作标题

（4）定义分析参数。从实用菜单中选择 Utility Menu > Parameters > Scalar Parameters 命令，弹出 Scalar Parameters 对话框，在 Selection 文本框中输入"V1=1.5"，单击 Accept 按钮。然后在 Selection 文本框中再次输入"V0=0.5"，并单击 Accept 按钮确认，最后输入完后，单击 Close 按钮，关闭 Scalar Parameters 对话框，其输入参数的结果如图 20-25 所示。

（5）打开面积区域编号显示。从实用菜单中选择 Utility Menu > PlotCtrls > Numbering 命令，弹出 Plot Numbering Controls 对话框，如图 20-26 所示。选中 Area numbers 后面的单选按钮，使该单选按钮状态由 Off 变为 On，单击 OK 按钮关闭对话框。

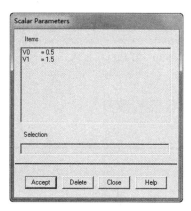

图 20-25　输入参数对话框

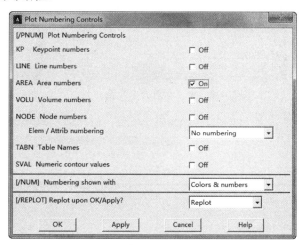

图 20-26　显示面积编号对话框

（6）定义单元类型。从主菜单中选择 Main Menu > Preprocessor > Element Type > Add/Edit/Delete 命令，弹出 Element Types 对话框，如图 20-27 所示。单击 Add 按钮，弹出 Library of Element Types 对话框，如图 20-28 所示。在该对话框左面列表框中选择 Electrostatic 选项，在右边的列表框中选择 2D Quad 121 选项，单击 OK 按钮，生成了一个 PLANE121 单元，返回单元类型对话框，得到如图 20-27 所示的结果。最后单击 Close 按钮，关闭单元类型对话框。

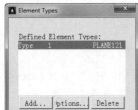

图 20-27 单元类型对话框

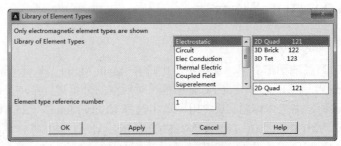

图 20-28 单元类型库对话框

（7）定义材料属性。从主菜单中选择 Main Menu > Preprocessor > Material Props > Material Models 命令，弹出 Define Material Model Behavior 窗口，在右边的列表框中依次选择 Electromagnetics > Relative Permittivity > Constant 选项后，又弹出 Relative Permittivity for Material Number 1 对话框，如图 20-29 所示。在 PERX 文本框中输入"1"，单击 OK 按钮。

① 选择 Edit > Copy 命令，弹出 Copy Material Model 对话框，如图 20-30 所示。在 from Material number 下拉列表中选择材料号为 1；在 to Material number 文本框中输入材料号为 2，单击 OK 按钮，这样就把 1 号材料的属性复制给了 2 号材料。在 Define Material Model Behavior 窗口左边列表框中依次选择 Material Model Number 2 > Permittivity(Constant)选项，在弹出的 Relative Permittivity for Material Number 1 对话框中，将 PERX 设置为 10，单击 OK 按钮，返回 Define Material Model Behavior 窗口。

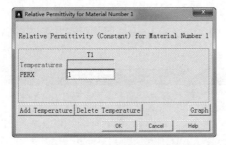

图 20-29 定义相对介电常数

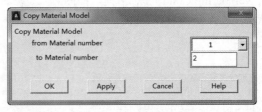

图 20-30 复制材料属性

② 选择 Material > Exit 命令结束，得到结果如图 20-31 所示。

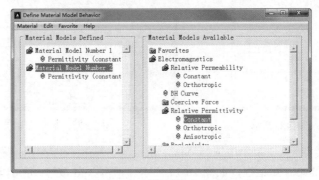

图 20-31 材料属性定义窗口

2. 建立模型、赋予特性、划分网格

（1）建立平面几何模型。从主菜单中选择 Main Menu > Preprocessor > Modeling > Create > Areas >

Rectangle > By Dimensions 命令，弹出 Create Rectangle by Dimensions 对话框，如图 20-32 所示。在 X-coordinates 后面的文本框中分别输入"0"和"0.5"，在 Y-coordinates 后面的文本框中分别输入"0"和"1"，单击 Apply 按钮。

① 设置 X-coordinates 后面的文本框中的值分别为 0.5 和 5，在 Y-coordinates 后面的文本框中分别输入"0"和"1"，单击 Apply 按钮。

② 设置 X-coordinates 后面的文本框中的值分别为 0 和 0.5，在 Y-coordinates 后面的文本框中分别输入"1"和"10"，单击 Apply 按钮。

③ 设置 X-coordinates 后面的文本框中的值分别为 0.5 和 5，在 Y-coordinates 后面的文本框中分别输入"1"和"10"，单击 OK 按钮。

（2）布尔运算。从主菜单中选择 Main Menu > Preprocessor > Modeling > Operate > Booleans > Glue > Areas 命令，弹出 Glue Areas 拾取框，单击拾取框上的 Pick All 按钮，对所有的面进行粘接操作。

（3）压缩面号。从主菜单中选择 Main Menu > Preprocessor > Numbering Ctrls > Compress Numbers 命令，弹出 Compress Numbers 对话框，如图 20-33 所示。在 Item to be compressed 下拉列表中选择 Areas 选项，将面号压缩，从 1 开始重新编排，单击 OK 按钮退出对话框。

图 20-32　生成矩形对话框

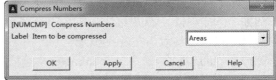

图 20-33　压缩面号对话框

（4）重新显示。从实用菜单中选择 Utility Menu > Plot > Replot 命令，最后得到的几何模型如图 20-34 所示。

图 20-34　屏蔽微带几何模型

（5）保存几何模型文件。从实用菜单中选择 Utility Menu > File > Save as 命令，弹出 Save Database 对话框，在 Save Database to 文本框中输入文件名"strip_geom.db"，单击 OK 按钮。

（6）选择面实体。从实用菜单中选择 Utility Menu > Select > Entities 命令，弹出 Select Entities 对话框，如图 20-35 所示。在最上边的第一个下拉列表中选择 Areas 选项，在其下的第二个下拉列表中选择 By Num/Pick 选项，单击 OK 按钮，弹出 Select Areas 面拾取框，在图形界面上拾取面 1 和面 2，或在拾取框的文本框中直接输入"1"和"2"并按 Enter 键，单击 OK 按钮。

（7）设置面实体特性。从主菜单中选择 Main Menu > Preprocessor > Meshing > Mesh Attributes > Picked Areas 命令，弹出 Area Attributes 拾取框，单击 Pick All 按钮，又弹出如图 20-36 所示的 Area

Attributes 对话框,在 Material number 下拉列表中选择 2 选项,其他选项接受默认设置,单击 OK 按钮,给基片输入材料属性和单元类型。

图 20-35　选择实体对话框

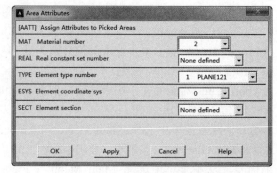

图 20-36　设置实体面属性对话框

剩下的面默认被赋予了 1 号材料属性和 1 号单元类型。

（8）选择所有的实体。从实用菜单中选择 Utility Menu > Select > Everything 命令。

（9）选择线实体。从实用菜单中选择 Utility Menu > Select > Entities 命令,弹出一个 Select Entities 对话框,如图 20-35 所示。在最上边的第一个下拉列表中选择 Lines 选项,在其下的第二个下拉列表中选择 By Location 选项,选中 Y coordinates 单选按钮,在 Min,Max 文本框中输入"1",再选中 From Full 单选按钮,单击 Apply 按钮。

选中 X coordinates 单选按钮,在 Min,Max 文本框中输入"0.25",再选中 Reselect 单选按钮,单击 OK 按钮。

（10）设置网格密度。从主菜单中选择 Main Menu > Preprocessor > Meshing > Size Cntrls > ManualSize > Lines > All Lines 命令,弹出 Element Sizes on All Selected Lines 对话框,如图 20-37 所示。在 No. of element divisions 文本框中输入"8",单击 OK 按钮。给所选线上设定划分单元数为 8。

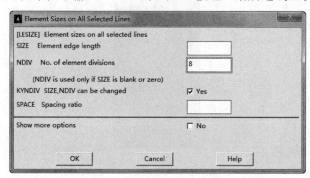

图 20-37　设置所有选定线单元数

（11）选择所有的实体。从实用菜单中选择 Utility Menu > Select > Everything 命令。

（12）划分网格。从主菜单中选择 Main Menu > Preprocessor > Meshing > MeshTool 命令,弹出 MeshTool 对话框,如图 20-38 所示。选中 Smart Size 复选框,并将 Fine-Coarse 工具栏拖曳到 3 的位置,在 Mesh 下拉列表中选择 Areas 选项,再选中 Tri 和 Free 单选按钮,单击 Mesh 按钮,弹出一个面拾取框,单击 Pick All 按钮,划分网格得到如图 20-39 所示网格图。

（13）保存网格数据。从实用菜单中选择 Utility Menu > File > Save as 命令,弹出 Save Database 对话框,在 Save Database to 文本框中输入文件名"strip_mesh.db",单击 OK 按钮。

第 20 章 电场分析

3. 加边界条件和载荷

（1）选择微带上的所有单元。从实用菜单中选择 Utility Menu > Select > Entities 命令，弹出 Select Entities 对话框，如图 20-35 所示。在最上边的第一个下拉列表中选择 Nodes 选项，在其下的第二个下拉列表中选择 By Location 选项，选中 Y coordinates 单选按钮，在 Min,Max 文本框中输入"1"，再选中 From Full 单选按钮，单击 Apply 按钮。

选中 X coordinates 单选按钮，在 Min,Max 文本框中输入"0,0.5"，再选中 Reselect 单选按钮，单击 OK 按钮。

（2）给微带施加电压条件。从主菜单中选择 Main Menu > Solution > Define Loads > Apply > Electric > Boundary > Voltage > On Nodes 命令，弹出一个节点拾取框，单击 Pick All 按钮，弹出 Apply VOLT on nodes 对话框，如图 20-40 所示。在 Load VOLT value 文本框中输入"V1"，单击 OK 按钮。

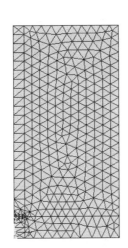
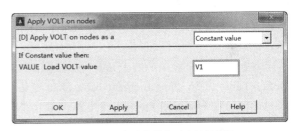

图 20-38　网格划分对话框　　图 20-39　网格划分结果　　　图 20-40　给节点施加电压对话框

（3）选择屏蔽上的所有单元。从实用菜单中选择 Utility Menu > Select > Entities 命令，弹出 Select Entities 对话框，如图 20-35 所示。在最上边的第一个下拉列表中选择 Nodes 选项，在其下的第二个下拉列表中选择 By Location 选项，选中 Y coordinates 单选按钮，在 Min,Max 文本框中输入"0"，再选中 From Full 单选按钮，单击 Apply 按钮。

① 选中 Y coordinates 单选按钮，在 Min,Max 文本框中输入"10"，再选中 Also Select 单选按钮，单击 Apply 按钮。

② 选中 X coordinates 单选按钮，在 Min,Max 文本框中输入"5"，再选中 Also Select 单选按钮，单击 OK 按钮。

（4）给屏蔽施加电压条件。从主菜单中选择 Main Menu > Solution > Define Loads > Apply > Electric > Boundary > Voltage > On Nodes 命令，弹出一个节点拾取框，单击 Pick All 按钮，弹出 Apply VOLT on nodes 对话框，如图 20-40 所示。在 Load VOLT value 文本框中输入"V0"，单击 OK 按钮。

（5）选择所有的实体。从实用菜单中选择 Utility Menu > Select > Everything 命令。

（6）对面进行缩放。从主菜单中选择 Main Menu > Preprocessor > Modeling > Operate > Scale > Areas 命令，弹出一个面拾取框，单击拾取框上的 Pick All 按钮，又弹出 Scale Areas 对话框，如图 20-41 所示。在 RX,RY,RZ Scale Factors 后面的 3 个文本框中分别输入"0.01""0.01"和"0"，在 Items to be scaled 下拉列表中选择 Areas and mesh 选项，在 Existing areas will be 下拉列表中选择 Moved 选项，单击 OK 按钮。

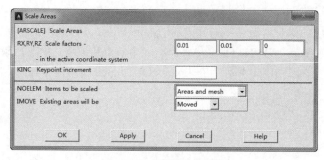

图 20-41　面缩放对话框

4．求解

（1）求解运算。从主菜单中选择 Main Menu > Solution > Solve > Current LS 命令，弹出一个对话框和一个信息窗口，单击对话框上的 OK 按钮，开始求解运算，直到出现一个 Solution is done 的提示栏，表示求解结束。

（2）保存计算结果到文件。从实用菜单中选择 Utility Menu > File > Save as 命令，弹出 Save Database 对话框，在 Save Database to 文本框中输入文件名"strip_resu.db"，单击 OK 按钮。

5．查看计算结果

（1）读取计算结果。从主菜单中选择 Main Menu > General Postproc > Read Results > Last Set 命令，读取最后一个结果。

（2）定义一个静电能的单元表。从主菜单中选择 Main Menu > General Postproc > Element Table > Define Table 命令，弹出 Element Table Data 对话框，单击 Add 按钮，弹出如图 20-42 所示的定义单元表对话框。在 Use label for item 文本框中输入"SENE"，在 Results data item 后面的左边列表框中选择 Energy 选项，在右边列表框中选择 Elec energy SENE 选项。单击 OK 按钮，返回 Element Table Data 对话框。

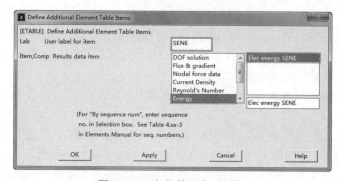

图 20-42　定义单元表对话框

（3）定义一个存放 X 方向电场力的单元表。单击 Element Table Data 对话框中的 Add 按钮，弹出单元表定义对话框。在 Use label for item 文本框中输入"EFX"，在 Results data item 后面的左边列表框中选择 Flux & gradient 选项，在右边列表框中选择 Elec field EFX 选项，单击 OK 按钮，返回 Element Table Data 对话框。

（4）定义一个存放 Y 方向电场力的单元表。单击 Element Table Data 对话框中的 Add 按钮，弹出单元表定义对话框。在 Use label for item 文本框中输入"EFY"，在 Results data item 后面的左边列表框中选择 Flux & gradient 选项，在右边列表框中选择 Elec field EFY 选项，单击 OK 按钮，返回 Element Table Data 对话框，单击 Close 按钮退出。

（5）关掉编号显示。从实用菜单中选择 Utility Menu > PlotCtrls > Numbering 命令，弹出 Plot Numbering Controls 对话框，如图 20-26 所示。在 Numbering shown with 下拉列表中选择 Colors only 选项，单击 OK 按钮关闭对话框。

（6）绘制节点电位等值云图。从主菜单中选择 Main Menu > General Postproc > Plot Results > Contour Plot > Nodal Solu 命令，弹出 Contour Nodal Solution Data 对话框，如图 20-43 所示。在 Item to be contoured 列表框中依次选择 Nodal Solution > DOF Solution > Electric potential 选项，单击 OK 按钮，绘出节点电位等值云图，如图 20-44 所示。

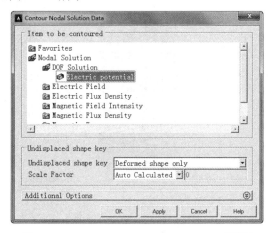

图 20-43　Contour Nodal Solution Data 对话框

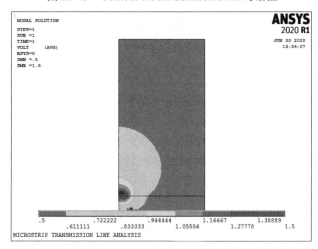

图 20-44　节点电位等值云图

（7）绘制自定义矢量图。从主菜单中选择 Main Menu > General Postproc > Plot Results > Vector Plot > User-defined 命令，弹出 Vector Plot of User-defined Vectors 对话框，如图 20-45 所示。在 I-component of vector 文本框中输入"EFX"，在 J-component of vector 文本框中输入"EFY"，单击 OK 按钮，绘出电场力矢量图，如图 20-46 所示。

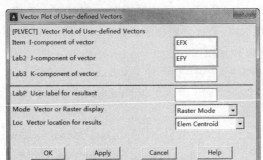

图 20-45　绘制自定义矢量图对话框

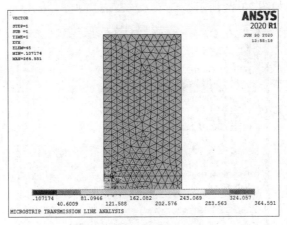

图 20-46　电场力矢量图

（8）对单元表进行求和。从主菜单中选择 Main Menu > General Postproc > Element Table > Sum of Each Item 命令，弹出一个对单元表进行求和的对话框，单击 OK 按钮，弹出一个信息窗口，显示如下：

```
    SENE     0.445187E-10
    EFX      6409.43
    EFY      -1619.36
```

确认无误后，选择信息窗口中的 File > Close 命令关闭窗口。

（9）获取单元表求和结果参数的值。从实用菜单中选择 Utility Menu > Parameters > Get Scalar Data 命令，弹出 Get Scalar Data 对话框，如图 20-47 所示。在 Type of data to be retrieved 后面的左边列表框中选择 Results data 选项，在右边列表框中选择 Elem table sums 选项，单击 OK 按钮，弹出 Get Element Table Sum Results 对话框，如图 20-48 所示。在 Name of parameter to be defined 文本框中输入"W"，在 Element table item 下拉列表中选择 SENE 选项，单击 OK 按钮。将单元表求和结果 SENE 的值（总的静电场能量）赋给了标量参数 W。

第 20 章 电场分析

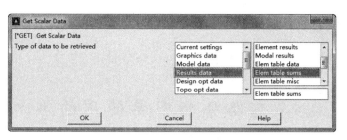

图 20-47 获取标量参数对话框

（10）进行电容计算。从实用菜单中选择 Utility Menu > Parameters > Scalar Parameters 命令，弹出 Scalar Parameters 对话框，在 Selection 文本框中输入"C=(W*2)/((V1-V0)**2)"，单击 Accept 按钮。然后在 Selection 文本框中再次输入"C=((C*2)*1E12)"，并单击 Accept 按钮确认，最后输入完后，单击 Close 按钮，关闭 Scalar Parameters 对话框。

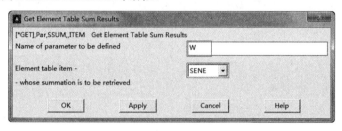

图 20-48 获取单元表求和结果对话框

（11）列出电容 C 参数。从实用菜单中选择 Utility Menu > List > Status > Parameters > Named Parameters 命令，弹出 Named-Parameter Status 对话框，如图 20-49 所示。在 Name of parameter 列表框中选择参数 C，其他选项接受默认设置，单击 OK 按钮，弹出一个信息窗口，在信息窗口中列出了 C=178.074906，确认无误后，选择信息窗口中的 File > Close 命令关闭窗口。

（12）退出 ANSYS。单击工具栏上的 QUIT 按钮，弹出如图 20-50 所示的 Exit 对话框，选中 Quit-No Save!单选按钮，单击 OK 按钮，退出 ANSYS 软件。

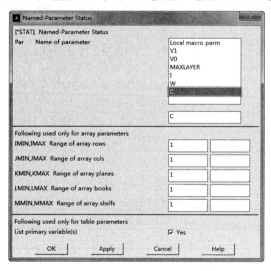

图 20-49 列出指定参数对话框

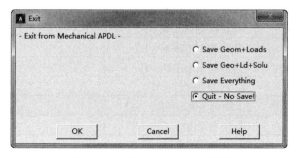

图 20-50 退出 ANSYS 对话框

• 499 •

20.4.3 命令流方式

命令流方式这里不再详细介绍，读者可参见随书资源中的电子文档。

20.5 电路分析中要使用的单元

在电路分析中，ANSYS 提供了一种通用电路单元 CIRCU124 对线性电路进行模拟，还提供了一种为通用二极管和齐纳二极管建模的电路单元 CIRCU125。

20.5.1 使用 CIRCU124 单元

CIRCU124 单元求解未知的节点电压（在有些情况下为电流）。电路由各种部件组成，如电阻、电感、互感、电容、独立电压源和电流源、受控电压源和电流源等，这些元件都可以用 CIRCU124 单元来模拟。

> 注意：本章只描述 CIRCU124 单元的某些最重要的特性，对该单元的详细描述，读者可参见 ANSYS 帮助中的相关内容。

1. 可用 CIRCU124 单元模拟的电路元件

对 CIRCU124 单元通过设置 KEYOPT(1) 来确定该单元模拟的电路元件，如表 20-13 所示。例如，设置 KEYOPT(1) 为 2，就可用 CIRCU124 来模拟电容。对所有的电路元件，正向电流都是从节点 I 流向节点 J。

表 20-13 CIRCU124 单元能模拟的电路元件

电路元件及其图形标记	KEYOPT(1)设置	实 常 数
电阻（R）	0	R1=电阻（RES）
电感（L）	1	R1=电感（IND） R2=起始电感电流（ILO）
电容（C）	2	R1=电容（CAP） R2=起始电感电流（VCO）
电感（K）	8	R1=初级电感（IND1） R2=次级电感（IND2） R3=耦合系数（K）
电压控制电流源（G）	9	R1=互导（GT）
电流控制电流源（F）	12	R1=电流增益（AI）
电压控制电压源（E）	10	R1=电压增益（AV）
电流控制电压源（H）	11	R1=互阻（RT）
线圈电流源（N）	5	R1=系数（SCAL）
2D 块状导体电压源（M）	6	R1=系数（SCAL）
3D 块状导体电压源（P）	7	R1=系数（SCAL）

图 20-51 为利用不同的 KEYOPT(1) 设置建立的不同电路元件，那些靠近元件标志的节点是"浮动"节点（即它们并不直接连接到电路中）。

第20章 电场分析

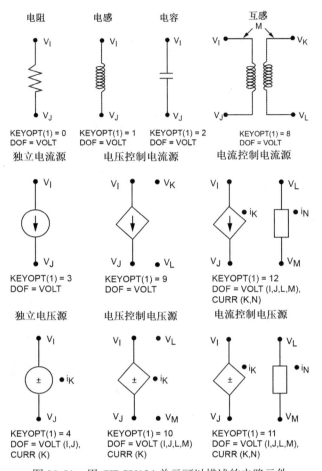

图 20-51 用 CIRCU124 单元可以描述的电路元件

> **注意**：全部的电路选项如表 20-13 和图 20-51 所示，ANSYS 的电路建模程序自动生成下列实常数：R15（图形偏置，GOFFST）和 R16（单元识别号，ID）。后面的内容中将会详细讨论电路建模程序。

2. CIRCU124 单元的载荷类型

对于独立电流源和独立电压源，可用 CIRCU124 单元 KEYOPT(2)选项来设置激励形式，可以定义电流或电压的正弦、脉冲、指数或分段线性激励。

3. 将 FEA（有限元）区耦合到电路区

可将电路分析的 3 种元件耦合到 FEA 区，图 20-52 中的这两种元件直接连接到有限元模型的导体上（耦合是在矩阵中进行耦合的，因此只能为线性的）。

在绞线圈连接中不能存在涡流，磁矢势（MVP）和电流决定线圈电压，连接的电路方程为

$$\Delta V = R_c + \partial \psi / \partial t,$$

$$\Delta V = R_c + \frac{n_c}{S_c} \int \frac{\partial \mathbf{A}}{\partial t} \mathrm{d}S \, 。$$

式中，R_c 为线圈电阻；n_c 为匝数；S_c 为线圈横截面积。

块导体连接中可考虑集肤效应，导体中的 MVP 和电压决定总电流，连接的电路方程为

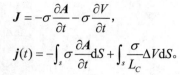

$$J = -\sigma \frac{\partial A}{\partial t} - \sigma \frac{\partial V}{\partial t},$$

$$j(t) = -\int_s \sigma \frac{\partial A}{\partial t} dS + \int_s \frac{\sigma}{L_C} \Delta V dS。$$

式中，L_c 是导体长度，ΔV 是电压降。

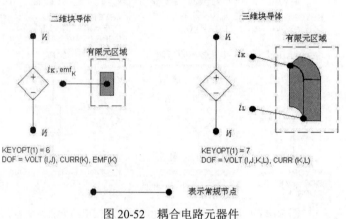

图 20-52　耦合电路元器件

ANSYS 程序通过电路元件和 FEA 导体单元上两个附加的自由度来达到耦合的目的，这些自由度特性如下。

- ☑ CURR：流过电路和模型导体的电流。
- ☑ EMF：模型导体（2D 绞线圈、2D 块导体和 3D 线圈导体）的电压降。
- ☑ VOLT：3D 块状导体内的电位。

20.5.2　使用 CIRCU125 单元

可以用 CIRCU125 单元为通用二极管和齐纳二极管建模。使用此单元时需注意以下几方面。

- ☑ 在二极管任何状态下，其 I-U 曲线的分段线性特性对应于一个 Norton 等效电路，这个等效电路有一个动态阻抗（在工作点反向倾斜）和一个电流源（在 I-U 曲线的切线和 I 轴相交）。
- ☑ 如果电压降比二极管（通常是理想二极管）的导通电压低很多，则提取由单元 misc 记录号提供的单元电压降、电流、焦耳热损耗，计算数据时会提示有警告。
- ☑ 要获得更准确的结果，需要通过提取单元的反力来获得单元电流，并根据二极管状态和 I-U 曲线重新计算电压。
- ☑ 可以在后处理器中画出二极管的能量和状态图。
- ☑ 若 AUTOTS 打开，则按照标准的 ANSYS 自动时间步长功能来确定求解时间步 K。程序根据动态系统的特征值来估计时间步长。当状态变化方向是按照预期估计的方向进行时，则单元会发出调小时间步的信号，与接触单元间隙闭合类似。

☑ CIRCU125 单元是高度非线性单元。要获得收敛结果，通常需要定义收敛标准，而不是仅用默认值。用 CNVTOL,VOLT,,0.001,2,1.0E.6 来改变收敛标准。

20.6 实例——谐波电路分析

20.6.1 问题描述

该电路由两个电阻、一个电感、一个独立电压源、一个独立电流源和一个电流控制电流源构成，如图 20-53 所示。要确定电路中第 4 个节点处的电压，理论值为 $V=14.44-j1.41$。

实例中要使用的参数如表 20-14 所示。

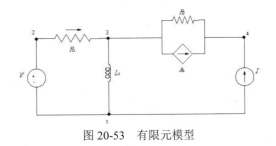

图 20-53　有限元模型

表 20-14　参数说明

电路数据	载荷
$R_1=3\Omega$	
$R_2=2\Omega$	电压源幅值 $V=15V$，相位角 $\theta=30°$
$L_1=j4\Omega$	电流源幅值 $I=5A$，相位角 $\theta=-45°$
$A_1=-3$	

20.6.2 GUI 操作方法

1. 创建物理环境

（1）过滤图形界面。从主菜单中选择 Main Menu > Preferences 命令，弹出 Preferences for GUI Filtering 对话框，选中 Electric 来对后面的分析进行菜单及相应的图形界面过滤。

（2）定义工作标题。从实用菜单中选择 Utility Menu > File > Change Title 命令，在弹出对话框的 Enter new title 文本框中输入"AC CIRCUIT ANALYSIS"，单击 OK 按钮，如图 20-54 所示。

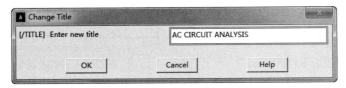

图 20-54　定义工作标题

（3）指定工作名。从实用菜单中选择 Utility Menu > File > Change Jobname 命令，在弹出对话框的 Enter new Jobname 文本框中输入"AC CIRCUIT"，单击 OK 按钮。

（4）定义单元类型和选项。从主菜单中选择 Main Menu > Preprocessor > Element Type > Add/Edit/Delete 命令，弹出 Element Types 对话框，如图 20-55 所示。单击 Add 按钮，弹出 Library of Element Types 对话框，如图 20-56 所示。在该对话框左边列表框中选择 Circuit 选项，在右边列表框中选择 Circuit 124 选项，单击 Apply 按钮，定义了一个 CIRCU124 单元。连续再单击 Apply 按钮 3 次，最后

单击 OK 按钮，返回 Element Types 对话框，一共定义了 5 个 CIRCU124 单元，得到如图 20-55 所示的结果。

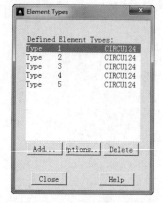

图 20-55　单元类型对话框

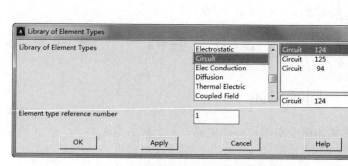

图 20-56　单元类型库对话框

① 在 Element Types 对话框中选择单元类型 1，单击 Options 按钮，弹出 CIRCU124 element type options 对话框，如图 20-57 所示。在 Circuit Component Type K1 列表框中选择 Ind Vltg Src 选项，单击 OK 按钮，弹出另一个 CIRCU124 element type options 对话框，如图 20-58 所示。在 Body Loads K2 列表框中选择 DC or AC Harmonic load 选项，单击 OK 按钮，定义了一个独立电压源，返回 Element Types 对话框。

② 在 Element Types 对话框中选择单元类型 2，单击 Options 按钮，弹出 CIRCU124 element type options 对话框，如图 20-57 所示。在 Circuit Component Type K1 列表框中选择 Ind Curr Src 选项，单击 OK 按钮，弹出另一个 CIRCU124 element type options 对话框，如图 20-58 所示。在 Body Loads K2 列表框中选择 DC or AC Harmonic load 选项，单击 OK 按钮，定义了一个独立电流源，返回 Element Types 对话框。

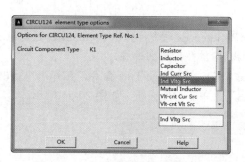

图 20-57　单元类型选项对话框 K1

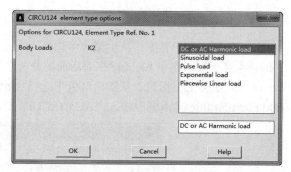

图 20-58　单元类型选项对话框 K2

③ 在 Element Types 对话框中选择单元类型 3，单击 Options 按钮，弹出 CIRCU124 element type options 对话框，如图 20-57 所示。在 Circuit Component Type K1 列表框中选择 Resistor 选项，单击 OK 按钮，定义了一个电阻，返回 Element Types 对话框。

④ 在 Element Types 对话框中选择单元类型 4，单击 Options 按钮，弹出 CIRCU124 element type options 对话框，如图 20-57 所示。在 Circuit Component Type K1 列表框中选择 Inductor 选项，单击 OK 按钮，定义了一个电阻，返回 Element Types 对话框。

⑤ 在 Element Types 对话框中选择单元类型 5，单击 Options 按钮，弹出 CIRCU124 element type options 对话框，如图 20-57 所示。在 Circuit Component Type K1 列表框中选择 Cur-cnt Cur Src 选项，单击 OK 按钮，定义了一个电流控制电流源，返回 Element Types 对话框。最后单击 Close 按钮，关闭单元类型对话框。

（5）定义实常数。从主菜单中选择 Main Menu > Preprocessor > Real Constants > Add/Edit/Delete 命令，弹出 Real Constants 对话框，单击 Add 按钮，弹出 Element Types 对话框，选择 Type 1 CIRCU124，单击 OK 按钮，弹出 Real Constant Set Number 1, for -ICS/IVS DC/AC Harm 为 CIRCU124 单元定义实常数对话框，如图 20-59 所示。在 Real Constant Set No 文本框中输入"1"，在 Amplitude AMP 文本框中输入"15"，在 Phase Angle PHA 文本框中输入"30"，单击 OK 按钮，返回 Real Constants 对话框。给独立电压源定义了振幅和相位角实常数。

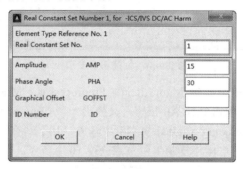

图 20-59 单元定义实常数对话框

① 单击 Real Constants 对话框中的 Add 按钮，弹出 Element Types 对话框，选择 Type 2 CIRCU124 选项，单击 OK 按钮，弹出 Real Constant Set Number 2, for -ICS/IVS DC/AC Harm 为 CIRCU124 对话框，在 Real Constant Set No 文本框中输入"2"，在 Amplitude AMP 文本框中输入"5"，在 Phase Angle PHA 文本框中输入"-45"，单击 OK 按钮，返回 Real Constants 对话框。给独立电流源定义了振幅和相位角实常数。

② 单击 Real Constants 对话框中的 Add 按钮，弹出 Element Types 对话框，选择 Type 3 CIRCU124 选项，单击 OK 按钮，弹出 Real Constant Set Number 3, for Resistor 为 CIRCU124 单元定义实常数对话框，在 Real Constant Set No 文本框中输入"3"，在 Resistance RES 文本框中输入"3"，单击 OK 按钮，返回 Real Constants 对话框。给电阻定义了阻值为 3。

③ 单击 Real Constants 对话框中的 Add 按钮，弹出 Element Types 对话框，选择 Type 3 CIRCU124 选项，单击 OK 按钮，弹出 Real Constant Set Number 4, for Resistor 为 CIRCU124 单元定义实常数对话框，在 Real Constant Set No 文本框中输入"4"，在 Resistance RES 文本框中输入"2"，单击 OK 按钮，返回 Real Constants 对话框。给电阻定义了阻值为 2。

④ 单击 Real Constants 对话框中的 Add 按钮，弹出 Element Types 对话框，选择 Type 4 CIRCU124 选项，单击 OK 按钮，弹出 Real Constant Set Number 5, for -Inductor 为 CIRCU124 单元定义实常数对话框，在 Real Constant Set No 文本框中输入"5"，在 Inductance IND 文本框中输入"4"，单击 OK 按钮，返回 Real Constants 对话框。给电感定义了电感值为 4。

⑤ 单击 Real Constants 对话框中的 Add 按钮，弹出 Element Types 对话框，选择 Type 5 CIRCU124 选项，单击 OK 按钮，弹出 Real Constant Set Number 6, for-Curr Cnd... 为 CIRCU124 单元定义实常数对话框，在 Real Constant Set No 文本框中输入"6"，在 Current Gain AI 文本框中输入"-3"，单击 OK 按钮，返回 Real Constants 对话框。给电流控制电流源定义实常数。单击 Close 按钮退出实常数对话框。

2. 建立模型、赋予特性、划分网格

（1）创建节点（用节点法建立模型）。从主菜单中选择 Main Menu > Preprocessor > Modeling > Create > Nodes > In Active CS 命令，弹出 Create Nodes in Active Coordinate System 对话框，如图 20-60 所示。在 Node number 文本框中输入"1"，单击 OK 按钮，这样就创建了 1 号节点，坐标为（0,0,0）。

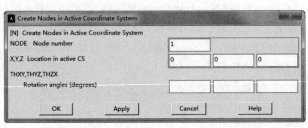

图 20-60　创建第一个节点

（2）复制节点。从主菜单中选择 Main Menu > Preprocessor > Modeling > Copy > Nodes > Copy 命令，弹出一个节点拾取框，单击 Pick All 按钮，又弹出一个 Copy nodes 对话框，如图 20-61 所示。在 Total number of copies – including original 文本框中输入"10"，在 Node number increment 文本框中输入"1"，单击 OK 按钮，这样将复制 1 号节点获得 10 个节点。

（3）定义单元默认属性。从主菜单中选择 Main Menu > Preprocessor > Meshing > Mesh Attributes > Default Attribs 命令，弹出 Meshing Attributes 对话框，如图 20-62 所示。在 Element type number 下拉列表中选择 1 CIRCU124 选项，在 Real constant set number 下拉列表中选择 1 选项，单击 OK 按钮。

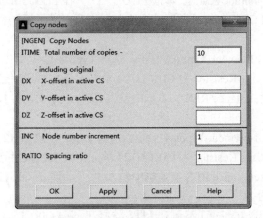

图 20-61　复制节点对话框

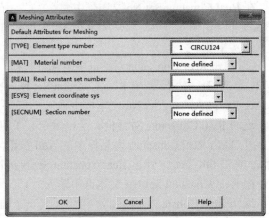

图 20-62　定义单元默认属性对话框

（4）创建独立电压源单元。从主菜单中选择 Main Menu > Preprocessor > Modeling > Create > Elements > Auto Numbered > Thru Nodes 命令，弹出一个节点拾取框，在拾取框的文本框中分别输入"2""1"和"7"并按 Enter 键，单击拾取框上的 OK 按钮，于是就创建了一个独立电压源单元，此单元属性就是步骤（3）所定义的默认属性，用节点法建模时，每得到一个单元应立即给此单元分配属性。

（5）定义单元默认属性。从主菜单中选择 Main Menu > Preprocessor > Meshing > Mesh Attributes > Default Attribs 命令，弹出 Meshing Attributes 对话框，在 Element type number 下拉列表中选择 3

CIRCU124 选项，在 Real constant set number 下拉列表中选择 3 选项，单击 OK 按钮。

（6）创建第一个电阻单元。从主菜单中选择 Main Menu > Preprocessor > Modeling > Create > Elements > Auto Numbered > Thru Nodes 命令，弹出一个节点拾取框，在拾取框的文本框中分别输入 "2" 和 "3" 并按 Enter 键，单击拾取框上的 OK 按钮，于是就创建了第一个电阻单元。

（7）定义单元默认属性。从主菜单中选择 Main Menu > Preprocessor > Meshing > Mesh Attributes > Default Attribs 命令，弹出 Meshing Attributes 对话框，在 Element type number 下拉列表中选择 4 CIRCU124 选项，在 Real constant set number 下拉列表中选择 5 选项，单击 OK 按钮。

（8）创建电感单元。从主菜单中选择 Main Menu > Preprocessor > Modeling > Create > Elements > Auto Numbered > Thru Nodes 命令，弹出一个节点拾取框，在拾取框的文本框中分别输入 "3" 和 "1" 并按 Enter 键，单击拾取框上的 OK 按钮，于是就创建了一个电感单元。

（9）定义单元默认属性。从主菜单中选择 Main Menu > Preprocessor > Meshing > Mesh Attributes > Default Attribs 命令，弹出 Meshing Attributes 对话框，在 Element type number 下拉列表中选择 3 CIRCU124 选项，在 Real constant net number 下拉列表中选择 4 选项，单击 OK 按钮。

（10）创建第二个电阻单元。从主菜单中选择 Main Menu > Preprocessor > Modeling > Create > Elements > Auto Numbered > Thru Nodes 命令，弹出一个节点拾取框，在拾取框的文本框中分别输入 "3" 和 "4" 并按 Enter 键，单击拾取框上的 OK 按钮，于是就创建了第二个电阻单元。

（11）定义单元默认属性。从主菜单中选择 Main Menu > Preprocessor > Meshing > Mesh Attributes > Default Attribs 命令，弹出 Meshing Attributes 对话框，在 Element type number 下拉列表中选择 5 CIRCU124 选项，在 Real constant set number 下拉列表中选择 6 选项，单击 OK 按钮。

（12）创建电流控制电路源单元。从主菜单中选择 Main Menu > Preprocessor > Modeling > Create > Elements > Auto Numbered > Thru Nodes 命令，弹出一个节点拾取框，在拾取框的文本框中分别输入 "3" "4" "5" "2" "1" 和 "7" 并按 Enter 键，单击拾取框上的 OK 按钮，于是就创建了一个电流控制电路源单元。

（13）定义单元默认属性。从主菜单中选择 Main Menu > Preprocessor > Meshing > Mesh Attributes > Default Attribs 命令，弹出 Meshing Attributes 对话框，在 Element type number 下拉列表中选择 2 CIRCU124 选项，在 Real constant set number 下拉列表中选择 2 选项，单击 OK 按钮。

（14）创建独立电流源单元。从主菜单中选择 Main Menu > Preprocessor > Modeling > Create > Elements > Auto Numbered > Thru Nodes 列表框，弹出一个节点拾取框，在拾取框的文本框中分别输入 "1" 和 "4" 并按 Enter 键，单击拾取框上的 OK 按钮，于是就创建了一个独立电流源。

3. 加边界条件和载荷

（1）选择分析类型。从主菜单中选择 Main Menu > Solution > Analysis Type > New Analysis 命令，弹出 New Analysis 对话框，如图 20-63 所示。选中 Harmonic 单选按钮，单击 OK 按钮。

（2）给节点 1 施加零电位。从主菜单中选择 Main Menu > Solution > Define Loads > Apply > Electric > Boundary > Voltage > On Nodes 命令，弹出一个节点拾取框，在拾取框的文本框中输入 "1" 并按 Enter 键，单击拾取框上的 OK 按钮，又弹出 Apply VOLT on nodes 对话框，如图 20-64 所示。在 Real part of VOLT 文本框中输入 "0"，单击 OK 按钮。

（3）定义 π 参数。从实用菜单中选择 Utility Menu > Parameters > Scalar Parameters 命令，弹出 Scalar Parameters 对话框，如图 20-65 所示。在 Selection 文本框中输入 "PI=4*ATAN(1)"，单击 Accept 按钮，其输入参数的结果如图 20-65 所示，单击 Close 按钮，关闭 Scalar Parameters 对话框。

（4）设置谐分析频率。从主菜单中选择 Main Menu > Solution > Load Step Opts > Time/Frequenc >

Freq and Substps 命令，弹出 Harmonic Frequency and Substep Options 对话框，如图 20-66 所示。在 Harmonic freq range 后面的第一个文本框中输入"1/(2*PI)"，在 Number of substeps 后面的文本框中输入"1"，单击 OK 按钮。

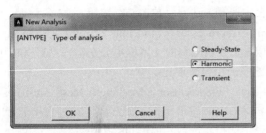

图 20-63　选择分析类型对话框

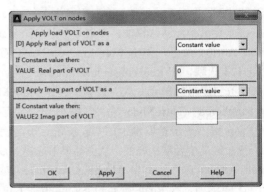

图 20-64　在节点上施加电压对话框

图 20-65　输入参数对话框

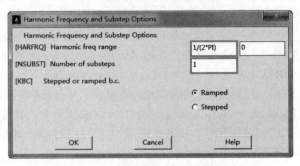

图 20-66　谐分析频率和子步选项设置对话框

4．求解

（1）求解输出控制。从主菜单中选择 Main Menu > Solution > Load Step Opts > Output Ctrls > Solu Printout，弹出 Solution Printout Controls 对话框，如图 20-67 所示。在 Item for printout control 后面的下拉列表中选择 All items，在 Print frequency 选项组中选中 Every substep 单选按钮，单击 OK 按钮。

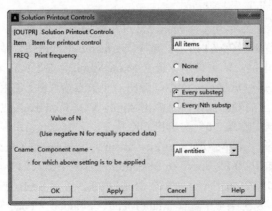

图 20-67　求解输出控制选项

（2）指定谐分析输出控制。从主菜单中选择 Main Menu > Solution > Analysis Type > Analysis Options 命令，弹出 Harmonic Analysis 对话框，如图 20-68 所示。在 DOF printout format 下拉列表中选择 Amplitude + phase 选项，单击 OK 按钮，如图 20-68 所示，继续在弹出的 Full Harmonic Analysis 对话框中单击 Cancel 按钮，如图 20-69 所示。设置以振幅和相位角的形式输出。

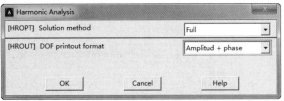

图 20-68　谐分析输出控制对话框

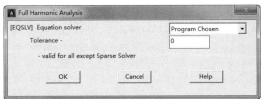

图 20-69　Full Harmonic Analysis 对话框

（3）求解。从主菜单中选择 Main Menu > Solution > Solve > Current LS 命令，弹出一个信息窗口和一个求解当前载荷步对话框，确认信息无误后关闭，单击求解对话框中的 OK 按钮，开始求解运算，直到出现一个 Solution is done 提示栏，表示求解结束。

5. 查看计算结果

（1）读入结果数据。从主菜单中选择 Main Menu > General Postproc > Read Results > First Set 命令，谐波分析提供两种结果数据库：一种是实部解；一种是虚部解，此步是读入实部解。

（2）列出单元求解实部结果。从主菜单中选择 Main Menu > General Postproc > List Results > Element Solution 命令，弹出 List Element Solution 对话框，如图 20-70 所示。在 Item to be listed 列表框中依次选择 Circuit Results > Element Results 选项，单击 OK 按钮，弹出一个信息窗口，信息窗口里面列出了所有单元的所有求解结果，如图 20-71 所示。查看 4 号节点的电压值，确认无误后，选择信息窗口中的 File > Close 命令关闭窗口。

图 20-70　列出单元求解结果对话框

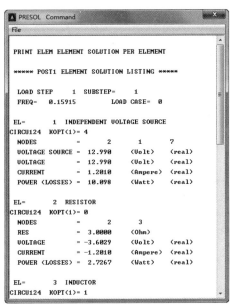

图 20-71　单元求解实部结果

（3）获取虚部电流值。从主菜单中选择 Main Menu > General Postproc > Read Results > By Load Step 命令，弹出 Read Results by Load Step Number 对话框，如图 20-72 所示。在 Real or imaginary part

下拉列表中选择 Imaginary part 选项，单击 OK 按钮，把实部显示改为虚部显示。

（4）列出单元求解虚部结果。从主菜单中选择 Main Menu > General Postproc > List Results > Element Solution 命令，弹出 List Element Solution 对话框，如图 20-70 所示。在 Item to be listed 列表框中依次选择 Circuit Results > Element Results 选项，单击 OK 按钮，弹出一个信息窗口，信息窗口里面列出了所有单元的所有求解结果，如图 20-73 所示。查看 4 号节点的电压值，确认无误后，选择信息窗口中的 File > Close 命令关闭窗口。

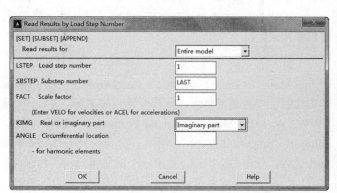

图 20-72　按载荷步读入结果数据对话框

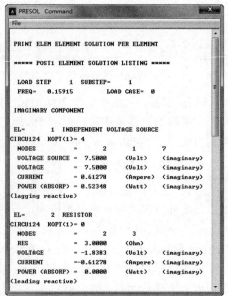

图 20-73　单元求解虚部结果

（5）退出 ANSYS。单击 ANSYS Toolbar 工具栏上的 QUIT 按钮，弹出 Exit 对话框，选中 Quit-No Save!单选按钮，单击 OK 按钮，退出 ANSYS 软件。

20.6.3　命令流方式

命令流方式这里不再详细介绍，读者可参见随书资源中的电子文档。

20.7　多导体系统求解电容

静电场分析求解的一个主要参数就是电容。在多导体系统中包括求解自电容和互电容，以便在电路模拟中定义等效集总电容。CMATRIX 宏命令能求多导体系统自电容和互电容。

20.7.1　对地电容和集总电容

图 20-74 描述了一个三导体系统（一个导体为地）。通过有限元仿真计算，可以计算和提取电容值的"接地"电容矩阵，电容值与导体的电压降（对地）有关。定义为

$$Q_1 = (C_g)_{11}(U_1) + (C_g)_{12}(U_2),$$
$$Q_2 = (C_g)_{12}(U_1) + (C_g)_{22}(U_2).$$

式中，Q_1 和 Q_2 为电极 1 和 2 上的电荷；U_1 和 U_2 分别为电压降；C_g 称为"对地电容"矩阵。这些对地电容并不表示集总电容（常用于电路分析），因为它们不涉及两个导体之间的电容。使用 CMATRIX 宏命令能把对地电容矩阵变换成集总电容矩阵，以便用于电路仿真。

图 20-75 描述了三导体系统的等效集总电容。以下两个方程描述了感应电荷与电压降之间形成的集总电容：

$$Q_1=(C_1)_{11}(U_1)+(C_1)_{12}(U_1-U_2),$$
$$Q_2=(C_1)_{12}(U_1-U_2)+(C_1)_{22}(U_2).$$

式中，C_1 称为"集总电容"矩阵。

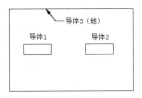
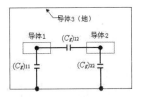

图 20-74　三导体系统　　　图 20-75　三导体系统等效集总电容

20.7.2　步骤

CMATRIX 宏命令将进行多元模拟，可求得对地电容矩阵和集总电容矩阵值。为了便于 CMATRIX 宏命令使用，必须把导体节点组成节点组件，而且不要加任何载荷到模型上（电压、电荷、电荷密度等）。导体节点的组件名必须包括同样的前缀名，后缀为数字，数字按照 1 到系统中所含导体数目进行编号。最高编号必须为地导体（零电压）。

应用 CMATRIX 宏命令步骤如下。

（1）建模和分网格。导体假定为完全导电体，故导电体区域内部不需要进行网格划分，只需对周围的电介质区和空气区进行网格划分，节点组件用导体表面的节点表示。

（2）选择每个导体面上的节点，组成节点组件。

```
命令：CM
GUI: Utility Menu > Select > Comp/Assembly > Create Component
```

导体节点的组件名必须包括同样的前缀名，后缀为数字，数字按照 1 到系统中所含导体数目进行编号。例如图 20-75 中，用前缀"Cond"为三导体系统中的节点组件命名，分别命名为"Cond1""Cond2"和"Cond3"，最后一个组件"Cond3"应该为表示地的节点集。

（3）进入求解过程。

```
命令：SOLU
GUI: Main Menu > Solution
```

（4）选择方程求解器（建议用 JCG）。

```
命令：EQSLV
GUI: Main Menu > Solution > Analysis Type > Analysis Options
```

（5）执行 CMATRIX 宏命令。

```
命令：CMATRIX
```

GUI: Main Menu > Solution > Solve > Electromagnet > Static Analysis > Capac Matrix

CMATRIX 宏命令要求输入：

- 对称系数（SYMFAC）：如果模型不对称，对称系数为 1（默认）。如果你利用对称只建一部分模型，乘以对称系数得到正确电容值。
- 节点组件前缀名（Condname）。定义导体节点组件名。上例中，前缀名为"Cond"。宏命令要求字符串前缀名用单引号。因此，本例输入为"Cond"，在 GUI 菜单中，程序会自动处理单引号。
- 导体系统中总共的节点组件数（NUMBCON），上例中，导体节点组件总数为 3。
- 地基准选项（GRNDKEY）。如果模型不包含开放边界，那么最高节点组件号表示"地"。在这种情况下，不需特殊处理，直接将"地"作为基准设置为零（默认状态值）。如果模型中包含开放边界（使用远场单元或 Trefttz 区域），而模型中无限远处又不能作为导体，那么可以将"地"选项设置为零（默认）。在某些情况下，必须把远场看作导体"地"（例如，在空气中单个带电荷球体，为了保持电荷平衡，要求无限远处作为"地"）。用 INFIN111 单元表示远场地时，把"地"选项设置为 1。
- 输入贮存电容值矩阵的文件名（Capname）。宏命令贮存所计算的三维数组对地电容和集总电容矩阵值。其中"i"和"j"列代表导体编号，"k"列表示对地（k=1）或集总（k=2）项。默认名为 CMATRIX。例如，CMATRIX(i,j,1)为对地项，CMATRIX(i,j,2)为集总项。宏命令也建立包含矩阵的文本文件，其扩展名为.TXT。

注意：在使用 CMATRIX 宏命令前，不要施加非均匀加载。以下操作会造成非均匀加载：
- 在节点或者实体模型上施加非 0 自由度值的命令（D、DA 等）；
- 在节点、单元或者实体模型定义非 0 值的命令（F、BF、BFE、BFA 等）；
- 带非 0 项的 CE 命令。

CMATRIX 宏命令执行一系列求解，计算两个导体之间自电容和互电容，求解结果贮存在结果文件中，可以便于后处理器中使用。执行后，给出一个信息表。

如果远场单元（INFIN110 和 INFN111）共享一个导体边界（例如地平面），可以把地面和无限远边界作为一个导体（只需要把地平面节点组成一个节点组件）。图 20-76 中的 7 个图描述了具有合理 NUMBCON 和 GRNDKEY 选项设置值的各种开放和闭合区域模型。

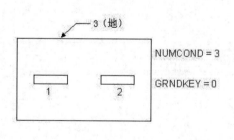

（a）三导体-封闭系统

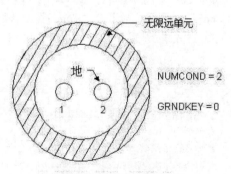

（b）双导体，其中一个为地，无限远单元模拟"infinite"情况

图 20-76　具有合理 NUMBCON 和 GRNDKEY 设置值的各种开放和闭合区域模型

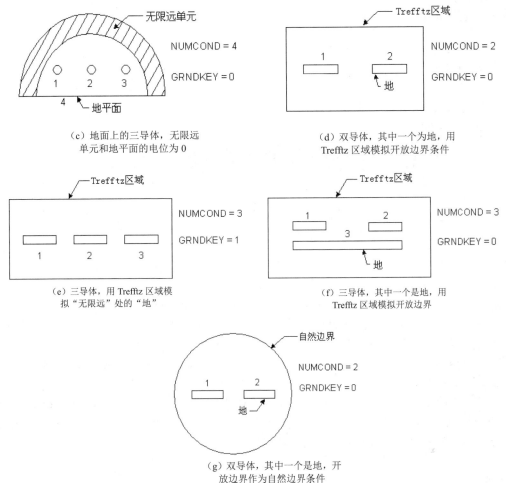

图 20-76　具有合理 NUMBCON 和 GRNDKEY 设置值的各种开放和闭合区域模型（续）

20.8　实例——电容计算实例

20.8.1　问题描述

关于导体系统求解电容的详细情况请参见 20.7 节。

本实例为一个无限接地板上面放置两个长圆柱导体，计算导体和地之间的自电容和互电容系数。

建模时应注意：在模型外半径上，地面和远场单元同享一个公共边界，远场位置上远场单元自然满足零电位。因为地面与远场单元共边界，它们都视为接地导体。由于在程序内部远场单元节点为地，因此地面的节点足以代表地导体。把其他个圆柱导体节点设置为节点组件，就可以形成一个二导体系统。

本实例计算的对地和集总电容结果如下：

$(C_g)_{11}$=0.454E-4pF，　　　　　　$(C_l)_{11}$=0.354E-4pF，

$(C_g)_{12}$=-0.998E-5pF，　　　　　$(C_l)_{12}$=0.998E-5pF，

$(C_g)_{22}$=0.454E-4pF。　　　　　　$(C_l)_{22}$=0.354E-4pF。

20.8.2 创建物理环境

(1) 过滤图形界面。从主菜单中选择 Main Menu > Preferences 命令，弹出 Preferences for GUI Filtering 对话框，选中 Electric 单选按钮来对后面的分析进行菜单及相应的图形界面过滤。

(2) 定义工作标题。从实用菜单中选择 Utility Menu > File > Change Title 命令，在弹出的对话框中，在 Enter new title 后面文本框输入 "Capacitance of two long cylinders above a ground plane"，单击 OK 按钮，如图 20-77 所示。

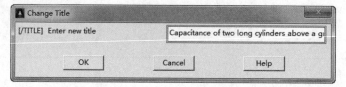

图 20-77　定义工作标题

(3) 指定工作名。从实用菜单中选择 Utility Menu > File > Change Jobname 命令，弹出一个对话框，在 Enter new jobname 后面文本框中输入 "Capacitance"，单击 OK 按钮。

(4) 定义分析参数。从实用菜单中选择 Utility Menu > Parameters > Scalar Parameters 命令，弹出 Scalar Parameters 对话框，在 Selection 下面的文本框中输入 "A=100"，单击 Accept 按钮。然后再在 Selection 下面的文本框中输入 "D=400" 再单击 Accept 按钮，再在 Selection 下面的文本框中输入 "R0=800" 并按 Accept 按钮确认，最后输入完后，单击 Close 按钮，关闭 Scalar Parameters 对话框，其输入参数的结果如图 20-78 所示。

(5) 打开面积区域编号显示。从实用菜单中选择 Utility Menu > PlotCtrls > Numbering 命令，弹出 Plot Numbering Controls 对话框，如图 20-79 所示。选中 Area Numbers 后面的单选按钮，使该单选按钮状态由 Off 变为 On，单击 OK 按钮关闭该对话框。

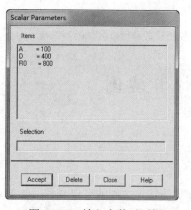
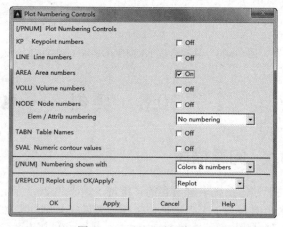

图 20-78　输入参数对话框　　　　图 20-79　显示面积编号对话框

(6) 定义单元类型和选项。从主菜单中选择 Main Menu > Preprocessor > Element Type > Add/Edit/Delete 命令，弹出 Element Types（单元类型）对话框，如图 20-80 所示。单击 Add 按钮，弹出 Library of Element Types（单元类型）库对话框，如图 20-81 所示。在该对话框中，在左边列表框中选择 Electrostatic 选项，在右边列表框中选择 2D Quad 121 选项，单击 Apply 按钮，定义一个 PLANE121 单元。再在左边列表框中选择 InfiniteBoundary 选项，在右边列表框中选择 2D Inf Quad 110

选项，单击 OK 按钮，这样就定义了 INFIN110 远场单元。返回单元类型对话框，得到如图 20-80 所示的结果。在 Element Types 对话框中选择单元类型 2，单击 Options 按钮，弹出 INFIN110 element type options（单元类型选项）对话框，如图 20-82 所示。在 Element degrees of freedom K1 后面的下拉列表中选择 VOLT(charge)选项，在 Define element as K2 后面的下拉列表中选择 8-Noded Quad 选项，单击 OK 按钮，返回 Element Types（单元类型）对话框，最后单击 Close 按钮，关闭单元类型对话框。

图 20-80　单元类型对话框

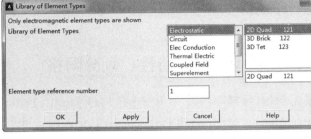

图 20-81　单元类型库对话框

（7）以 μMKSV 单位制设定自由空间介电常数。从主菜单中选择 Main Menu > Preprocessor > Material Props > Electromag Units 命令，弹出 Electromagnetic Units 选择电磁单位制对话框，如图 20-83 所示。选中 User-defined 单选按钮，单击 OK 按钮，又弹出 Electromagnetic Units 设置用户电磁单位制对话框，如图 20-84 所示。在第二个文本框中将默认值修改为 8.854e-6，单击 OK 按钮，将用户自定义自由空间介电常数定义为 8.854e-6，其他单位必须与介电常数单位相一致。

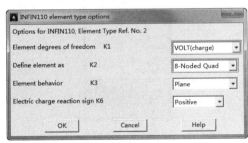

图 20-82　单元类型选项对话框

（8）定义材料属性。从主菜单中选择 Main Menu > Preprocessor > Material Props > Material Models 命令，弹出 Define Material Model Behavior 对话框，在右边的列表框中依次选择 Electromagnetics > Relative Permittivity > Constant 选项后，又弹出 Relative Permittivity for Material Number 1 对话框，如图 20-85 所示。在该对话框中，在 PERX 后面的文本框输入"1"，单击 OK 按钮，返回 Define Material Model Behavior 对话框，最后选择 Material > Exit 命令结束，得到结果如图 20-86 所示。

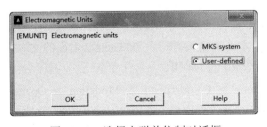

图 20-83　选择电磁单位制对话框

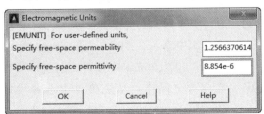

图 20-84　设置用户电磁单位制对话框

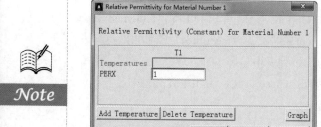

图 20-85 定义相对介电常数

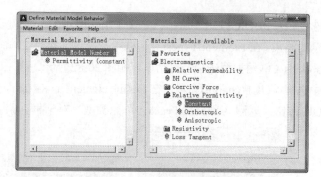

图 20-86 材料属性定义结果

20.8.3 建立模型、赋予特性、划分网格

（1）建立平面几何模型。从主菜单中选择 Main Menu > Preprocessor > Modeling > Create > Areas > Circle > Partial Annulus 命令，弹出 Part Annular Circ Area（创建圆面）对话框，如图 20-87 所示。在 WP X 后面的文本框中输入"D/2"，在 WP Y 后面的文本框中输入"D/2"，在 Rad-1 后面的文本框中输入"A"，单击 Apply 按钮，创建一个半径为 A 的实心圆。

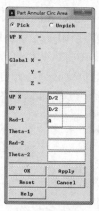

图 20-87 创建圆面

- ☑ 在 WP X 后面的文本框中输入"0"，在 WP Y 后面的文本框中输入"0"，在 Rad-1 后面的文本框中输入"R0"，在 Theta-1 后面的文本框中输入"0"，在 Theta-2 后面的文本框中输入"90"，单击 Apply 按钮，创建一个半径为 R0 的 1/4 圆。
- ☑ 在 WP X 后面的文本框中输入"0"，在 WP Y 后面的文本框中输入"0"，在 Rad-1 后面的文本框中输入"2*R0"，在 Theta-1 后面的文本框中输入"0"，在 Theta-2 后面的文本框中输入"90"，单击 Apply 按钮，创建一个半径为 2*R0 的 1/4 圆。
- ☑ 在 WP X 后面的文本框中输入"0"，在 WP Y 后面的文本框中输入"0"，在 Rad-1 后面的文本框中输入"2*R0"，在 Theta-1 后面的文本框中输入"0"，在 Theta-2 后面的文本框中输入"90"，单击 OK 按钮，创建一个半径为 2*R0 的 1/4 圆。
- ☑ 布尔叠分操作。从主菜单中选择 Main Menu > Preprocessor > Modeling > Operate > Booleans > Overlap > Areas 命令，弹出 Overlap Areas 拾取框，单击 Pick All 按钮，对所有的面进行叠分操作。

☑ 压缩不用的面号。从主菜单中选择 Main Menu > Preprocessor > Numbering Ctrls > Compress Numbers 命令，弹出 Compress Numbers 对话框，如图 20-88 所示。在 Item to be compressed 后面的下拉列表框中选择 Areas 选项，将面号重新压缩编排，从 1 开始中间没有空缺，单击 OK 按钮退出对话框。

☑ 重新显示。从实用菜单中选择 Utility Menu > Plot > Replot 命令，最后得到的几何模型，如图 20-89 所示。

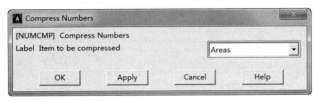

图 20-88　压缩面号对话框

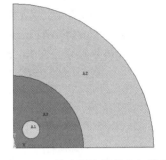

图 20-89　单个圆柱导体几何模型

（2）智能划分网格。从主菜单中选择 Main Menu > Preprocessor > Meshing > MeshTool 命令，弹出 MeshTool 对话框，如图 20-90 所示。在 MeshTool 对话框中，选中 Smart Size 复选框，并将 Fine-Coarse 工具栏拖曳到 4 的位置，设定智能网格划分的等级为 4。在 Mesh 后面的下拉列表框中选择 Areas 选项，在 Shape 后面的选项组中选中要划分单元形状为三角形的 Tri 单选按钮，在下面的自由划分 Free 和映射划分 Mapped 单选按钮中选中 Free，单击 Mesh 按钮，弹出 Mesh Areas 拾取框，在图形界面上拾取面 3，或者在拾取框的文本框中输入"3"并按 Enter 键，单击 OK 按钮，返回 MeshTool 对话框，生成的网格结果如图 20-91 所示。单击 MeshTool 对话框中的 Close 按钮。

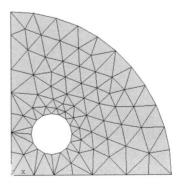

图 20-90　网格工具　　　　　　　　　图 20-91　面 3 网格

（3）选择远场区域径向线。从实用菜单中选择 Utility Menu > Select > Entities 命令，弹出一个 Select Entities 对话框，如图 20-92 所示。在最上边的第一个下拉列表中选择 Lines 选项，在第二个下拉列表中选择 By Location 选项，在其下面选项组中选中 X-coordinates 单选按钮，在 Min, Max 下面的文本框中输入"1.5*R0"，在其下面的选项组中选中 From Full 单选按钮，单击 Apply 按钮。选中 Y-coordinates 单选按钮，在 Min,Max 下面的文本框中输入"1.5*R0"，在其下面的选项组中选中 Also Select 单选按钮，单击 OK 按钮，这样就选择了远场区域径向的两条线。

（4）设定所选线上单元个数。从主菜单中选择 Main Menu > Preprocessor > Meshing > Size Cntrls > ManualSize > Lines > All Lines 命令，弹出一个 Element Size on All Selected Lines 设定线单元尺寸的对话框，如图 20-93 所示。在 No. of element divisions 后面的文本框输入"1"，单击 OK 按钮。

图 20-92 选择实体对话框

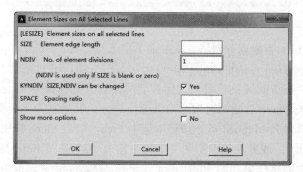

图 20-93 设定线单元尺寸对话框

（5）设置单元属性。从主菜单中选择 Main Menu > Preprocessor > Meshing > Mesh Attributes > Default Attribs 命令，弹出 Meshing Attributes 设置单元属性对话框，如图 20-94 所示。在 Element type number 后面的下拉列表中选择 2 INFIN110 选项，单击 OK 按钮退出。默认是 1 号单元类型。

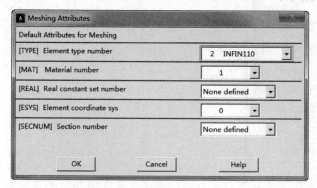

图 20-94 设置单元属性对话框

（6）映射网格划分。从主菜单中选择 Main Menu > Preprocessor > Meshing > MeshTool 命令，弹出 MeshTool 对话框，如图 20-90 所示。在 Mesh 后面的下拉列表中选择 Areas 选项，在 Shape 后面的要划分单元形状选项组中，选中四边形 Quad 单选按钮，在下面的自由划分 Free 和映射划分 Mapped 单选按钮中选中 Mapped，单击 Mesh 按钮，弹出 Mesh Areas 拾取框，在图形界面上拾取面 2，或者在拾取框文本框中输入"2"并按 Enter 键，单击 OK 按钮。返回 MeshTool 对话框，单击 Close 按钮。

（7）生成对称镜像模型。从主菜单中选择 Main Menu > Preprocessor > Modeling > Reflect > Areas 命令，弹出一个面拾取框，单击面拾取框上的 Pick All 按钮，又弹出 Reflect Areas 镜像面对话框，如图 20-95 所示。在 Plan of symmetry 后面的选项组中选中 Y-Z plane   X 单选按钮，单击 OK 按钮。这样模型就以 Y-Z 平面为对称平面将模型进行镜像，镜像后的模型如图 20-96 所示，镜像后的网格如图 20-97 所示。

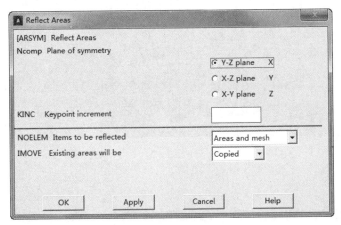

图 20-95　镜像面对话框

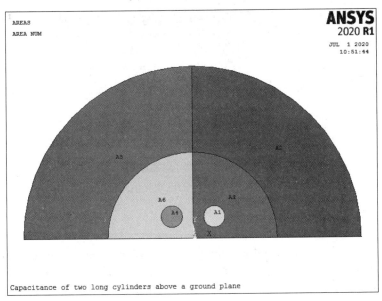

图 20-96　镜像后的模型

（8）选择所有的实体。从实用菜单中选择 Utility Menu > Select > Everything 命令。

（9）合并节点。从主菜单中选择 Main Menu > Preprocessor > Numbering Ctrls > Merge Items 命令，弹出 Merges Coincident or Equivalently Defined Items 合并重合的已定义项对话框，如图 20-98 所示。在 Type of item to be merge 后面的下拉列表中选择 Nodes 选项，单击 OK 按钮，合并由于对称镜像而生成的重合节点。

（10）合并关键点。从主菜单中选择 Main Menu > Preprocessor > Numbering Ctrls > Merge Items

命令，弹出 Merges Coincident or Equivalently Defined Items 合并重合的已定义项对话框，如图 20-98 所示。在 Type of item to be merge 后面的下拉列表中选择 Keypoints 选项，单击 OK 按钮，合并由于对称镜像而生成的重合关键点。

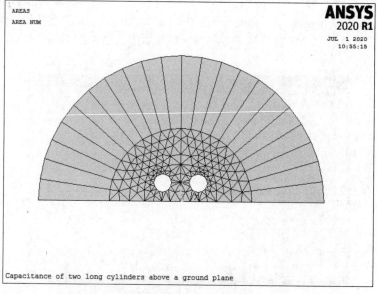

图 20-97　镜像后的网格

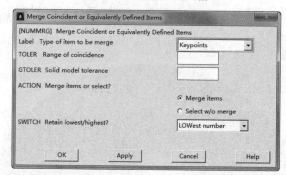

图 20-98　合并重合的已定义项对话框

20.8.4　加边界条件和载荷

（1）改变坐标系。从实用菜单中选择 Utility Menu > WorkPlane > Change Active CS to > Global Cylindrical 命令，把当前的活动坐标系由全局笛卡儿坐标系改变为全局柱坐标系。

（2）选择远场边界上的节点。从实用菜单中选择 Utility Menu > Select > Entities 命令，弹出一个 Select Entities 对话框，在最上边的第一个下拉列表中选择 Nodes 选项，在第二个下拉列表中选择 By Location 选项，在其下面的选项组中选中 X coordinates 单选按钮，在 Min,Max 下面的文本框中输入"2*R0"，在其下面的选项组中选中 From Full 单选按钮，单击 OK 按钮，选中半径在 2*R0 处远场边界上的所有节点。

（3）在远场外边界节点上施加远场标志：从主菜单中选择 Main Menu > Solution > Define Loads > Apply > Electric > Flag > Infinite Surf > On Nodes 命令，弹出一个拾取节点的拾取框，单击 Pick All 按钮。给远场区域外边界施加远场标志。

(4)选择所有的实体。从实用菜单中选择 Utility Menu > Select > Everything 命令。

(5)创建局部坐标系。从实用菜单中选择 Utility Menu > WorkPlane > Local Coordinate Systems > Create Local CS > At Specified Loc 命令,弹出一个 Create CS at Specified Location 拾取框,在文本框中输入坐标点"D/2,D/2,0"并按 Enter 键,单击 OK 按钮弹出 Create Local CS at Specified Location 对话框,如图 20-99 所示。在 Ref number of new coord sys 后面的文本框输入"11",在 Type of coordinate system 后面的下拉列表中选择 Cylindrical 1 选项,其他接受默认设置。单击 OK 按钮,在(D/2,D/2,0)处创建了一个坐标号为 11 的用户自定义柱坐标系。

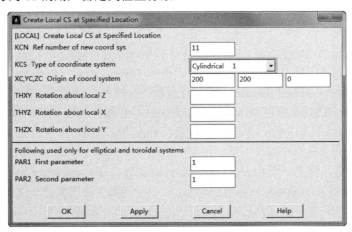

图 20-99 在指定点创建局部坐标系对话框

(6)选择圆柱导体边界上的节点。从实用菜单中选择 Utility Menu > Select > Entities 命令,弹出一个 Select Entities 对话框,在最上边的第一个下拉列表中选择 Nodes 选项,在第二个下列表中选择 By Location 选项,在下边的选项组中选中 X coordinates 单选按钮,在 Min,Max 下面的文本框中输入"A",在其下的选项组中选中 From Full 单选按钮,单击 OK 按钮,选中圆心在(D/2,D/2,0)处圆柱导体边界上的节点。

(7)将所选单元生成一个组件。从实用菜单中选择 Utility Menu > Select > Comp/Assembly > Create Component 命令,弹出一个 Create Component 对话框,如图 20-100 所示。在 Component name 后面的文本框中输入"cond1",在 Component is made of 后面的下拉列表中选择 Nodes 选项,单击 OK 按钮。

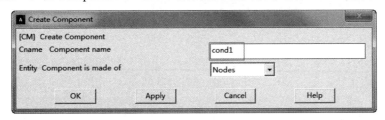

图 20-100 生成组件对话框

(8)创建局部坐标系。从实用菜单中选择 Utility Menu > WorkPlane > Local Coordinate Systems > Create Local CS > At Specified Loc 命令,弹出一个 Create CS at Location 拾取框,在文本框中输入坐标点"-D/2,D/2,0"并按 Enter 键,单击 OK 按钮,弹出 Create Local CS at Specified Location 对话框,如图 20-99 所示。在 Ref number of new coord sys 后面的文本框中输入"12",在 Type of coordinate system 后面的下拉列表中选择 Cylindrical 1 选项,其他接受默认设置。单击 OK 按钮,在(D/2,D/2,0)处创建了一个坐标号为 12 的用户自定义柱坐标系。

（9）选择圆柱导体边界上的节点。从实用菜单中选择 Utility Menu > Select > Entities 命令，弹出一个 Select Entities 对话框，在最上边的第一个下拉列表中选择 Nodes 选项，在第二个下拉列表中选择 By Location 选项，在下边的选项组中选中 X coordinates 单选按钮，在 Min,Max 下面的文本框中输入"A"，在其下的选项组中选中 From Full 单选按钮，单击 OK 按钮，选中圆心在（-D/2,D/2,0）处圆柱导体边界上的节点。

（10）将所选单元生成一个组件。从实用菜单中选择 Utility Menu > Select > Comp/Assembly > Create Component 命令，弹出一个 Create Component 对话框，如图 20-100 所示。在 Component name 后面的文本框中输入组件名"cond2"，在 Component is made of 后面的下拉列表中选择 Nodes 选项，单击 OK 按钮。

（11）改变坐标系。从实用菜单中选择 Utility Menu > WorkPlane > Change Active CS to > Global Cartesian 命令，把当前的活动坐标系由局部 12 柱坐标系改变为全局笛卡儿坐标系。

（12）选择地面边界上的节点。从实用菜单中选择 Utility Menu > Select > Entities 命令，弹出一个 Select Entities 对话框，在最上边的第一个下拉列表中选择 Nodes 选项，在第二个下拉列表中选择 By Location 选项，在下边的选项组中选中 Y coordinates 单选按钮，在 Min,Max 下面的文本框中输入"0"，在其下的选项组中选中 From Full 单选按钮，单击 OK 按钮，选中地面边界上的节点。

（13）将所选单元生成一个组件。从实用菜单中选择 Utility Menu > Select > Comp/Assembly > Create Component 命令，弹出一个 Create Component 对话框，在 Component name 后面的文本框中输入组件名"cond3"，在 Component is made of 后面的下拉列表中选择 Nodes 选项，单击 OK 按钮。

（14）选择所有的实体。从实用菜单中选择 Utility Menu > Select > Everything 命令。

20.8.5 求解

（1）执行静电场计算并计算两个导体与地之间的自电容和互电容系数。从主菜单中选择 Main Menu > Solution > Solve > Electromagnet > Static Analysis > Capac Matrix 命令，弹出 Capac Matrix 计算多导体自电容和互电容系数对话框，如图 20-101 所示。进行以下操作，分别在：

- ☑ Symfac Geometric symmetry factor 后面的文本框中输入 1；
- ☑ Condname Compon. name identifier 后面的文本框中输入'cond'；
- ☑ NCond Number of cond. compon.后面的文本框中输入 3；
- ☑ Grndkey Ground key 后面的文本框中输入 0。

单击 OK 按钮，开始求解运算，直到出现一个 Solution is done 的提示栏，表示求解结束，随后弹出一个信息窗口，列出默认名称为 CMATRIX 的电容矩阵值，如图 20-102 所示。与前述的目标值进行比较，确认无误后，关闭信息窗口。

（2）退出 ANSYS。单击工具栏上的 QUIT 按钮，弹出一个如图 20-103 所示的 Exit 对话框，选中 Quit-No Save!单选按钮，单击 OK 按钮，退出 ANSYS 软件。

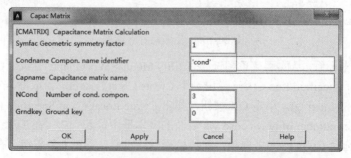

图 20-101　计算多导体自电容和互电容系数对话框

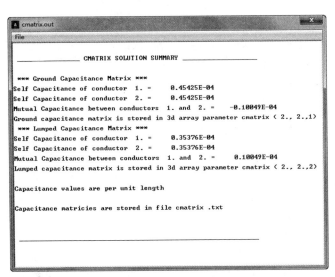

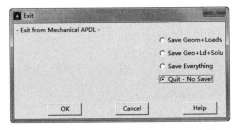

图 20-102　两个导体与地之间的自电容和互电容系数值　　图 20-103　退出 ANSYS 对话框

20.8.6　命令流方式

```
!/BACH,LIST
/TITLE, CAPACITANCE OF TWO LONG CYLINDERS ABOVE A GROUND PLANE
 !定义工作标题
/FILNAME,CAPACITANCE,1              !定义工作文件名
KEYW,MAGELC,1                       !指定电场分析

/PREP7
A=100                               !圆柱导体内径(mm)
D=400                               !空气区域外径
RO=800                              !远场单元外径
/PNUM,AREA,1                        !打开面区域编号
ET,1,121                            !8 节点二维静电场单元
ET,2,110,1,1                        !8 节点二维远场单元
EMUNIT,EPZRO,8.854E-6               !以 μMKSV 单位制设置自由空间介电常数
MP,PERX,1,1                         !设置相对介电常数
CYL4,D/2,D/2,A,0                    !创建几何模型
CYL4,0,0,RO,0,,90
CYL4,0,0,2*RO,0,,90
AOVLAP,ALL                          !布尔叠分操作
NUMCMP,AREA                         !压缩面号
SMRTSIZ,4                           !设定智能划分等级
MSHAPE,1                            !设定网格形状为三角形
AMESH,3                             !空气区域网格划分
LSEL,S,LOC,X,1.5*RO                 !选择远场径向两条线
```

```
LSEL,A,LOC,Y,1.5*RO
LESIZE,ALL,,,1              ! 设定线单元个数
TYPE,2                      ! 指定单元类型
MSHAPE,0                    ! 设定网格形状为四边形
MSHKEY,1                    ! 自由网格划分
AMESH,2                     ! 远场区域网格划分
ALLSEL,ALL                  ! 选择所有实体
ARSYMM,X,ALL                ! 以Y-Z平面为对称镜像面几何模型
NUMMRG,NODE                 ! 合并重合的节点
NUMMRG,KPOI                 ! 合并重合的关键点
CSYS,1                      ! 激活全局柱坐标系
NSEL,S,LOC,X,2*RO           ! 选择远场外边界节点
SF,ALL,INF                  ! 设置远场标志
ALLSEL,ALL                  ! 选择所有实体
LOCAL,11,1,D/2,D/2          ! 自定义11号局部坐标系
NSEL,S,LOC,X,A              ! 选择第一个圆柱导体外边界节点
CM,COND1,NODE               ! 给第一个导体定义名称为COND1的节点组件
LOCAL,12,1,-D/2,D/2         ! 自定义12号局部坐标系
NSEL,S,LOC,X,A              ! 选择第二个圆柱导体外边界节点
CM,COND2,NODE               ! 给第二个导体定义名称为COND2的节点组件
CSYS,0                      ! 激活全局笛卡儿坐标系
NSEL,S,LOC,Y,0              ! 选择地边界节点
CM,COND3,NODE               ! 给地定义名称为COND3的节点组件
ALLSEL,ALL                  ! 选择所有实体
FINISH
/SOLU
CMATRIX,1,'cond',3,0        ! 计算电容矩阵系数
FINISH
```